数学与统计学学术研究丛书

U0767905

修正微分李型代数与修正罗巴李型代数

腾 文 著

西南交通大学出版社
·成 都·

图书在版编目（CIP）数据

修正微分李型代数与修正罗巴李型代数 / 腾文著.
成都 : 西南交通大学出版社，2025. 4. -- ISBN 978-7
-5774-0383-0

Ⅰ. O152.5

中国国家版本馆 CIP 数据核字第 2025KA1566 号

Xiuzheng Weifen Lixing Daishu yu Xiuzheng Luoba Lixing Daishu

修正微分李型代数与修正罗巴李型代数

腾 文 著

策划编辑	李芳芳　李华宇　余崇波
责任编辑	何明飞
助理编辑	卢韵玥
责任校对	左凌涛
封面设计	墨创文化
出版发行	西南交通大学出版社 （四川省成都市金牛区二环路北一段 111 号 西南交通大学创新大厦 21 楼）
营销部电话	028-87600564　028-87600533
邮政编码	610031
网　　址	https://www.xnjdcbs.com
印　　刷	成都勤德印务有限公司
成品尺寸	170 mm × 230 mm
印　　张	12.25
字　　数	181 千
版　　次	2025 年 4 月第 1 版
印　　次	2025 年 4 月第 1 次
书　　号	ISBN 978-7-5774-0383-0
定　　价	72.00 元

前言

PREFACE

微分代数起源于对微分方程的代数研究,对其研究已经有很长的历史. 同时微分算子(或称为导子)在研究同伦代数、形变公式、微分伽罗瓦理论时非常有用.[1-4] 特别地，TANG 等[5]利用上同调的观点研究了带有导子李代数的形变和扩张理论. 基于 TANG 等[5]的工作,相关研究也被扩展到具有导子李三系[6, 7]、具有导子莱布尼茨三系[8]、具有导子 3-李代数[9]、具有导子莱布尼茨代数[10]、具有导子预李代数[11]以及具有导子 n-李代数[12]等. 作为微分算子的逆算子, 积分算子的代数抽象最早在 1960 年由 BAXTER[13]提出, 他为了理解概率涨落理论中的 Spitzer 恒等式, 引入结合代数上的罗巴算子. 在李代数中，罗巴算子作为经典杨-巴克斯特方程的算子形式被独立引入.[14] 近年来，由于罗巴代数与洗牌积[15]、代数 operads[16]、双代数[17]、Hopf 代数[18]、Double 代数[19]和量子场论重整化[20]等众多分支的广泛应用受到学者们关注. BAI 和 GUO 等[21-23]围绕罗巴算子与杨-巴克斯特方程做了大量富有成效的工作. 有关罗巴代数的相关问题请参考[24].

经典杨-巴克斯特方程，被认为是量子杨-巴克斯特方程的半经典极限形式，最初源自逆散射理论的研究. 杨-巴克斯特方程与可积哈密顿系统和量子群有着密切的关系. 修正罗巴算子起源于希尔伯特变换,其后应用于遍历理论和修正经典杨-巴克斯特方程，该概念是 SHANSKY 在文献[25]中引入. 它后来被应用于非交换广义 Lax 对,李群的仿射几何和广义 O-算子的研究. 最近，JIANG 和 SHENG[26]引入修正 r-矩阵的上同调与形变. 随后，修正罗巴结合代数和修正罗巴莱布尼茨代数在文献[27-29]中被分别讨论. 受到修正罗巴算子和 λ-微分算子的启发，PENG 等[30]引入了修正 λ-微分算子的概念.并建立修正 λ-微分李代数的通用泛包络修正微分代数，也证明相应的 Poincaré-

Birchoff-Witt 定理.

本书主要建立在作者最近三年在修正微分李型代数[31-36]和修正罗巴李型代数[37-39]的研究基础上，主要选取了修正微分李代数、修正微分 3-李代数、修正微分李三系、修正微分 Hom-预李代数、修正罗巴 Hom-李代数、修正罗巴 Hom-3-李代数、修正罗巴 Lie-Yamaguti 代数等方面的研究工作. 在写作方面，本书尽量做到自成体系. 读者可以通读本书，也可以关注自己感兴趣的某一章内容，从而理解和掌握该章所讨论的内容. 本书既适合初学者，也能给有一定经验的研究工作者带来启发. 如果对李代数、Hom-李代数、3-李代数、Hom-3-李代数、Hom-预李代数、李三系和 Lie-Yamaguti 代数等代数结构感兴趣的读者也具有指导意义.

在本书付梓之际，首先感谢我的硕士生及博士生导师游泰杰教授在研究生阶段的淳淳教导；感谢贵州财经大学同事郭双建教授的有益讨论交流，他与作者进行了多次深入讨论，对本书的成文大有裨益；还要感谢贵州财经大学领导的关心和帮助.

本书出版得到了以下基金的资助：国家自然科学基金（12161013），贵州省高等学校系统建模与数据挖掘重点实验室（2023013）和贵州省科学技术基金（黔科合基础-ZK〔2023〕一般 025）. 作者在此表示衷心感谢.

限于作者水平，书中的不足之处在所难免，恳请同行专家和广大读者提出宝贵批评意见，不胜感激！

作　者

2024 年 7 月

目 录

CONTENTS

1 **修正微分李代数** ······ 001

1.1 修正微分李代数的表示 ······ 002
1.2 修正微分李代数的上同调 ······ 007
1.3 修正微分李代数的 1-参数形式形变 ······ 010
1.4 修正微分李代数的交换扩张 ······ 016
1.5 修正微分李代数的交叉模 ······ 021

2 **修正微分 3-李代数** ······ 025

2.1 修正微分 3-李代数的表示和上同调 ······ 026
2.2 修正微分 3-李代数的 Nijenhuis 算子 ······ 033
2.3 修正微分 3-李代数的交换扩张和 T^* -扩张 ······ 038
2.4 修正微分 3-李 2-代数 ······ 047

3 **修正微分李三系** ······ 052

3.1 李三系的基本概念 ······ 053
3.2 修正微分李三系的表示和上同调 ······ 055
3.3 修正微分李三系的单参数形式形变 ······ 059
3.4 修正微分李三系的交换扩张 ······ 063
3.5 修正微分李三 2-系和交叉模 ······ 068

4 **修正微分 Hom-预李代数** ······ 075

4.1 修正微分 Hom-预李代数的双模 ······ 076
4.2 修正微分 Hom-预李代数的上同调和无穷小形变 ······ 080
4.3 修正微分 Hom-预李代数的交换扩张 ······ 084
4.4 修正微分 Hom-预李 2-代数和交叉模 ······ 090

5 修正罗巴 Hom-李代数 …… 096

5.1 修正罗巴 Hom-李代数的表示 …… 097
5.2 修正罗巴 Hom-李代数的上同调 …… 104
5.3 修正罗巴 Hom-李代数的形式形变 …… 108
5.4 修正罗巴 Hom-李代数的交换扩张 …… 112
5.5 修正罗巴 Hom-李 2-代数和交叉模 …… 119

6 修正罗巴 Hom-3-李代数 …… 124

6.1 修正罗巴 Hom-3-李代数 …… 125
6.2 修正罗巴 Hom-3-李代数的表示和上同调 …… 128
6.3 修正罗巴 Hom-3-李代数的单参数形式形变 …… 135
6.4 修正罗巴 Hom-3-李代数的交换扩张 …… 142

7 修正罗巴 Lie-Yamaguti 代数 …… 150

7.1 Lie-Yamaguti 代数的基本定义 …… 151
7.2 修正罗巴 Lie-Yamaguti 代数 …… 155
7.3 修正罗巴 Lie-Yamaguti 代数的表示 …… 157
7.4 修正罗巴 Lie-Yamaguti 代数的上同调 …… 162
7.5 修正罗巴 Lie-Yamaguti 代数的形式形变 …… 166
7.6 修正罗巴 Lie-Yamaguti 代数的交换扩张 …… 171

参考文献 …… 180

1

修正微分李代数

本章将致力于研究修正 λ-微分李代数的表示和上同调理论. 然后利用上同调观点讨论修正 λ-微分李代数的 1-参数形式形变、n-阶形变、交换扩张和交叉模.

从本章开始，K 表示特征为零的代数闭域，所有的向量空间、（多重）线性映射和张量积都在 K 上.

1.1 修正微分李代数的表示

首先回顾李代数的相关概念[5]，然后引入修正 λ-微分李代数的表示及一些例子.

定义 1.1 设 L 为向量空间. 如果双线性映射 $[-,-]: L\times L\to L$，对任意 $\boldsymbol{x},\boldsymbol{y},\boldsymbol{z}\in L$，满足下列等式:

（1）斜对称: $[\boldsymbol{x},\boldsymbol{y}]+[\boldsymbol{y},\boldsymbol{x}]=0$,

（2）雅可比等式: $[\boldsymbol{x},[\boldsymbol{y},\boldsymbol{z}]]+[\boldsymbol{z},[\boldsymbol{x},\boldsymbol{y}]]+[\boldsymbol{y},[\boldsymbol{z},\boldsymbol{x}]]=0$,

则称 $(L,[-,-])$ 为李代数.

定义 1.2 设 J 为李代数 $(L,[-,-])$ 子空间. 如果 $[J,J]\subseteq J$，则称 J 是 $(L,[-,-])$ 的李子代数. 如果 $[J,L]\subseteq J$，则称 J 是 $(L,[-,-])$ 的理想. 进一步，如果 $(L,[-,-])$ 的理想 J 满足 $[J,J]=0$，则称 J 是 $(L,[-,-])$ 的交换理想.

定义 1.3 设 $(L,[-,-])$ 和 $(L',[-,-]')$ 为李代数. 如果线性映射 $f:L\to L'$ 满足对任意 $x,y\in L$, 有

$$f[\boldsymbol{x},\boldsymbol{y}]=[f(\boldsymbol{x}),f(\boldsymbol{y})]',$$

则称 f 是 $(L,[-,-])$ 到 $(L',[-,-]')$ 的李代数同态. 特别地，如果 $f:L\to L'$ 是可逆的线性映射，则称 f 是 $(L,[-,-])$ 到 $(L',[-,-]')$ 的李代数同构.

例 1 设 L 为 4 维向量空间，$\{\varepsilon_1,\varepsilon_2,\varepsilon_3,\varepsilon_4\}$ 为 L 的一个基. 如果我们定义 L 上的非零括积 $[-,-]$ 为

$$[\varepsilon_1,\varepsilon_2]=-[\varepsilon_2,\varepsilon_1]=-\varepsilon_3,$$

$$[\varepsilon_1,\varepsilon_3]=-[\varepsilon_3,\varepsilon_1]=\varepsilon_2,$$

$$[\varepsilon_2,\varepsilon_4]=-[\varepsilon_4,\varepsilon_2]=-\varepsilon_2\ ,$$

$$[\boldsymbol{\varepsilon}_3,\boldsymbol{\varepsilon}_4]=-[\boldsymbol{\varepsilon}_4,\boldsymbol{\varepsilon}_3]=\boldsymbol{\varepsilon}_3,$$

则 $(L,[-,-])$ 为 4 维李代数.

定义 1.4 设 $(L,[-,-])$ 为李代数，V 为向量空间. 如果线性映射 $\rho:L\to \mathrm{gl}(V)$ 是李代数同态，即

$$\rho([\boldsymbol{x},\boldsymbol{y}])=\rho(\boldsymbol{x})\circ\rho(\boldsymbol{y})-\rho(\boldsymbol{y})\circ\rho(\boldsymbol{x}),$$

则称 $(V;\rho)$ 是 $(L,[-,-])$ 的表示.

例 2 任意李代数 $(L,[-,-])$ 可认为是自身 L（视为向量空间）的表示，其中 $\rho=\mathrm{ad}:L\to \mathrm{gl}(L)$ 为 $\mathrm{ad}_{\boldsymbol{x}}(\boldsymbol{y})=[\boldsymbol{x},\boldsymbol{y}],\forall \boldsymbol{x},\boldsymbol{y}\in L$.

例 3 设 $(V;\rho)$ 是李代数 $(L,[-,-])$ 的表示，则 $(L\oplus V,[-,-]_\rho)$ 为李代数，其中

$$[\boldsymbol{x}+\boldsymbol{u},\boldsymbol{y}+\boldsymbol{v}]_\rho=[\boldsymbol{x},\boldsymbol{y}]+\rho(\boldsymbol{x})\boldsymbol{v}-\rho(\boldsymbol{y})\boldsymbol{u},\qquad \forall \boldsymbol{x},\boldsymbol{y}\in L,\boldsymbol{u},\boldsymbol{v}\in V.$$

定义 1.5[30] 设 $(L,[-,-])$ 为李代数. 对任意 $\lambda\in K$，如果线性映射 $\varphi:L\to L$ 满足等式（1-1）:

$$\varphi[\boldsymbol{x},\boldsymbol{y}]=[\varphi(\boldsymbol{x}),\boldsymbol{y}]+[\boldsymbol{x},\varphi(\boldsymbol{y})]+\lambda[\boldsymbol{x},\boldsymbol{y}],\qquad \forall \boldsymbol{x},\boldsymbol{y}\in L \tag{1-1}$$

则称 φ 是 $(L,[-,-])$ 上的修正 λ-微分算子.

定义 1.6[30] 一个修正 λ-微分李代数是一个三元组 $(L,[-,-],\varphi)$，其中 $(L,[-,-])$ 为李代数，φ 是 L 上的修正 λ-微分算子. 修正 λ-微分李代数也简记为 (L,φ).

定义 1.7 设 (L_1,φ_1) 和 (L_2,φ_2) 是两个修正 λ-微分李代数. 如果李代数同态映射 $f:L_1\to L_2$ 满足 $f\circ\varphi_1=\varphi_2\circ f$, 则称 f 是修正 λ-微分李代数 (L_1,φ_1) 到 (L_2,φ_2) 的同态映射. 进一步，如果 f 是可逆映射，则称 f 是 (L_1,φ_1) 到 (L_2,φ_2) 的修正 λ-微分李代数同构映射.

注记 1 设 φ 是 L 上的修正 λ-微分算子. 如果 $\lambda=0$，则称 φ 是 L 上的导子. 所有 L 上的导子构成的集合记为 $\mathrm{Der}(L)$. 此时，(L,φ) 称为具有导子李代数. 关于具有导子李代数的更多讨论见[5].

命题 1.1 线性映射 $\varphi:L\to L$ 是修正 λ-微分算子当且仅当映射 $\varphi+\lambda\mathrm{id}_L$ 是 L 上的导子.

证明 由于式（1-1）等价于

$$(\varphi+\lambda \mathrm{id}_L)[\boldsymbol{x},\boldsymbol{y}]=[(\varphi+\lambda \mathrm{id}_L)(\boldsymbol{x}),\boldsymbol{y}]+[\boldsymbol{x},(\varphi+\lambda \mathrm{id}_L)(\boldsymbol{y})],$$

因此命题成立. □

例 4 恒等映射 $\mathrm{id}_L: L\to L$ 是修正 (-1)-微分算子.

例 5 设 (L,φ) 是修正 λ-微分李代数，则对任意 $k\in K$，$(L,k\varphi)$ 是修正 $(k\lambda)$-微分李代数.

例 6 设 $(L,[-,-])$ 由例 1 给出的 4 维李代数，则对任意 $k,k_1\in K$，

$$\boldsymbol{\varphi}=\begin{pmatrix} k & 0 & 0 & 0\\ 0 & k_1 & 0 & 0\\ 0 & 0 & k_1 & 0\\ 0 & 0 & 0 & k \end{pmatrix}$$

是一个修正 $(-k)$-微分算子.

定义 1.8 设 (L,φ) 是修正 λ-微分李代数，$(V;\rho)$ 是李代数 L 的表示. 如果线性映射 $\varphi_V: V\to V$，对任意 $\boldsymbol{x}\in L,\boldsymbol{v}\in V$，满足等式（1-2）：

$$\varphi_V(\rho(\boldsymbol{x})\boldsymbol{v})=\rho(\varphi_V(\boldsymbol{x}))\boldsymbol{v}+\rho(\boldsymbol{x})\varphi_V(\boldsymbol{v})+\lambda\rho(\boldsymbol{x})\boldsymbol{v}, \tag{1-2}$$

则称 $(V;\rho,\varphi_V)$ 是修正 λ-微分李代数 (L,φ) 的表示.

注记 2 设 (L,φ) 是修正 λ-微分李代数，$(V;\rho,\varphi_V)$ 是它的一个表示. 如果 $\lambda=0$，则 $(V;\rho,\varphi_V)$ 是具有导子李代数 (L,φ) 的一个表示. 关于具有导子李代数的表示详见[5].

命题 1.2 $(V;\rho,\varphi_V)$ 是修正 λ-微分李代数 (L,φ) 的表示当且仅当 $(V;\rho,\varphi_V+\lambda \mathrm{id}_V)$ 是具有导子李代数 $(L,\varphi+\lambda \mathrm{id}_L)$ 的表示.

证明 由于式（1-2）等价于

$$(\varphi_V+\lambda \mathrm{id}_V)(\rho(\boldsymbol{x})\boldsymbol{v})=\rho((\varphi+\lambda \mathrm{id}_L)(\boldsymbol{x}))\boldsymbol{v}+\rho(\boldsymbol{x})(\varphi_V+\lambda \mathrm{id}_V)(\boldsymbol{v}).$$

因此命题成立. □

例 7 任意修正 λ-微分李代数 (L,φ) 可认为是自身 L（视为向量空间）的表示，其中 $\mathrm{ad}: L\to \mathrm{gl}(L)$ 为 $\mathrm{ad}_{\boldsymbol{x}}(\boldsymbol{y})=[\boldsymbol{x},\boldsymbol{y}],\forall \boldsymbol{x},\boldsymbol{y}\in L$ 和 $\varphi_V=\varphi$.

例 8 设 $(V;\rho,\varphi_V)$ 是修正 λ-微分李代数 (L,φ) 表示. 则 $(V;\rho,\mathrm{id}_V)$ 是修正

λ-微分李代数 $(L,-\lambda\mathrm{id}_L)$ 的表示.

例 9 设 $(V;\rho,\varphi_V)$ 是修正 λ-微分李代数 (L,φ) 的表示. 则对任意 $k\in K$, $(V;\rho,k\varphi_V)$ 是修正 $k\lambda$-微分李代数 $(L,k\varphi)$ 的表示.

命题 1.3 设 (L,φ) 是修正 λ-微分李代数, $(V;\rho,\varphi_V)$ 是其表示. 则 $(V;\rho,\varphi_V)$ 是 (L,φ) 的表示当且仅当 $(L\oplus V,[-,-]_\rho,\varphi\oplus\varphi_V)$ 是修正 λ-微分李代数, 其中映射 $[-,-]_\rho,\varphi\oplus\varphi_V$ 定义如下:

$$[\boldsymbol{x}+\boldsymbol{u},\boldsymbol{y}+\boldsymbol{v}]_\rho=[\boldsymbol{x},\boldsymbol{y}]+\rho(\boldsymbol{x})\boldsymbol{v}-\rho(\boldsymbol{y})\boldsymbol{u},$$

$$\varphi\oplus\varphi_V(\boldsymbol{x}+\boldsymbol{u})=\varphi(\boldsymbol{x})+\varphi_V(\boldsymbol{u}),\qquad\forall\boldsymbol{x},\boldsymbol{y}\in L,\boldsymbol{u},\boldsymbol{v}\in V.$$

证明 由李代数的表示理论, $(V;\rho)$ 是李代数 L 的表示当且仅当 $(L\oplus V,[-,-]_\rho)$ 是一个李代数.

接下来, 假设 $(V;\rho,\varphi_V)$ 是修正 λ-微分李代数 (L,φ) 的表示, 则对任意 $\boldsymbol{x},\boldsymbol{y}\in L,\boldsymbol{u},\boldsymbol{v}\in V$, 有

$$\begin{aligned}&\varphi\oplus\varphi_V[\boldsymbol{x}+\boldsymbol{u},\boldsymbol{y}+\boldsymbol{v}]_\rho\\&=\varphi[\boldsymbol{x},\boldsymbol{y}]+\varphi_V(\rho(\boldsymbol{x})\boldsymbol{v})-\varphi_V(\rho(\boldsymbol{y})\boldsymbol{u})\\&=[\varphi(\boldsymbol{x}),\boldsymbol{y}]+[\boldsymbol{x},\varphi(\boldsymbol{y})]+\lambda[\boldsymbol{x},\boldsymbol{y}]+\rho(\varphi(\boldsymbol{x}))\boldsymbol{v}+\rho(\boldsymbol{x})\varphi_V(\boldsymbol{v})+\lambda\rho(\boldsymbol{x})\boldsymbol{v}-\\&\quad\rho(\varphi(\boldsymbol{y}))\boldsymbol{u}-\rho(\boldsymbol{y})\varphi_V(\boldsymbol{u})-\lambda\rho(\boldsymbol{y})\boldsymbol{u}\\&=[\varphi\oplus\varphi_V(\boldsymbol{x}+\boldsymbol{u}),\boldsymbol{y}+\boldsymbol{v}]_\rho+[\boldsymbol{x}+\boldsymbol{u},\varphi\oplus\varphi_V(\boldsymbol{y}+\boldsymbol{v})]_\rho+\lambda[\boldsymbol{x}+\boldsymbol{u},\boldsymbol{y}+\boldsymbol{v}]_\rho.\end{aligned}$$

因此 $(L\oplus V,[-,-]_\rho,\varphi\oplus\varphi_V)$ 是修正 λ-微分李代数.

反之, 设 $(L\oplus V,[-,-]_\rho,\varphi\oplus\varphi_V)$ 是修正 λ-微分李代数, 则对任意 $\boldsymbol{x}\in L,\boldsymbol{u}\in V$, 可得

$$\begin{aligned}&\varphi\oplus\varphi_V[\boldsymbol{x}+\boldsymbol{0},\boldsymbol{0}+\boldsymbol{u}]_\rho\\&=[\varphi\oplus\varphi_V(\boldsymbol{x}+\boldsymbol{0}),\boldsymbol{0}+\boldsymbol{u}]_\rho+[\boldsymbol{x}+\boldsymbol{0},\varphi\oplus\varphi_V(\boldsymbol{0}+\boldsymbol{u})]_\rho+\lambda[\boldsymbol{x}+\boldsymbol{0},\boldsymbol{0}+\boldsymbol{u}]_\rho,\end{aligned}$$

这意味着式（1-2）成立. 因此 $(V;\rho,\varphi_V)$ 是修正 λ-微分李代数 (L,φ) 的表示. □

本节最后引入修正 λ-微分李代数 (L,φ) 的对偶表示及例子.

命题 1.4 设 $(V;\rho,\varphi_V)$ 是修正 λ-微分李代数 (L,φ) 的表示. 定义线性映射 $\rho^*:L\to\mathrm{End}(V^*),\varphi_V^*:V^*\to V^*$ 分别如下:

$$\left\langle \rho^*(\boldsymbol{x})\boldsymbol{\alpha}, \boldsymbol{u} \right\rangle = -\left\langle \boldsymbol{\alpha}, \rho(\boldsymbol{x})\boldsymbol{u} \right\rangle,$$

$$\left\langle \varphi_V^*(\boldsymbol{\alpha}), \boldsymbol{u} \right\rangle = -\left\langle \boldsymbol{\alpha}, \varphi_V(\boldsymbol{u}) \right\rangle,$$

对任意 $\boldsymbol{x} \in L, \boldsymbol{u} \in V, \boldsymbol{\alpha} \in V^*$, 则 $(V^*;\rho^*,\varphi_V^*)$ 是修正 λ -微分李代数 (L,φ) 的表示. 称为 (L,φ) 的对偶表示.

证明 首先由李代数的对偶表示理论，$(V^*;\rho^*)$ 是李代数 L 的表示. 其次对任意 $\boldsymbol{x} \in L, \boldsymbol{u} \in V, \boldsymbol{\alpha} \in V^*$, 有

$$\begin{aligned}
&\left\langle -\varphi_V^*(\rho^*(\boldsymbol{x})\boldsymbol{\alpha}) + \rho^*(\varphi(\boldsymbol{x}))\boldsymbol{\alpha} + \rho^*(\boldsymbol{x})\varphi_V^*(\boldsymbol{\alpha}) + \lambda\rho^*(\boldsymbol{x})\boldsymbol{\alpha}, \boldsymbol{u} \right\rangle \\
&= \left\langle -\varphi_V^*(\rho^*(\boldsymbol{x})\boldsymbol{\alpha}), \boldsymbol{u} \right\rangle + \left\langle \rho^*(\varphi(\boldsymbol{x}))\boldsymbol{\alpha}, \boldsymbol{u} \right\rangle + \left\langle \rho^*(\boldsymbol{x})\varphi_V^*(\boldsymbol{\alpha}), \boldsymbol{u} \right\rangle + \lambda\left\langle \rho^*(\boldsymbol{x})\boldsymbol{\alpha}, \boldsymbol{u} \right\rangle \\
&= \left\langle \rho^*(\boldsymbol{x})\boldsymbol{\alpha}, \varphi_V(\boldsymbol{u}) \right\rangle - \left\langle \boldsymbol{\alpha}, \rho(\varphi(\boldsymbol{x}))\boldsymbol{u} \right\rangle - \left\langle \varphi_V^*(\boldsymbol{\alpha}), \rho(\boldsymbol{x})\boldsymbol{u} \right\rangle - \lambda\left\langle \boldsymbol{\alpha}, \rho(\boldsymbol{x})\boldsymbol{u} \right\rangle \\
&= -\left\langle \boldsymbol{\alpha}, \rho(\boldsymbol{x})\varphi_V(\boldsymbol{u}) \right\rangle - \left\langle \boldsymbol{\alpha}, \rho(\varphi(\boldsymbol{x}))\boldsymbol{u} \right\rangle + \left\langle \boldsymbol{\alpha}, \varphi_V(\rho(\boldsymbol{x})\boldsymbol{u}) \right\rangle - \lambda\left\langle \boldsymbol{\alpha}, \rho(\boldsymbol{x})\boldsymbol{u} \right\rangle \\
&= \left\langle \boldsymbol{\alpha}, -\rho(\boldsymbol{x})\varphi_V(\boldsymbol{u}) - \rho(\varphi(\boldsymbol{x}))\boldsymbol{u} + \varphi_V(\rho(\boldsymbol{x})\boldsymbol{u}) - \lambda\rho(\boldsymbol{x})\boldsymbol{u} \right\rangle \\
&= 0.
\end{aligned}$$

因此，

$$-\varphi_V^*(\rho^*(\boldsymbol{x})\boldsymbol{\alpha}) + \rho^*(\varphi(\boldsymbol{x}))\boldsymbol{\alpha} + \rho^*(\boldsymbol{x})\varphi_V^*(\boldsymbol{\alpha}) + \lambda\rho^*(\boldsymbol{x})\boldsymbol{\alpha} = 0,$$

即 $(V^*;\rho^*,\varphi_V^*)$ 是修正 λ -微分李代数 (L,φ) 的表示. □

例 10 设 (L,φ) 是修正 λ -微分李代数，定义线性映射 $\mathrm{ad}^* : L \to \mathrm{End}(L^*)$, $\varphi^* : L^* \to L^*$ 分别如下：

$$\left\langle \mathrm{ad}_x^*(\boldsymbol{\alpha}), \boldsymbol{y} \right\rangle = -\left\langle \boldsymbol{\alpha}, [\boldsymbol{x}, \boldsymbol{y}] \right\rangle,$$

$$\left\langle \varphi^*(\boldsymbol{\alpha}), \boldsymbol{y} \right\rangle = -\left\langle \boldsymbol{\alpha}, \varphi(\boldsymbol{y}) \right\rangle, \qquad \forall \boldsymbol{x}, \boldsymbol{y} \in L, \boldsymbol{\alpha} \in L^*.$$

则 $(L^*;\mathrm{ad}^*,\varphi^*)$ 是修正 λ -微分李代数 (L,φ) 的表示，称为 (L,φ) 的对偶伴随表示.

例 11 设 (L,φ) 是修正 λ -微分李代数，则 $(L \oplus L^*, [-,-]_*, \varphi \oplus \varphi^*)$ 是一个修正 λ -微分李代数，其中映射 $[-,-]^*, \varphi \oplus \varphi^*$ 定义如下：

$$[\boldsymbol{x}+\boldsymbol{\alpha}, \boldsymbol{y}+\boldsymbol{\beta}]^* = [\boldsymbol{x}, \boldsymbol{y}] + \mathrm{ad}_x^*(\boldsymbol{\beta}) - \mathrm{ad}_y^*(\boldsymbol{\alpha}),$$

$$\varphi \oplus \varphi^*(\boldsymbol{x}+\boldsymbol{\alpha}) = \varphi(\boldsymbol{x}) + \varphi^*(\boldsymbol{\alpha}), \qquad \forall \boldsymbol{x}, \boldsymbol{y} \in L, \boldsymbol{\alpha}, \boldsymbol{\beta} \in L^*.$$

1.2　修正微分李代数的上同调

首先回顾李代数的 CHEVALLEY-EILENBERG 上同调理论[40].

设 $(V;\rho)$ 是李代数 $(L,[-,-])$ 的表示. 定义 $(L,[-,-])$ 的 n-上链，系数取自 V 为

$$C^n_{\mathrm{LieA}}(L,V)=\mathrm{Hom}(L^{\otimes n},V),$$

对应的上边缘算子 $\delta: C^n_{\mathrm{LieA}}(L,V)\to C^{n+1}_{\mathrm{LieA}}(L,V), f\mapsto \delta f$ 为

$$\begin{aligned}&\delta f(\boldsymbol{x}_1,\boldsymbol{x}_2,\cdots,\boldsymbol{x}_{n+1})\\&=\sum_{i=1}^{n+1}(-1)^{i+1}\rho(\boldsymbol{x}_i)f(\boldsymbol{x}_1,\boldsymbol{x}_2,\cdots,\hat{\boldsymbol{x}}_i,\cdots,\boldsymbol{x}_{n+1})+\\&\sum_{1\leqslant i<j\leqslant n+1}(-1)^{i+j}f([\boldsymbol{x}_i,\boldsymbol{x}_j],\boldsymbol{x}_1,\boldsymbol{x}_2,\cdots,\hat{\boldsymbol{x}}_i,\cdots,\hat{\boldsymbol{x}}_j,\cdots,\boldsymbol{x}_{n+1}),\end{aligned}\tag{1-3}$$

其中 $\hat{\boldsymbol{x}}_i$ 表示 $\boldsymbol{x}_i$ 被删掉. CHEVALLEY-EILENBERG[40]已证明 $\delta\circ\delta=0$. 记

$$H^*_{\mathrm{LieA}}(L,V)=H(C^*_{\mathrm{LieA}}(L,V))$$

为上链复形 $(C^*_{\mathrm{LieA}}(L,V),\delta)$ 的上同调群，系数取自表示 $(V;\rho)$. 当 V 是伴随表示时，简记 $H^*_{\mathrm{LieA}}(L)=H^*_{\mathrm{LieA}}(L,V)$.

为了引入修正 λ-微分李代数的上同调理论，下面定义链映射.

设 $(V;\rho,\varphi_V)$ 是修正 λ-微分李代数 (L,φ) 的表示. 受到具有导子李代数的链映射[5]的启发，对于 $n\geqslant 1$，定义线性映射

$$\varPhi: C^n_{\mathrm{LieA}}(L,V)\to C^n_{\mathrm{LieA}}(L,V),\qquad f\mapsto \varPhi f$$

为

$$\begin{aligned}&\varPhi f(\boldsymbol{x}_1,\boldsymbol{x}_2,\cdots,\boldsymbol{x}_n)\\&=\sum_{i=1}^{n}f(\boldsymbol{x}_1,\boldsymbol{x}_2,\cdots,\varphi(\boldsymbol{x}_i),\cdots,\boldsymbol{x}_n)+(n-1)\lambda f(\boldsymbol{x}_1,\boldsymbol{x}_2,\cdots,\boldsymbol{x}_n)-\\&\varphi_V(f(\boldsymbol{x}_1,\boldsymbol{x}_2,\cdots,\boldsymbol{x}_n)).\end{aligned}\tag{1-4}$$

引理 1.1　上面定义线性映射 $\varPhi: C^n_{\mathrm{LieA}}(L,V)\to C^n_{\mathrm{LieA}}(L,V)$ 是链映射，即满

足 $\Phi\circ\delta=\delta\circ\Phi$. 换句话说，下面图（1-5）可换：

$$\begin{array}{ccc} C^n_{\mathrm{LieA}}(L,V) & \overset{\delta}{\rightarrow} & C^{n+1}_{\mathrm{LieA}}(L,V) \\ \downarrow\Phi & & \downarrow\Phi \\ C^n_{\mathrm{LieA}}(L,V) & \underset{\delta}{\rightarrow} & C^{n+1}_{\mathrm{LieA}}(L,V) \end{array} \tag{1-5}$$

证明 对任意 $f\in C^n_{\mathrm{LieA}}(L,V)$， $\boldsymbol{x}_1,\boldsymbol{x}_2,\cdots,\boldsymbol{x}_{n+1}\in L$，有

$$\begin{aligned}&\delta(\Phi f)(\boldsymbol{x}_1,\boldsymbol{x}_2,\cdots,\boldsymbol{x}_{n+1})\\ &=\sum_{i=1}^{n+1}(-1)^{i+1}\rho(\boldsymbol{x}_i)(\Phi f)(\boldsymbol{x}_1,\boldsymbol{x}_2,\cdots,\hat{\boldsymbol{x}}_i,\cdots,\boldsymbol{x}_{n+1})+\\ &\sum_{1\leqslant i<j\leqslant n+1}(-1)^{i+j}(\Phi f)([\boldsymbol{x}_i,\boldsymbol{x}_j],\boldsymbol{x}_1,\boldsymbol{x}_2,\cdots,\hat{\boldsymbol{x}}_i,\cdots,\hat{\boldsymbol{x}}_j,\cdots,\boldsymbol{x}_{n+1})\end{aligned} \tag{1-6}$$

和

$$\begin{aligned}&\Phi(\delta f)(\boldsymbol{x}_1,\boldsymbol{x}_2,\cdots,\boldsymbol{x}_n)\\ &=\sum_{i=1}^{n}(\delta f)(\boldsymbol{x}_1,\boldsymbol{x}_2,\cdots,\varphi(\boldsymbol{x}_i),\cdots,\boldsymbol{x}_n)+(n-1)\lambda(\delta f)(\boldsymbol{x}_1,\boldsymbol{x}_2,\cdots,\boldsymbol{x}_n)-\\ &\varphi_V((\delta f)(\boldsymbol{x}_1,\boldsymbol{x}_2,\cdots,\boldsymbol{x}_n)).\end{aligned} \tag{1-7}$$

利用式（1-3）和式（1-4），进一步展开式（1-6）和式（1-7），可得结论 $\Phi\circ\delta=\delta\circ\Phi$. □

设 (L,φ) 为修正 λ -微分李代数， $(V;\rho,\varphi_V)$ 是它的表示. 定义修正 λ -微分李代数 1-上链为

$$C^1_{\mathrm{MDLieA}}(L,V)=C^1_{\mathrm{LieA}}(L,V).$$

对于 $n\geqslant 2$， n -上链定义为

$$C^n_{\mathrm{MDLieA}}(L,V)=C^n_{\mathrm{LieA}}(L,V)\oplus C^{n-1}_{\mathrm{LieA}}(L,V).$$

定义线性映射 $\partial:C^1_{\mathrm{MDLieA}}(L,V)\rightarrow C^2_{\mathrm{MDLieA}}(L,V)$ 为

$$\partial(f)=(\delta f,-\Phi f),\qquad \forall f\in C^1_{\mathrm{MDLieA}}(L,V).$$

对于 $n\geqslant 2$，定义线性映射 $\partial:C^n_{\mathrm{MDLieA}}(L,V)\rightarrow C^{n+1}_{\mathrm{MDLieA}}(L,V)$ 为

$$\partial(f,g)=(\delta f,\delta g+(-1)^n\Phi f),\qquad \forall(f,g)\in C^n_{\mathrm{MDLieA}}(L,V).$$

定理 1.1 线性映射 ∂ 为上边缘算子，即满足 $\partial\circ\partial=0$.

证明 对任意 $f\in C^1_{\mathrm{MDLieA}}(L,V)$，由引理 1.1，有

$$\begin{aligned}\partial\circ\partial(f)&=\partial(\delta f,-\Phi f)\\&=(\delta(\delta f),\delta(-\Phi f)+\Phi(\delta f)).\\&=0.\end{aligned}$$

对于 $n\geqslant 2$，对任意 $(f,g)\in C^n_{\mathrm{MDLieA}}(L,V)$, 有

$$\begin{aligned}&\partial\circ\partial(f,g)\\&=\partial(\delta f,\delta g+(-1)^n\Phi f)\\&=(\delta(\delta f),\delta(\delta g+(-1)^n\Phi f)+(-1)^{n+1}\Phi(\delta f))\\&=(\delta(\delta f),\delta(\delta g)+(-1)^n\delta(\Phi f)+(-1)^{n+1}\Phi(\delta f))\\&=(0,0+(-1)^n(\delta(\Phi f)-\Phi(\delta f)))\\&=0.\end{aligned}$$

因此，$\partial\circ\partial=0$. □

设 $(V;\rho,\varphi_V)$ 是修正 λ-微分李代数 (L,φ) 的表示. 则由定理 1.1，$(C^*_{\mathrm{MDLieA}}(L,V),\partial)$ 是上链复形. 上链复形 $(C^*_{\mathrm{MDLieA}}(L,V),\partial)$ 的上同调群记为 $H^*_{\mathrm{MDLieA}}(L,V)$, 称为修正 λ-微分李代数 (L,φ) 的上同调群，系数取自表示 $(V;\rho,\varphi_V)$.

记

$$Z^n_{\mathrm{MDLieA}}(L,V):=\mathrm{Ker}(\partial)=\{f\in C^n_{\mathrm{MDLieA}}(L,V)\mid \partial f=0\},$$

$$B^n_{\mathrm{MDLieA}}(L,V):=\mathrm{Im}(\partial)=\{\partial f\mid f\in C^{n-1}_{\mathrm{MDLieA}}(L,V)\}$$

分别称为修正 λ-微分李代数 (L,φ) 的 n-上闭链群和 n-上边缘链群，系数取自表示 $(V;\rho,\varphi_V)$. 则修正 λ-微分李代数 (L,φ) 的第 n-上同调群为

$$H^n_{\mathrm{MDLieA}}(L,V)=\frac{Z^n_{\mathrm{MDLieA}}(L,V)}{B^n_{\mathrm{MDLieA}}(L,V)}.$$

特别地，当修正 λ-微分李代数 (L,φ) 的表示 $(V;\rho,\varphi_V)$ 取自伴随表示时，简记

$$C^*_{\mathrm{MDLieA}}(L)=C^*_{\mathrm{MDLieA}}(L,V),$$

$$H^*_{\mathrm{MDLieA}}(L) = H^*_{\mathrm{MDLieA}}(L,V),$$

分别称为修正 λ-微分李代数 (L,φ) 的上链复形和上同调群，系数取自伴随表示.

推论 1.1 设 (L,φ) 为修正 λ-微分李代数，$(V;\rho,\varphi_V)$ 是它的表示. 则存在一个上链复形短正合列：

$$0 \to C^{*-1}_{\mathrm{LieA}}(L,V) \xrightarrow{\mathrm{inc}} C^*_{\mathrm{MDLieA}}(L,V) \xrightarrow{\mathrm{proj}} C^*_{\mathrm{LieA}}(L,V) \to 0$$

其中 inc 和 proj 分别代表包含（Inclusion）映射和投影（Projection）映射.

因此，诱导一个上同调群长正合列：

$$\cdots \to H^n_{\mathrm{MDLieA}}(L,V) \to H^n_{\mathrm{LieA}}(L,V) \to H^{n+1}_{\mathrm{MDLieA}}(L,V) \to H^{n+1}_{\mathrm{LieA}}(L,V) \to \cdots.$$

1.3 修正微分李代数的 1-参数形式形变

本节将 NIJENHUIS 和 RICHARDSON[41]关于李代数的形变理论推广到修正 λ-微分李代数上.

设 (L,φ) 为修正 λ-微分李代数. 接下来，记李括号 $[-,-]$ 为 μ. 考虑 $\boldsymbol{t}$ 参数族线性算子

$$\mu_t = \sum_{i=0}^{\infty} \mu_i \boldsymbol{t}^i, \quad \varphi_t = \sum_{i=0}^{\infty} \phi_i \boldsymbol{t}^i,$$

其中，$(\mu_i,\varphi_i) \in C^2_{\mathrm{MDLieA}}(L), i = 0,1,2,\cdots$.

定义 1.9 如果对所有的 $\boldsymbol{t}$，$(L[[\boldsymbol{t}]],\mu_t,\varphi_t)$ 为 $K[[\boldsymbol{t}]]$ 上的修正 λ-微分李代数，其中 $\mu_0 = \mu$, $\varphi_0 = \varphi$, 则称 (μ_t,φ_t) 生成 (L,φ) 的 1-参数形式形变.

因此，(μ_t,φ_t) 生成 (L,φ) 的 1-参数形式形变当且仅当式（1-8）和式（1-9）成立：

$$\mu_t(\boldsymbol{x},\mu_t(\boldsymbol{y},\boldsymbol{z})) + \mu_t(\boldsymbol{z},\mu_t(\boldsymbol{x},\boldsymbol{y})) + \mu_t(\boldsymbol{y},\mu_t(\boldsymbol{z},\boldsymbol{x})) = 0, \tag{1-8}$$

$$\varphi_t(\mu_t(\boldsymbol{x},\boldsymbol{y})) = \mu_t(\varphi_t(\boldsymbol{x}),\boldsymbol{y}) + \mu_t(\boldsymbol{x},\varphi_t(\boldsymbol{y})) + \lambda\mu_t(\boldsymbol{x},\boldsymbol{y}), \quad \forall \boldsymbol{x},\boldsymbol{y},\boldsymbol{z} \in L. \tag{1-9}$$

展开式（1-8）和式（1-9）并对比 $\boldsymbol{t}^n (n = 0,1,2,\cdots)$ 的系数，其等价于式（1-

10）和式（1-11）:

$$\sum_{i=0}^{n}\Big(\mu_i(\boldsymbol{x},\mu_{n-i}(\boldsymbol{y},\boldsymbol{z}))+\mu_i(\boldsymbol{z},\mu_{n-i}(\boldsymbol{x},\boldsymbol{y}))+\mu_i(\boldsymbol{y},\mu_{n-i}(\boldsymbol{z},\boldsymbol{x}))\Big)=0, \tag{1-10}$$

$$\sum_{i+j=n}\varphi_i(\mu_j(\boldsymbol{x},\boldsymbol{y}))=\sum_{i+j=n}\Big(\mu_i(\varphi_j(\boldsymbol{x}),\boldsymbol{y})+\mu_i(\boldsymbol{x},\varphi_j(\boldsymbol{y}))\Big)+\lambda\mu_n(\boldsymbol{x},\boldsymbol{y}). \tag{1-11}$$

注意到 $n=0$, 式（1-10）为 μ 满足雅可比等式，式（1-11）意味着 φ 是修正 λ-微分算子.

命题 1.5 设 $(L[[\boldsymbol{t}]],\mu_t,\varphi_t)$ 为修正 λ-微分李代数 (L,φ) 的 1-参数形式形变. 则 (μ_1,φ_1) 是一个修正 λ-微分李代数 (L,φ) 的 2-上闭链，其系数取自伴随表示 (L,φ).

证明 对于 $n=1$, 等式（1-10）为

$$[\boldsymbol{x},\mu_1(\boldsymbol{y},\boldsymbol{z})]+\mu_1(\boldsymbol{x},[\boldsymbol{y},\boldsymbol{z}])+[\boldsymbol{z},\mu_1(\boldsymbol{x},\boldsymbol{y})]+\mu_1(\boldsymbol{z},[\boldsymbol{x},\boldsymbol{y}])+$$
$$[\boldsymbol{y},\mu_1(\boldsymbol{z},\boldsymbol{x})]+\mu_1(\boldsymbol{y},[\boldsymbol{z},\boldsymbol{x}])=0,$$

即 $\delta\mu_1=0$, 又由等式（1-11）为

$$\begin{aligned}&\varphi_1[\boldsymbol{x},\boldsymbol{y}]+\varphi(\mu_1(\boldsymbol{x},\boldsymbol{y}))\\&=\mu_1(\varphi(\boldsymbol{x}),\boldsymbol{y})+[\varphi_1(\boldsymbol{x}),\boldsymbol{y}]+\mu_1(\boldsymbol{x},\varphi(\boldsymbol{y}))+[\boldsymbol{x},\varphi_1(\boldsymbol{y})]+\lambda\mu_1(\boldsymbol{x},\boldsymbol{y}),\end{aligned}$$

这意味着 $\delta\varphi_1+\Phi\mu_1=0$. 因此,

$$\partial(\mu_1,\varphi_1)=(\delta\mu_1,\delta\varphi_1+\Phi\mu_1)=0,$$

即 (μ_1,φ_1) 是一个修正 λ-微分李代数 (L,φ) 的 2-上闭链，其系数取自伴随表示 (L,φ). □

如果在修正 λ-微分李代数 (L,φ) 的 1-参数形式形变 (μ_t,φ_t) 中， $\mu_t=\mu$，则可得修正 λ-微分算子 φ 的 1-参数形式形变 φ_t. 因此，可得下面结论.

推论 1.2 设 φ_t 为修正 λ-微分算子 φ 的 1-参数形式形变. 则 φ_1 是一个修正 λ-微分算子 φ 的 1-上闭链，其系数取自伴随表示 (L,φ).

证明 由等式（1-9），注意到 $\mu_t=\mu$, 有

$$\varphi_t([\boldsymbol{x},\boldsymbol{y}])=[\varphi_t(\boldsymbol{x}),\boldsymbol{y}]+[\boldsymbol{x},\varphi_t(\boldsymbol{y})]+\lambda[\boldsymbol{x},\boldsymbol{y}], \tag{1-12}$$

展开式（1-12），比较 $\boldsymbol{t}$ 的系数，可得

$$\varphi_1([x,y])=[\varphi_1(x),y]+[x,\varphi_1(y)].$$

因此，$\delta\varphi_1=0$，即 φ_1 是一个修正 λ-微分算子 φ 的 1-上闭链，其系数取自伴随表示 (L,φ)．□

定义 1.10 2-上闭链 (μ_1,φ_1) 称为修正 λ-微分李代数 (L,φ) 的 1-参数形式形变 $(L[[t]],\mu_t,\phi_t)$ 的无穷小.

定义 1.11 设 $(L[[t]],\mu_t,\varphi_t)$ 和 $(L[[t]],\tilde{\mu}_t,\tilde{\phi}_t)$ 是修正 λ-微分李代数 (L,φ) 的两个 1-参数形式形变. 如果存在一个从 $(L[[t]],\tilde{\mu}_t,\tilde{\phi}_t)$ 到 $(L[[t]],\mu_t,\varphi_t)$ 的形式同构

$$\Psi_t=\sum_{i\geqslant 0}\psi_i t^i:L[[t]]\to L[[t]],$$

其中 $\psi_i:L\to L$ 为线性映射，$\psi_0=\mathrm{id}_L$，使得

$$\Psi_t\circ\tilde{\mu}_t=\mu_t\circ(\Psi_t\otimes\Psi_t),$$

$$\Psi_t\circ\tilde{\phi}_t=\phi_t\circ\Psi_t,$$

则称 1-参数形式形变 $(L[[t]],\mu_t,\varphi_t)$ 和 $(L[[t]],\tilde{\mu}_t,\tilde{\varphi}_t)$ 等价.

命题 1.6 修正 λ-微分李代数 (L,φ) 的两个等价的 1-参数形式形变的无穷小在 $H^2_{\mathrm{MDLieA}}(L)$ 中属于相同的上同调类.

证明 设 $\Psi_t:(L[[t]],\tilde{\mu}_t,\tilde{\varphi}_t)\to(L[[t]],\mu_t,\varphi_t)$ 为一个形式同构，则对任意 $x,y\in L$，有

$$\Psi_t(\tilde{\mu}_t(x,y))=\mu_t(\Psi_t(x),\Psi_t(y)),\tag{1-13}$$

$$\Psi_t(\tilde{\varphi}_t(x))=\varphi_t(\Psi_t(x)),\tag{1-14}$$

进而展开式（1-13）和式（1-14），比较 t 的系数，可得

$$\tilde{\mu}_1(x,y)=\mu_1(x,y)+[\psi_1(x),y]+[x,\psi_1(y)]-\psi_1[x,y],$$

$$\tilde{\varphi}_1(x)=\varphi_1(x)+\varphi(\psi_1(x))-\psi_1(\varphi(x)).$$

因此，

$$\tilde{\mu}_1(x,y)=\mu_1(x,y)+\delta\psi_1(x,y),$$

$$\tilde{\varphi}_1(x)=\varphi_1(x)-\Phi\psi_1(x),$$

即

$$\begin{aligned}(\tilde{\mu}_1,\tilde{\varphi}_1)&=(\mu_1,\varphi_1)+(\delta\psi_1,-\varPhi\psi_1)\\&=(\mu_1,\varphi_1)+\partial(\psi_1),\end{aligned}$$

这意味着 $(\tilde{\mu}_1,\tilde{\varphi}_1)$ 和 (μ_1,φ_1) 在 $H^2_{\mathrm{MDLieA}}(L)$ 中属于相同的上同调类. □

定义 1.12 设 $(L[[\boldsymbol{t}]],\mu_t,\varphi_t)$ 是修正 λ-微分李代数 (L,φ) 的 1-参数形式形变. 如果存在一个从 $(L[[\boldsymbol{t}]],\mu_t,\varphi_t)$ 到 $(L[[\boldsymbol{t}]],\mu_t,\varphi_t)$ 到的形式同构

$$\varPsi_t=\sum_{i\geqslant 0}\psi_i\boldsymbol{t}^i:L[[\boldsymbol{t}]]\to L[[\boldsymbol{t}]],$$

其中 $\psi_i:L\to L$ 为线性映射, $\psi_0=\mathrm{id}_L$, 使得

$$\varPsi_t\circ\mu_t=\mu\circ(\varPsi_t\otimes\varPsi_t),$$

$$\varPsi_t\circ\varphi_t=\varphi\circ\varPsi_t,$$

则称 1-参数形式形变 $(L[[\boldsymbol{t}]],\mu_t,\varphi_t)$ 为平凡的.

定义 1.13 如果 (L,φ) 的每一个 1-参数形式形变 $(L[[\boldsymbol{t}]],\mu_t,\varphi_t)$ 都是平凡的, 则称修正 λ-微分李代数 (L,φ) 为分析刚性的.

定理 1.2 设 (L,φ) 为修正 λ-微分李代数. 如果 $H^2_{\mathrm{MDLieA}}(L)=0$, 则修正 λ-微分李代数 (L,φ) 为分析刚性.

证明 设 $(L[[\boldsymbol{t}]],\mu_t,\varphi_t)$ 为修正 λ-微分李代数 (L,φ) 的 1-参数形式形变. 则由命题 1.5, (μ_1,φ_1) 是一个 2-上闭链. 又 $H^2_{\mathrm{MDLieA}}(L)=0$, 则存在一个 1-上链 $\psi_1\in C^1_{\mathrm{MDLieA}}(L)$, 使得

$$(\mu_1,\varphi_1)=-\partial(\psi_1).\tag{1-15}$$

置 $\varPsi_t=\mathrm{id}_L+\psi_1\boldsymbol{t}$, 有 1-参数形式形变 $(L[[\boldsymbol{t}]],\tilde{\mu}_t,\tilde{\varphi}_t)$, 其中

$$\tilde{\mu}_t(\boldsymbol{x},\boldsymbol{y})=\left(\varPsi_t^{-1}\circ\mu_t\circ(\varPsi_t\otimes\varPsi_t)\right)(\boldsymbol{x},\boldsymbol{y}),\tag{1-16}$$

$$\tilde{\varphi}_t(\boldsymbol{x})=\left(\varPsi_t^{-1}\circ\varphi_t\circ\varPsi_t\right)(\boldsymbol{x}),\tag{1-17}$$

从而, $(L[[\boldsymbol{t}]],\tilde{\mu}_t,\tilde{\phi}_t)$ 等价于 $(L[[\boldsymbol{t}]],\mu_t,\varphi_t)$. 进而展开式(1-16)和式(1-17), 可得

$$\tilde{\mu}_t(\boldsymbol{x},\boldsymbol{y})=\left(\mathrm{id}_L-\psi_1\boldsymbol{t}+\psi_1^2\boldsymbol{t}^2+\cdots+(-1)^i\psi_1^i\boldsymbol{t}^i+\cdots\right)\mu_t(\boldsymbol{x}+\psi_1(\boldsymbol{x})\boldsymbol{t},\boldsymbol{y}+\psi_1(\boldsymbol{y})\boldsymbol{t}),$$

$$\tilde{\varphi}_t(\boldsymbol{x})=\left(\mathrm{id}_L-\psi_1\boldsymbol{t}+\psi_1^2\boldsymbol{t}^2+\cdots+(-1)^i\psi_1^i\boldsymbol{t}^i+\cdots\right)\varphi_t(\boldsymbol{x}+\psi_1(\boldsymbol{x})\boldsymbol{t}).$$

因此，

$$\begin{aligned}\tilde{\mu}_t(\boldsymbol{x},\boldsymbol{y})=&[\boldsymbol{x},\boldsymbol{y}]+\left(\mu_1(\boldsymbol{x},\boldsymbol{y})+[\boldsymbol{x},\psi_1(\boldsymbol{y})]+[\psi_1(\boldsymbol{x}),\boldsymbol{y}]-\psi_1([\boldsymbol{x},\boldsymbol{y}])\right)\boldsymbol{t}+\\&\tilde{\mu}_2(\boldsymbol{x},\boldsymbol{y})\boldsymbol{t}^2+\cdots,\end{aligned}$$

$$\tilde{\varphi}_t(\boldsymbol{x})=\varphi(\boldsymbol{x})+\left(\varphi_1(\boldsymbol{x})+\varphi(\psi_1(\boldsymbol{x}))-\psi_1(\varphi(\boldsymbol{x}))\right)\boldsymbol{t}+\tilde{\varphi}_2(\boldsymbol{x})\boldsymbol{t}^2+\cdots.$$

由式（1-15），有

$$\tilde{\mu}_t(\boldsymbol{x},\boldsymbol{y})=[\boldsymbol{x},\boldsymbol{y}]+\tilde{\mu}_2(\boldsymbol{x},\boldsymbol{y})\boldsymbol{t}^2+\cdots,$$

$$\tilde{\varphi}_t(\boldsymbol{x})=\varphi(\boldsymbol{x})+\tilde{\varphi}_2(\boldsymbol{x})\boldsymbol{t}^2+\cdots.$$

重复上面的论证，可得 $(L[[\boldsymbol{t}]],\mu_t,\varphi_t)$ 等价于 $(L[[\boldsymbol{t}]],\mu,\varphi)$. 因此，修正 λ -微分李代数 (L,φ) 为分析刚性. □

本节最后研究修正 λ -微分李代数 (L,φ) 的 n -阶形变.

定义 1.14 设 (L,φ) 为修正 λ -微分李代数. 如果

$$\mu_t=\sum_{i=0}^{n}\mu_i\boldsymbol{t}^i,\quad \varphi_t=\sum_{i=0}^{n}\varphi_i\boldsymbol{t}^i,$$

其中 $(\mu_i,\varphi_i)\in C^2_{\mathrm{MDLieA}}(L)$, $(\mu_0,\varphi_0)=(\mu,\varphi)$, 对所有的 $\boldsymbol{t}$，使得 $(L[[\boldsymbol{t}]]/(\boldsymbol{t}^{n+1}),\mu_t,\varphi_t)$ 为修正 λ -微分李代数，则称 (μ_t,φ_t) 生成 (L,φ) 的 n -阶形变.

定义 1.15 设 (μ_t,φ_t) 为修正 λ -微分李代数 (L,φ) 的 n -阶形变. 如果存在一个 2-上链 $(\mu_{n+1},\varphi_{n+1})\in C^2_{\mathrm{MDLieA}}(L)$，使得序对 $(\tilde{\mu}_t=\mu_t+\mu_{n+1}\boldsymbol{t},\tilde{\varphi}_t=\varphi_t+\varphi_{n+1}\boldsymbol{t})$ 是一个 $(n+1)$ -阶形变，则称 (μ_t,φ_t) 是可扩展的.

定理 1.3 设 (L,φ) 为修正 λ -微分李代数，(μ_t,φ_t) 为 (L,φ) 的 n- 阶形变. 则 (μ_t,φ_t) 是可扩展的当且仅当上同调类 $[(\mathrm{Ob}^3_{(\mu_t,\varphi_t)},\mathrm{Ob}^2_{(\mu_t,\varphi_t)})]\in H^3_{\mathrm{MDLieA}}(L)$ 是平凡的，其中

$$\mathrm{Ob}^3_{(\mu_t,\varphi_t)}(\boldsymbol{x},\boldsymbol{y},\boldsymbol{z})=\sum_{\substack{i+j=n+1\\0\leqslant i,j\leqslant n}}\left(\mu_i(\boldsymbol{x},\mu_j(\boldsymbol{y},\boldsymbol{z}))+\mu_i(\boldsymbol{z},\mu_j(\boldsymbol{x},\boldsymbol{y}))+\mu_i(\boldsymbol{y},\mu_j(\boldsymbol{z},\boldsymbol{x}))\right),$$

$$\mathrm{Ob}^2_{(\mu_t,\varphi_t)}(\boldsymbol{x},\boldsymbol{y})=\sum_{\substack{i+j=n+1\\0\leqslant i,j\leqslant n}}\Big(\varphi_i(\mu_j(\boldsymbol{x},\boldsymbol{y}))-\mu_i(\varphi_j(\boldsymbol{x}),\boldsymbol{y})-\mu_i(\boldsymbol{x},\varphi_j(\boldsymbol{y}))\Big),\ \forall \boldsymbol{x},\boldsymbol{y},\boldsymbol{z}\in L.$$

证明 设 $(\tilde{\mu}_t=\mu_t+\mu_{n+1}\boldsymbol{t},\tilde{\varphi}_t=\varphi_t+\varphi_{n+1}\boldsymbol{t})$ 是 (μ_t,φ_t) 的扩展，则对任意 $\boldsymbol{x},\boldsymbol{y},\boldsymbol{z}\in L$，有

$$\tilde{\mu}_t(\boldsymbol{x},\tilde{\mu}_t(\boldsymbol{y},\boldsymbol{z}))+\tilde{\mu}_t(\boldsymbol{z},\tilde{\mu}_t(\boldsymbol{x},\boldsymbol{y}))+\tilde{\mu}_t(\boldsymbol{y},\tilde{\mu}_t(\boldsymbol{z},\boldsymbol{x}))=0, \tag{1-18}$$

$$\tilde{\varphi}_t(\tilde{\mu}_t(\boldsymbol{x},\boldsymbol{y}))=\tilde{\mu}_t(\tilde{\varphi}_t(\boldsymbol{x}),\boldsymbol{y})+\tilde{\mu}_t(\boldsymbol{x},\tilde{\varphi}_t(\boldsymbol{y}))+\lambda\tilde{\mu}_t(\boldsymbol{x},\boldsymbol{y}). \tag{1-19}$$

展开式（1-18）和式（1-19）并对比 $\boldsymbol{t}^{n+1}$ 的系数，可得下面等式：

$$\sum_{\substack{i+j=n+1\\0\leqslant i,j\leqslant n+1}}\Big(\mu_i(\boldsymbol{x},\mu_j(\boldsymbol{y},\boldsymbol{z}))+\mu_i(\boldsymbol{z},\mu_j(\boldsymbol{x},\boldsymbol{y}))+\mu_i(\boldsymbol{y},\mu_j(\boldsymbol{z},\boldsymbol{x}))\Big)=0,$$

$$\sum_{\substack{i+j=n+1\\0\leqslant i,j\leqslant n+1}}\Big(\varphi_i(\mu_j(\boldsymbol{x},\boldsymbol{y}))-\mu_i(\varphi_j(\boldsymbol{x}),\boldsymbol{y})-\mu_i(\boldsymbol{x},\varphi_j(\boldsymbol{y}))\Big)-\lambda\mu_{n+1}(\boldsymbol{x},\boldsymbol{y})=0,$$

等价于式（1-20）和式（1-21）：

$$\sum_{\substack{i+j=n+1\\0\leqslant i,j\leqslant n}}\Big(\mu_i(\boldsymbol{x},\mu_j(\boldsymbol{y},\boldsymbol{z}))+\mu_i(\boldsymbol{z},\mu_j(\boldsymbol{x},\boldsymbol{y}))+\mu_i(\boldsymbol{y},\mu_j(\boldsymbol{z},\boldsymbol{x}))\Big)+[\boldsymbol{x},\mu_{n+1}(\boldsymbol{y},\boldsymbol{z})]+$$
$$\mu_{n+1}(\boldsymbol{x},[\boldsymbol{y},\boldsymbol{z}])+[\boldsymbol{z},\mu_{n+1}(\boldsymbol{x},\boldsymbol{y})]+\mu_{n+1}(\boldsymbol{z},[\boldsymbol{x},\boldsymbol{y}])+[\boldsymbol{y},\mu_{n+1}(\boldsymbol{z},\boldsymbol{x})]+\mu_{n+1}(\boldsymbol{y},[\boldsymbol{z},\boldsymbol{x}])$$
$$=0, \tag{1-20}$$

$$\sum_{\substack{i+j=n+1\\0\leqslant i,j\leqslant n}}\Big(\varphi_i(\mu_j(\boldsymbol{x},\boldsymbol{y}))-\mu_i(\varphi_j(\boldsymbol{x}),\boldsymbol{y})-\mu_i(\boldsymbol{x},\varphi_j(\boldsymbol{y}))\Big)-\lambda\mu_{n+1}(\boldsymbol{x},\boldsymbol{y})+\varphi(\mu_{n+1}(\boldsymbol{x},\boldsymbol{y}))+$$
$$\varphi_{n+1}([\boldsymbol{x},\boldsymbol{y}])-\mu_{n+1}(\varphi(\boldsymbol{x}),\boldsymbol{y})-[\varphi_{n+1}(\boldsymbol{x}),\boldsymbol{y}]-\mu_{n+1}(\boldsymbol{x},\varphi(\boldsymbol{y}))-[\boldsymbol{x},\varphi_{n+1}(\boldsymbol{y})]$$
$$=0. \tag{1-21}$$

从而，

$$\mathrm{Ob}^3_{(\mu_t,\varphi_t)}(\boldsymbol{x},\boldsymbol{y},\boldsymbol{z})-\delta\mu_{n+1}(\boldsymbol{x},\boldsymbol{y},\boldsymbol{z})=0,$$
$$\mathrm{Ob}^2_{(\mu_t,\varphi_t)}(\boldsymbol{x},\boldsymbol{y})-\delta\varphi_{n+1}(\boldsymbol{x},\boldsymbol{y})-\Phi\mu_{n+1}(\boldsymbol{x},\boldsymbol{y})=0.$$

因此，

$$(\mathrm{Ob}^3_{(\mu_t,\varphi_t)},\mathrm{Ob}^2_{(\mu_t,\varphi_t)})=(\delta\mu_{n+1},\delta\varphi_{n+1}+\Phi\mu_{n+1})=\partial(\mu_{n+1},\varphi_{n+1}).$$

进而，$\partial(\mathrm{Ob}^3_{(\mu_t,\varphi_t)},\mathrm{Ob}^2_{(\mu_t,\varphi_t)})=\partial\circ\partial(\mu_{n+1},\varphi_{n+1})=0$．这意味着上同调类 $[(\mathrm{Ob}^3_{(\mu_t,\varphi_t)},$

$\mathrm{Ob}^2_{(\mu_t,\varphi_t)})]\in H^3_{\mathrm{MDLieA}}(L)$ 是平凡的.

反之，设上同调类 $[(\mathrm{Ob}^3_{(\mu_t,\varphi_t)},\mathrm{Ob}^2_{(\mu_t,\varphi_t)})]\in H^3_{\mathrm{MDLieA}}(L)$ 是平凡的，则存在 $(\mu_{n+1},\varphi_{n+1})\in C^2_{\mathrm{MDLieA}}(L)$，使得

$$(\mathrm{Ob}^3_{(\mu_t,\phi_t)},\mathrm{Ob}^2_{(\mu_t,\phi_t)})=\partial(\mu_{n+1},\varphi_{n+1}).$$

置

$$(\tilde{\mu}_t,\tilde{\varphi}_t)=(\mu_t+\mu_{n+1}\boldsymbol{t},\varphi_t+\varphi_{n+1}\boldsymbol{t}).$$

则 $(\tilde{\mu}_t,\tilde{\varphi}_t)$ 满足式（1-18）和（1-19），因此，$(\tilde{\mu}_t,\tilde{\varphi}_t)$ 是一个 $(n+1)$-阶形变，即 (μ_t,ϕ_t) 是可扩展的. □

推论 1.3 设 (μ_t,φ_t) 为修正 λ-微分李代数 (L,φ) 的 n-阶形变. 则 3-上链 $(\mathrm{Ob}^3_{(\mu_t,\varphi_t)},\mathrm{Ob}^2_{(\mu_t,\varphi_t)})$ 是修正 λ-微分李代数 (L,φ) 一个 3-上闭链，其系数取自伴随表示.

推论 1.4 如果 $H^3_{\mathrm{MDLieA}}(L)=0$, 则 $C^2_{\mathrm{MDLieA}}(L)$ 中每个 2-上闭链都是修正 λ-微分李代数 (L,φ) 的某个 1-参数形式形变的无穷小.

1.4 修正微分李代数的交换扩张

本节研究修正 λ-微分李代数的交换扩张. 将经典李代数的交换扩张理论推广到修正 λ-微分李代数上.

定义 1.16 设 (L,φ) 为修正 λ-微分李代数，(V,φ_V) 为具有平凡李括号的修正 λ-微分李代数. 如果存在一个修正 λ-微分李代数同态的短正合列

$$0\to(V,\varphi_V)\xrightarrow{i}(\hat{L},\hat{\phi})\xrightarrow{p}(L,\varphi)\to 0,$$

即存在一个交换图：

$$\begin{array}{ccccccccc}
0 & \to & V & \xrightarrow{i} & \hat{L} & \xrightarrow{p} & L & \to & 0\\
 & & \downarrow{\scriptstyle \varphi_V} & & \downarrow{\scriptstyle \hat{\varphi}} & & \downarrow{\scriptstyle \varphi} & & \\
0 & \to & V & \underset{i}{\to} & \hat{L} & \underset{p}{\to} & L & \to & 0
\end{array}$$

使得 $\varphi_V(\boldsymbol{u})=\hat{\varphi}(\boldsymbol{u})$, $[\boldsymbol{u},\boldsymbol{v}]_{\hat{L}}=0$, $\forall\boldsymbol{u},\boldsymbol{v}\in V$, 即 V 是 $\hat{L}$ 的交换理想. 则称 $(\hat{L},\hat{\varphi})$ 为 (L,φ) 通过 (V,φ_V) 的一个交换扩张.

定义 1.17 交换扩张 $(\hat{L},\hat{\varphi})$ 的一个截面是线性映射 $s:L\to\hat{L}$ 使得 $p\circ s=\mathrm{id}_L$.

定义 1.18 设 $(\hat{L}_1,\hat{\varphi}_1)$ 和 $(\hat{L}_2,\hat{\varphi}_2)$ 为 (L,φ) 通过 (V,φ_V) 的 2 个交换扩张. 如果存在修正 λ-微分李代数同构映射 $f:(\hat{L}_1,\hat{\varphi}_1)\to(\hat{L}_2,\hat{\varphi}_2)$ 使得图表(1-22)可换

$$\begin{array}{ccccccccc} 0 & \to & (V,\varphi_V) & \xrightarrow{i_1} & (\hat{L}_1,\hat{\varphi}_1) & \xrightarrow{p_2} & (L,\varphi) & \to & 0 \\ & & \downarrow \mathrm{id}_V & & \downarrow f & & \downarrow \mathrm{id}_L & & \\ 0 & \to & (V,\varphi_V) & \xrightarrow[i_2]{} & (\hat{L}_2,\hat{\varphi}_2) & \xrightarrow[p_2]{} & (L,\varphi) & \to & 0, \end{array} \tag{1-22}$$

则称 (L,φ) 通过 (V,φ_V) 的 2 个交换扩张 $(\hat{L}_1,\hat{\varphi}_1)$ 和 $(\hat{L}_2,\hat{\varphi}_2)$ 是等价的.

设 $(\hat{L},\hat{\varphi})$ 为 (L,φ) 通过 (V,φ_V) 的交换扩张且 $s:L\to\hat{L}$ 是它的一个截面. 定义线性映射 $\rho:L\to\mathrm{End}(V)$ 为

$$\rho(\boldsymbol{x})\boldsymbol{u}=[s(\boldsymbol{x}),\boldsymbol{u}]_{\hat{L}},\qquad \forall \boldsymbol{x}\in L,\ \boldsymbol{u}\in V.$$

命题 1.7 沿用上面的记号, $(V;\rho,\varphi_V)$ 是修正 λ-微分李代数 (L,φ) 的表示, 且不依赖于截面 s 的选取. 进一步, 等价的交换扩张给出相同的表示.

证明 设 $s':L\to\hat{L}$ 是 $(\hat{L},\hat{\varphi})$ 的另一个截面, 对任意 $\boldsymbol{x}\in L$, 有

$$p(s(\boldsymbol{x})-s'(\boldsymbol{x}))=p(s(\boldsymbol{x}))-p(s'(\boldsymbol{x}))=\boldsymbol{x}-\boldsymbol{x}=\boldsymbol{0}.$$

从而, 存在 $\boldsymbol{u}\in V$, 使得 $s'(\boldsymbol{x})=s(\boldsymbol{x})+\boldsymbol{u}$. 注意到 V 是 $\hat{L}$ 的交换理想, 有

$$\rho'(\boldsymbol{x})\boldsymbol{v}=[s'(\boldsymbol{x}),\boldsymbol{v}]_{\hat{L}}=[s(\boldsymbol{x})+\boldsymbol{u},\boldsymbol{v}]_{\hat{L}}=[s(\boldsymbol{x}),\boldsymbol{v}]_{\hat{L}}=\rho(\boldsymbol{x})\boldsymbol{v},$$

即 ρ 不依赖于截面 s 的选取.

其次, 对任意 $\boldsymbol{x},\boldsymbol{y}\in L,\boldsymbol{u}\in V$, 由 V 是 $\hat{L}$ 的交换理想及 $[s(\boldsymbol{x}),s(\boldsymbol{y})]_{\hat{L}}-s[\boldsymbol{x},\boldsymbol{y}]\in V$, 可得

$$\begin{aligned}\rho(\boldsymbol{x})\circ\rho(\boldsymbol{y})\boldsymbol{u}-\rho(\boldsymbol{y})\circ\rho(\boldsymbol{x})\boldsymbol{u}&=[s(\boldsymbol{x}),[s(\boldsymbol{y}),\boldsymbol{u}]_{\hat{L}}]_{\hat{L}}-[s(\boldsymbol{y}),[s(\boldsymbol{x}),\boldsymbol{u}]_{\hat{L}}]_{\hat{L}}\\&=-[\boldsymbol{u},[s(\boldsymbol{x}),s(\boldsymbol{y})]_{\hat{L}}]_{\hat{L}}\\&=[[s(\boldsymbol{x}),s(\boldsymbol{y})]_{\hat{L}},\boldsymbol{u}]_{\hat{L}}\\&=[s([\boldsymbol{x},\boldsymbol{y}]),\boldsymbol{u}]_{\hat{L}}\\&=\rho([\boldsymbol{x},\boldsymbol{y}])\boldsymbol{u}.\end{aligned}$$

从而, $(V;\rho)$ 是李代数 L 的表示.

另一方面, 由 $\hat{\varphi}(s(\boldsymbol{x}))-s(\varphi(\boldsymbol{x}))\in V$, 有

$$\begin{aligned}\varphi_V(\rho(\boldsymbol{x})\boldsymbol{u}) &= \varphi_V([s(\boldsymbol{x}),\boldsymbol{u}]_{\hat{L}})\\&=\hat{\varphi}([s(\boldsymbol{x}),\boldsymbol{u}]_{\hat{L}})\\&=[\hat{\varphi}(s(\boldsymbol{x})),\boldsymbol{u}]_{\hat{L}}+[s(\boldsymbol{x}),\hat{\varphi}(\boldsymbol{u})]_{\hat{L}}+\lambda[s(\boldsymbol{x}),\boldsymbol{u}]_{\hat{L}}\\&=[s(\varphi(\boldsymbol{x})),\boldsymbol{u}]_{\hat{L}}+[s(\boldsymbol{x}),\varphi_V(\boldsymbol{u})]_{\hat{L}}+\lambda[s(\boldsymbol{x}),\boldsymbol{u}]_{\hat{L}}\\&=\rho(\varphi(\boldsymbol{x}))\boldsymbol{u}+\rho(\boldsymbol{x})\varphi_V(\boldsymbol{u})+\lambda\rho(\boldsymbol{x})\boldsymbol{u}.\end{aligned}$$

因此，$(V;\rho,\varphi_V)$ 是修正 λ -微分李代数 (L,φ) 的表示.

假设 $(\hat{L}_1,\hat{\varphi}_1)$ 和 $(\hat{L}_2,\hat{\varphi}_2)$ 为 (L,φ) 通过 (V,φ_V) 的 2 个等价交换扩张，即存在修正 λ -微分李代数同构映射 $f:(\hat{L}_1,\hat{\varphi}_1)\to(\hat{L}_2,\hat{\varphi}_2)$ 使得图表（1-22）可换. 设 $s_1:L\to\hat{L}_1$ 和 $s_2:L\to\hat{L}_2$ 分别为 $(\hat{L}_1,\hat{\varphi}_1)$ 和 $(\hat{L}_2,\hat{\varphi}_2)$ 的截面，从而

$$(p_2f)s_1(\boldsymbol{x})=p_1s_1(\boldsymbol{x})=\boldsymbol{x}=p_2s_2(\boldsymbol{x}),$$

则 $f(s_1(\boldsymbol{x}))-s_2(\boldsymbol{x})\in\ker(p_2)\cong V$. 进一步，由 $f:(\hat{L}_1,\hat{\varphi}_1)\to(\hat{L}_2,\hat{\varphi}_2)$ 是修正 λ -微分李代数同构映射使得 $f|_V=\mathrm{id}_V$，

$$[s_1(\boldsymbol{x}),\boldsymbol{u}]_{\hat{L}_1}=f[s_1(\boldsymbol{x}),\boldsymbol{u}]_{\hat{L}_1}=[f(s_1(\boldsymbol{x})),f(\boldsymbol{u})]_{\hat{L}_2}=[s_2(\boldsymbol{x}),\boldsymbol{u}]_{\hat{L}_2}.$$

因此，等价的交换扩张给出相同的表示. □

设 $(\hat{L},\hat{\varphi})$ 为 (L,φ) 通过 (V,φ_V) 的交换扩张且 $s:L\to\hat{L}$ 是它的一个截面. 进一步定义线性映射 $\varpi:L\times L\to V$ 和 $\tau:L\to V$ 分别为

$$\varpi(\boldsymbol{x},\boldsymbol{y})=[s(\boldsymbol{x}),s(\boldsymbol{y})]_{\hat{L}}-s([\boldsymbol{x},\boldsymbol{y}]),$$

$$\tau(\boldsymbol{x})=\hat{\varphi}(s(\boldsymbol{x}))-s(\varphi(\boldsymbol{x})),\qquad\forall\boldsymbol{x},\boldsymbol{y}\in L.$$

下面赋予 $L\oplus V$ 上一个李括号 $[-,-]_\varpi$ 和一个修正 λ -微分算子 φ_τ 结构，将 $\hat{L}$ 上修正 λ -微分李代数结构转移到 $L\oplus V$ 上，

$$[\boldsymbol{x}+\boldsymbol{u},\boldsymbol{y}+\boldsymbol{v}]_\varpi=[\boldsymbol{x},\boldsymbol{y}]+\rho(\boldsymbol{x})\boldsymbol{v}-\rho(\boldsymbol{b})\boldsymbol{u}+\varpi(\boldsymbol{x},\boldsymbol{y}),$$

$$\varphi_\tau(\boldsymbol{x}+\boldsymbol{u})=\varphi(\boldsymbol{x})+\tau(\boldsymbol{x})+\varphi_V(\boldsymbol{u}),\ \forall\boldsymbol{x},\boldsymbol{y}\in L,\boldsymbol{u},\boldsymbol{v}\in V.$$

命题 1.8 $(L\oplus V,[-,-]_\varpi,\varphi_\tau)$ 是修正 λ -微分李代数当且仅当 (ϖ,τ) 是修正 λ -微分李代数 (L,φ) 一个 2-上闭链，其系数取自表示 $(V;\rho,\varphi_V)$. 此时

$$0\to(V,\varphi_V)\xrightarrow{i}(L\oplus V,\varphi_\tau)\xrightarrow{p}(L,\varphi)\to 0$$

是一个交换扩张.

证明 $(L\oplus V,[-,-]_\varpi,\varphi_\tau)$ 是修正 λ -微分李代数当且仅当对任意

$\boldsymbol{x},\boldsymbol{y},\boldsymbol{z}\in L,\boldsymbol{u},\boldsymbol{v},\boldsymbol{w}\in V$，式（1-23）至式（1-25）成立

$$[\boldsymbol{x}+\boldsymbol{u},\boldsymbol{y}+\boldsymbol{v}]_{\varpi}=-[\boldsymbol{y}+\boldsymbol{v},\boldsymbol{x}+\boldsymbol{u}]_{\varpi},\tag{1-23}$$

$$[\boldsymbol{x}+\boldsymbol{u},[\boldsymbol{y}+\boldsymbol{v},\boldsymbol{z}+\boldsymbol{w}]_{\varpi}]_{\varpi}+[\boldsymbol{z}+\boldsymbol{w},[\boldsymbol{x}+\boldsymbol{u},\boldsymbol{y}+\boldsymbol{v}]_{\varpi}]_{\varpi}+[\boldsymbol{y}+\boldsymbol{v},[\boldsymbol{z}+\boldsymbol{w},\boldsymbol{x}+\boldsymbol{u}]_{\varpi}]_{\varpi}=0,\tag{1-24}$$

$$\varphi_{\tau}[\boldsymbol{x}+\boldsymbol{u},\boldsymbol{y}+\boldsymbol{v}]_{\varpi}=[\varphi_{\tau}(\boldsymbol{x}+\boldsymbol{u}),\boldsymbol{y}+\boldsymbol{v}]_{\varpi}+[\boldsymbol{x}+\boldsymbol{u},\varphi_{\tau}(\boldsymbol{y}+\boldsymbol{v})]_{\varpi}+\lambda[\boldsymbol{x}+\boldsymbol{u},\boldsymbol{y}+\boldsymbol{v}]_{\varpi}.\tag{1-25}$$

进一步，式（1-23）至式（1-25）等价于式（1-26）和式（1-27）:

$$\begin{aligned}&\varpi(\boldsymbol{x},\boldsymbol{y})=-\varpi(\boldsymbol{y},\boldsymbol{x}),\\&\rho(\boldsymbol{x})\varpi(\boldsymbol{y},\boldsymbol{z})-\rho(\boldsymbol{y})\varpi(\boldsymbol{x},\boldsymbol{z})+\rho(\boldsymbol{z})\varpi(\boldsymbol{x},\boldsymbol{y})-\varpi([\boldsymbol{x},\boldsymbol{y}],\boldsymbol{z})+\\&\varpi([\boldsymbol{x},\boldsymbol{z}],\boldsymbol{y})-\varpi([\boldsymbol{y},\boldsymbol{z}],\boldsymbol{x})=0,\end{aligned}\tag{1-26}$$

$$\tau[\boldsymbol{x},\boldsymbol{y}]+\varphi_V\varpi(\boldsymbol{x},\boldsymbol{y})=\rho(\boldsymbol{x})\tau(\boldsymbol{y})-\rho(\boldsymbol{y})\tau(\boldsymbol{x})+\varpi(\varphi(\boldsymbol{x}),\boldsymbol{y})+\varpi(\boldsymbol{x},\varphi(\boldsymbol{y}))+\lambda\varpi(\boldsymbol{x},\boldsymbol{y})\tag{1-27}$$

由等式（1-26）和（1-27），分别可得 $\delta\varpi(\boldsymbol{x},\boldsymbol{y},\boldsymbol{z})=0$ 和 $\delta\tau(\boldsymbol{x},\boldsymbol{y})+\Gamma\varpi(\boldsymbol{x},\boldsymbol{y})=0$. 因此， $\partial(\varpi,\tau)=(\delta\varpi,\delta\tau+\Gamma\varpi)=0$, 即 (ϖ,τ) 是一个 2-上闭链.

反之，如果 (ϖ,τ) 是修正 λ -微分李代数 (L,φ) 一个 2-上闭链，其系数取自表示 $(V;\rho,\varphi_V)$, 则有 $\partial(\varpi,\tau)=(\delta\varpi,\delta\tau+\Gamma\varpi)=0$, 这意味着式（1-26）和（1-27）成立. 因此，$(L\oplus V,[-,-]_{\varpi},\varphi_{\tau})$ 是修正 λ -微分李代数. □

命题 1.9 设 $(\hat{L},\hat{\varphi})$ 为 (L,φ) 通过 (V,φ_V) 的交换扩张且 $s:L\to\hat{L}$ 是它的一个截面. 如果 (ϖ,τ) 是使用截面 s 的构造的一个 2-上闭链，则它的上同调类不依赖于 s 的选择.

证明 设 $s_1:L\to\hat{L}$ 为 $(\hat{L},\hat{\varphi})$ 的另一个截面映射. 由命题 1.8, s 和 s_1 可得两个 2-上闭链分别记为 (ϖ,τ) 和 (ϖ_1,τ_1) . 定义线性映射 $\xi:L\to V$ 为 $\xi(\boldsymbol{x})=s(\boldsymbol{x})-s_1(\boldsymbol{x})$, 由命题 1.7，则

$$\begin{aligned}\varpi(\boldsymbol{x},\boldsymbol{y})&=[s(\boldsymbol{x}),s(\boldsymbol{y})]_{\hat{L}}-s[\boldsymbol{x},\boldsymbol{y}]\\&=[s_1(\boldsymbol{x})+\xi(\boldsymbol{x}),s_1(\boldsymbol{y})+\xi(\boldsymbol{y})]_{\hat{L}}-(s_1[\boldsymbol{x},\boldsymbol{y}]+\xi[\boldsymbol{x},\boldsymbol{y}])\\&=[s_1(\boldsymbol{x}),s_1(\boldsymbol{y})]_{\hat{L}}+[s_1(\boldsymbol{x}),\xi(\boldsymbol{y})]_{\hat{L}}+[\xi(\boldsymbol{x}),s_1(\boldsymbol{y})]_{\hat{L}}+[\xi(\boldsymbol{x}),\xi(\boldsymbol{y})]_{\hat{L}}\\&\quad-(s_1[\boldsymbol{x},\boldsymbol{y}]+\xi[\boldsymbol{x},\boldsymbol{y}])\\&=[s_1(\boldsymbol{x}),s_1(\boldsymbol{y})]_{\hat{L}}-s_1[\boldsymbol{x},\boldsymbol{y}]+\rho(\boldsymbol{x})\xi(\boldsymbol{y})-\rho(\boldsymbol{y})\xi(\boldsymbol{x})-\xi[\boldsymbol{x},\boldsymbol{y}]\\&=\varpi_1(\boldsymbol{x},\boldsymbol{y})+\delta\xi(\boldsymbol{x},\boldsymbol{y}),\end{aligned}$$

$$
\begin{aligned}
\tau(\boldsymbol{x}) &= \hat{\varphi}(s(\boldsymbol{x})) - s(\varphi(\boldsymbol{x})) \\
&= \hat{\varphi}(s_1(\boldsymbol{x}) + \xi(\boldsymbol{x})) - (s_1(\varphi(\boldsymbol{x})) + \xi(\varphi(\boldsymbol{x}))) \\
&= \hat{\varphi}(s_1(\boldsymbol{x})) - s_1(\varphi(\boldsymbol{x})) + \hat{\varphi}(\xi(\boldsymbol{x})) - \xi(\varphi(\boldsymbol{x})) \\
&= \tau_1(\boldsymbol{x}) - \Gamma\xi(\boldsymbol{x}),
\end{aligned}
$$

因此，

$$
\begin{aligned}
(\varpi,\tau) - (\varpi_1,\tau_1) &= (\delta\xi, -\Gamma\xi) \\
&= \partial\xi \in B^2_{\mathrm{MDLieA}}(L,V),
\end{aligned}
$$

即 (ϖ,τ) 和 (ϖ_1,τ_1) 在相同的上同调类. □

定理 1.4 修正 λ 微分李代数 (L,φ) 通过 (V,φ_V) 的交换扩张 $(\hat{L},\hat{\varphi})$ 构成的等价类和第 2 上同调群 $H^2_{\mathrm{MDLieA}}(L,V)$ 之间是一一对应的.

证明 设 $(\hat{L}_1,\hat{\varphi}_1)$ 和 $(\hat{L}_2,\hat{\varphi}_2)$ 为 (L,φ) 通过 (V,φ_V) 的 2 个等价交换扩张，即存在修正 λ 微分李代数同构映射 $f:(\hat{L}_1,\hat{\varphi}_1)\to(\hat{L}_2,\hat{\varphi}_2)$ 使得图表（1-22）可换. 设 s_1 是 $(\hat{L}_1,\hat{\varphi}_1)$ 的一个截面映射，由 $p_2\circ f = p_1$，可得

$$
p_2\circ(f\circ s_1) = p_1\circ s_1 = id_L
$$

即 $f\circ s_1$ 是 $(\hat{L}_2,\hat{\varphi}_2)$ 的一个截面映射. 记作 $s_2 := f\circ s_1$. 由 f 是 $\hat{L}_1$ 到 $\hat{L}_2$ 的同构映射使得 $f|_V = \mathrm{id}_V$，可得

$$
\begin{aligned}
\varpi_2(\boldsymbol{x},\boldsymbol{y}) &= [s_2(\boldsymbol{x}), s_2(\boldsymbol{y})]_{\hat{L}_2} - s_2[\boldsymbol{x},\boldsymbol{y}] \\
&= [fs_1(\boldsymbol{x}), fs_1(\boldsymbol{y})]_{\hat{L}_2} - fs_1[\boldsymbol{x},\boldsymbol{y}] \\
&= f([s_1(\boldsymbol{x}), s_1(\boldsymbol{y})]_{\hat{L}_1} - s_1[\boldsymbol{x},\boldsymbol{y}]) \\
&= f\varpi_1(\boldsymbol{x},\boldsymbol{y}) \\
&= \varpi_1(\boldsymbol{x},\boldsymbol{y}),
\end{aligned}
$$

$$
\begin{aligned}
\tau_2(\boldsymbol{x}) &= \hat{\varphi}_2(s_2(\boldsymbol{x})) - s_2(\varphi(\boldsymbol{x})) \\
&= \hat{\varphi}_2(f(s_1(\boldsymbol{x}))) - f(s_1(\varphi(\boldsymbol{x}))) \\
&= f(\hat{\varphi}_1(s_1(\boldsymbol{x}))) - f(s_1(\varphi(\boldsymbol{x}))) \\
&= f(\hat{\varphi}_1(s_1(\boldsymbol{x})) - s_1(\varphi(\boldsymbol{x}))) \\
&= f(\tau_1(\boldsymbol{x})) \\
&= \tau_1(\boldsymbol{x}),
\end{aligned}
$$

因此，所有等价的交换扩张在 $H^2_{\mathrm{MDLieA}}(L,V)$ 中对应相同的元素.

反之，给定 $H^2_{\mathrm{MDLieA}}(L,V)$ 中同一个上同调类的两个 2-上闭链 (ϖ_1,τ_1)

和 (ϖ_2,τ_2), 则由命题 1.8 可以构造两个交接扩张 $(L\oplus V,[-,-]_{\varpi_1},\varphi_{\tau_1})$ 和 $(L\oplus V,[-,-]_{\varpi_2},\varphi_{\tau_2})$. 从而，存在线性映射 $\xi:L\to V$，使得

$$(\varpi_1,\tau_1)-(\varpi_2,\tau_2)=(\delta\xi,-\Gamma\xi)=\partial\xi .$$

定义线性映射 $f_\xi:L\oplus V\to L\oplus V$ 为

$$f_\xi(\boldsymbol{x},\boldsymbol{u})=x+\xi(\boldsymbol{x})+\boldsymbol{u},\qquad \forall(\boldsymbol{x}+\boldsymbol{u})\in L\oplus V.$$

则 f_ξ 是这两个交换扩张 $(L\oplus V,[-,-]_{\varpi_1},\varphi_{\tau_1})$ 和 $(L\oplus V,[-,-]_{\varpi_2},\varphi_{\tau_2})$ 之间的同构映射. □

1.5　修正微分李代数的交叉模

首先回顾 2-项 L_∞-代数的概念.

定义 1.19[42]　一个 2-项 L_∞-代数组成

（1）一个向量空间复形 $L_1\xrightarrow{d}L_0$;

（2）双线性映射 $l_2:L_i\otimes L_j\to L_{i+j}$, 其中 $0\leqslant i+j\leqslant 1$;

（3）一个斜对称三线性映射 $l_3:L_0\otimes L_0\otimes L_0\to L_1$;

对任意 $\boldsymbol{x},\boldsymbol{y},\boldsymbol{z},\boldsymbol{a}\in L_0,\boldsymbol{u},\boldsymbol{v}\in L_1$, 使得式（1-28）至式（1-32）成立：

$$\begin{aligned}&l_2(\boldsymbol{x},\boldsymbol{y})=-l_2(\boldsymbol{y},\boldsymbol{x}),\\&l_2(\boldsymbol{x},\boldsymbol{u})=-l_2(\boldsymbol{u},\boldsymbol{x}),\end{aligned}\qquad（1\text{-}28）$$

$$\begin{aligned}&dl_2(\boldsymbol{x},\boldsymbol{u})=l_2(\boldsymbol{x},d\boldsymbol{u}),\\&l_2(d\boldsymbol{u},\boldsymbol{v})=l_2(\boldsymbol{u},d\boldsymbol{v}),\end{aligned}\qquad（1\text{-}29）$$

$$dl_2(\boldsymbol{x},\boldsymbol{y},\boldsymbol{z})=l_2(l_2(\boldsymbol{x},\boldsymbol{y}),\boldsymbol{z})-l_2(l_2(\boldsymbol{x},\boldsymbol{z}),\boldsymbol{y})-l_2(\boldsymbol{x},l_2(\boldsymbol{y},\boldsymbol{z})),\qquad（1\text{-}30）$$

$$l_2(\boldsymbol{x},\boldsymbol{y},d\boldsymbol{u})=l_2(l_2(\boldsymbol{x},\boldsymbol{y}),\boldsymbol{u})-l_2(l_2(\boldsymbol{x},\boldsymbol{u}),\boldsymbol{y})-l_2(\boldsymbol{x},l_2(\boldsymbol{y},\boldsymbol{u})),\qquad（1\text{-}31）$$

$$\begin{aligned}&l_2(\boldsymbol{x},l_3(\boldsymbol{y},\boldsymbol{z},\boldsymbol{a}))+l_2(l_3(\boldsymbol{x},\boldsymbol{z},\boldsymbol{a}),\boldsymbol{y})-l_2(l_3(\boldsymbol{x},\boldsymbol{y},\boldsymbol{a}),\boldsymbol{z})+l_2(l_3(\boldsymbol{x},\boldsymbol{y},\boldsymbol{z}),\boldsymbol{a}))\\=&l_3(l_2(\boldsymbol{x},\boldsymbol{y}),\boldsymbol{z},\boldsymbol{a})-l_3(l_2(\boldsymbol{x},\boldsymbol{z}),\boldsymbol{y},\boldsymbol{a})+l_3(l_2(\boldsymbol{x},\boldsymbol{a}),\boldsymbol{y},\boldsymbol{z})+l_3(\boldsymbol{x},l_2(\boldsymbol{y},\boldsymbol{z}),\boldsymbol{a})+\\&l_3(\boldsymbol{x},l_2(\boldsymbol{y},\boldsymbol{a}),\boldsymbol{z})+l_3(\boldsymbol{x},\boldsymbol{y},l_2(\boldsymbol{z},\boldsymbol{a})).\end{aligned}\qquad（1\text{-}32）$$

2-项 L_∞-代数记为 $(L_1\xrightarrow{d}L_0,l_2,l_3)$. 如果 $d=0$, 则称一个 2-项 L_∞-代数为简单的.

定义 1.20 设 $(L_1 \xrightarrow{d} L_0, l_2, l_3)$ 为一个 2-项 L_∞-代数. 它上面的一个同伦修正 λ-微分算子 $(\varphi_0, \varphi_1, \varphi_2)$ 组成

（1）一个线性映射 $\varphi_0 : L_0 \to L_0$;

（2）一个线性映射 $\varphi_1 : L_1 \to L_1$;

（3）一个双线性映射 $\varphi_2 : L_0 \otimes L_0 \to L_1$;

对任意 $\boldsymbol{x}, \boldsymbol{y}, \boldsymbol{z} \in L_0, \boldsymbol{u} \in L_1$, 使得式（1-33）至式（1-36）成立:

$$\varphi_0 \circ d = d \circ \varphi_1, \tag{1-33}$$

$$d\varphi_2(\boldsymbol{x}, \boldsymbol{y}) = \varphi_0(l_2(\boldsymbol{x}, \boldsymbol{y})) - l_2(\varphi_0(\boldsymbol{x}), \boldsymbol{y}) - l_2(\boldsymbol{x}, \varphi_0(\boldsymbol{y})) - \lambda l_2(\boldsymbol{x}, \boldsymbol{y}), \tag{1-34}$$

$$\varphi_2(\boldsymbol{x}, d\boldsymbol{u}) = \varphi_0(l_2(\boldsymbol{x}, \boldsymbol{u})) - l_2(\varphi_0(\boldsymbol{x}), \boldsymbol{u}) - l_2(\boldsymbol{x}, \varphi_1(\boldsymbol{u})) - \lambda l_2(\boldsymbol{x}, \boldsymbol{u}), \tag{1-35}$$

$$\begin{aligned} & l_3(\varphi_0(\boldsymbol{x}), \boldsymbol{y}, \boldsymbol{z}) + l_3(\boldsymbol{x}, \varphi_0(\boldsymbol{y}), \boldsymbol{z}) + l_3(\boldsymbol{x}, \boldsymbol{y}, \varphi_0(\boldsymbol{z})) + 2\lambda l_3(\boldsymbol{x}, \boldsymbol{y}, \boldsymbol{z}) - \varphi_1(l_3(\boldsymbol{x}, \boldsymbol{y}, \boldsymbol{z})) \\ = & -l_2(\varphi_2(\boldsymbol{x}, \boldsymbol{y}), \boldsymbol{z}) + l_2(\varphi_2(\boldsymbol{x}, \boldsymbol{z}), \boldsymbol{y}) + l_2(\boldsymbol{x}, \varphi_2(\boldsymbol{y}, \boldsymbol{z})) - \varphi_2(l_2(\boldsymbol{x}, \boldsymbol{y}), \boldsymbol{z}) + \\ & \varphi_2(l_2(\boldsymbol{x}, \boldsymbol{z}), \boldsymbol{y}) + \varphi_2(\boldsymbol{x}, l_2(\boldsymbol{y}, \boldsymbol{z})). \end{aligned} \tag{1-36}$$

同伦修正 λ-微分 2-项 L_∞-代数记为 $((L_1 \xrightarrow{d} L_0, l_2, l_3), (\varphi_0, \varphi_1, \varphi_2))$.

如果 $d = 0$, 则称同伦修正 λ-微分 2-项 L_∞-代数为简单的. 如果 $l_3 = 0$, $\varphi_2 = 0$, 则称同伦修正 λ-微分 2-项 L_∞-代数为严格的.

定理 1.5 简单同伦修正 λ-微分 2-项 L_∞-代数 $((L_1 \xrightarrow{0} L_0, l_2, l_3), (\varphi_0, \varphi_1, \varphi_2))$ 和修正 λ-微分李代数的 3-上闭链一一对应.

证明 设 $((L_1 \xrightarrow{0} L_0, l_2, l_3), (\varphi_0, \varphi_1, \varphi_2))$ 为简单同伦修正 λ-微分 2-项 L_∞-代数. 由定义 1.19 和定义 1.20, 可得 (L_0, l_2, φ_0) 为修正 λ-微分李代数, (L_1, l_2, φ_1) 为修正 λ-微分李代数 (L_0, l_2, φ_0) 的表示. 根据式(1-32)和式(1-36), 分别得到

$$\delta l_3 = 0,$$

$$\delta \varphi_2 - \Gamma l_3 = 0.$$

因此,

$$\partial(l_3, \varphi_2) = (\delta l_3, \delta \varphi_2 - \Gamma l_3) = 0,$$

即 (l_3, φ_2) 是修正 λ-微分李代数 (L_0, l_2, φ_0) 的 3-上闭链, 系数取自表示 (L_1, l_2, φ_1)。

反之，如果(l_3,φ_2)是修正λ微分李代数$(L,[-,-],\varphi)$的3-上闭链，系数取自表示$(V;\rho,\varphi_V)$. 定义$L_0=L,L_1=V,\varphi_0=\varphi,\varphi_1=\varphi_V$. 定义$l_2:L_i\otimes L_j\to L_{i+j}$为

$$l_2(\boldsymbol{x},\boldsymbol{y})=[\boldsymbol{x},\boldsymbol{y}],$$

$$l_2(\boldsymbol{x},\boldsymbol{u})=\rho(\boldsymbol{x})\boldsymbol{u},$$

$$l_2(\boldsymbol{u},\boldsymbol{x})=-l_2(\boldsymbol{x},\boldsymbol{u}),$$

对任意$\boldsymbol{x},\boldsymbol{y}\in L_0,\boldsymbol{u}\in L_1$. 则容易验证$((L_1\xrightarrow{0}L_0,l_2,l_3),(\varphi_0,\varphi_1,\varphi_2))$为简单同伦修正$\lambda$微分2-项$L_\infty$-代数. □

定义 1.21 设$(L_0,[-,-]_0,\varphi_0)$和$(L_1,[-,-]_1,\varphi_1)$为修正λ-微分李代数，$d:(L_1,[-,-]_1,\varphi_1)\to(L_0,[-,-]_0,\varphi_0)$是修正$\lambda$-微分李代数同态，$(L_1;\rho,\varphi_1)$是修正$\lambda$-微分李代数$(L_0,[-,-]_0,\varphi_0)$的表示，且对任意$\boldsymbol{x},\boldsymbol{y}\in L_0,\boldsymbol{u},\boldsymbol{v}\in L_1$，使得式（1-37）和式（1-38）成立

$$d(\rho(\boldsymbol{x})\,\boldsymbol{u})=[\boldsymbol{x},d\boldsymbol{u}]_0,\tag{1-37}$$

$$\rho(d\boldsymbol{u})\,\boldsymbol{v})=[\boldsymbol{u},\boldsymbol{v}]_1.\tag{1-38}$$

则称$\big((L_0,[-,-]_0,\varphi_0),(L_1,[-,-]_1,\varphi_1),d,\rho\big)$为修正$\lambda$-微分李代数的交叉模.

定理 1.6 严格同伦修正λ-微分 2-项L_∞-代数$((L_1\xrightarrow{d}L_0,l_2,l_3=0),(\varphi_0,\varphi_1,\varphi_2=0))$和修正$\lambda$-微分李代数的交叉模一一对应.

证明 设$((L_1\xrightarrow{d}L_0,l_2,l_3=0),(\varphi_0,\varphi_1,\varphi_2=0))$为严格同伦修正$\lambda$-微分 2-项$L_\infty$-代数，由定义 1.19 和定义 1.20，可得$(L_0,[-,-]_0,\varphi_0)$和$(L_1,[-,-]_1,\varphi_1)$为修正$\lambda$-微分李代数，$(L_1;\rho,\varphi_1)$为修正$\lambda$-微分李代数$(L_0,l_2,\varphi_0)$的表示，其中对任意$x,y\in L_0,u,v\in L_1$，

$$[\boldsymbol{x},\boldsymbol{y}]_0=l_2(\boldsymbol{x},\boldsymbol{y}),$$

$$[\boldsymbol{u},\boldsymbol{v}]_1=l_2(d\boldsymbol{u},\boldsymbol{v}),$$

$$\rho(\boldsymbol{x})\boldsymbol{u}=l_2(\boldsymbol{x},\boldsymbol{u}).$$

下面仅需验证式(1-37)和式(1-38)成立和$d:(L_1,[-,-]_1,\varphi_1)\to(L_0,[-,-]_0,\varphi_0)$是修正$\lambda$-微分李代数同态. 事实上，

$$d[\boldsymbol{u},\boldsymbol{v}]_1=dl_2(d\boldsymbol{u},\boldsymbol{v})=l_2(d\boldsymbol{u},d\boldsymbol{v})=[d\boldsymbol{u},d\boldsymbol{v}]_0,$$

结合式(1-33)，可得$d:(L_1,[-,-]_1,\varphi_1)\to(L_0,[-,-]_0,\varphi_0)$是修正$\lambda$-微分李代数同

态. 进一步,

$$d(\rho(\boldsymbol{x})\boldsymbol{u})=dl_2(\boldsymbol{x},\boldsymbol{u})=l_2(\boldsymbol{x},d\boldsymbol{u})=[\boldsymbol{x},d\boldsymbol{u}]_0,$$

$$\rho((d\boldsymbol{u})\boldsymbol{v})=l_2(d\boldsymbol{u},\boldsymbol{v})=[\boldsymbol{u},\boldsymbol{v}]_1.$$

因此，可得$\big((L_0,[-,-]_0,\varphi_0),(L_1,[-,-]_1,\varphi_1),d,\rho\big)$为修正$\lambda$-微分李代数的交叉模.

反之，设$\big((L_0,[-,-]_0,\varphi_0),(L_1,[-,-]_1,\varphi_1),d,\rho\big)$为修正$\lambda$-微分李代数的交叉模, 对任意$x,y\in L_0,u,v\in L_1$, 可构造如下的严格同伦修正$\lambda$-微分 2-项$L_\infty$-代数,

$$l_2(\boldsymbol{x},\boldsymbol{y})=[\boldsymbol{x},\boldsymbol{y}]_0,$$

$$l_2(\boldsymbol{u},\boldsymbol{v})=[\boldsymbol{u},\boldsymbol{v}]_1,$$

$$l_2(\boldsymbol{x},\boldsymbol{u})=\rho(\boldsymbol{x})\boldsymbol{u},$$

$$l_2(\boldsymbol{u},\boldsymbol{x})=-\rho(\boldsymbol{x})\boldsymbol{u},$$

则容易验证$((L_1\xrightarrow{d}L_0,l_2,l_3=0),(\varphi_0,\varphi_1,\varphi_2=0))$是严格同伦修正$\lambda$-微分 2-项$L_\infty$-代数. □

2

修正微分 3-李代数

本章研究和讨论修正 λ-微分 3-李代数的表示、上同调、Nijenhuis 算子和交换扩张以及修正 λ-微分 3-李 2-代数.

我们在 3-李代数上的非阿贝尔嵌入张量及其他方面的工作见文献[43,44].

2.1 修正微分 3-李代数的表示和上同调

首先回顾 3-李代数的基本概念，包括它的表示和上同调等. 然后定义修正 λ-微分 3-李代数的表示和上同调，并给出一些例子.

定义 2.1[45] 设 A 为一个向量空间，$[-,-,-]:\wedge^3 A\to A$ 是斜对称的三元运算，对任意 $\boldsymbol{a}_i\in A(i=1,2,3,4,5)$, 使得式（2-1）成立

$$[\boldsymbol{a}_1,\boldsymbol{a}_2,[\boldsymbol{a}_3,\boldsymbol{a}_4,\boldsymbol{a}_5]]=[[\boldsymbol{a}_1,\boldsymbol{a}_2,\boldsymbol{a}_3],\boldsymbol{a}_4,\boldsymbol{a}_5]+[\boldsymbol{a}_3,[\boldsymbol{a}_1,\boldsymbol{a}_2,\boldsymbol{a}_4],\boldsymbol{a}_5]+[\boldsymbol{a}_3,\boldsymbol{a}_4,[\boldsymbol{a}_1,\boldsymbol{a}_2,\boldsymbol{a}_5]], \tag{2-1}$$

则称 $(A,[-,-,-])$ 是一个 3-李代数.

定义 2.2 设 $(A_1,[-,-,-]_1)$ 和 $(A_2,[-,-,-]_2)$ 为 3-李代数，如果线性映射 $\eta:(A_1,[-,-,-]_1)\to(A_2,[-,-,-]_2)$ 满足

$$\eta[\boldsymbol{a}_1,\boldsymbol{a}_2,\boldsymbol{a}_3]_1=[\eta(\boldsymbol{a}_1),\eta(\boldsymbol{a}_2),\eta(\boldsymbol{a}_3)]_2,$$

则称 η 是 $(A_1,[-,-,-]_1)$ 到 $(A_2,[-,-,-]_2)$ 的 3-李代数同态.

定义 2.3 设 $(A,[-,-,-])$ 为 3-李代数，$\lambda\in K$. 如果线性映射 $\phi:A\to A$，对任意 $\boldsymbol{a}_1,\boldsymbol{a}_2,\boldsymbol{a}_3\in A$, 满足式（2-2）:

$$\phi[\boldsymbol{a}_1,\boldsymbol{a}_2,\boldsymbol{a}_3]=[\phi(\boldsymbol{a}_1),\boldsymbol{a}_2,\boldsymbol{a}_3]+[\boldsymbol{a}_1,\phi(\boldsymbol{a}_2),\boldsymbol{a}_3]+[\boldsymbol{a}_1,\boldsymbol{a}_2,\phi(\boldsymbol{a}_3)]+\lambda[\boldsymbol{a}_1,\boldsymbol{a}_2,\boldsymbol{a}_3], \tag{2-2}$$

则称 ϕ 是 $(A,[-,-,-])$ 上的修正 λ-微分算子. 进一步，三元组 $(A,[-,-,-],\phi)$ 称为修正 λ-微分 3-李代数，简记为 (A,ϕ).

定义 2.4 设 (A_1,ϕ_1) 和 (A_2,ϕ_2) 为修正 λ-微分 3-李代数. 如果 3-李代数同态映射 $\eta:(A_1,[-,-,-]_1)\to(A_2,[-,-,-]_2)$ 满足

$$\eta\circ\phi_1=\phi_2\circ\eta,$$

则称 η 是 (A_1,ϕ_1) 到 (A_2,ϕ_2) 的修正 λ-微分 3-李代数同态. 进一步，如果 η 是可逆的，则称 η 是 (A_1,ϕ_1) 到 (A_2,ϕ_2) 的同构映射.

设 $(A,[-,-,-])$ 为 3-李代数，则 $\wedge^2 A$ 中的元素称为 3-李代数 $(A,[-,-,-])$ 的基本对象. 定义双线性运算 $[-,-]_F:\wedge^2 A\times\wedge^2 A\to\wedge^2 A$ 为

$$[X,Y]_F=[\boldsymbol{x}_1,\boldsymbol{x}_2,\boldsymbol{y}_1]\wedge\boldsymbol{y}_2+\boldsymbol{y}_1\wedge[\boldsymbol{x}_1,\boldsymbol{x}_2,\boldsymbol{y}_2],$$

对任意 $X=\boldsymbol{x}_1\wedge\boldsymbol{x}_2, Y=\boldsymbol{y}_1\wedge\boldsymbol{y}_2\in\wedge^2 A$. 则 $(\wedge^2 A,[-,-]_F)$ 是莱布尼茨代数. 进而有如下命题.

命题 2.1 设 $(A,[-,-,-],\phi)$ 为修正 λ-微分 3-李代数，则 $(\wedge^2 A,[-,-]_F,\phi_F)$ 是具有导子莱布尼茨代数，其中对任意 $\boldsymbol{x}_1\wedge\boldsymbol{x}_2\in\wedge^2 A$,

$$\phi_F(\boldsymbol{x}_1\wedge\boldsymbol{x}_2)=\phi(\boldsymbol{x}_1)\wedge\boldsymbol{x}_2+\boldsymbol{x}_1\wedge\phi(\boldsymbol{x}_2)+\lambda\boldsymbol{x}_1\wedge\boldsymbol{x}_2.$$

关于具有导子莱布尼茨代数更多细节见文献[10].

证明 对任意 $X=\boldsymbol{x}_1\wedge\boldsymbol{x}_2, Y=\boldsymbol{y}_1\wedge\boldsymbol{y}_2\in\wedge^2 A$, 有

$$\begin{aligned}
&\phi_F[X,Y]_F\\
&=\phi_F([\boldsymbol{x}_1,\boldsymbol{x}_2,\boldsymbol{y}_1]\wedge\boldsymbol{y}_2)+\phi_F(\boldsymbol{y}_1\wedge[\boldsymbol{x}_1,\boldsymbol{x}_2,\boldsymbol{y}_2])\\
&=\phi[\boldsymbol{x}_1,\boldsymbol{x}_2,\boldsymbol{y}_1]\wedge\boldsymbol{y}_2+[\boldsymbol{x}_1,\boldsymbol{x}_2,\boldsymbol{y}_1]\wedge\phi(\boldsymbol{y}_2)+\lambda[\boldsymbol{x}_1,\boldsymbol{x}_2,\boldsymbol{y}_1]\wedge\boldsymbol{y}_2+\\
&\quad\phi(\boldsymbol{y}_1)\wedge[\boldsymbol{x}_1,\boldsymbol{x}_2,\boldsymbol{y}_2]+\boldsymbol{y}_1\wedge\phi[\boldsymbol{x}_1,\boldsymbol{x}_2,\boldsymbol{y}_2]+\lambda\boldsymbol{y}_1\wedge[\boldsymbol{x}_1,\boldsymbol{x}_2,\boldsymbol{y}_2]\\
&=[\phi(\boldsymbol{x}_1),\boldsymbol{x}_2,\boldsymbol{y}_1]\wedge\boldsymbol{y}_2+[\boldsymbol{x}_1,\phi(\boldsymbol{x}_2),\boldsymbol{y}_1]\wedge\boldsymbol{y}_2+[\boldsymbol{x}_1,\boldsymbol{x}_2,\phi(\boldsymbol{y}_1)]\wedge\boldsymbol{y}_2+\\
&\quad\lambda[\boldsymbol{x}_1,\boldsymbol{x}_2,\boldsymbol{y}_1]\wedge\boldsymbol{y}_2+[\boldsymbol{x}_1,\boldsymbol{x}_2,\boldsymbol{y}_1]\wedge\phi(\boldsymbol{y}_2)+\lambda[\boldsymbol{x}_1,\boldsymbol{x}_2,\boldsymbol{y}_1]\wedge\boldsymbol{y}_2+\\
&\quad\phi(\boldsymbol{y}_1)\wedge[\boldsymbol{x}_1,\boldsymbol{x}_2,\boldsymbol{y}_2]+\boldsymbol{y}_1\wedge[\phi(\boldsymbol{x}_1),\boldsymbol{x}_2,\boldsymbol{y}_2]+\boldsymbol{y}_1\wedge[\boldsymbol{x}_1,\phi(\boldsymbol{x}_2),\boldsymbol{y}_2]\\
&\quad\boldsymbol{y}_1\wedge[\boldsymbol{x}_1,\boldsymbol{x}_2,\phi(\boldsymbol{y}_2)]+\boldsymbol{y}_1\wedge\lambda[\boldsymbol{x}_1,\boldsymbol{x}_2,\boldsymbol{y}_2]+\lambda\boldsymbol{y}_1\wedge[\boldsymbol{x}_1,\boldsymbol{x}_2,\boldsymbol{y}_2]\\
&=([\phi(\boldsymbol{x}_1),\boldsymbol{x}_2,\boldsymbol{y}_1]+[\boldsymbol{x}_1,\phi(\boldsymbol{x}_2),\boldsymbol{y}_1]+\lambda[\boldsymbol{x}_1,\boldsymbol{x}_2,\boldsymbol{y}_1])\wedge\boldsymbol{y}_2+\\
&\quad\boldsymbol{y}_1\wedge([\phi(\boldsymbol{x}_1),\boldsymbol{x}_2,\boldsymbol{y}_2]+[\boldsymbol{x}_1,\phi(\boldsymbol{x}_2),\boldsymbol{y}_2]+\lambda[\boldsymbol{x}_1,\boldsymbol{x}_2,\boldsymbol{y}_2])+\\
&\quad[\boldsymbol{x}_1,\boldsymbol{x}_2,\phi(\boldsymbol{y}_1)]\wedge\boldsymbol{y}_2+[\boldsymbol{x}_1,\boldsymbol{x}_2,\boldsymbol{y}_1]\wedge\phi(\boldsymbol{y}_2)+\lambda[\boldsymbol{x}_1,\boldsymbol{x}_2,\boldsymbol{y}_1]\wedge\boldsymbol{y}_2+\\
&\quad\phi(\boldsymbol{y}_1)\wedge[\boldsymbol{x}_1,\boldsymbol{x}_2,\boldsymbol{y}_2]+\boldsymbol{y}_1\wedge[\boldsymbol{x}_1,\boldsymbol{x}_2,\phi(\boldsymbol{y}_2)]+\lambda\boldsymbol{y}_1\wedge[\boldsymbol{x}_1,\boldsymbol{x}_2,\boldsymbol{y}_2]\\
&=[\phi_F(X),Y]_F+[X,\phi_F(Y)]_F.
\end{aligned}$$

因此，ϕ_F 是莱布尼茨代数 $(\wedge^2 A,[-,-]_F)$ 的一个导子，即 $(\wedge^2 A,[-,-]_F,\phi_F)$ 是具有导子莱布尼茨代数. □

注记 1 设 ϕ 是 3-李代数 $(A,[-,-,-])$ 上的修正 λ-微分算子. 如果 $\lambda=0$, 则 ϕ 是 3-李代数 $(A,[-,-,-])$ 上的导子.

例 1 设 $(A,[-,-,-])$ 是 3-李代数. 则线性映射 $\phi: A\to A$ 是修正 λ-微分算子当且仅当 $\phi+\frac{\lambda}{2}\mathrm{id}_A$ 是 3-李代数 $(A,[-,-,-])$ 上的导子.

例 2 设 $(A,[-,-,-],\phi)$ 为修正 λ-微分 3-李代数，则对任意 $k\in K$, $(A,[-,-,-],k\phi)$ 为修正 $k\lambda$-微分 3-李代数.

定义 2.5[46,47] 设 $(A,[-,-,-])$ 是 3-李代数，M 是向量空间. 如果斜对称双线性映射 $\rho: A\times A\to \mathrm{End}(M)$, 对任意 $\boldsymbol{a}_1,\boldsymbol{a}_2,\boldsymbol{a}_3,\boldsymbol{a}_4\in A$, 满足式(2-3)和式(2-4):

$$\begin{aligned}\rho([\boldsymbol{a}_1,\boldsymbol{a}_2,\boldsymbol{a}_3],\boldsymbol{a}_4)=&\ \rho(\boldsymbol{a}_2,\boldsymbol{a}_3)\rho(\boldsymbol{a}_1,\boldsymbol{a}_4)+\\&\ \rho(\boldsymbol{a}_3,\boldsymbol{a}_1)\rho(\boldsymbol{a}_2,\boldsymbol{a}_4)+\rho(\boldsymbol{a}_1,\boldsymbol{a}_2)\rho(\boldsymbol{a}_3,\boldsymbol{a}_4),\end{aligned}\tag{2-3}$$

$$\begin{aligned}\rho(\boldsymbol{a}_1,\boldsymbol{a}_2)\rho(\boldsymbol{a}_3,\boldsymbol{a}_4)=&\ \rho([\boldsymbol{a}_1,\boldsymbol{a}_2,\boldsymbol{a}_3],\boldsymbol{a}_4)+\\&\ \rho(\boldsymbol{a}_3,\boldsymbol{a}_4)\rho(\boldsymbol{a}_1,\boldsymbol{a}_2)+\rho(\boldsymbol{a}_3,[\boldsymbol{a}_1,\boldsymbol{a}_2,\boldsymbol{a}_4]),\end{aligned}\tag{2-4}$$

则称 $(M;\rho)$ 是 3-李代数 $(A,[-,-,-])$ 的一个表示.

定义 2.6 设 $(A,[-,-,-],\phi)$ 为修正 λ-微分 3-李代数，$(M;\rho)$ 是 3-李代数 $(A,[-,-,-])$ 的表示. 如果线性映射 $\phi_M: M\to M$ ，对任意 $\boldsymbol{a}_1,\boldsymbol{a}_2\in A,\boldsymbol{u}\in M$, 满足式（2-5）:

$$\begin{aligned}\phi_{\boldsymbol{M}}(\rho(\boldsymbol{a}_1,\boldsymbol{a}_2)\boldsymbol{u})=&\ \rho(\phi(\boldsymbol{a}_1),\boldsymbol{a}_2)\boldsymbol{u}+\rho(\boldsymbol{a}_1,\varphi(\boldsymbol{a}_2))\boldsymbol{u}+\\&\ \rho(\boldsymbol{a}_1,\boldsymbol{a}_2)\phi_{\boldsymbol{M}}(\boldsymbol{u})+\lambda\rho(\boldsymbol{a}_1,\boldsymbol{a}_2)\boldsymbol{u},\end{aligned}\tag{2-5}$$

则称 $(M;\rho,\phi_M)$ 是修正 λ-微分 3-李代数 $(A,[-,-,-],\phi)$ 的表示.

注记 2 设 $(M;\rho,\phi_M)$ 是修正 λ-微分 3-李代数 $(A,[-,-,-],\phi)$ 的表示. 如果 $\lambda=0$, 则 $(M;\rho,\phi_M)$ 是具有导子 3-李代数 $(A,[-,-,-],\phi)$ 的表示.

例 3 设 $(M;\rho)$ 是 3-李代数 $(A,[-,-,-])$ 的表示. 则 $(M;\rho,\phi_M)$ 是修正 λ-微分 3-李代数 $(A,[-,-,-],\phi)$ 的表示当且仅当 $(M;\rho,\phi_M+\frac{\lambda}{2}\mathrm{id}_M)$ 是具有导子 3-李代数 $(A,[-,-,-],\phi+\frac{\lambda}{2}\mathrm{id}_A)$ 的表示.

例 4 设 $(M;\rho)$ 是 3-李代数 $(A,[-,-,-])$ 的表示. 则对任意 $k\in K$, $(M;\rho,\mathrm{id}_M)$ 是修正 $(-2k)$-微分 3-李代数 $(A,[-,-,-],k\mathrm{id}_A)$ 的表示.

例 5 设 $(M;\rho,\phi_M)$ 是修正 λ-微分 3-李代数 $(A,[-,-,-],\phi)$ 的表示，则对任意 $k\in K$, $(M;\rho,k\phi_M)$ 是修正 $k\lambda$-微分 3-李代数 $(A,[-,-,-],k\phi)$ 的表示.

命题 2.2 设 $(A,[-,-,-],\phi)$ 为修正 λ-微分 3-李代数，$(M;\rho)$ 是 3-李代数 $(A,[-,-,-])$ 的表示. 则 $(M;\rho,\phi_M)$ 是修正 λ-微分 3-李代数 $(A,[-,-,-],\varphi)$ 的表示当且仅当 $(A\oplus M,[-,-,-]_\rho,\phi\oplus\varphi_M)$ 是修正 λ-微分 3-李代数，其中

$$[-,-,-]_\rho:(A\oplus M)\times(A\oplus M)\times(A\oplus M)\to A\oplus M$$

和

$$\phi\oplus\phi_M:A\oplus M\to A\oplus M,$$

分别定义如下：

$$[\boldsymbol{a}_1+\boldsymbol{u}_1,\boldsymbol{a}_2+\boldsymbol{u}_2,\boldsymbol{a}_3+\boldsymbol{u}_3]_\rho=[\boldsymbol{a}_1,\boldsymbol{a}_2,\boldsymbol{a}_3]+\rho(\boldsymbol{a}_1,\boldsymbol{a}_2)\boldsymbol{u}_3+\rho(\boldsymbol{a}_3,\boldsymbol{a}_1)\boldsymbol{u}_2+\rho(\boldsymbol{a}_2,\boldsymbol{a}_3)\boldsymbol{u}_1,$$

$$\phi\oplus\phi_{\boldsymbol{M}}(\boldsymbol{a}_1+\boldsymbol{u}_1)=\phi(\boldsymbol{a}_1)+\phi_{\boldsymbol{M}}(\boldsymbol{u}_1),$$

对任意 $\boldsymbol{a}_1+\boldsymbol{u}_1,\boldsymbol{a}_2+\boldsymbol{u}_2,\boldsymbol{a}_3+\boldsymbol{u}_3\in A\oplus M$.

证明 假设 $(A\oplus M,[-,-,-]_\rho,\phi\oplus\phi_M)$ 是修正 λ-微分 3-李代数，则对任意 $\boldsymbol{a}_1,\boldsymbol{a}_2\in A,\boldsymbol{u}_3\in M$，有

$$\begin{aligned}&\phi\oplus\phi_M[\boldsymbol{a}_1+0,\boldsymbol{a}_2+0,0+\boldsymbol{u}_3]_\rho=\\&[\phi\oplus\phi_M(\boldsymbol{a}_1+0),\boldsymbol{a}_2+0,0+\boldsymbol{u}_3]_\rho+[\boldsymbol{a}_1+0,\phi\oplus\phi_M(\boldsymbol{a}_2+0),0+\boldsymbol{u}_3]_\rho+\\&[\boldsymbol{a}_1+0,\boldsymbol{a}_2+0,\phi\oplus\phi_M(0+\boldsymbol{u}_3)]_\rho+\lambda[\boldsymbol{a}_1+0,\boldsymbol{a}_2+0,0+\boldsymbol{u}_3]_\rho.\end{aligned}$$

这意味着

$$\begin{aligned}\phi_M(\rho(\boldsymbol{a}_1,\boldsymbol{a}_2)\boldsymbol{u}_3)=\rho(\phi(\boldsymbol{a}_1),\boldsymbol{a}_2)\boldsymbol{u}_3+\rho(\boldsymbol{a}_1,\varphi(\boldsymbol{a}_2))\boldsymbol{u}_3+\\\rho(\boldsymbol{a}_1,\boldsymbol{a}_2)\phi_M(\boldsymbol{u}_3)+\lambda\rho(\boldsymbol{a}_1,\boldsymbol{a}_2)\boldsymbol{u}_3\end{aligned}$$

因此，$(M;\rho,\phi_M)$ 是修正 λ-微分 3-李代数 $(A,[-,-,-],\phi)$ 的表示.

反之，假设 $(M;\rho,\phi_M)$ 是修正 λ-微分 3-李代数 $(A,[-,-,-],\phi)$ 的表示，则对任意 $\boldsymbol{a}_1,\boldsymbol{a}_2,\boldsymbol{a}_3\in A,\boldsymbol{u}_1,\boldsymbol{u}_2,\boldsymbol{u}_3\in M$，有

$$\begin{aligned}&\phi\oplus\phi_M[\boldsymbol{a}_1+\boldsymbol{u}_1,\boldsymbol{a}_2+\boldsymbol{u}_2,\boldsymbol{a}_3+\boldsymbol{u}_3]_\rho=\\&\phi[\boldsymbol{a}_1,\boldsymbol{a}_2,\boldsymbol{a}_3]+\phi_V(\rho(\boldsymbol{a}_1,\boldsymbol{a}_2)\boldsymbol{u}_3)+\phi_V(\rho(\boldsymbol{a}_3,\boldsymbol{a}_1)\boldsymbol{u}_2)+\phi_V(\rho(\boldsymbol{a}_2,\boldsymbol{a}_3)\boldsymbol{u}_1)=\\&[\phi(\boldsymbol{a}_1),\boldsymbol{a}_2,\boldsymbol{a}_3]+[\boldsymbol{a}_1,\phi(\boldsymbol{a}_2),\boldsymbol{a}_3]+[\boldsymbol{a}_1,\boldsymbol{a}_2,\phi(\boldsymbol{a}_3)]+\lambda[\boldsymbol{a}_1,\boldsymbol{a}_2,\boldsymbol{a}_3]+\\&\rho(\phi(\boldsymbol{a}_1),\boldsymbol{a}_2)\boldsymbol{u}_3+\rho(\boldsymbol{a}_1,\phi(\boldsymbol{a}_2))\boldsymbol{u}_3+\rho(\boldsymbol{a}_1,\boldsymbol{a}_2)\phi_V(\boldsymbol{u}_3)+\lambda\rho(\boldsymbol{a}_1,\boldsymbol{a}_2)\boldsymbol{u}_3+\\&\rho(\phi(\boldsymbol{a}_3),\boldsymbol{a}_1)\boldsymbol{u}_2)+\rho(\boldsymbol{a}_3,\phi(\boldsymbol{a}_1))\boldsymbol{u}_2+\rho(\boldsymbol{a}_3,\boldsymbol{a}_1)\phi_V(\boldsymbol{u}_2)+\lambda\rho(\boldsymbol{a}_3,\boldsymbol{a}_1)\boldsymbol{u}_2+\\&\rho(\phi(\boldsymbol{a}_2),\boldsymbol{a}_3)\boldsymbol{u}_1)+\rho(\boldsymbol{a}_2,\phi(\boldsymbol{a}_3))\boldsymbol{u}_1+\rho(\boldsymbol{a}_2,\boldsymbol{a}_3)\phi_V(\boldsymbol{u}_1)+\lambda\rho(\boldsymbol{a}_2,\boldsymbol{a}_3)\boldsymbol{u}_1=\\&[\phi\oplus\phi_M(\boldsymbol{a}_1+\boldsymbol{u}_1),\boldsymbol{a}_2+\boldsymbol{u}_2,\boldsymbol{a}_3+\boldsymbol{u}_3]+[\boldsymbol{a}_1+\boldsymbol{u}_1,\phi\oplus\varphi_M(\boldsymbol{a}_2+\boldsymbol{u}_2),\boldsymbol{a}_3+\boldsymbol{u}_3]+\\&[\boldsymbol{a}_1+\boldsymbol{u}_1,\boldsymbol{a}_2+\boldsymbol{u}_2,\phi\oplus\phi_M(\boldsymbol{a}_3+\boldsymbol{u}_3)]+\lambda[\boldsymbol{a}_1+\boldsymbol{u}_1,\boldsymbol{a}_2+\boldsymbol{u}_2,\boldsymbol{a}_3+\boldsymbol{u}_3].\end{aligned}$$

因此 $(A\oplus M,[-,-,-]_\rho,\varphi\oplus\varphi_M)$ 是修正 λ-微分 3-李代数. □

设 $(M;\rho,\phi_M)$ 是修正 λ-微分 3-李代数 $(A,[-,-,-],\phi)$ 的表示， $M^*=\mathrm{Hom}(M,K)$ 为 M 的对偶空间. 分别定义双线性映射

$$\rho^*:\wedge^2 A\to \mathrm{End}(M^*)$$

和线性映射

$$\phi_M^*:M^*\to M^*$$

如下：

$$\left\langle \rho^*(\boldsymbol{a}_1,\boldsymbol{a}_2)\boldsymbol{u}^*,\boldsymbol{v}\right\rangle=-\left\langle \boldsymbol{u}^*,\rho(\boldsymbol{a}_1,\boldsymbol{a}_2)\boldsymbol{v}\right\rangle,$$

$$\left\langle \phi_M^*(\boldsymbol{u}^*),\boldsymbol{v}\right\rangle=\left\langle \boldsymbol{u}^*,\phi_M(\boldsymbol{v})\right\rangle,$$

对任意 $\boldsymbol{a}_1,\boldsymbol{a}_2\in A,\boldsymbol{v}\in M,\boldsymbol{u}^*\in M^*$.

命题 2.3 沿用上面的记号，$(M^*;\rho^*,-\phi_M^*)$ 是修正 λ-微分 3-李代数 (A,ϕ) 的表示，称为 (A,ϕ) 的对偶表示.

证明 首先由 3-李代数的表示理论[46,47], $(M^*;\rho^*)$ 是 3-李代数 $(A,[-,-,-])$ 的表示. 进一步对任意 $\boldsymbol{a}_1,\boldsymbol{a}_2\in A,\boldsymbol{v}\in M,\boldsymbol{u}^*\in M^*$，有

$$\begin{aligned}
&\left\langle \rho^*(\phi(\boldsymbol{a}_1),\boldsymbol{a}_2)\boldsymbol{u}^*,\boldsymbol{v}\right\rangle+\left\langle \rho^*(\boldsymbol{a}_1,\phi(\boldsymbol{a}_2))\boldsymbol{u}^*,\boldsymbol{v}\right\rangle+\left\langle \rho^*(\boldsymbol{a}_1,\boldsymbol{a}_2)(-\phi_M^*)(\boldsymbol{u}^*),\boldsymbol{v}\right\rangle+\\
&\left\langle \lambda\rho^*(\boldsymbol{a}_1,\boldsymbol{a}_2)\boldsymbol{u}^*,\boldsymbol{v}\right\rangle-\left\langle (-\phi_M^*)\rho^*(\boldsymbol{a}_1,\boldsymbol{a}_2)\boldsymbol{u}^*,\boldsymbol{v}\right\rangle\\
&=-\left\langle \boldsymbol{u}^*,\rho(\phi(\boldsymbol{a}_1),\boldsymbol{a}_2)\boldsymbol{v}\right\rangle-\left\langle \boldsymbol{u}^*,\rho(\boldsymbol{a}_1,\phi(\boldsymbol{a}_2))\boldsymbol{v}\right\rangle-\left\langle (-\phi_M^*)(\boldsymbol{u}^*),\rho(\boldsymbol{a}_1,\boldsymbol{a}_2)\boldsymbol{v}\right\rangle-\\
&\left\langle \boldsymbol{u}^*,\lambda\rho(\boldsymbol{a}_1,\boldsymbol{a}_2)\boldsymbol{v}\right\rangle+\left\langle \rho^*(\boldsymbol{a}_1,\boldsymbol{a}_2)\boldsymbol{u}^*,\phi_M(\boldsymbol{v})\right\rangle\\
&=-\left\langle \boldsymbol{u}^*,\rho(\phi(\boldsymbol{a}_1),\boldsymbol{a}_2)\boldsymbol{v}\right\rangle-\left\langle \boldsymbol{u}^*,\rho(\boldsymbol{a}_1,\phi(\boldsymbol{a}_2))\boldsymbol{v}\right\rangle+\left\langle \boldsymbol{u}^*,\phi_M(\rho(\boldsymbol{a}_1,\boldsymbol{a}_2)\boldsymbol{v})\right\rangle-\\
&\left\langle \boldsymbol{u}^*,\lambda\rho(\boldsymbol{a}_1,\boldsymbol{a}_2)\boldsymbol{v}\right\rangle-\left\langle \boldsymbol{u}^*,\rho(\boldsymbol{a}_1,\boldsymbol{a}_2)\phi_M(\boldsymbol{v})\right\rangle\\
&=-\left\langle \boldsymbol{u}^*,\rho(\phi(\boldsymbol{a}_1),\boldsymbol{a}_2)\boldsymbol{v}+\rho(\boldsymbol{a}_1,\varphi(\boldsymbol{a}_2))\boldsymbol{v}-\phi_M(\rho(\boldsymbol{a}_1,\boldsymbol{a}_2)\boldsymbol{v})+\lambda\rho(\boldsymbol{a}_1,\boldsymbol{a}_2)\boldsymbol{v}+\rho(\boldsymbol{a}_1,\boldsymbol{a}_2)\phi_M(\boldsymbol{v})\right\rangle\\
&=0.
\end{aligned}$$

这意味着，

$$\begin{aligned}
&\rho^*(\phi(\boldsymbol{a}_1),\boldsymbol{a}_2)\boldsymbol{u}^*+\rho^*(\boldsymbol{a}_1,\phi(\boldsymbol{a}_2))\boldsymbol{u}^*+\rho^*(\boldsymbol{a}_1,\boldsymbol{a}_2)(-\phi_M^*)(\boldsymbol{u}^*)+\lambda\rho^*(\boldsymbol{a}_1,\boldsymbol{a}_2)\boldsymbol{u}^*-\\
&(-\phi_M^*)(\rho^*(\boldsymbol{a}_1,\boldsymbol{a}_2)\boldsymbol{u}^*)=0.
\end{aligned}$$

因此，结论成立. □

例 6 设 $(A,[-,-,-],\phi)$ 为修正 λ- 微分 3-李代数，定义映射 $\mathrm{ad}:\wedge^2 A\to\mathrm{End}(A)$ 如下：

$$\mathrm{ad}(\boldsymbol{a}_1,\boldsymbol{a}_2)\boldsymbol{a}=[\boldsymbol{a}_1,\boldsymbol{a}_2,\boldsymbol{a}],\forall \boldsymbol{a}_1,\boldsymbol{a}_2,\boldsymbol{a}\in L.$$

则 $(A;\mathrm{ad},\phi)$ 是修正 λ- 微分 3-李代数 $(A,[-,-,-],\phi)$ 的表示，称为 $(A,[-,-,-],\phi)$ 的伴随表示. 进一步，$(A^*;\mathrm{ad}^*,-\phi^*)$ 是修正 λ-微分 3-李代数 $(A,[-,-,-],\phi)$ 的对偶伴随表示，称为 $(A,[-,-,-],\phi)$ 的余伴随表示.

本节最后，将研究修正 λ -微分 3-李代数的上同调，其系数取自它的表示.

首先回顾 3-李代数的上同调理论[47]，设 $(M;\rho)$ 是 3-李代数 $(A,[-,-,-])$ 的表示. 定义 3-李代数 $(A,[-,-,-])$ 的 n-上链为

$$C^n_{3\mathrm{Lie}}(A;M)=\mathrm{Hom}((\wedge^2 A)^{\otimes n-1}\wedge A,M),n\geqslant 1.$$

上边缘算子

$$\delta: C^n_{3\mathrm{Lie}}(A;M)\to C^{n+1}_{3\mathrm{Lie}}(A;M), f\mapsto \delta f,$$

对任意 $X_i=\boldsymbol{x}_i\wedge\boldsymbol{y}_i\in\wedge^2 A,\boldsymbol{x}_{n+1}\in A$, 定义为

$$\begin{aligned}
&\delta f(X_1,X_2,\cdots,X_n,\boldsymbol{x}_{n+1})\\
&=(-1)^n(\rho(\boldsymbol{y}_n,\boldsymbol{x}_{n+1})f(X_1,\cdots,X_{n-1},\boldsymbol{x}_n)+\rho(\boldsymbol{x}_n,\boldsymbol{x}_{n+1})f(X_1,\cdots,X_{n-1},\boldsymbol{y}_n))+\\
&\sum_{i=1}^{n}(-1)^{i+1}\rho(\boldsymbol{x}_i,\boldsymbol{y}_i)f(X_1,\cdots,\hat{X}_i,\cdots,X_n,\boldsymbol{x}_{n+1})+\\
&\sum_{i=1}^{n}(-1)^i f(X_1,\cdots,\hat{X}_i,\cdots,X_n,[\boldsymbol{x}_i,\boldsymbol{y}_i,\boldsymbol{x}_{n+1}])+\\
&\sum_{1\leqslant i<k\leqslant n}(-1)^i f(X_1,\cdots,\hat{X}_i,\cdots,X_{k-1},[\boldsymbol{x}_i,\boldsymbol{y}_i,\boldsymbol{x}_k]\wedge\boldsymbol{y}_k+\\
&\boldsymbol{x}_k\wedge[\boldsymbol{x}_i,\boldsymbol{y}_i,\boldsymbol{y}_k],\cdots,X_n,\boldsymbol{x}_{n+1}).
\end{aligned}$$

引理 2.1 设 $(M;\rho,\phi_M)$ 是修正 λ -微分 3-李代数 $(A,[-,-,-],\phi)$ 的表示. 对任意 $n\geqslant 1$，定义线性映射 $\varPhi: C^n_{3\mathrm{Lie}}(A;M)\to C^n_{3\mathrm{Lie}}(A;M), f\mapsto \Phi f$，为

$$\begin{aligned}
&\varPhi f(X_1,X_2,\cdots,X_{n-1},x_n)\\
&=\sum_{i=1}^{n-1} f(X_1,X_2,\cdots,X_{i-1},\phi(x_i)\wedge y_i+x_i\wedge\phi(y_i),X_{i+1},\cdots,X_{n-1},x_n)+\\
&f(X_1,X_2,\cdots,X_{n-1},\phi(x_n))+(n-1)\lambda f(X_1,X_2,\cdots,X_{n-1},x_n)-\\
&\phi_M(f(X_1,X_2,\cdots,X_{n-1},x_n)).
\end{aligned}$$

其中，$f\in C^n_{\mathrm{3Lie}}(A;M)$ 和 $X_i=\boldsymbol{x}_i\wedge\boldsymbol{y}_i\in\wedge^2 A, i=1,2,\cdots,n, \boldsymbol{x}_n\in A$, 则 Φ 为链映射，即 $\Phi\circ\delta=\delta\circ\Phi$.

设 $(M;\rho,\phi_M)$ 是修正 λ-微分 3-李代数 $(A,[-,-,-],\phi)$ 的表示，定义修正 λ-微分 3-李代数 $(A,[-,-,-],\phi)$ 的 n-上链如下：

$$C^n_{\mathrm{md3Lie}}(A,M)=\begin{cases}C^n_{\mathrm{3Lie}}(A,M)\oplus C^{n-1}_{\mathrm{3Lie}}(A,M), n\geqslant 2\\ \mathrm{Hom}(A,M), n=1\end{cases}$$

定义线性映射 $\partial: C^n_{\mathrm{md3Lie}}(A,M)\to C^{n+1}_{\mathrm{md3Lie}}(A,M)$ 为

$$\partial(f)=(\delta f,-\Phi f),\forall f\in C^1_{\mathrm{md3Lie}}(A,M),$$

$$\partial(f,g)=(\delta f,\delta g+(-1)^n\Phi f),\forall(f,g)\in C^n_{\mathrm{md3Lie}}(A,M), n\geqslant 2.$$

由引理 2.1，有以下定理.

定理 2.1　线性映射 ∂ 为上边缘算子，即 $\partial\circ\partial=0$.

因此可得上链复形 $(C^*_{\mathrm{md3Lie}}(A,M),\partial)$. 对于 $n\geqslant 2$，记 n-上闭链之集为

$$Z^n_{\mathrm{md3Lie}}(A,M):=\mathrm{Ker}(\partial)=\{f\in C^n_{\mathrm{md3Lie}}(A,M)\mid \partial f=0\},$$

n-上边缘链之集为

$$B^n_{\mathrm{md3Lie}}(A,M):=\mathrm{Im}(\partial)=\{\partial f\mid f\in C^{n-1}_{\mathrm{md3Lie}}(A,M)\},$$

则有第 n-上同调群为

$$H^n_{\mathrm{md3Lie}}(A,M)=\frac{Z^n_{\mathrm{md3Lie}}(A,M)}{B^n_{\mathrm{md3Lie}}(A,M)},$$

称为修正 λ-微分 3-李代数 $(A,[-,-,-],\phi)$ 的第 n-上同调群，系数取自表示 $(M;\rho,\phi_M)$.

特别地，当修正 λ-微分 3-李代数 $(A,[-,-,-],\phi)$ 的表示 $(M;\rho,\phi_M)$ 取自伴随表示时，简记

$$C^*_{\mathrm{md3Lie}}(A)=C^*_{\mathrm{md3Lie}}(A,M),$$

$$H^*_{\mathrm{md3Lie}}(A)=H^*_{\mathrm{md3Lie}}(A,M),$$

分别称为修正 λ-微分 3-李代数 $(A,[-,-,-],\phi)$ 的上链复形和上同调群，系数取自伴随表示.

最后，计算修正 λ-微分 3-李代数 $(A,[-,-,-],\phi)$ 的 1-上闭链和 2-上闭链，

系数取自表示 $(M;\rho,\phi_M)$.

对于 $f\in C^1_{\mathrm{md3Lie}}(A,M)$, f是 1-上闭链，如果f满足 $\partial(f)=(\delta f,-\Phi f)=0$, 即

$$\rho(\boldsymbol{b}_1,\boldsymbol{a}_2)f(\boldsymbol{a}_1)+\rho(\boldsymbol{a}_2,\boldsymbol{a}_1)f(\boldsymbol{b}_1)+\rho(\boldsymbol{a}_1,\boldsymbol{b}_1)f(\boldsymbol{a}_2)-f([\boldsymbol{a}_1,\boldsymbol{b}_1,\boldsymbol{a}_2])=0,$$
$$\varphi_M(f(\boldsymbol{a}_1))-f(\phi(\boldsymbol{a}_1))=0.$$

对于 $(f,g)\in C^2_{\mathrm{md3Lie}}(A,M)$,$f$是 2-上闭链,如果$f$满足 $\partial(f,g)=(\delta f,\delta g+\Phi f)=0$, 即

$$\begin{aligned}&-\rho(\boldsymbol{b}_2,\boldsymbol{a}_3)f(\boldsymbol{a}_1,\boldsymbol{b}_1,\boldsymbol{a}_2)-\rho(\boldsymbol{a}_3,\boldsymbol{a}_2)f(\boldsymbol{a}_1,\boldsymbol{b}_1,\boldsymbol{b}_2)+\rho(\boldsymbol{a}_1,\boldsymbol{b}_1)f(\boldsymbol{a}_2,\boldsymbol{b}_2,\boldsymbol{a}_3)-\\&\rho(\boldsymbol{a}_2,\boldsymbol{b}_2)f(\boldsymbol{a}_1,\boldsymbol{b}_1,\boldsymbol{a}_3)-f(\boldsymbol{a}_2,\boldsymbol{b}_2,[\boldsymbol{a}_1,\boldsymbol{b}_1,\boldsymbol{a}_3])+f(\boldsymbol{a}_1,\boldsymbol{b}_1,[\boldsymbol{a}_2,\boldsymbol{b}_2,\boldsymbol{a}_3])-\\&f([\boldsymbol{a}_1,\boldsymbol{b}_1,\boldsymbol{a}_2],\boldsymbol{b}_2,\boldsymbol{a}_3)-f(\boldsymbol{a}_2,[\boldsymbol{a}_1,\boldsymbol{b}_1,\boldsymbol{b}_2],\boldsymbol{a}_3)=0,\end{aligned}$$

$$\begin{aligned}&\rho(\boldsymbol{b}_1,\boldsymbol{a}_2)f(\boldsymbol{a}_1)+\rho(\boldsymbol{a}_2,\boldsymbol{a}_1)f(\boldsymbol{b}_1)+\rho(\boldsymbol{a}_1,\boldsymbol{b}_1)f(\boldsymbol{a}_2)-f([\boldsymbol{a}_1,\boldsymbol{b}_1,\boldsymbol{a}_2])+\\&f(\phi(\boldsymbol{a}_1),\boldsymbol{b}_1,\boldsymbol{a}_2)+f(\boldsymbol{a}_1,\phi(\boldsymbol{b}_1),\boldsymbol{a}_2)+f(\boldsymbol{a}_1,\boldsymbol{b}_1,\phi(\boldsymbol{a}_2))+\lambda f(\boldsymbol{a}_1,\boldsymbol{b}_1,\boldsymbol{a}_2)-\\&\phi_M(f(\boldsymbol{a}_1,\boldsymbol{b}_1,\boldsymbol{a}_2))=0.\end{aligned}$$

2.2 修正微分 3-李代数的 Nijenhuis 算子

本节研究修正 λ-微分 3-李代数的线性形变，并通过其平凡形变引入修正 λ-微分 3-李代数的 Nijenhuis 算子.

设 $(A,[-,-,-],\phi)$ 是修正 λ-微分 3-李代数. 记 $\upsilon_0=[-,-,-]$ 和 $\phi_0=\phi$. 考虑下面一族单参数线性映射

$$\begin{aligned}&\upsilon_t=\upsilon_0+\boldsymbol{t}\upsilon_1+\boldsymbol{t}^2\upsilon_2, &&\upsilon_1,\upsilon_2\in C^2_{\mathrm{3Lie}}(A),\\&\phi_t=\phi_0+t\phi_1, &&\phi_1\in C^1_{\mathrm{3Lie}}(A).\end{aligned}$$

定义 2.7 如果对所有 $\boldsymbol{t}$, $(A[[\boldsymbol{t}]]/(\boldsymbol{t}^2),\upsilon_t,\phi_t)$ 为修正 λ-微分 3-李代数，则称 (υ_t,ϕ_t) 生成 $(A,[-,-,-],\phi)$ 的线性形变.

命题 2.4 序对 (υ_t,ϕ_t) 生成修正 λ-微分 3-李代数 $(A,[-,-,-],\phi)$ 的线性形变当且仅当对任意 $\boldsymbol{a}_1,\boldsymbol{a}_2,\boldsymbol{a}_3,\boldsymbol{a}_4,\boldsymbol{a}_5\in A$ 和 $i,j=0,1,2,l=0,1$, 式（2-6）和式（2-7）成立:

$$\begin{aligned}\sum_{i+j=n}\upsilon_i(\boldsymbol{a}_1,\boldsymbol{a}_2,\upsilon_j(\boldsymbol{a}_3,\boldsymbol{a}_4,\boldsymbol{a}_5))=&\sum_{i+j=n}\upsilon_i(\upsilon_j(\boldsymbol{a}_1,\boldsymbol{a}_2,\boldsymbol{a}_3),\boldsymbol{a}_4,\boldsymbol{a}_5)+\\&\sum_{i+j=n}\upsilon_i(\boldsymbol{a}_3,\upsilon_j(\boldsymbol{a}_1,\boldsymbol{a}_2,\boldsymbol{a}_4),\boldsymbol{a}_5)+\\&\sum_{i+j=n}\upsilon_i(\boldsymbol{a}_3,\boldsymbol{a}_4,\upsilon_j(\boldsymbol{a}_1,\boldsymbol{a}_2,\boldsymbol{a}_5)),\end{aligned}\qquad(2\text{-}6)$$

$$\sum_{i+l=n}\varphi_l(\upsilon_i(\boldsymbol{a}_1,\boldsymbol{a}_2,\boldsymbol{a}_3))=\sum_{i+l=n}\upsilon_i(\phi_l(\boldsymbol{a}_1),\boldsymbol{a}_2,\boldsymbol{a}_3)+\sum_{i+l=n}\upsilon_i(\boldsymbol{a}_1,\phi_l(\boldsymbol{a}_2),\boldsymbol{a}_3)+\sum_{i+l=n}\upsilon_i(\boldsymbol{a}_1,\boldsymbol{a}_2,\phi_l(\boldsymbol{a}_3))+\lambda\upsilon_n(\boldsymbol{a}_1,\boldsymbol{a}_2,\boldsymbol{a}_3).\tag{2-7}$$

证明 $(A[[\boldsymbol{t}]]/(\boldsymbol{t}^2),\upsilon_t,\phi_t)$ 为修正 λ -微分 3-李代数当且仅当式（2-8）和式（2-9）成立

$$\upsilon_t(\boldsymbol{a}_1,\boldsymbol{a}_2,\upsilon_t(\boldsymbol{a}_3,\boldsymbol{a}_4,\boldsymbol{a}_5))=\upsilon_t(\upsilon_t(\boldsymbol{a}_1,\boldsymbol{a}_2,\boldsymbol{a}_3),\boldsymbol{a}_4,\boldsymbol{a}_5)+\upsilon_t(\boldsymbol{a}_3,\upsilon_t(\boldsymbol{a}_1,\boldsymbol{a}_2,\boldsymbol{a}_4),\boldsymbol{a}_5)+\upsilon_t(\boldsymbol{a}_3,\boldsymbol{a}_4,\upsilon_t(\boldsymbol{a}_1,\boldsymbol{a}_2,\boldsymbol{a}_5)),\tag{2-8}$$

$$\phi_t(\upsilon_t(\boldsymbol{a}_1,\boldsymbol{a}_2,\boldsymbol{a}_3))=\upsilon_t(\phi_t(\boldsymbol{a}_1),\boldsymbol{a}_2,\boldsymbol{a}_3)+\upsilon_t(\boldsymbol{a}_1,\varphi_t(\boldsymbol{a}_2),\boldsymbol{a}_3)+\upsilon_t(\boldsymbol{a}_1,\boldsymbol{a}_2,\varphi_t(\boldsymbol{a}_3))+\lambda\upsilon_t(\boldsymbol{a}_1,\boldsymbol{a}_2,\boldsymbol{a}_3).\tag{2-9}$$

对比式（2-8）和式（2-9）两边 $\boldsymbol{t}^n(n=0,1,2)$ 的系数，可得式（2-6）和式（2-7）成立.

推论 2.1 设 $(A[[\boldsymbol{t}]]/(\boldsymbol{t}^2),\upsilon_t,\phi_t)$ 为修正 λ -微分 3-李代数 $(A,[-,-,-],\phi)$ 的线性形变，则 (υ_1,ϕ_1) 是修正 λ -微分 3-李代数 $(A,[-,-,-],\phi)$ 一个 2-上闭链，其系数取自伴随表示 (A,ad,ϕ) .

证明 对于 $n=1$，式（2-6）和式（2-7）等价于式（2-10）和式（2-11）:

$$\upsilon_1(\boldsymbol{a}_1,\boldsymbol{a}_2,[\boldsymbol{a}_3,\boldsymbol{a}_4,\boldsymbol{a}_5])+[\boldsymbol{a}_1,\boldsymbol{a}_2,\upsilon_1(\boldsymbol{a}_3,\boldsymbol{a}_4,\boldsymbol{a}_5)]=\upsilon_1([\boldsymbol{a}_1,\boldsymbol{a}_2,\boldsymbol{a}_3],\boldsymbol{a}_4,\boldsymbol{a}_5)+[\upsilon_1(\boldsymbol{a}_1,\boldsymbol{a}_2,\boldsymbol{a}_3),\boldsymbol{a}_4,\boldsymbol{a}_5]+\upsilon_1(\boldsymbol{a}_3,[\boldsymbol{a}_1,\boldsymbol{a}_2,\boldsymbol{a}_4],\boldsymbol{a}_5)+[\boldsymbol{a}_3,\upsilon_1(\boldsymbol{a}_1,\boldsymbol{a}_2,\boldsymbol{a}_4),\boldsymbol{a}_5]+\upsilon_1(\boldsymbol{a}_3,\boldsymbol{a}_4,[\boldsymbol{a}_1,\boldsymbol{a}_2,\boldsymbol{a}_5])+[\boldsymbol{a}_3,\boldsymbol{a}_4,\upsilon_1(\boldsymbol{a}_1,\boldsymbol{a}_2,\boldsymbol{a}_5)],\tag{2-10}$$

$$\phi_1([\boldsymbol{a}_1,\boldsymbol{a}_2,\boldsymbol{a}_3])+\phi(\upsilon_1(\boldsymbol{a}_1,\boldsymbol{a}_2,\boldsymbol{a}_3))=[\phi_1(\boldsymbol{a}_1),\boldsymbol{a}_2,\boldsymbol{a}_3]+\upsilon_1(\phi(\boldsymbol{a}_1),\boldsymbol{a}_2,\boldsymbol{a}_3)+[\boldsymbol{a}_1,\phi_1(\boldsymbol{a}_2),\boldsymbol{a}_3]+\upsilon_1(\boldsymbol{a}_1,\phi(\boldsymbol{a}_2),\boldsymbol{a}_3)+[\boldsymbol{a}_1,\boldsymbol{a}_2,\phi_1(\boldsymbol{a}_3)]+\upsilon_1(\boldsymbol{a}_1,\boldsymbol{a}_2,\phi(\boldsymbol{a}_3))+\lambda\upsilon_1(\boldsymbol{a}_1,\boldsymbol{a}_2,\boldsymbol{a}_3),\tag{2-11}$$

这意味着 $\delta\upsilon_1=0,\delta\phi_1+\Phi\upsilon_1=0$，即 $\partial(\upsilon_1,\phi_1)=(\delta\upsilon_1,\delta\phi_1+\Phi\upsilon_1)=0$. 因此，$(\upsilon_1,\phi_1)$ 是修正 λ -微分 3-李代数 $(A,[-,-,-],\phi)$ 一个 2-上闭链，其系数取自伴随表示 (A,ad,ϕ) . □

定义 2.8 2-上闭链 (υ_1,ϕ_1) 称为修正 λ -微分 3-李代数 $(A,[-,-,-],\phi)$ 的线性形变 $(A[[\boldsymbol{t}]]/(\boldsymbol{t}^2),\upsilon_t,\phi_t)$ 的无穷小.

定义 2.9 设 $(A[[\boldsymbol{t}]]/(\boldsymbol{t}^2),\upsilon_t,\phi_t)$ 和 $(A[[\boldsymbol{t}]]/(\boldsymbol{t}^2),\upsilon_t',\phi_t')$ 为修正 λ -微分 3-李代数 $(A,[-,-,-],\phi)$ 的线性形变. 如果存在线性映射 $N:A\to A$, 使得对任意 $\boldsymbol{a}_1,\boldsymbol{a}_2,\boldsymbol{a}_3\in A$, $N_t=\mathrm{id}_A+\boldsymbol{t}N$ 满足式（2-12）和式（2-13）:

$$N_t(\phi_t(\boldsymbol{a}_1))=\phi_t'(N_t(\boldsymbol{a}_1)),\tag{2-12}$$

$$N_t(\upsilon_t(\boldsymbol{a}_1,\boldsymbol{a}_2,\boldsymbol{a}_3))=\upsilon_t'(N_t(\boldsymbol{a}_1),N_t(\boldsymbol{a}_2),N_t(\boldsymbol{a}_3)),\tag{2-13}$$

则称修正 λ -微分 3-李代数 $(A,[-,-,-],\phi)$ 的 2 个线性形变 $(A[[\boldsymbol{t}]]/(\boldsymbol{t}^2),\upsilon_t,\phi_t)$ 和 $(A[[\boldsymbol{t}]]/(\boldsymbol{t}^2),\upsilon_t',\phi_t')$ 等价.

定义 2.10 如果修正 λ -微分 3-李代数 $(A,[-,-,-],\phi)$ 的线性形变 $(A[[\boldsymbol{t}]]/(\boldsymbol{t}^2),\upsilon_t,\phi_t)$ 等价于未发生形变的自己 (A,υ_0,ϕ_0), 则称修正 λ -微分 3-李代数 $(A,[-,-,-],\phi)$ 的线性形变 $(A[[\boldsymbol{t}]]/(\boldsymbol{t}^2),\upsilon_t,\phi_t)$ 是平凡的.

对比式（2-12）和式（2-13）两边 $\boldsymbol{t}$ 的系数，有

$$\phi_1(\boldsymbol{a}_1)-\phi_1'(\boldsymbol{a}_1)=\phi(N_1\boldsymbol{a}_1)-N_1\phi(\boldsymbol{a}_1),$$

$$\begin{aligned}\upsilon_1(\boldsymbol{a}_1,\boldsymbol{a}_2,\boldsymbol{a}_3)-\upsilon_1'(\boldsymbol{a}_1,\boldsymbol{a}_2,\boldsymbol{a}_3)=&[N\boldsymbol{a}_1,\boldsymbol{a}_2,\boldsymbol{a}_3]+[\boldsymbol{a}_1,N\boldsymbol{a}_2,\boldsymbol{a}_3]+\\&[\boldsymbol{a}_1,\boldsymbol{a}_2,N\boldsymbol{a}_3]-N[\boldsymbol{a}_1,\boldsymbol{a}_2,\boldsymbol{a}_3].\end{aligned}$$

因此，有下面定理.

定理 2.2 修正 λ -微分 3-李代数 $(A,[-,-,-],\phi)$ 的 2 个等价的线性形变的无穷小在 $H^2_{\mathrm{md3Lie}}(A)$ 属于相同的上同调类.

设 $(A[[\boldsymbol{t}]]/(\boldsymbol{t}^2),\upsilon_t,\phi_t)$ 为修正 λ -微分 3-李代数 $(A,[-,-,-],\phi)$ 的平凡线性形变，则存在线性映射 $N:A\to A$, 使得对任意 $\boldsymbol{a}_1,\boldsymbol{a}_2,\boldsymbol{a}_3\in A$, $N_t=\mathrm{id}_A+\boldsymbol{t}N$ 满足

$$N_t(\phi_t(\boldsymbol{a}_1))=\phi(N_t(\boldsymbol{a}_1)),\tag{2-14}$$

$$N_t(\upsilon_t(\boldsymbol{a}_1,\boldsymbol{a}_2,\boldsymbol{a}_3))=[N_t(\boldsymbol{a}_1),N_t(\boldsymbol{a}_2),N_t(\boldsymbol{a}_3)]\tag{2-15}$$

对比式（2-14）和式（2-15）两边 $\boldsymbol{t}$ 的系数，可得

$$N\phi(\boldsymbol{a}_1)=\phi(N\boldsymbol{a}_1),\tag{2-16}$$

$$\begin{aligned}\upsilon_1(\boldsymbol{a}_1,\boldsymbol{a}_2,\boldsymbol{a}_3)+N[\boldsymbol{a}_1,\boldsymbol{a}_2,\boldsymbol{a}_3]=&[N\boldsymbol{a}_1,\boldsymbol{a}_2,\boldsymbol{a}_3]+\\&[\boldsymbol{a}_1,N\boldsymbol{a}_2,\boldsymbol{a}_3]+[\boldsymbol{a}_1,\boldsymbol{a}_2,N\boldsymbol{a}_3],\end{aligned}\tag{2-17}$$

$$\begin{aligned}\upsilon_2(\boldsymbol{a}_1,\boldsymbol{a}_2,\boldsymbol{a}_3)+N\upsilon_1(\boldsymbol{a}_1,\boldsymbol{a}_2,\boldsymbol{a}_3)=&[N\boldsymbol{a}_1,N\boldsymbol{a}_2,\boldsymbol{a}_3]+\\&[\boldsymbol{a}_1,N\boldsymbol{a}_2,N\boldsymbol{a}_3]+[N\boldsymbol{a}_1,\boldsymbol{a}_2,N\boldsymbol{a}_3],\end{aligned}\tag{2-18}$$

$$N\upsilon_2(\boldsymbol{a}_1,\boldsymbol{a}_2,\boldsymbol{a}_3)=[N\boldsymbol{a}_1,N\boldsymbol{a}_2,N\boldsymbol{a}_3].\tag{2-19}$$

因此，通过平凡形变，可得 Nijenhuis 算子的定义.

定义 2.11 设 $(A,[-,-,-],\phi)$ 为修正 λ-微分 3-李代数，一个线性映射 $N:A\to A$，如果满足式（2-20）和式（2-21），

$$N\phi(a_1)=\phi(Na_1), \tag{2-20}$$

$$\begin{aligned}[Na_1,Na_2,Na_3]=&N([Na_1,Na_2,a_3]+[a_1,Na_2,Na_3]+\\&[Na_1,a_2,Na_3])-N^2([Na_1,a_2,a_3]+\\&[a_1,Na_2,a_3]+[a_1,a_2,Na_3])+N^3[a_1,a_2,a_3],\end{aligned} \tag{2-21}$$

对任意 $a_1,a_2,a_3\in A$，则称 N 为修正 λ-微分 3-李代数 $(A,[-,-,-],\phi)$ 上的 Nijenhuis 算子.

命题 2.5 设 $(A,[-,-,-],\phi)$ 为修正 λ-微分 3-李代数，N 为 $(A,[-,-,-],\phi)$ 上的 Nijenhuis 算子，则 $(A,[-,-,-]_N,\phi)$ 是修正 λ-微分 3-李代数，其中对任意 $a_1,a_2,a_3\in A$，

$$\begin{aligned}[a_1,a_2,a_3]_N=&[Na_1,Na_2,a_3]+[a_1,Na_2,Na_3]+[Na_1,a_2,Na_3]-\\&N([Na_1,a_2,a_3]+[a_1,Na_2,a_3]+[a_1,a_2,Na_3])+\\&N^2[a_1,a_2,a_3].\end{aligned}$$

证明 由 3-李代数 Nijenhuis 算子理论，可知 $(A,[-,-,-]_N)$ 是 3-李代数. 下面证明 ϕ 是 $(A,[-,-,-]_N)$ 上的修正 λ-微分算子，对任意 $a_1,a_2,a_3\in A$，有

$$\begin{aligned}\phi[a_1,a_2,a_3]_N=&\phi[Na_1,Na_2,a_3]+\phi[a_1,Na_2,Na_3]+\phi[Na_1,a_2,Na_3]-\\&N(\phi[Na_1,a_2,a_3]+\phi[a_1,Na_2,a_3]+\phi[a_1,a_2,Na_3])+N^2\phi[a_1,a_2,a_3]\\=&[N\phi(a_1),Na_2,a_3]+[Na_1,N\phi(a_2),a_3]+[Na_1,Na_2,\phi(a_3)]+\\&\lambda[Na_1,Na_2,a_3]+[\phi(a_1),Na_2,Na_3]+[a_1,N\phi(a_2),Na_3]+\\&[a_1,Na_2,N\phi(a_3)]+\lambda[a_1,Na_2,Na_3]+[N\phi(a_1),a_2,Na_3]+\\&[Na_1,\phi(a_2),Na_3]+[Na_1,a_2,N\phi(a_3)]+\lambda[Na_1,a_2,Na_3]-\\&N([N\phi(a_1),a_2,a_3]+[Na_1,\phi(a_2),a_3]+[Na_1,a_2,\phi(a_3)]+\\&\lambda[Na_1,a_2,a_3])-N([\phi(a_1),Na_2,a_3]+[a_1,N\phi(a_2),a_3]+\\&[a_1,Na_2,\varphi(a_3)]+\lambda[a_1,Na_2,a_3])-N([\phi(a_1),a_2,Na_3]+\\&[a_1,\phi(a_2),Na_3]+[a_1,a_2,N\phi(a_3)]+\lambda[a_1,a_2,Na_3])+\\&N^2([\phi(a_1),a_2,a_3]+[a_1,\phi(a_2),a_3]+[a_1,a_2,\phi(a_3)]+\lambda[a_1,a_2,a_3])\\=&[\phi(a_1),a_2,a_3]_N+[a_1,\phi(a_2),a_3]_N+[a_1,a_2,\phi(a_3)]_N+\lambda[a_1,a_2,a_3]_N.\end{aligned}$$

因此，$(A,[-,-,-]_N,\phi)$ 是修正 λ-微分 3-李代数. □

定义 2.12 设 $(M;\rho,\phi_M)$ 是修正 λ-微分 3-李代数 $(A,[-,-,-],\phi)$ 的表示. 如果线性映射 $R:M\to A$, 对任意 $\boldsymbol{u}_1,\boldsymbol{u}_2,\boldsymbol{u}_3\in M$, 满足

$$R\phi_M(\boldsymbol{u}_1)=\phi(R\boldsymbol{u}_1),$$

$$[R\boldsymbol{u}_1,R\boldsymbol{u}_2,R\boldsymbol{u}_3]=R(\rho(R\boldsymbol{u}_1,R\boldsymbol{u}_2)\boldsymbol{u}_3+\rho(R\boldsymbol{u}_2,R\boldsymbol{u}_3)\boldsymbol{u}_1+\rho(R\boldsymbol{u}_3,R\boldsymbol{u}_1)\boldsymbol{u}_2).$$

则称 R 为修正 λ-微分 3-李代数 $(A,[-,-,-],\phi)$ 关于表示 $(M;\rho,\phi_M)$ 的 O-算子.

注记 3 的确，一个可逆的线性映射 $R:M\to A$ 是修正 λ-微分 3-李代数 $(A,[-,-,-],\phi)$ 关于表示 $(M;\rho,\phi_M)$ 的 O-算子当且仅当 $R^{-1}\in C^1_{\text{md3Lie}}(A,M)$ 是 $(A,[-,-,-],\phi)$ 的 1-上闭链，其系数取自 $(M;\rho,\phi_M)$.

命题 2.6 设 $(M;\rho,\phi_M)$ 是修正 λ-微分 3-李代数 $(A,[-,-,-],\phi)$ 的表示. 则 $R:M\to A$ 是修正 λ-微分 3-李代数 $(A,[-,-,-],\phi)$ 关于表示 $(M;\rho,\phi_M)$ 的 O-算子当且仅当

$$\tilde{\boldsymbol{R}}=\begin{pmatrix}0&R\\0&0\end{pmatrix}:A\oplus M\to A\oplus M$$

是半直积修正 λ-微分 3-李代数 $(A\oplus M,[-,-,-]_\rho,\phi\oplus\phi_M)$ 上的 Nijenhuis 算子.

证明 对任意 $\boldsymbol{a}_1,\boldsymbol{a}_2,\boldsymbol{a}_3\in A$ 和 $\boldsymbol{u}_1,\boldsymbol{u}_2,\boldsymbol{u}_3\in M$, 由 $\tilde{\boldsymbol{R}}^2=\boldsymbol{0}$, 有

$$(\phi\oplus\phi_M)\tilde{\boldsymbol{R}}(\boldsymbol{a}_1+\boldsymbol{u}_1)=(\phi\oplus\phi_M)(R\boldsymbol{a}_1+0)=\phi(R\boldsymbol{a}_1)+0,$$

$$\tilde{\boldsymbol{R}}(\phi\oplus\phi_M)(\boldsymbol{a}_1+\boldsymbol{u}_1)=\tilde{\boldsymbol{R}}(\phi(\boldsymbol{a}_1)+\phi_M(\boldsymbol{u}_1))=R\phi(\boldsymbol{a}_1)+0,$$

这意味着等式 $\tilde{\boldsymbol{R}}(\phi\oplus\phi_M)(\boldsymbol{a}_1+\boldsymbol{u}_1)=(\phi\oplus\phi_M)\tilde{\boldsymbol{R}}(\boldsymbol{a}_1+\boldsymbol{u}_1)$ 等价于 $\phi(R\boldsymbol{a}_1)=R\phi(\boldsymbol{a}_1)$.

$$\begin{aligned}
&\tilde{\boldsymbol{R}}([\boldsymbol{a}_1+\boldsymbol{u}_1,\tilde{\boldsymbol{R}}(\boldsymbol{a}_2+\boldsymbol{u}_2),\tilde{\boldsymbol{R}}(\boldsymbol{a}_3+\boldsymbol{u}_3)]_\rho+[\tilde{\boldsymbol{R}}(\boldsymbol{a}_1+\boldsymbol{u}_1),\boldsymbol{a}_2+\boldsymbol{u}_2,\tilde{\boldsymbol{R}}(\boldsymbol{a}_3+\boldsymbol{u}_3)]_\rho+\\
&[\tilde{\boldsymbol{R}}(\boldsymbol{a}_1+\boldsymbol{u}_1),\tilde{\boldsymbol{R}}(\boldsymbol{a}_2+\boldsymbol{u}_2),\boldsymbol{a}_3+\boldsymbol{u}_3]_\rho)-[\tilde{\boldsymbol{R}}(\boldsymbol{a}_1+\boldsymbol{u}_1),\tilde{\boldsymbol{R}}(\boldsymbol{a}_2+\boldsymbol{u}_2),\tilde{\boldsymbol{R}}(\boldsymbol{a}_3+\boldsymbol{u}_3)]_\rho\\
=&\tilde{\boldsymbol{R}}([\boldsymbol{a}_1+\boldsymbol{u}_1,R\boldsymbol{u}_2+0,R\boldsymbol{u}_3+0]_\rho+[R\boldsymbol{u}_1+0,\boldsymbol{a}_2+\boldsymbol{u}_2,R\boldsymbol{u}_3+0]_\rho+\\
&[R\boldsymbol{u}_1+0,R\boldsymbol{u}_2+0,\boldsymbol{a}_3+\boldsymbol{u}_3]_\rho)-[R\boldsymbol{u}_1+0,R\boldsymbol{u}_2+0,R\boldsymbol{u}_3+0]_\rho\\
=&\tilde{\boldsymbol{R}}([\boldsymbol{a}_1,R\boldsymbol{u}_2,R\boldsymbol{u}_3]+\rho(R\boldsymbol{u}_2,R\boldsymbol{u}_3)\boldsymbol{u}_1+[R\boldsymbol{u}_1,\boldsymbol{a}_2,R\boldsymbol{u}_3]+\rho(R\boldsymbol{u}_3,R\boldsymbol{u}_1)\boldsymbol{u}_2+\\
&[R\boldsymbol{u}_1,R\boldsymbol{u}_2,\boldsymbol{a}_3]+\rho(R\boldsymbol{u}_1,R\boldsymbol{u}_2)\boldsymbol{u}_3)-[R\boldsymbol{u}_1,R\boldsymbol{u}_2,R\boldsymbol{u}_3]_\rho+0\\
=&R(\rho(R\boldsymbol{u}_2,R\boldsymbol{u}_3)\boldsymbol{u}_1+\rho(R\boldsymbol{u}_3,R\boldsymbol{u}_1)\boldsymbol{u}_2+\rho(R\boldsymbol{u}_1,R\boldsymbol{u}_2)\boldsymbol{u}_3)-[R\boldsymbol{u}_1,R\boldsymbol{u}_2,R\boldsymbol{u}_3]_\rho+0,
\end{aligned}$$

这意味着

$$[\tilde{\boldsymbol{R}}(\boldsymbol{a}_1+\boldsymbol{u}_1),\tilde{\boldsymbol{R}}(\boldsymbol{a}_2+\boldsymbol{u}_2),\tilde{\boldsymbol{R}}(\boldsymbol{a}_3+\boldsymbol{u}_3)]_\rho=\tilde{\boldsymbol{R}}([\boldsymbol{a}_1+\boldsymbol{u}_1,\tilde{\boldsymbol{R}}(\boldsymbol{a}_2+\boldsymbol{u}_2),\tilde{\boldsymbol{R}}(\boldsymbol{a}_3+\boldsymbol{u}_3)]_\rho+$$
$$[\tilde{\boldsymbol{R}}(\boldsymbol{a}_1+\boldsymbol{u}_1),\boldsymbol{a}_2+\boldsymbol{u}_2,\tilde{\boldsymbol{R}}(\boldsymbol{a}_3+\boldsymbol{u}_3)]_\rho+[\tilde{\boldsymbol{R}}(\boldsymbol{a}_1+\boldsymbol{u}_1),\tilde{\boldsymbol{R}}(\boldsymbol{a}_2+\boldsymbol{u}_2),\boldsymbol{a}_3+\boldsymbol{u}_3]_\rho)$$

等价于

$$[R\boldsymbol{u}_1,R\boldsymbol{u}_2,R\boldsymbol{u}_3]_\rho=R(\rho(R\boldsymbol{u}_2,R\boldsymbol{u}_3)\boldsymbol{u}_1+\rho(R\boldsymbol{u}_3,R\boldsymbol{u}_1)\boldsymbol{u}_2+\rho(R\boldsymbol{u}_1,R\boldsymbol{u}_2)\boldsymbol{u}_3).$$

因此，R 是 O-算子当且仅当 $\tilde{\boldsymbol{R}}$ 是 $(A\oplus M,[-,-,-]_\rho,\phi\oplus\phi_M)$ 上的 Nijenhuis 算子. □

2.3 修正微分 3-李代数的交换扩张和 T^*-扩张

设 $(A,[-,-,-],\phi)$ 为修正 λ-微分 3-李代数. (M,ϕ_M) 是具有线性映射 ϕ_M 的向量空间，注意到 (M,ϕ_M) 自然成为修正 λ-微分 3-李代数，其中 M 上的 3-李括号 $[-,-,-]_M=0$.

定义 2.13 如果存在一个修正 λ-微分 3-李代数同态的短正合序列

$$0\to(M,[-,-,-]_M,\varphi_M)\xrightarrow{i}(\hat{A},[-,-,-]_{\hat{A}},\hat{\varphi})\xrightarrow{p}(A,[-,-,-],\varphi)\to 0,$$

即存在一个交换图：

$$\begin{array}{ccccccccc}
0 & \to & M & \xrightarrow{i} & \hat{A} & \xrightarrow{p} & A & \to & 0\\
 & & \downarrow\varphi_M & & \downarrow\hat{\varphi} & & \downarrow\varphi & & \\
0 & \to & M & \underset{i}{\to} & \hat{A} & \underset{p}{\to} & A & \to & 0
\end{array}$$

使得修正 λ-微分 3-李代数 $(\hat{A},[-,-,-]_{\hat{A}},\hat{\phi})$ 满足

$$\phi_M(\boldsymbol{u})=\hat{\phi}(\boldsymbol{u}),[\boldsymbol{u},\boldsymbol{v},-]_{\hat{A}}=0,\forall\boldsymbol{u},\boldsymbol{v}\in M,$$

即 M 是 $\hat{A}$ 的交换理想. 则称 $(\hat{A},[-,-,-]_{\hat{A}},\hat{\phi})$ 为 $(A,[-,-,-],\phi)$ 通过 $(M,[-,-,-]_M,\phi_M)$ 的一个交换扩张.

定义 2.14 交换扩张 $(\hat{A},[-,-,-]_{\hat{A}},\hat{\phi})$ 的一个截面是线性映射 $s:L\to\hat{L}$ 使得 $p\circ s=\mathrm{id}_A$.

设 $(M;\rho,\phi_M)$ 是修正 λ-微分 3-李代数 $(A,[-,-,-],\phi)$ 的表示. 假设 $(f,g)\in C^2_{\mathrm{md3Lie}}(A,M)$，定义

$$[-,-,-]_{\rho f}:\wedge^3(A\oplus M)\to A\oplus M$$

和

$$\phi_g:A\oplus M\to A\oplus M$$

分别为

$$\begin{aligned}&[\boldsymbol{a}_1+\boldsymbol{u}_1,\boldsymbol{a}_2+\boldsymbol{u}_2,\boldsymbol{a}_3+\boldsymbol{u}_3]_{\rho f}=\\&[\boldsymbol{a}_1,\boldsymbol{a}_2,\boldsymbol{a}_3]+\rho(\boldsymbol{a}_1,\boldsymbol{a}_2)\boldsymbol{u}_3+\rho(\boldsymbol{a}_2,\boldsymbol{a}_3)\boldsymbol{u}_1+\rho(\boldsymbol{a}_3,\boldsymbol{a}_1)\boldsymbol{u}_2+f(\boldsymbol{a}_1,\boldsymbol{a}_2,\boldsymbol{a}_3),\end{aligned}$$

$$\varphi_g(\boldsymbol{a}_1+\boldsymbol{u}_1)=\varphi(\boldsymbol{a}_1)+\varphi_M(\boldsymbol{u}_1)+g(\boldsymbol{a}_1),\qquad\forall\boldsymbol{a}_1,\boldsymbol{a}_2,\boldsymbol{a}_3\in A,\boldsymbol{u}_1,\boldsymbol{u}_2,\boldsymbol{u}_3\in M.$$

命题 2.7 $(A\oplus M,[-,-,-]_{\rho f},\phi_g)$ 是修正 λ-微分 3-李代数当且仅当 $(f,g)\in C^2_{\mathrm{md3Lie}}(A,M)$ 是修正 λ-微分 3-李代数 $(A,[-,-,-],\phi)$ 的一个 2-上闭链，其系数取自表示 $(M;\rho,\phi_M)$. 此时

$$0\to(M,[-,-,-]_M,\phi_M)\xrightarrow{i}(A\oplus M,[-,-,-]_{\rho f},\phi_g)\xrightarrow{p}(A,[-,-,-],\phi)\to 0$$

是一个交换扩张.

证明 $(A\oplus M,[-,-,-]_{\rho f},\phi_g)$ 是修正 λ-微分 3-李代数当且仅当对任意 $\boldsymbol{a}_1,\boldsymbol{a}_2,\boldsymbol{a}_3,\boldsymbol{a}_4,\boldsymbol{a}_5\in A,\boldsymbol{u}_1,\boldsymbol{u}_2,\boldsymbol{u}_3,\boldsymbol{u}_4,\boldsymbol{u}_5\in M$, 式（2-22）和式（2-23）成立：

$$\begin{aligned}&[[\boldsymbol{a}_1+\boldsymbol{u}_1,\boldsymbol{a}_2+\boldsymbol{u}_2,\boldsymbol{a}_3+\boldsymbol{u}_3]_{\rho f},\boldsymbol{a}_4+\boldsymbol{u}_4,\boldsymbol{a}_5+\boldsymbol{u}_5]_{\rho f}+\\&[\boldsymbol{a}_3+\boldsymbol{u}_3,[\boldsymbol{a}_1+\boldsymbol{u}_1,\boldsymbol{a}_2+\boldsymbol{u}_2,\boldsymbol{a}_4+\boldsymbol{u}_4]_{\rho f},\boldsymbol{a}_5+\boldsymbol{u}_5]_{\rho f}+\\&[\boldsymbol{a}_3+\boldsymbol{u}_3,\boldsymbol{a}_4+\boldsymbol{u}_4,[\boldsymbol{a}_1+\boldsymbol{u}_1,\boldsymbol{a}_2+\boldsymbol{u}_2,\boldsymbol{a}_5+\boldsymbol{u}_5]_{\rho f}]_{\rho f}-\\&[\boldsymbol{a}_1+\boldsymbol{u}_1,\boldsymbol{a}_2+\boldsymbol{u}_2,[\boldsymbol{a}_3+\boldsymbol{u}_3,\boldsymbol{a}_4+\boldsymbol{u}_4,\boldsymbol{a}_5+\boldsymbol{u}_5]_{\rho f}]_{\rho f}\\&=0,\end{aligned}\tag{2-22}$$

$$\begin{aligned}&[\phi_g(\boldsymbol{a}_1+\boldsymbol{u}_1),\boldsymbol{a}_2+\boldsymbol{u}_2,\boldsymbol{a}_3+\boldsymbol{u}_3]_{\rho f}+[\boldsymbol{a}_1+\boldsymbol{u}_1,\phi_g(\boldsymbol{a}_2+\boldsymbol{u}_2),\boldsymbol{a}_3+\boldsymbol{u}_3]_{\rho f}+\\&[\boldsymbol{a}_1+\boldsymbol{u}_1,\boldsymbol{a}_2+\boldsymbol{u}_2,\phi_g(\boldsymbol{a}_3+\boldsymbol{u}_3)]_{\rho f}+\lambda[\boldsymbol{a}_1+\boldsymbol{u}_1,\boldsymbol{a}_2+\boldsymbol{u}_2,\boldsymbol{a}_3+\boldsymbol{u}_3]_{\rho f}-\\&\phi_g([\boldsymbol{a}_1+\boldsymbol{u}_1,\boldsymbol{a}_2+\boldsymbol{u}_2,\boldsymbol{a}_3+\boldsymbol{u}_3]_{\rho f}=0,\end{aligned}\tag{2-23}$$

进而，式（2-22）和式（2-23）等价于式

$$\begin{aligned}&\rho(\boldsymbol{a}_4,\boldsymbol{a}_5)f(\boldsymbol{a}_1,\boldsymbol{a}_2,\boldsymbol{a}_3)+f([\boldsymbol{a}_1,\boldsymbol{a}_2,\boldsymbol{a}_3],\boldsymbol{a}_4,\boldsymbol{a}_5)+\rho(\boldsymbol{a}_5,\boldsymbol{a}_3)f(\boldsymbol{a}_1,\boldsymbol{a}_2,\boldsymbol{a}_4)+\\&f(\boldsymbol{a}_3,[\boldsymbol{a}_1,\boldsymbol{a}_2,\boldsymbol{a}_4],\boldsymbol{a}_5)+\rho(\boldsymbol{a}_3,\boldsymbol{a}_4)f(\boldsymbol{a}_1,\boldsymbol{a}_2,\boldsymbol{a}_5)+f(\boldsymbol{a}_3,\boldsymbol{a}_4,[\boldsymbol{a}_1,\boldsymbol{a}_2,\boldsymbol{a}_5])-\\&\rho(\boldsymbol{a}_1,\boldsymbol{a}_2)f(\boldsymbol{a}_3,\boldsymbol{a}_4,\boldsymbol{a}_5)-f(\boldsymbol{a}_1,\boldsymbol{a}_2,[\boldsymbol{a}_3,\boldsymbol{a}_4,\boldsymbol{a}_5])=0,\end{aligned}\tag{2-24}$$

$$\begin{aligned}&\rho(\boldsymbol{a}_2,\boldsymbol{a}_3)g(\boldsymbol{a}_1)+f(\phi(\boldsymbol{a}_1),\boldsymbol{a}_2,\boldsymbol{a}_3)+\rho(\boldsymbol{a}_3,\boldsymbol{a}_1)g(\boldsymbol{a}_2)+f(\boldsymbol{a}_1,\phi(\boldsymbol{a}_2),\boldsymbol{a}_3)+\\&\rho(\boldsymbol{a}_1,\boldsymbol{a}_2)g(\boldsymbol{a}_3)+f(\boldsymbol{a}_1,\boldsymbol{a}_2,\phi(\boldsymbol{a}_3))+\lambda f(\boldsymbol{a}_1,\boldsymbol{a}_2,\boldsymbol{a}_3)-\phi_M(f(\boldsymbol{a}_1,\boldsymbol{a}_2,\boldsymbol{a}_3))-\\&g([\boldsymbol{a}_1,\boldsymbol{a}_2,\boldsymbol{a}_3])=0.\end{aligned}\tag{2-25}$$

由式(2-24)和式(2-25),分别可得 $\delta f=0$ 和 $\delta g+\Phi f=0$. 因此, $\partial(f,g)=(\delta f,\delta g+\Phi f)=0$, 即 (f,g) 是一个 2-上闭链.

反之,如果 (f,g) 是一个 2-上闭链,则有 $\partial(f,g)=(\delta f,\delta g+\Phi f)=0$, 这意味着等式(2-24)和式(2-25)成立. 因此, $(A\oplus M,[-,-,-]_{\rho f},\phi_g)$ 是修正 λ-微分 3-李代数. □

设 $(\hat{A},[-,-,-]_{\hat{A}},\hat{\phi})$ 为 $(A,[-,-,-],\phi)$ 通过 $(M,[-,-,-]_M,\phi_M)$ 的交换扩张, 且 $s:A\to\hat{A}$ 是它的一个截面. 定义线性映射

$$\rho:\wedge^2 A\to \mathrm{End}(M),$$

$$\upsilon:\wedge^3 A\to M,$$

$$\mu:A\to M$$

分别为

$$\rho(\boldsymbol{a}_1,\boldsymbol{a}_2)\boldsymbol{u}=[s(\boldsymbol{a}_1),s(\boldsymbol{a}_2),\boldsymbol{u}]_{\hat{A}}$$

$$\upsilon(\boldsymbol{a}_1,\boldsymbol{a}_2,\boldsymbol{a}_3)=[s(\boldsymbol{a}_1),s(\boldsymbol{a}_2),s(\boldsymbol{a}_3)]_{\hat{A}}-s([\boldsymbol{a}_1,\boldsymbol{a}_2,\boldsymbol{a}_3]),$$

$$\mu(\boldsymbol{a}_1)=\hat{\phi}(s(\boldsymbol{a}_1))-s(\phi(\boldsymbol{a}_1)),\forall \boldsymbol{a}_1,\boldsymbol{a}_2,\boldsymbol{a}_3\in A,\boldsymbol{u}\in M.$$

注意到 ρ 不依赖于截面 s 的选择.

命题 2.8 沿用上面的记号, $(M;\rho,\phi_M)$ 是修正 λ-微分 3-李代数 $(A,[-,-,-],\phi)$ 的表示, (υ,μ) 是修正 λ-微分 3-李代数 $(A,[-,-,-],\phi)$ 的一个 2-上闭链, 其系数取自表示 $(M;\rho,\phi_M)$. 进一步, 2-上闭链的上同调类 $[(\upsilon,\mu)]\in H^2_{\mathrm{md3lie}}(A,M)$ 不依赖于截面 s 的选择.

证明 首先, 对任意 $\boldsymbol{a}_1,\boldsymbol{a}_2,\boldsymbol{a}_3,\boldsymbol{a}_4\in A,\boldsymbol{u}\in M$, 有

$$\begin{aligned}
&\rho(\boldsymbol{a}_2,\boldsymbol{a}_3)\rho(\boldsymbol{a}_1,\boldsymbol{a}_4)\boldsymbol{u}+\rho(\boldsymbol{a}_3,\boldsymbol{a}_1)\rho(\boldsymbol{a}_2,\boldsymbol{a}_4)\boldsymbol{u}+\rho(\boldsymbol{a}_1,\boldsymbol{a}_2)\rho(\boldsymbol{a}_3,\boldsymbol{a}_4)\boldsymbol{u}-\rho([\boldsymbol{a}_1,\boldsymbol{a}_2,\boldsymbol{a}_3],\boldsymbol{a}_4)\boldsymbol{u}\\
&=[s(\boldsymbol{a}_2),s(\boldsymbol{a}_3),[s(\boldsymbol{a}_1),s(\boldsymbol{a}_4),\boldsymbol{u}]_{\hat{A}}]_{\hat{A}}+[s(\boldsymbol{a}_3),s(\boldsymbol{a}_1),[s(\boldsymbol{a}_2),s(\boldsymbol{a}_4),\boldsymbol{u}]_{\hat{A}}]_{\hat{A}}+\\
&\quad[s(\boldsymbol{a}_1),s(\boldsymbol{a}_2),[s(\boldsymbol{a}_3),s(\boldsymbol{a}_4),\boldsymbol{u}]_{\hat{A}}]_{\hat{A}}-[s([\boldsymbol{a}_1,\boldsymbol{a}_2,\boldsymbol{a}_3]),s(\boldsymbol{a}_4),\boldsymbol{u}]_{\hat{A}}\\
&=[s(\boldsymbol{a}_2),s(\boldsymbol{a}_3),[s(\boldsymbol{a}_1),s(\boldsymbol{a}_4),\boldsymbol{u}]_{\hat{A}}]_{\hat{A}}+[s(\boldsymbol{a}_3),s(\boldsymbol{a}_1),[s(\boldsymbol{a}_2),s(\boldsymbol{a}_4),\boldsymbol{u}]_{\hat{A}}]_{\hat{A}}+\\
&\quad[s(\boldsymbol{a}_1),s(\boldsymbol{a}_2),[s(\boldsymbol{a}_3),s(\boldsymbol{a}_4),\boldsymbol{u}]_{\hat{A}}]_{\hat{A}}-[[s(\boldsymbol{a}_1),s(\boldsymbol{a}_2),s(\boldsymbol{a}_3)]_{\hat{A}}-\upsilon(\boldsymbol{a}_1,\boldsymbol{a}_2,\boldsymbol{a}_3),s(\boldsymbol{a}_4),\boldsymbol{u}]_{\hat{A}}\\
&=[s(\boldsymbol{a}_2),s(\boldsymbol{a}_3),[s(\boldsymbol{a}_1),s(\boldsymbol{a}_4),\boldsymbol{u}]_{\hat{A}}]_{\hat{A}}+[s(\boldsymbol{a}_3),s(\boldsymbol{a}_1),[s(\boldsymbol{a}_2),s(\boldsymbol{a}_4),\boldsymbol{u}]_{\hat{A}}]_{\hat{A}}+\\
&\quad[s(\boldsymbol{a}_1),s(\boldsymbol{a}_2),[s(\boldsymbol{a}_3),s(\boldsymbol{a}_4),\boldsymbol{u}]_{\hat{A}}]_{\hat{A}}-[[s(\boldsymbol{a}_1),s(\boldsymbol{a}_2),s(\boldsymbol{a}_3)]_{\hat{A}},s(\boldsymbol{a}_4),\boldsymbol{u}]_{\hat{A}}\\
&=0,
\end{aligned}$$

$$
\begin{aligned}
&\rho(\boldsymbol{a}_3,\boldsymbol{a}_4)\rho(\boldsymbol{a}_1,\boldsymbol{a}_2)\boldsymbol{u}+\rho([\boldsymbol{a}_1,\boldsymbol{a}_2,\boldsymbol{a}_3],\boldsymbol{a}_4)\boldsymbol{u}+\rho(\boldsymbol{a}_3,[\boldsymbol{a}_1,\boldsymbol{a}_2,\boldsymbol{a}_4])\boldsymbol{u}-\rho(\boldsymbol{a}_1,\boldsymbol{a}_2)\rho(\boldsymbol{a}_3,\boldsymbol{a}_4)\boldsymbol{u}\\
=&[s(\boldsymbol{a}_3),s(\boldsymbol{a}_4),[s(\boldsymbol{a}_1),s(\boldsymbol{a}_2),\boldsymbol{u}]_{\hat{A}}]_{\hat{A}}+[s([\boldsymbol{a}_1,\boldsymbol{a}_2,\boldsymbol{a}_3]),s(\boldsymbol{a}_4),\boldsymbol{u}]_{\hat{A}}+\\
&[s(\boldsymbol{a}_3),s([\boldsymbol{a}_1,\boldsymbol{a}_2,\boldsymbol{a}_4]),\boldsymbol{u}]_{\hat{A}}-[s(\boldsymbol{a}_1),s(\boldsymbol{a}_2),[s(\boldsymbol{a}_3),s(\boldsymbol{a}_4),\boldsymbol{u}]_{\hat{A}}]_{\hat{A}}\\
=&[s(\boldsymbol{a}_3),s(\boldsymbol{a}_4),[s(\boldsymbol{a}_1),s(\boldsymbol{a}_2),\boldsymbol{u}]_{\hat{A}}]_{\hat{A}}+[[s(\boldsymbol{a}_1),s(\boldsymbol{a}_2),s(\boldsymbol{a}_3)]_{\hat{A}}-\upsilon(\boldsymbol{a}_1,\boldsymbol{a}_2,\boldsymbol{a}_3),s(\boldsymbol{a}_4),\boldsymbol{u}]_{\hat{A}}+\\
&[s(\boldsymbol{a}_3),[s(\boldsymbol{a}_1),s(\boldsymbol{a}_2),s(\boldsymbol{a}_4)]_{\hat{A}}-\upsilon(\boldsymbol{a}_1,\boldsymbol{a}_2,\boldsymbol{a}_4),\boldsymbol{u}]_{\hat{A}}-[s(\boldsymbol{a}_1),s(\boldsymbol{a}_2),[s(\boldsymbol{a}_3),s(\boldsymbol{a}_4),\boldsymbol{u}]_{\hat{A}}]_{\hat{A}}\\
=&[s(\boldsymbol{a}_3),s(\boldsymbol{a}_4),[s(\boldsymbol{a}_1),s(\boldsymbol{a}_2),\boldsymbol{u}]_{\hat{A}}]_{\hat{A}}+[[s(\boldsymbol{a}_1),s(\boldsymbol{a}_2),s(\boldsymbol{a}_3)]_{\hat{A}},s(\boldsymbol{a}_4),\boldsymbol{u}]_{\hat{A}}+\\
&[s(\boldsymbol{a}_3),[s(\boldsymbol{a}_1),s(\boldsymbol{a}_2),s(\boldsymbol{a}_4)]_{\hat{A}},\boldsymbol{u}]_{\hat{A}}-[s(\boldsymbol{a}_1),s(\boldsymbol{a}_2),[s(\boldsymbol{a}_3),s(\boldsymbol{a}_4),\boldsymbol{u}]_{\hat{A}}]_{\hat{A}}\\
=&0.
\end{aligned}
$$

另一方面，我们有

$$
\begin{aligned}
&\phi_M(\rho(\boldsymbol{a}_1,\boldsymbol{a}_2)\boldsymbol{u})\\
=&\phi_M([s(\boldsymbol{a}_1),s(\boldsymbol{a}_2),\boldsymbol{u}]_{\hat{A}})\\
=&\hat{\phi}([s(\boldsymbol{a}_1),s(\boldsymbol{a}_2),\boldsymbol{u}]_{\hat{A}})\\
=&[\hat{\phi}s(\boldsymbol{a}_1),s(\boldsymbol{a}_2),\boldsymbol{u}]_{\hat{A}}+[s(\boldsymbol{a}_1),\hat{\phi}s(\boldsymbol{a}_2),\boldsymbol{u}]_{\hat{A}}+[s(\boldsymbol{a}_1),s(\boldsymbol{a}_2),\hat{\phi}(\boldsymbol{u})]_{\hat{A}}+\lambda[s(\boldsymbol{a}_1),s(\boldsymbol{a}_2),\boldsymbol{u}]_{\hat{A}}\\
=&[s(\phi(\boldsymbol{a}_1))+\mu(\boldsymbol{a}_1),s(\boldsymbol{a}_2),\boldsymbol{u}]_{\hat{A}}+[s(\boldsymbol{a}_1),s(\phi(\boldsymbol{a}_2))+\mu(\boldsymbol{a}_2),\boldsymbol{u}]_{\hat{A}}+\\
&[s(\boldsymbol{a}_1),s(\boldsymbol{a}_2),\phi_M(\boldsymbol{u})]_{\hat{A}}+\lambda[s(\boldsymbol{a}_1),s(\boldsymbol{a}_2),\boldsymbol{u}]_{\hat{A}}\\
=&[s(\phi(\boldsymbol{a}_1)),s(\boldsymbol{a}_2),\boldsymbol{u}]_{\hat{A}}+[s(\boldsymbol{a}_1),s(\phi(\boldsymbol{a}_2)),\boldsymbol{u}]_{\hat{A}}+\\
&[s(\boldsymbol{a}_1),s(\boldsymbol{a}_2),\phi_M(\boldsymbol{u})]_{\hat{A}}+\lambda[s(\boldsymbol{a}_1),s(\boldsymbol{a}_2),\boldsymbol{u}]_{\hat{A}}\\
=&\rho(\phi(\boldsymbol{a}_1),\boldsymbol{a}_2)\boldsymbol{u}+\rho(\boldsymbol{a}_1,\phi(\boldsymbol{a}_2))\boldsymbol{u}+\rho(\boldsymbol{a}_1,\boldsymbol{a}_2)\phi_M(\boldsymbol{u})+\lambda\rho(\boldsymbol{a}_1,\boldsymbol{a}_2)\boldsymbol{u}.
\end{aligned}
$$

因此，$(M;\rho,\phi_M)$ 是修正 λ-微分 3-李代数 $(A,[-,-,-],\phi)$ 的表示.

因为 $(\hat{A},[-,-,-]_{\hat{A}},\hat{\phi})$ 为 $(A,[-,-,-],\phi)$ 通过 $(M,[-,-,-]_M,\phi_M)$ 的交换扩张，由命题 2.7，可得 (υ,μ) 是修正 λ-微分 3-李代数 $(A,[-,-,-],\phi)$ 的一个 2-上闭链. 进而，设 $s_1:A\to\hat{A}$ 为 $(\hat{A},[-,-,-]_{\hat{A}},\hat{\phi})$ 的另一个截面映射. 从而，s 和 s_1 可得两个 2-上闭链，分别为 (υ,μ) 和 (υ_1,μ_1). 定义 $\pi:A\to M$ 为

$$\pi(a)=s(a)-s_1(a),$$

则

$$\begin{aligned}
&\upsilon(\boldsymbol{a}_1,\boldsymbol{a}_2,\boldsymbol{a}_3)\\
&=[s(\boldsymbol{a}_1),s(\boldsymbol{a}_2),s(\boldsymbol{a}_3)]_{\hat{A}}-s([\boldsymbol{a}_1,\boldsymbol{a}_2,\boldsymbol{a}_3])\\
&=[s_1(\boldsymbol{a}_1)+\pi(\boldsymbol{a}_1),s_1(\boldsymbol{a}_2)+\pi(\boldsymbol{a}_2),s_1(\boldsymbol{a}_3)+\pi(\boldsymbol{a}_3)]_{\hat{A}}-s_1([\boldsymbol{a}_1,\boldsymbol{a}_2,\boldsymbol{a}_3])-\pi([\boldsymbol{a}_1,\boldsymbol{a}_2,\boldsymbol{a}_3])\\
&=[s_1(\boldsymbol{a}_1),s_1(\boldsymbol{a}_2),s_1(\boldsymbol{a}_3)]_{\hat{A}}+[\pi(\boldsymbol{a}_1),s_1(\boldsymbol{a}_2),s_1(\boldsymbol{a}_3)]_{\hat{A}}+[s_1(\boldsymbol{a}_1),\pi(\boldsymbol{a}_2),s_1(\boldsymbol{a}_3)]_{\hat{A}}+\\
&\quad[s_1(\boldsymbol{a}_1),s_1(\boldsymbol{a}_2),\pi(\boldsymbol{a}_3)]_{\hat{A}}+[\pi(\boldsymbol{a}_1),\pi(\boldsymbol{a}_2),s_1(\boldsymbol{a}_3)]_{\hat{A}}+[\pi(\boldsymbol{a}_1),s_1(\boldsymbol{a}_2),\pi(\boldsymbol{a}_3)]_{\hat{A}}+\\
&\quad[s_1(\boldsymbol{a}_1),\pi(\boldsymbol{a}_2),\pi(\boldsymbol{a}_3)]_{\hat{A}}+[\pi(\boldsymbol{a}_1),\pi(\boldsymbol{a}_2),\pi(\boldsymbol{a}_3)]_{\hat{A}}-s_1([\boldsymbol{a}_1,\boldsymbol{a}_2,\boldsymbol{a}_3])-\pi([\boldsymbol{a}_1,\boldsymbol{a}_2,\boldsymbol{a}_3])\\
&=[s_1(\boldsymbol{a}_1),s_1(\boldsymbol{a}_2),s_1(\boldsymbol{a}_3)]_{\hat{A}}-s_1([\boldsymbol{a}_1,\boldsymbol{a}_2,\boldsymbol{a}_3])+\rho(\boldsymbol{a}_2,\boldsymbol{a}_3)\pi(\boldsymbol{a}_1)+\rho(\boldsymbol{a}_3,\boldsymbol{a}_1)\pi(\boldsymbol{a}_2)+\\
&\quad\rho(\boldsymbol{a}_1,\boldsymbol{a}_2)\pi(\boldsymbol{a}_3)-\pi([\boldsymbol{a}_1,\boldsymbol{a}_2,\boldsymbol{a}_3])\\
&=\upsilon_1(\boldsymbol{a}_1,\boldsymbol{a}_2,\boldsymbol{a}_3)+\delta\pi(\boldsymbol{a}_1,\boldsymbol{a}_2,\boldsymbol{a}_3),
\end{aligned}$$

$$\begin{aligned}
\mu(\boldsymbol{a}_1)&=\hat{\phi}(s(\boldsymbol{a}_1))-s(\phi(\boldsymbol{a}_1))\\
&=\hat{\phi}(s_1(\boldsymbol{a}_1)+\pi(\boldsymbol{a}_1))-s_1(\phi(\boldsymbol{a}_1))-\pi(\phi(\boldsymbol{a}_1))\\
&=\hat{\phi}(s_1(\boldsymbol{a}_1))-s_1(\varphi(\boldsymbol{a}_1))+\hat{\varphi}(\pi(\boldsymbol{a}_1))-\pi(\phi(\boldsymbol{a}_1))\\
&=\mu_1(\boldsymbol{a}_1)-\varPhi\pi(\boldsymbol{a}_1),
\end{aligned}$$

这意味着,

$$\begin{aligned}
(\upsilon,\mu)-(\upsilon_1,\mu_1)&=(\delta\pi,-\varPhi\pi)\\
&=\partial\pi\in B^2_{\text{md3Lie}}(A,M),
\end{aligned}$$

即 $[(\upsilon,\mu)]=[(\upsilon_1,\mu_1)]\in H^2_{\text{md3Lie}}(A,M)$. □

定义 2.15 设 $(\hat{A}_1,[-,-,-]_{\hat{A}_1},\hat{\phi}_1)$ 和 $(\hat{A}_2,[-,-,-]_{\hat{A}_2},\hat{\phi}_2)$ 为 $(A,[-,-,-],\phi)$ 通过 $(M,[-,-,-]_M,\phi_M)$ 的 2 个交换扩张. 如果存在修正 λ-微分 3-李代数同构映射 $\eta:(\hat{A}_1,[-,-,-]_{\hat{A}_1},\hat{\phi}_1)\to(\hat{A}_2,[-,-,-]_{\hat{A}_2},\hat{\phi}_2)$ 使得图表（2-26）交换

$$\begin{array}{ccccccccc}
0 & \to & (M,[-,-,-]_M,\phi_M) & \xrightarrow{i_1} & (\hat{A}_1,[-,-,-]_{\hat{A}_1},\hat{\varphi}_1) & \xrightarrow{p_2} & (A,[-,-,-]_A,\varphi) & \to & 0\\
 & & \downarrow \mathrm{id}_M & & \downarrow \eta & & \downarrow \mathrm{id}_A & & \\
0 & \to & (M,[-,-,-]_M,\varphi_M) & \xrightarrow[i_2]{} & (\hat{A}_2,[-,-,-]_{\hat{A}_2},\hat{\varphi}_2) & \xrightarrow[p_2]{} & (A,[-,-,-]_A,\varphi) & \to & 0
\end{array} \qquad (2\text{-}26)$$

则称 $(A,[-,-,-],\phi)$ 通过 $(M,[-,-,-]_M,\phi_M)$ 的 2 个交换扩张 $(\hat{A}_1,[-,-,-]_{\hat{A}_1},\hat{\phi}_1)$ 和

$(\hat{A}_2,[-,-,-]_{\hat{A}_2},\hat{\phi}_2)$是等价的.

接下来，利用第二上同调群 $H^2_{\mathrm{md3Lie}}(A,M)$ 来分类 $(A,[-,-,-],\phi)$ 通过 $(M,[-,-,-]_M,\phi_M)$ 的交换扩张.

定理 2.3　修正 λ-微分 3-李代数 $(A,[-,-,-],\phi)$ 通过 $(M,[-,-,-]_M,\phi_M)$ 的交换扩张 $(\hat{A},[-,-,-]_{\hat{A}},\hat{\phi})$ 构成的等价类和第二上同调群 $H^2_{\mathrm{md3Lie}}(A,M)$ 之间是一一对应的.

证明　设 $(\hat{A}_1,[-,-,-]_{\hat{A}_1},\hat{\phi}_1)$ 和 $(\hat{A}_2,[-,-,-]_{\hat{A}_2},\hat{\phi}_2)$ 为 $(A,[-,-,-],\phi)$ 通过 $(M,[-,-,-]_M,\phi_M)$ 的 2 个等价交换扩张，即存在修正 λ-微分 3-李代数同构映射 $\eta:(\hat{A}_1,[-,-,-]_{\hat{A}_1},\hat{\phi}_1)\to(\hat{A}_2,[-,-,-]_{\hat{A}_2},\hat{\phi}_2)$ 使得图表（2-26）交换. 设 s_1 是 $(\hat{A}_1,[-,-,-]_{\hat{A}_1},\hat{\phi}_1)$ 的一个截面映射，由 $p_2\circ\eta=p_1$，可得

$$p_2\circ(\eta\circ s_1)=p_1\circ s_1=\mathrm{id}_L,$$

即 $\eta\circ s_1$ 是 $(\hat{A}_2,[-,-,-]_{\hat{A}_2},\hat{\phi}_2)$ 的一个截面映射，记作 $s_2:=\eta\circ s_1$. 由 η 是 $(\hat{A}_1,[-,-,-]_{\hat{A}_1},\hat{\phi}_1)$ 到 $(\hat{A}_2,[-,-,-]_{\hat{A}_2},\hat{\phi}_2)$ 的同构映射使得 $\eta|_M=\mathrm{id}_M$，可得

$$\begin{aligned}
\upsilon_2(\boldsymbol{a}_1,\boldsymbol{a}_2,\boldsymbol{a}_3)&=[s_2(\boldsymbol{a}_1),s_2(\boldsymbol{a}_2),s_2(\boldsymbol{a}_3)]_{\hat{A}_2}-s_2([\boldsymbol{a}_1,\boldsymbol{a}_2,\boldsymbol{a}_3])\\
&=[\eta(s_1(\boldsymbol{a}_1)),\eta(s_1(\boldsymbol{a}_2)),\eta(s_1(\boldsymbol{a}_3))]_{\hat{A}_2}-\eta(s_1([\boldsymbol{a}_1,\boldsymbol{a}_2,\boldsymbol{a}_3]))\\
&=\eta([s_1(\boldsymbol{a}_1),s_1(\boldsymbol{a}_2),s_1(\boldsymbol{a}_3)]_{\hat{A}_1}-s_1([\boldsymbol{a}_1,\boldsymbol{a}_2,\boldsymbol{a}_3]))\\
&=\eta(\upsilon_1(\boldsymbol{a}_1,\boldsymbol{a}_2,\boldsymbol{a}_3))\\
&=\upsilon_1(\boldsymbol{a}_1,\boldsymbol{a}_2,\boldsymbol{a}_3),
\end{aligned}$$

$$\begin{aligned}
\mu_2(\boldsymbol{a}_1)&=\hat{\varphi}_2(s_2(\boldsymbol{a}_1))-s_2(\varphi(\boldsymbol{a}_1))\\
&=\hat{\varphi}_2(\eta(s_1(\boldsymbol{a}_1)))-\eta(s_1(\varphi(\boldsymbol{a}_1)))\\
&=\eta(\hat{\varphi}_1(s_1(\boldsymbol{a}_1)))-\eta(s_1(\varphi(\boldsymbol{a}_1)))\\
&=\eta(\hat{\varphi}_1(s_1(\boldsymbol{a}_1))-s_1(\varphi(\boldsymbol{a}_1)))\\
&=\eta(\mu_1(\boldsymbol{a}_1))\\
&=\mu_1(\boldsymbol{a}_1),
\end{aligned}$$

因此，2 个等价交换扩张 $(\hat{A}_1,[-,-,-]_{\hat{A}_1},\hat{\phi}_1)$ 和 $(\hat{A}_2,[-,-,-]_{\hat{A}_2},\hat{\phi}_2)$ 在 $H^2_{\mathrm{md3Lie}}(A,M)$ 中对应相同的元素.

反之，给定两个在相同上同调类的 2-上闭链

$$[(f_1,g_1)]=[(f_2,g_2)]\in H^2_{\mathrm{md3Lie}}(A,M),$$

则由命题 2.7 可以构造两个交换扩张

$$0\to(M,[-,-,-]_M,\phi_M)\xrightarrow{i_1}(A\oplus M,[-,-,-]_{\rho f_1},\phi_{g_1})\xrightarrow{p_1}(A,[-,-,-],\phi)\to 0$$

和

$$0\to(M,[-,-,-]_M,\phi_M)\xrightarrow{i_2}(A\oplus M,[-,-,-]_{\rho f_2},\phi_{g_2})\xrightarrow{p_2}(A,[-,-,-],\phi)\to 0.$$

进一步，由 $[(f_1,g_1)]=[(f_2,g_2)]$，则存在线性映射 $\tau:A\to M$ 使得

$$(f_1,g_1)-(f_2,g_2)=(\delta\tau,-\Phi\tau)=\partial\tau,$$

定义线性映射 $\eta_\tau:A\oplus M\to A\oplus M$ 为

$$\eta_\tau(\boldsymbol{a}+\boldsymbol{u})=\boldsymbol{a}+\tau(\boldsymbol{a})+\boldsymbol{u},\qquad\forall\boldsymbol{a}+\boldsymbol{u}\in A\oplus M.$$

则 η_τ 是这两个交换扩张 $(A\oplus M,[-,-,-]_{\rho f_1},\phi_{g_1})$ 和 $(A\oplus M,[-,-,-]_{\rho f_2},\phi_{g_2})$ 之间的同构映射，并且使得式（2-27）可换：

$$\begin{array}{ccccccccc}
0&\to&(M,[-,-,-]_M,\varphi_M)&\xrightarrow{i_1}&(A\oplus M,[-,-,-]_{\rho f_1},\varphi_{g_1})&\xrightarrow{p_2}&(A,[-,-,-]_A,\varphi)&\to&0\\
&&\downarrow\mathrm{id}_M&&\downarrow\eta_\tau&&\downarrow\mathrm{id}_A&&\\
0&\to&(M,[-,-,-]_M,\varphi_M)&\xrightarrow[i_2]{}&(A\oplus M,[-,-,-]_{\rho f_2},\varphi_{g_2})&\xrightarrow[p_2]{}&(A,[-,-,-]_A,\varphi)&\to&0.
\end{array}\tag{2-27}$$

□

本节最后研究修正 λ-微分 3-李代数的 T^*-扩张.

设 $(A,[-,-,-],\phi)$ 是修正 λ-微分 3-李代数，A^* 是 A 的对偶空间. 由 2.1 节例 6，$(A^*,\mathrm{ad}^*,-\phi^*)$ 是 $(A,[-,-,-],\phi)$ 的余伴随表示. 设 $(f,g)\in C^2_{\mathrm{md3Lie}}(A,A^*)$，定义线性映射

$$[-,-,-]^*_f:\wedge^3(A\oplus A^*)\to A\oplus A^*$$

和

$$\phi^*_g:A\oplus A^*\to A\oplus A^*$$

分别为

$$[\boldsymbol{a}_1+\alpha_1,\boldsymbol{a}_2+\alpha_2,\boldsymbol{a}_3+\alpha_3]_f^*$$
$$=[\boldsymbol{a}_1,\boldsymbol{a}_2,\boldsymbol{a}_3]+\mathrm{ad}^*(\boldsymbol{a}_1,\boldsymbol{a}_2)\alpha_3+\mathrm{ad}^*(\boldsymbol{a}_2,\boldsymbol{a}_3)\alpha_1+\mathrm{ad}^*(\boldsymbol{a}_3,\boldsymbol{a}_1)\alpha_2+f(\boldsymbol{a}_1,\boldsymbol{a}_2,\boldsymbol{a}_3),$$
$$\phi_g^*(\boldsymbol{a}_1+\alpha_1)=\phi(\boldsymbol{a}_1)-\phi^*(\alpha_1)+\boldsymbol{g}(\boldsymbol{a}_1),\ \forall \boldsymbol{a}_1,\boldsymbol{a}_2,\boldsymbol{a}_3\in A,\alpha_1,\alpha_2,\alpha_3\in A^*.$$

类似于命题 2.7，有下面结论.

命题 2.9 沿用上面的记号，$(A\oplus A^*,[-,-,-]_f^*,\phi_g^*)$ 是修正 λ-微分 3-李代数当且仅当 (f,g) 是修正 λ-微分 3-李代数 $(A,[-,-,-],\phi)$ 的一个 2-上闭链，其系数取自余伴随表示 $(A^*,\mathrm{ad}^*,-\phi^*)$.

定义 2.16 修正 λ-微分 3-李代数 $(A\oplus A^*,[-,-,-]_f^*,\phi_g^*)$ 称为修正 λ-微分 3-李代数 $(A,[-,-,-],\phi)$ 的 T^*-扩张. 记为 $T_{(f,g)}^*(A)=(T^*(A)=A\oplus A^*,[-,-,-]_f^*,\phi_g^*)$.

定义 2.17 设 $(A,[-,-,-],\phi)$ 为修正 λ-微分 3-李代数. 如果存在非退化的对称双线性型 $\omega_A\in\otimes^2 A^*$ 满足

$$\omega_A([\boldsymbol{a}_1,\boldsymbol{a}_2,\boldsymbol{a}_3],\boldsymbol{a}_4)+\omega_A(\boldsymbol{a}_3,[\boldsymbol{a}_1,\boldsymbol{a}_2,\boldsymbol{a}_4])=0,$$
$$\omega_A(\phi(\boldsymbol{a}_1),\boldsymbol{a}_2)+\omega_A(\boldsymbol{a}_1,\phi(\boldsymbol{a}_2))=0,\ \forall \boldsymbol{a}_1,\boldsymbol{a}_2,\boldsymbol{a}_3,\boldsymbol{a}_4\in A,$$

则称修正 λ-微分 3-李代数 $(A,[-,-,-],\phi)$ 可度量的. 进而，$(A,[-,-,-],\phi,\omega_A)$ 称为度量修正 λ-微分 3-李代数.

定义双线性映射 $\omega:\wedge^2 T^*(A)\to A$ 为

$$\omega(\boldsymbol{a}_1+\alpha_1,\boldsymbol{a}_2+\alpha_2)=\alpha_1(\boldsymbol{a}_1)+\alpha_2(\boldsymbol{a}_2),$$

对任意 $\boldsymbol{a}_1,\boldsymbol{a}_2\in A,\alpha_1,\alpha_2\in A^*$.

命题 2.10 沿用上面的记号，$(T_{(f,g)}^*(A),\varpi)$ 是度量修正 λ-微分 3-李代数当且仅当对任意 $\boldsymbol{a}_1,\boldsymbol{a}_2,\boldsymbol{a}_3,\boldsymbol{a}_4\in A$. 式（2-28）成立

$$\begin{aligned}&f(\boldsymbol{a}_1,\boldsymbol{a}_2,\boldsymbol{a}_3)(\boldsymbol{a}_4)+f(\boldsymbol{a}_1,\boldsymbol{a}_2,\boldsymbol{a}_4)(\boldsymbol{a}_3)=0,\\&g(\boldsymbol{a}_1)(\boldsymbol{a}_2)+g(\boldsymbol{a}_2)(\boldsymbol{a}_1)=0,\end{aligned}\tag{2-28}$$

对任意 $\boldsymbol{a}_1,\boldsymbol{a}_2,\boldsymbol{a}_3,\boldsymbol{a}_4\in A$.

证明 对任意 $\boldsymbol{a}_1,\boldsymbol{a}_2,\boldsymbol{a}_3,\boldsymbol{a}_4\in A$, $\alpha_1,\alpha_2,\alpha_3,\alpha_4\in A^*$，我们有

$$\begin{aligned}
&\omega([\boldsymbol{a}_1+\alpha_1,\boldsymbol{a}_2+\alpha_2,\boldsymbol{a}_3+\alpha_3]_f^*,\boldsymbol{a}_4+\alpha_4)+\omega(\boldsymbol{a}_3+\alpha_3,[\boldsymbol{a}_1+\alpha_1,\boldsymbol{a}_2+\alpha_2,\boldsymbol{a}_4+\alpha_4]_f^*)\\
&=\omega([\boldsymbol{a}_1,\boldsymbol{a}_2,\boldsymbol{a}_3]+\mathrm{ad}^*(\boldsymbol{a}_1,\boldsymbol{a}_2)\alpha_3+\mathrm{ad}^*(\boldsymbol{a}_3,\boldsymbol{a}_1)\alpha_2+\mathrm{ad}^*(\boldsymbol{a}_2,\boldsymbol{a}_3)\alpha_1+f(\boldsymbol{a}_1,\boldsymbol{a}_2,\boldsymbol{a}_3),\boldsymbol{a}_4+\alpha_4)+\\
&\quad\omega(\boldsymbol{a}_3+\alpha_3,[\boldsymbol{a}_1,\boldsymbol{a}_2,\boldsymbol{a}_4]+\mathrm{ad}^*(\boldsymbol{a}_1,\boldsymbol{a}_2)\alpha_4+\mathrm{ad}^*(\boldsymbol{a}_4,\boldsymbol{a}_1)\alpha_2+\mathrm{ad}^*(\boldsymbol{a}_2,\boldsymbol{a}_4)\alpha_1+f(\boldsymbol{a}_1,\boldsymbol{a}_2,\boldsymbol{a}_4))\\
&=\alpha_4([\boldsymbol{a}_1,\boldsymbol{a}_2,\boldsymbol{a}_3])+\mathrm{ad}^*(\boldsymbol{a}_1,\boldsymbol{a}_2)\alpha_3(\boldsymbol{a}_4)+\mathrm{ad}^*(\boldsymbol{a}_3,\boldsymbol{a}_1)\alpha_2(\boldsymbol{a}_4)+\mathrm{ad}^*(\boldsymbol{a}_2,\boldsymbol{a}_3)\alpha_1(\boldsymbol{a}_4)+\\
&\quad f(\boldsymbol{a}_1,\boldsymbol{a}_2,\boldsymbol{a}_3)(\boldsymbol{a}_4)+\alpha_3([\boldsymbol{a}_1,\boldsymbol{a}_2,\boldsymbol{a}_4])+\mathrm{ad}^*(\boldsymbol{a}_1,\boldsymbol{a}_2)\alpha_4(\boldsymbol{a}_3)+\\
&\quad\mathrm{ad}^*(\boldsymbol{a}_4,\boldsymbol{a}_1)\alpha_2(\boldsymbol{a}_3)+\mathrm{ad}^*(\boldsymbol{a}_2,\boldsymbol{a}_4)\alpha_1(\boldsymbol{a}_3)+f(\boldsymbol{a}_1,\boldsymbol{a}_2,\boldsymbol{a}_4)(\boldsymbol{a}_3)\\
&=\alpha_4([\boldsymbol{a}_1,\boldsymbol{a}_2,\boldsymbol{a}_3])-\alpha_3([\boldsymbol{a}_1,\boldsymbol{a}_2,\boldsymbol{a}_4])-\alpha_2([\boldsymbol{a}_3,\boldsymbol{a}_1,\boldsymbol{a}_4])-\alpha_1([\boldsymbol{a}_2,\boldsymbol{a}_3,\boldsymbol{a}_4])+\\
&\quad f(\boldsymbol{a}_1,\boldsymbol{a}_2,\boldsymbol{a}_3)(\boldsymbol{a}_4)+\alpha_3([\boldsymbol{a}_1,\boldsymbol{a}_2,\boldsymbol{a}_4])-\alpha_4([\boldsymbol{a}_1,\boldsymbol{a}_2,\boldsymbol{a}_3])-\alpha_2([\boldsymbol{a}_4,\boldsymbol{a}_1,\boldsymbol{a}_3])-\\
&\quad\alpha_1([\boldsymbol{a}_2,\boldsymbol{a}_4,\boldsymbol{a}_3])+f(\boldsymbol{a}_1,\boldsymbol{a}_2,\boldsymbol{a}_4)(\boldsymbol{a}_3)\\
&=f(\boldsymbol{a}_1,\boldsymbol{a}_2,\boldsymbol{a}_3)(\boldsymbol{a}_4)+f(\boldsymbol{a}_1,\boldsymbol{a}_2,\boldsymbol{a}_4)(\boldsymbol{a}_3)\\
&=0,
\end{aligned}$$

$$\begin{aligned}
&\omega(\phi_g^*(\boldsymbol{a}_1+\alpha_1),\boldsymbol{a}_2+\alpha_2)+\omega(\boldsymbol{a}_1+\alpha_1,\phi_g^*(\boldsymbol{a}_2+\alpha_2))\\
&=\omega(\phi(\boldsymbol{a}_1)-\phi^*(\alpha_1)+g(\boldsymbol{a}_1),\boldsymbol{a}_2+\alpha_2)+\omega(\boldsymbol{a}_1+\alpha_1,\phi(\boldsymbol{a}_2)-\phi^*(\alpha_2)+g(\boldsymbol{a}_2))\\
&=\alpha_2(\phi(\boldsymbol{a}_1))-\phi^*(\alpha_1)(\boldsymbol{a}_2)+g(\boldsymbol{a}_1)(\boldsymbol{a}_2)+\alpha_1(\phi(\boldsymbol{a}_2))-\phi^*(\alpha_2)(\boldsymbol{a}_1)+g(\boldsymbol{a}_2)(\boldsymbol{a}_1)\\
&=\alpha_2(\phi(\boldsymbol{a}_1))-\alpha_1(\phi(\boldsymbol{a}_2))+g(\boldsymbol{a}_1)(\boldsymbol{a}_2)+\alpha_1(\phi(\boldsymbol{a}_2))-\alpha_2(\phi(\boldsymbol{a}_1))+g(\boldsymbol{a}_2)(\boldsymbol{a}_1)\\
&=g(\boldsymbol{a}_1)(\boldsymbol{a}_2)+g(\boldsymbol{a}_2)(\boldsymbol{a}_1)\\
&=0.
\end{aligned}$$

因此，命题成立. □

设 $(A,[-,-,-],\phi,\omega_A)$ 为度量修正 λ-微分 3-李代数，则 ω_A 诱导一个向量空间同构映射 $\omega_A^\dagger : A\to A^*$ 定义如下

$$\left\langle \omega_A^\dagger(\boldsymbol{a}_1),\boldsymbol{a}_2\right\rangle=\omega_A(\boldsymbol{a}_1,\boldsymbol{a}_2),\qquad \forall \boldsymbol{a}_1,\boldsymbol{a}_2\in A.$$

命题 2.11 沿用上面的记号，$\omega_A^\dagger$ 是修正 λ-微分 3-李代数 $(A,[-,-,-],\phi)$ 的伴随表示 (A,ad,ϕ) 到对偶伴随表示 $(A^*,\mathrm{ad}^*,-\phi^*)$ 的同构映射.

证明 对任意 $\boldsymbol{a}_1,\boldsymbol{a}_2,\boldsymbol{a}_3,\boldsymbol{a}_4\in A$，有

$$\begin{aligned}\left\langle\omega_A^{\dagger}(\mathrm{ad}(\boldsymbol{a}_1,\boldsymbol{a}_2)\boldsymbol{a}_3),\boldsymbol{a}_4\right\rangle&=\omega_A([\boldsymbol{a}_1,\boldsymbol{a}_2,\boldsymbol{a}_3],\boldsymbol{a}_4)\\&=-\omega_A(\boldsymbol{a}_3,[\boldsymbol{a}_1,\boldsymbol{a}_2,\boldsymbol{a}_4])\\&=-\left\langle\omega_A^{\dagger}(\boldsymbol{a}_3),[\boldsymbol{a}_1,\boldsymbol{a}_2,\boldsymbol{a}_4]\right\rangle\\&=-\left\langle\omega_A^{\dagger}(\boldsymbol{a}_3),\mathrm{ad}(\boldsymbol{a}_1,\boldsymbol{a}_2)\boldsymbol{a}_4\right\rangle\\&=\left\langle\mathrm{ad}^*(\boldsymbol{a}_1,\boldsymbol{a}_2)\omega_A^{\dagger}(\boldsymbol{a}_3),\boldsymbol{a}_4\right\rangle,\end{aligned}$$

由 $\boldsymbol{a}_4$ 的任意性，可得 $\omega_A^{\dagger}(\mathrm{ad}(\boldsymbol{a}_1,\boldsymbol{a}_2)\boldsymbol{a}_3)=\mathrm{ad}^*(\boldsymbol{a}_1,\boldsymbol{a}_2)\omega_A^{\dagger}(\boldsymbol{a}_3)$.

另外，

$$\begin{aligned}\left\langle\omega_A^{\dagger}(\phi(\boldsymbol{a}_1)),\boldsymbol{a}_2\right\rangle&=\omega_A(\phi(\boldsymbol{a}_1),\boldsymbol{a}_2)\\&=-\omega_A(\boldsymbol{a}_1,\phi(\boldsymbol{a}_2))\\&=-\left\langle\omega_A^{\dagger}(\boldsymbol{a}_1),\phi(\boldsymbol{a}_2)\right\rangle\\&=-\left\langle\phi^*(\omega_A^{\dagger}(\boldsymbol{a}_1)),\boldsymbol{a}_2\right\rangle,\end{aligned}$$

由 $\boldsymbol{a}_2$ 的任意性，意味着 $\omega_A^{\dagger}(\phi(\boldsymbol{a}_1))=-\phi^*(\omega_A^{\dagger}(\boldsymbol{a}_1))$. 因此，$\omega_A^{\dagger}$ 是 (A,ad,ϕ) 到 $(A^*,\mathrm{ad}^*,-\phi^*)$ 的同构映射. □

2.4 修正微分 3-李 2-代数

首先回顾 3-李 2-代数的概念[48].

定义 2.18[48] 一个 3-李 2-代数是一个五元组 (A_0,A_1,h,l_3,l_5), 其中

（1）$h:A_1\to A_0$ 是一个线性映射；

（2）$l_3:A_i\wedge A_j\wedge A_k\to A_{i+j+k}(0\leqslant i+j+k\leqslant 1)$ 是完全斜对称三线性映射；

（3）$l_5:\wedge^2A_0\wedge\wedge^2A_0\to A_1$ 是多重线性映射；

对任意 $\boldsymbol{x}_i\in A_0(i=1,2,\cdots,7),\boldsymbol{u},\boldsymbol{u}_i\in A_1$, 使得式（2-29）至式（2-33）成立：

$$\begin{aligned}&hl_3(\boldsymbol{x}_1,\boldsymbol{x}_2,\boldsymbol{u})=l_3(\boldsymbol{x}_1,\boldsymbol{x}_2,h(\boldsymbol{u})),\\&hl_3(\boldsymbol{u}_1,\boldsymbol{u}_2,\boldsymbol{x}_1)=l_3(h(\boldsymbol{u}_1),\boldsymbol{u}_2,\boldsymbol{x}_1),\end{aligned}\tag{2-29}$$

$$\begin{aligned}hl_5(\boldsymbol{x}_1,\boldsymbol{x}_2,\boldsymbol{x}_3,\boldsymbol{x}_4,\boldsymbol{x}_5)=&-l_3(\boldsymbol{x}_1,\boldsymbol{x}_2,l_3(\boldsymbol{x}_3,\boldsymbol{x}_4,\boldsymbol{x}_5))+l_3(\boldsymbol{x}_3,l_3(\boldsymbol{x}_1,\boldsymbol{x}_2,\boldsymbol{x}_4),\boldsymbol{x}_5)+\\&l_3(l_3(\boldsymbol{x}_1,\boldsymbol{x}_2,\boldsymbol{x}_3),\boldsymbol{x}_4,\boldsymbol{x}_5)+l_3(\boldsymbol{x}_3,\boldsymbol{x}_4,l_3(\boldsymbol{x}_1,\boldsymbol{x}_2,\boldsymbol{x}_5)),\end{aligned}\tag{2-30}$$

$$l_5(h(\boldsymbol{u}_1),\boldsymbol{x}_2,\boldsymbol{x}_3,\boldsymbol{x}_4,\boldsymbol{x}_5)=-l_3(\boldsymbol{u}_1,\boldsymbol{x}_2,l_3(\boldsymbol{x}_3,\boldsymbol{x}_4,\boldsymbol{x}_5))+l_3(\boldsymbol{x}_3,l_3(\boldsymbol{u}_1,\boldsymbol{x}_2,\boldsymbol{x}_4),\boldsymbol{x}_5)+ l_3(l_3(\boldsymbol{u}_1,\boldsymbol{x}_2,\boldsymbol{x}_3),\boldsymbol{x}_4,\boldsymbol{x}_5)+l_3(\boldsymbol{x}_3,\boldsymbol{x}_4,l_3(\boldsymbol{u}_1,\boldsymbol{x}_2,\boldsymbol{x}_5)), \tag{2-31}$$

$$l_5(\boldsymbol{x}_1,\boldsymbol{x}_2,h(\boldsymbol{u}_3),\boldsymbol{x}_4,\boldsymbol{x}_5)=-l_3(\boldsymbol{x}_1,\boldsymbol{x}_2,l_3(\boldsymbol{u}_3,\boldsymbol{x}_4,\boldsymbol{x}_5))+l_3(\boldsymbol{u}_3,l_3(\boldsymbol{x}_1,\boldsymbol{x}_2,\boldsymbol{x}_4),\boldsymbol{x}_5)+ l_3(l_3(\boldsymbol{x}_1,\boldsymbol{x}_2,\boldsymbol{u}_3),\boldsymbol{x}_4,\boldsymbol{x}_5)+l_3(\boldsymbol{u}_3,\boldsymbol{x}_4,l_3(\boldsymbol{x}_1,\boldsymbol{x}_2,\boldsymbol{x}_5)), \tag{2-32}$$

$$\begin{aligned}
&l_3(l_5(\boldsymbol{x}_1,\boldsymbol{x}_2,\boldsymbol{x}_3,\boldsymbol{x}_4,\boldsymbol{x}_5),\boldsymbol{x}_6,\boldsymbol{x}_7)+l_3(\boldsymbol{x}_5,l_5(\boldsymbol{x}_1,\boldsymbol{x}_2,\boldsymbol{x}_3,\boldsymbol{x}_4,\boldsymbol{x}_6),\boldsymbol{x}_7)+\\
&l_3(\boldsymbol{x}_1,\boldsymbol{x}_2,l_5(\boldsymbol{x}_3,\boldsymbol{x}_4,\boldsymbol{x}_5,\boldsymbol{x}_6,\boldsymbol{x}_7))+l_3(\boldsymbol{x}_5,\boldsymbol{x}_6,l_5(\boldsymbol{x}_1,\boldsymbol{x}_2,\boldsymbol{x}_3,\boldsymbol{x}_4,\boldsymbol{x}_7))+\\
&l_5(\boldsymbol{x}_1,\boldsymbol{x}_2,l_3(\boldsymbol{x}_3,\boldsymbol{x}_4,\boldsymbol{x}_5),\boldsymbol{x}_6,\boldsymbol{x}_7)+l_5(\boldsymbol{x}_1,\boldsymbol{x}_2,\boldsymbol{x}_5,l_3(\boldsymbol{x}_3,\boldsymbol{x}_4,\boldsymbol{x}_6),\boldsymbol{x}_7)+\\
&l_5(\boldsymbol{x}_1,\boldsymbol{x}_2,\boldsymbol{x}_5,\boldsymbol{x}_6,l_3(\boldsymbol{x}_3,\boldsymbol{x}_4,\boldsymbol{x}_7))\\
=&l_3(\boldsymbol{x}_3,\boldsymbol{x}_4,l_5(\boldsymbol{x}_1,\boldsymbol{x}_2,\boldsymbol{x}_5,\boldsymbol{x}_6,\boldsymbol{x}_7))+l_5(l_3(\boldsymbol{x}_1,\boldsymbol{x}_2,\boldsymbol{x}_3),\boldsymbol{x}_4,\boldsymbol{x}_5,\boldsymbol{x}_6,\boldsymbol{x}_7)+\\
&l_5(\boldsymbol{x}_3,l_3(\boldsymbol{x}_1,\boldsymbol{x}_2,\boldsymbol{x}_4),\boldsymbol{x}_5,\boldsymbol{x}_6,\boldsymbol{x}_7)+l_5(\boldsymbol{x}_3,\boldsymbol{x}_4,l_3(\boldsymbol{x}_1,\boldsymbol{x}_2,\boldsymbol{x}_5),\boldsymbol{x}_6,\boldsymbol{x}_7)+\\
&l_5(\boldsymbol{x}_3,\boldsymbol{x}_4,\boldsymbol{x}_5,l_3(\boldsymbol{x}_1,\boldsymbol{x}_2,\boldsymbol{x}_6),\boldsymbol{x}_7)+l_5(\boldsymbol{x}_1,\boldsymbol{x}_2,\boldsymbol{x}_3,\boldsymbol{x}_4,l_3(\boldsymbol{x}_5,\boldsymbol{x}_6,\boldsymbol{x}_7))+\\
&l_5(\boldsymbol{x}_3,\boldsymbol{x}_4,\boldsymbol{x}_5,\boldsymbol{x}_6,l_3(\boldsymbol{x}_1,\boldsymbol{x}_2,\boldsymbol{x}_7)).
\end{aligned} \tag{2-33}$$

如果 $h=0$, 则称 3-李 2-代数为简单的. 如果 $l_5=0$, 称 3-李 2-代数为严格的.

定义 2.19 设 (A_0,A_1,h,l_3,l_5) 为 3-李 2-代数. (A_0,A_1,h,l_3,l_5) 上的一个修正 λ-微分 2-算子是一个三元组 (ϕ_0,ϕ_1,ϕ_2)，其中

（1）$\phi_0:A_0\to A_0$ 是线性映射；

（2）$\varphi_1:A_1\to A_1$ 是线性映射；

（3）$\phi_2:\wedge^3 A_0\to A_1$ 是完全斜对称三线性映射；

对任意 $\boldsymbol{x}_i\in A_0(i=1,2,3,4,5),\boldsymbol{u}_i\in A_1$, 使得式（2-34）至式（2-37）成立：

$$\phi_0\circ h=h\circ\phi_1, \tag{2-34}$$

$$h\phi_2(\boldsymbol{x}_1,\boldsymbol{x}_2,\boldsymbol{x}_3)+\phi_0 l_3(\boldsymbol{x}_1,\boldsymbol{x}_2,\boldsymbol{x}_3)=l_3(\phi_0(\boldsymbol{x}_1),\boldsymbol{x}_2,\boldsymbol{x}_3)+l_3(\boldsymbol{x}_1,\phi_0(\boldsymbol{x}_2),\boldsymbol{x}_3)+ l_3(\boldsymbol{x}_1,\boldsymbol{x}_2,\phi_0(\boldsymbol{x}_3))+\lambda l_3(\boldsymbol{x}_1,\boldsymbol{x}_2,\boldsymbol{x}_3), \tag{2-35}$$

$$\phi_2(\boldsymbol{x}_1,\boldsymbol{x}_2,h(\boldsymbol{u}_3))+\phi_1 l_3(\boldsymbol{x}_1,\boldsymbol{x}_2,\boldsymbol{u}_3)=l_3(\phi_0(\boldsymbol{x}_1),\boldsymbol{x}_2,\boldsymbol{u}_3)+l_3(\boldsymbol{x}_1,\phi_0(\boldsymbol{x}_2),\boldsymbol{u}_3)+ l_3(\boldsymbol{x}_1,\boldsymbol{x}_2,\phi_1(\boldsymbol{u}_3))+\lambda l_3(\boldsymbol{x}_1,\boldsymbol{x}_2,\boldsymbol{u}_3), \tag{2-36}$$

$$l_3(\boldsymbol{x}_1,\boldsymbol{x}_2,\phi_2(\boldsymbol{x}_3,\boldsymbol{x}_4,\boldsymbol{x}_5))-l_3(\boldsymbol{x}_3,\boldsymbol{x}_4,\phi_2(\boldsymbol{x}_1,\boldsymbol{x}_2,\boldsymbol{x}_5))-l_3(\boldsymbol{x}_4,\boldsymbol{x}_5,\phi_2(\boldsymbol{x}_1,\boldsymbol{x}_2,\boldsymbol{x}_3))-$$
$$l_3(\boldsymbol{x}_5,\boldsymbol{x}_3,\phi_2(\boldsymbol{x}_1,\boldsymbol{x}_2,\boldsymbol{x}_4))-\phi_2([\boldsymbol{x}_1,\boldsymbol{x}_2,\boldsymbol{x}_3]_0,\boldsymbol{x}_4,\boldsymbol{x}_5)-\phi_2(\boldsymbol{x}_3,[\boldsymbol{x}_1,\boldsymbol{x}_2,\boldsymbol{x}_4]_0,\boldsymbol{x}_5)-$$
$$\phi_2(\boldsymbol{x}_3,\boldsymbol{x}_4,[\boldsymbol{x}_1,\boldsymbol{x}_2,\boldsymbol{x}_5]_0)+\phi_2(\boldsymbol{x}_1,\boldsymbol{x}_2,[\boldsymbol{x}_3,\boldsymbol{x}_4,\boldsymbol{x}_5]_0)-l_5(\phi_0(\boldsymbol{x}_1),\boldsymbol{x}_2,\boldsymbol{x}_3,\boldsymbol{x}_4,\boldsymbol{x}_5)-$$
$$l_5(\boldsymbol{x}_1,\phi_0(\boldsymbol{x}_2),\boldsymbol{x}_3,\boldsymbol{x}_4,\boldsymbol{x}_5)-l_5(\boldsymbol{x}_1,\boldsymbol{x}_2,\phi_0(\boldsymbol{x}_3),\boldsymbol{x}_4,\boldsymbol{x}_5)-l_5(\boldsymbol{x}_1,\boldsymbol{x}_2,\boldsymbol{x}_3,\phi_0(\boldsymbol{x}_4),\boldsymbol{x}_5)-$$
$$l_5(\boldsymbol{x}_1,\boldsymbol{x}_2,\boldsymbol{x}_3,\boldsymbol{x}_4,\phi_0(\boldsymbol{x}_5))-2\lambda l_5(\boldsymbol{x}_1,\boldsymbol{x}_2,\boldsymbol{x}_3,\boldsymbol{x}_4,\boldsymbol{x}_5)+\phi_1 l_5(\boldsymbol{x}_1,\boldsymbol{x}_2,\boldsymbol{x}_3,\boldsymbol{x}_4,\boldsymbol{x}_5)$$
$$=0. \tag{2-37}$$

进一步称 $A=(A_0,A_1,h,l_3,l_5),\Phi=(\phi_0,\phi_1,\phi_2))$ 为修正 λ-微分 3-李 2-代数，简记为 (A,Φ).

如果 $h=0$, 称修正 λ-微分 3-李 2-代数为简单的. 如果 $l_5=0$, $\phi_2=0$, 称修正 λ 微分 3-李 2-代数为严格的.

直接验证，有下面命题.

命题 2.12　设 (A,Φ) 为修正 λ-微分 3-李 2-代数.

（1）如果 (A,Φ) 为简单的或严格的，则 $(A_0,[-,-,-]_0,\phi_0)$ 为修正 λ-微分 3-李代数，其中对任意 $\boldsymbol{x}_1,\boldsymbol{x}_2,\boldsymbol{x}_3\in A_0,[\boldsymbol{x}_1,\boldsymbol{x}_2,\boldsymbol{x}_3]_0=l_3(\boldsymbol{x}_1,\boldsymbol{x}_2,\boldsymbol{x}_3)$.

（2）如果 (A,Φ) 为严格的，则 $(A_1,[-,-,-]_1,\phi_1)$ 为修正 λ-微分 3-李代数，其中，

$$[\boldsymbol{u}_1,\boldsymbol{u}_2,\boldsymbol{u}_3]_1=l_3(h(\boldsymbol{u}_1),h(\boldsymbol{u}_2),\boldsymbol{u}_3)=l_3(h(\boldsymbol{u}_1),\boldsymbol{u}_2,h(\boldsymbol{u}_3))=l_3(\boldsymbol{u}_1,h(\boldsymbol{u}_2),h(\boldsymbol{u}_3)),$$

对任意 $\boldsymbol{u}_1,\boldsymbol{u}_2,\boldsymbol{u}_3\in A_1$.

（3）如果 (A,Φ) 为简单的或严格的，则 (A_1,ρ,ϕ_1) 为修正 λ-微分 3-李代数 $(A_0,[-,-,-]_0,\phi_0)$ 的表示，其中双线性映射 $\rho:\wedge^2 A_0\to \mathrm{End}(A_1)$ 为

$$\rho(\boldsymbol{x}_1,\boldsymbol{x}_2)\boldsymbol{u}=l_3(\boldsymbol{x}_1,\boldsymbol{x}_2,\boldsymbol{u}),$$

对任意 $\boldsymbol{x}_1,\boldsymbol{x}_2\in A_0,\boldsymbol{u}\in A_1$.

定理 2.4　简单修正 λ-微分 3-李 2-代数 (A,Φ) 和修正 λ 微分 3-李代数的 3-上闭链一一对应.

证明　设 $(A=(A_0,A_1,h=0,l_3,l_5),\Phi=(\phi_0,\phi_1,\phi_2))$ 为简单修正 λ-微分 3-李 2-代数. 由命题 2.12，可以考虑修正 λ-微分 3-李代数 $(A_0,[-,-,-]_0,\phi_0)$ 的上同调，其系数取自表示 (A_1,ρ,ϕ_1). 则 (l_3,ϕ_2) 是 3-上闭链. 事实上，根据式（2-33），对任意 $X_i=\boldsymbol{x}_i\wedge\boldsymbol{y}_i\in\wedge^2 A_0\ (i=1,2,3),\boldsymbol{x}_4\in A_0$，有

$$
\begin{aligned}
&\delta l_5(X_1,X_2,X_3,\boldsymbol{x}_4)\\
=&-\rho(\boldsymbol{y}_3,\boldsymbol{x}_4)l_5(X_1,X_2,\boldsymbol{x}_3)-\rho(\boldsymbol{x}_3,\boldsymbol{x}_4)l_5(X_1,X_2,\boldsymbol{y}_3)+\rho(\boldsymbol{x}_1,\boldsymbol{y}_1)l_5(X_2,X_3,\boldsymbol{x}_4)-\\
&\rho(\boldsymbol{x}_2,\boldsymbol{y}_2)l_5(X_1,X_3,\boldsymbol{x}_4)+\rho(\boldsymbol{x}_3,\boldsymbol{y}_3)l_5(X_1,X_3,\boldsymbol{x}_4)-l_5(X_2,X_3,[\boldsymbol{x}_1,\boldsymbol{y}_1,\boldsymbol{x}_4]_0)+\\
&l_5(X_1,X_3,[\boldsymbol{x}_2,\boldsymbol{y}_2,\boldsymbol{x}_4]_0)-l_5(X_1,X_2,[\boldsymbol{x}_3,\boldsymbol{y}_3,\boldsymbol{x}_4]_0)-\\
&l_3([\boldsymbol{x}_1,\boldsymbol{y}_1,\boldsymbol{x}_2]_0\wedge\boldsymbol{y}_2+\boldsymbol{x}_2\wedge[\boldsymbol{x}_1,\boldsymbol{y}_1,\boldsymbol{y}_2]_0,X_3,\boldsymbol{x}_4)-\\
&l_3(X_2,[\boldsymbol{x}_1,\boldsymbol{y}_1,\boldsymbol{x}_3]_0\wedge\boldsymbol{y}_3+\boldsymbol{x}_3\wedge[\boldsymbol{x}_1,\boldsymbol{y}_1,\boldsymbol{y}_3]_0,\boldsymbol{x}_4)+\\
&l_3(X_1,[\boldsymbol{x}_2,\boldsymbol{y}_2,\boldsymbol{x}_3]_0\wedge\boldsymbol{y}_3+\boldsymbol{x}_3\wedge[\boldsymbol{x}_2,\boldsymbol{y}_2,\boldsymbol{y}_3]_0,\boldsymbol{x}_4)\\
=&0,
\end{aligned}
$$

根据式（2-37），对任意 $x_1,x_2,x_3,x_4,x_5\in A_0$，有

$$
\begin{aligned}
&\delta\phi_2(\boldsymbol{x}_1,\boldsymbol{x}_2,\boldsymbol{x}_3,\boldsymbol{x}_4,\boldsymbol{x}_5)-\Gamma l_5(\boldsymbol{x}_1,\boldsymbol{x}_2,\boldsymbol{x}_3,\boldsymbol{x}_4,\boldsymbol{x}_5)\\
=&\rho(\boldsymbol{x}_1,\boldsymbol{x}_2)\phi_2(\boldsymbol{x}_3,\boldsymbol{x}_4,\boldsymbol{x}_5)-\rho(\boldsymbol{x}_3,\boldsymbol{x}_4)\phi_2(\boldsymbol{x}_1,\boldsymbol{x}_2,\boldsymbol{x}_5)-\rho(\boldsymbol{x}_4,\boldsymbol{x}_5)\phi_2(\boldsymbol{x}_1,\boldsymbol{x}_2,\boldsymbol{x}_3)-\\
&\rho(\boldsymbol{x}_5,\boldsymbol{x}_3)\phi_2(\boldsymbol{x}_1,\boldsymbol{x}_2,\boldsymbol{x}_4)-\phi_2([\boldsymbol{x}_1,\boldsymbol{x}_2,\boldsymbol{x}_3]_0,\boldsymbol{x}_4,\boldsymbol{x}_5)-\phi_2(\boldsymbol{x}_3,[\boldsymbol{x}_1,\boldsymbol{x}_2,\boldsymbol{x}_4]_0,\boldsymbol{x}_5)-\\
&\phi_2(\boldsymbol{x}_3,\boldsymbol{x}_4,[\boldsymbol{x}_1,\boldsymbol{x}_2,\boldsymbol{x}_5]_0)+\phi_2(\boldsymbol{x}_1,\boldsymbol{x}_2,[\boldsymbol{x}_3,\boldsymbol{x}_4,\boldsymbol{x}_5]_0)-l_5(\phi_0(\boldsymbol{x}_1),\boldsymbol{x}_2,\boldsymbol{x}_3,\boldsymbol{x}_4,\boldsymbol{x}_5)-\\
&l_5(\boldsymbol{x}_1,\phi_0(\boldsymbol{x}_2),\boldsymbol{x}_3,\boldsymbol{x}_4,\boldsymbol{x}_5)-l_5(\boldsymbol{x}_1,\boldsymbol{x}_2,\phi_0(\boldsymbol{x}_3),\boldsymbol{x}_4,\boldsymbol{x}_5)-l_5(\boldsymbol{x}_1,\boldsymbol{x}_2,\boldsymbol{x}_3,\phi_0(\boldsymbol{x}_4),\boldsymbol{x}_5)-\\
&l_5(\boldsymbol{x}_1,\boldsymbol{x}_2,\boldsymbol{x}_3,\boldsymbol{x}_4,\phi_0(\boldsymbol{x}_5))-2\lambda l_5(\boldsymbol{x}_1,\boldsymbol{x}_2,\boldsymbol{x}_3,\boldsymbol{x}_4,\boldsymbol{x}_5)+\phi_1 l_5(\boldsymbol{x}_1,\boldsymbol{x}_2,\boldsymbol{x}_3,\boldsymbol{x}_4,\boldsymbol{x}_5)\\
=&l_3(\boldsymbol{x}_1,\boldsymbol{x}_2,\phi_2(\boldsymbol{x}_3,\boldsymbol{x}_4,\boldsymbol{x}_5))-l_3(\boldsymbol{x}_3,\boldsymbol{x}_4,\phi_2(\boldsymbol{x}_1,\boldsymbol{x}_2,\boldsymbol{x}_5))-l_3(\boldsymbol{x}_4,\boldsymbol{x}_5,\phi_2(\boldsymbol{x}_1,\boldsymbol{x}_2,\boldsymbol{x}_3))-\\
&l_3(\boldsymbol{x}_5,\boldsymbol{x}_3,\phi_2(\boldsymbol{x}_1,\boldsymbol{x}_2,\boldsymbol{x}_4))-\phi_2([\boldsymbol{x}_1,\boldsymbol{x}_2,\boldsymbol{x}_3]_0,\boldsymbol{x}_4,\boldsymbol{x}_5)-\phi_2(\boldsymbol{x}_3,[\boldsymbol{x}_1,\boldsymbol{x}_2,\boldsymbol{x}_4]_0,\boldsymbol{x}_5)-\\
&\phi_2(\boldsymbol{x}_3,\boldsymbol{x}_4,[\boldsymbol{x}_1,\boldsymbol{x}_2,\boldsymbol{x}_5]_0)+\phi_2(\boldsymbol{x}_1,\boldsymbol{x}_2,[\boldsymbol{x}_3,\boldsymbol{x}_4,\boldsymbol{x}_5]_0)-l_5(\phi_0(\boldsymbol{x}_1),\boldsymbol{x}_2,\boldsymbol{x}_3,\boldsymbol{x}_4,\boldsymbol{x}_5)-\\
&l_5(\boldsymbol{x}_1,\phi_0(\boldsymbol{x}_2),\boldsymbol{x}_3,\boldsymbol{x}_4,\boldsymbol{x}_5)-l_5(\boldsymbol{x}_1,\boldsymbol{x}_2,\phi_0(\boldsymbol{x}_3),\boldsymbol{x}_4,\boldsymbol{x}_5)-l_5(\boldsymbol{x}_1,\boldsymbol{x}_2,\boldsymbol{x}_3,\phi_0(\boldsymbol{x}_4),\boldsymbol{x}_5)-\\
&l_5(\boldsymbol{x}_1,\boldsymbol{x}_2,\boldsymbol{x}_3,\boldsymbol{x}_4,\phi_0(\boldsymbol{x}_5))-2\lambda l_5(\boldsymbol{x}_1,\boldsymbol{x}_2,\boldsymbol{x}_3,\boldsymbol{x}_4,\boldsymbol{x}_5)+\phi_1 l_5(\boldsymbol{x}_1,\boldsymbol{x}_2,\boldsymbol{x}_3,\boldsymbol{x}_4,\boldsymbol{x}_5)\\
=&0.
\end{aligned}
$$

因此，$\partial(l_5,\phi_2)=0$，即 (l_5,ϕ_2) 是 3-上闭链.

反之，如果 (l_5,ϕ_2) 是修正 λ-微分 3-李代数 $(A,[-,-,-],\phi)$ 的 3-上闭链，系数取自表示 $(M;\rho,\phi_M)$. 设 $A_0=A,A_1=M,\phi_0=\phi,\phi_1=\phi_M$. 定义

$$l_3:A_i\wedge A_j\wedge A_k\to A_{i+j+k}$$

为

$$l_3(\boldsymbol{x}_1, \boldsymbol{x}_2, \boldsymbol{x}_3) = [\boldsymbol{x}_1, \boldsymbol{x}_2, \boldsymbol{x}_3],$$
$$l_2(\boldsymbol{x}_1, \boldsymbol{x}_2, \boldsymbol{u}) = \rho(\boldsymbol{x}_1, \boldsymbol{x}_2)\boldsymbol{u},$$
$$l_2(\boldsymbol{x}_2, \boldsymbol{x}_1, \boldsymbol{u}) = -\rho(\boldsymbol{x}_1, \boldsymbol{x}_2)\boldsymbol{u},$$

对任意 $\boldsymbol{x}_1, \boldsymbol{x}_2, \boldsymbol{x}_3 \in A_0, \boldsymbol{u} \in A_1$.则容易验证 $((\boldsymbol{A}_0, \boldsymbol{A}_1, \boldsymbol{h} = 0, l_3, l_5), (\phi_0, \phi_1, \phi_2))$ 为简单修正 λ-微分 3-李 2-代数. □

3

修正微分李三系

本章引入修正 λ-微分李三系的概念. 构建修正 λ-微分李三系的表示和上同调. 利用 2 阶上同调群讨论修正 λ-微分李三系的单参数形式形变和交换扩张. 利用 3 阶上同调群分类简单修正 λ-微分李三 2-系. 引入修正 λ-微分李三系的交叉模的概念,证明严格修正 λ-微分李三 2-系等价于修正 λ-微分李三系的交叉模.

我们在李三系上的嵌入张量、非阿贝尔嵌入张量及其他方面的相关工作见文献[49-56].

3.1　李三系的基本概念

这节主要回顾李三系的基本概念，包括李三系的表示和上同调.

定义 3.1[57]　李三系是一个序对 $(L,[-,-,-])$，其中 L 是线性空间，$[-,-,-]: L\times L\times L\to L$ 是三线性运算，使得对任意 $\boldsymbol{a},\boldsymbol{b},\boldsymbol{x},\boldsymbol{y},\boldsymbol{z}\in L$，式（3-1）、式（3-2）成立：

$$[\boldsymbol{x},\boldsymbol{y},\boldsymbol{z}]+[\boldsymbol{y},\boldsymbol{x},\boldsymbol{z}]=0,$$

$$[\boldsymbol{x},\boldsymbol{y},\boldsymbol{z}]+[\boldsymbol{z},\boldsymbol{x},\boldsymbol{y}]+[\boldsymbol{y},\boldsymbol{z},\boldsymbol{x}]=0, \tag{3-1}$$

$$[\boldsymbol{a},\boldsymbol{b},[\boldsymbol{x},\boldsymbol{y},\boldsymbol{z}]]=[[\boldsymbol{a},\boldsymbol{b},\boldsymbol{x}],\boldsymbol{y},\boldsymbol{z}]+[\boldsymbol{x},[\boldsymbol{a},\boldsymbol{b},\boldsymbol{y}],\boldsymbol{z}]+[\boldsymbol{x},\boldsymbol{y},[\boldsymbol{a},\boldsymbol{b},\boldsymbol{z}]]. \tag{3-2}$$

定义 3.2　设 $(L,[-,-,-])$ 和 $(L',[-,-,-]')$ 是两个李三系，$\varphi: L\to L'$ 是线性映射，使得对任意的 $\boldsymbol{x},\boldsymbol{y},\boldsymbol{z}\in L$，式（3-3）成立：

$$\varphi[\boldsymbol{x},\boldsymbol{y},\boldsymbol{z}]=[\varphi(\boldsymbol{x}),\varphi(\boldsymbol{y}),\varphi(\boldsymbol{z})]. \tag{3-3}$$

则称 φ 是李三系 L 和 L' 之间的李三系同态. 特别地，如果 φ 是双射，则称 φ 是 L 和 L' 之间的李三系同构.

定义 3.3[58]　设 $(L,[-,-,-])$ 为李三系，V 为向量空间. 如果存在一个双线性映射 $\theta: L\times L\to \mathrm{End}(V),(\boldsymbol{a},\boldsymbol{b})\mapsto\theta(\boldsymbol{a},\boldsymbol{b})$，使得对任意的 $\boldsymbol{a},\boldsymbol{b},\boldsymbol{c},\boldsymbol{d}\in L$，式（3-3）、式（3-4）成立

$$\theta(\boldsymbol{c},\boldsymbol{d})\theta(\boldsymbol{a},\boldsymbol{b})-\theta(\boldsymbol{b},\boldsymbol{d})\theta(\boldsymbol{a},\boldsymbol{c})-\theta(\boldsymbol{a},[\boldsymbol{b},\boldsymbol{c},\boldsymbol{d}])+D(\boldsymbol{b},\boldsymbol{c})\theta(\boldsymbol{a},\boldsymbol{d})=0, \tag{3-4}$$

$$\theta(\boldsymbol{c},\boldsymbol{d})D(\boldsymbol{a},\boldsymbol{b})-D(\boldsymbol{a},\boldsymbol{b})\theta(\boldsymbol{c},\boldsymbol{d})+\theta([\boldsymbol{a},\boldsymbol{b},\boldsymbol{c}],\boldsymbol{d})+\theta(\boldsymbol{c},[\boldsymbol{a},\boldsymbol{b},\boldsymbol{d}])=0, \tag{3-5}$$

其中,

$$D(\boldsymbol{a},\boldsymbol{b})=\theta(\boldsymbol{b},\boldsymbol{a})-\theta(\boldsymbol{a},\boldsymbol{b}).$$

则称 θ 是 $(L,[-,-,-])$ 在 V 的一个表示，记为：$(V;\theta)$. 此时，V 也称为 L-模.

由式（3-5）可得式（3-6）:

$$D(\boldsymbol{c},\boldsymbol{d})D(\boldsymbol{a},\boldsymbol{b})-D(\boldsymbol{a},\boldsymbol{b})D(\boldsymbol{c},\boldsymbol{d})+D([\boldsymbol{a},\boldsymbol{b},\boldsymbol{c}],\boldsymbol{d})+D(\boldsymbol{c},[\boldsymbol{a},\boldsymbol{b},\boldsymbol{d}])=0. \quad (3\text{-}6)$$

例 1　设 $(L,[-,-,-])$ 是李三系，对任意的 $\boldsymbol{x},\boldsymbol{y},\boldsymbol{z}\in L$，定义 ϑ 为：

$$\vartheta(\boldsymbol{x},\boldsymbol{y})(\boldsymbol{z})=[\boldsymbol{z},\boldsymbol{x},\boldsymbol{y}],$$

则 $D(\boldsymbol{x},\boldsymbol{y})(\boldsymbol{z})=[\boldsymbol{x},\boldsymbol{y},\boldsymbol{z}]$, 且满足式（3-4）至式（3-6）, 即 $(L;\vartheta)$ 是李三系 $(L,[-,-,-])$ 的表示，称其为伴随表示.

命题 3.1[58]　设 $(L,[-,-,-])$ 是李三系，V 是线性空间，$\theta: L\times L\to \mathrm{End}(V)$ 为双线性映射. 则 $(V;\theta)$ 是 $(L,[-,-,-])$ 的一个表示当且仅当 $(L\oplus V,[-,-,-]_\theta)$ 是李三系，其中，对任意 $\boldsymbol{x},\boldsymbol{y},\boldsymbol{z}\in L,\boldsymbol{u},\boldsymbol{v},\boldsymbol{w}\in V$, 三线性运算

$$[-,-,-]_\theta:(L\oplus V)\times(L\oplus V)\times(L\oplus V)\to L\oplus V$$

定义为

$$[(\boldsymbol{x},\boldsymbol{u}),(\boldsymbol{y},\boldsymbol{v}),(\boldsymbol{z},\boldsymbol{w})]_\theta=([\boldsymbol{x},\boldsymbol{y},\boldsymbol{z}],\theta(\boldsymbol{y},\boldsymbol{z})\boldsymbol{u}-\theta(\boldsymbol{x},\boldsymbol{z})\boldsymbol{v}+D(\boldsymbol{x},\boldsymbol{y})\boldsymbol{w}).$$

此时，李三系 $L\oplus V$ 称为 L 和 V 的半直积李三系.

下面回顾李三系的 YAMAGUTI 上同调理论[58]. 设 $(V;\theta)$ 是 $(L,[-,-,-])$ 的一个表示. 对于 $n\geqslant 0$，如果 $f\in \mathrm{Hom}(L^{\otimes n},V)$ 满足：对任意的 $\boldsymbol{x}_1,\boldsymbol{x}_2,\cdots,\boldsymbol{x}_{2n+1}\in L$, 有

$$\begin{aligned}&f(\boldsymbol{x}_1,\boldsymbol{x}_2,\cdots,\boldsymbol{x}_{n-2},\boldsymbol{x}_{n-1},\boldsymbol{x}_n)=-f(\boldsymbol{x}_1,\boldsymbol{x}_2,\cdots,\boldsymbol{x}_{n-1},\boldsymbol{x}_{n-2},\boldsymbol{x}_n),\\&f(\boldsymbol{x}_1,\boldsymbol{x}_2,\cdots,\boldsymbol{x}_{n-2},\boldsymbol{x}_{n-1},\boldsymbol{x}_n)+f(\boldsymbol{x}_1,\boldsymbol{x}_2,\cdots,\boldsymbol{x}_{n-1},\boldsymbol{x}_n,\boldsymbol{x}_{n-2})+\\&f(\boldsymbol{x}_1,\boldsymbol{x}_2,\cdots,\boldsymbol{x}_n,\boldsymbol{x}_{n-2},\boldsymbol{x}_{n-1})=0,\end{aligned}$$

则称 f 是 L 上的 n-上链. 记 $C^n_{\mathrm{lts}}(L,V)$ 为全体 n-上链组成的集合.

定义 3.4[58]　对于 $n\geqslant 1$, 上边界算子 $\delta: C^{2n-1}_{\mathrm{lts}}(L,V)\to C^{2n+1}_{\mathrm{lts}}(L,V)$ 定义如下：

对任意 $f\in C^{2n-1}_{\mathrm{lts}}(L,V)$，$\boldsymbol{x}_1,\boldsymbol{x}_2,\cdots,\boldsymbol{x}_{2n+1}\in L$,

$$
\begin{aligned}
&(\delta f)(\boldsymbol{x}_1,\boldsymbol{x}_2,\cdots,\boldsymbol{x}_{2n+1})\\
=&\theta(\boldsymbol{x}_{2n},\boldsymbol{x}_{2n+1})f(\boldsymbol{x}_1,\boldsymbol{x}_2,\cdots,\boldsymbol{x}_{2n-1})-\theta(\boldsymbol{x}_{2n-1},\boldsymbol{x}_{2n+1})f(\boldsymbol{x}_1,\boldsymbol{x}_2,\cdots,\boldsymbol{x}_{2n-2},\boldsymbol{x}_{2n})+\\
&\sum_{k=1}^{n}(-1)^{n+k}D(\boldsymbol{x}_{2k-1},\boldsymbol{x}_{2k})f(\boldsymbol{x}_1,\boldsymbol{x}_2,\cdots,\hat{\boldsymbol{x}}_{2k-1},\hat{\boldsymbol{x}}_{2k},\cdots,\boldsymbol{x}_{2n+1})+\\
&\sum_{k=1}^{n}\sum_{j=2k+1}^{2n+1}(-1)^{n+k-1}f(\boldsymbol{x}_1,\cdots,\hat{\boldsymbol{x}}_{2k-1},\hat{\boldsymbol{x}}_{2k},\cdots,[\boldsymbol{x}_{2k-1},\boldsymbol{x}_{2k},\boldsymbol{x}_j],\cdots,\boldsymbol{x}_{2n+1}),
\end{aligned}
$$

其中符号$\hat{\boldsymbol{x}}_{2k}$表示$\boldsymbol{x}_{2k}$被删掉.

YAMAGUTI[58]给出了如下带有上边界算子的复形:

$$C_{\mathrm{lts}}^{1}(L,V)\xrightarrow{\delta}C_{\mathrm{lts}}^{3}(L,V)\xrightarrow{\delta}\cdots\xrightarrow{\delta}C_{\mathrm{lts}}^{2n-1}(L,V)\xrightarrow{\delta}C_{\mathrm{lts}}^{2n+1}(L,V)\xrightarrow{\delta}\cdots$$

且$\delta\circ\delta=0$. 因此, 可得 YAMAGUTI $(2n-1)$-上同调群为

$$H_{\mathrm{lts}}^{2n-1}(L,V)=\frac{Z_{\mathrm{lts}}^{2n-1}(L,V)}{B_{\mathrm{lts}}^{2n-1}(L,V)},$$

其中$Z_{\mathrm{lts}}^{2n-1}(L,V)$与$B_{\mathrm{lts}}^{2n-1}(L,V)$分别为李三系$(L,[-,-,-])$的$(2n-1)$-上闭链群与$(2n-1)$-上边缘链群.

3.2 修正微分李三系的表示和上同调

定义 3.5 设$(L,[-,-,-])$是李三系,$\lambda\in K$. 如果线性映射$d:L\to L$使得对任意的$\boldsymbol{x},\boldsymbol{y},\boldsymbol{z}\in L$,式(3-7)成立

$$d[\boldsymbol{x},\boldsymbol{y},\boldsymbol{z}]=[d(\boldsymbol{x}),\boldsymbol{y},\boldsymbol{z}]+[\boldsymbol{x},d(\boldsymbol{y}),\boldsymbol{z}]+[\boldsymbol{x},\boldsymbol{y},d(\boldsymbol{z})]+\lambda[\boldsymbol{x},\boldsymbol{y},\boldsymbol{z}]. \tag{3-7}$$

则称d是L的修正λ-微分算子. 进一步, 三元组$(L,[-,-,-],d)$称为修正λ-微分李三系.

定义 3.6 设$(L,[-,-,-],d)$和$(L',[-,-,-]',d')$是两个修正λ-微分李三系. 如果$\varphi:L\to L'$是李三系同态, 且满足

$$\varphi\circ d=d'\circ\varphi,$$

则称φ是修正λ-微分李三系L和L'之间的同态. 特别地, 如果φ是双射, 则

称 φ 是 L 和 L' 之间的修正 λ-微分李三系同构.

注 1 设 d 是 L 的修正 λ-微分算子. 如果 $\lambda=0$, 则 d 是 L 的导子.

此外，导子和修正 λ-微分算子具有密切关系.

命题 3.2 设 $(L,[-,-,-],d)$ 为修正 λ-微分李三系，则线性算子 $d:L\to L$ 是修正 λ-微分算子当且仅当 $d+\frac{\lambda}{2}\mathrm{id}_L$ 是 L 的导子.

例 1 恒等映射 $\mathrm{Id}_L:L\to L$ 是 L 的修正的 (-2)-微分算子.

例 2 设 $(L,[-,-,-],d)$ 是修正 λ-微分李三系，则对任意 $k\in K$, $(L,[-,-,-],kd)$ 是修正的 $(k\lambda)$-微分李三系.

例 3 设 $(L,[-,-,-])$ 是 2-维李三系具有基 $\{\boldsymbol{u}_1,\boldsymbol{u}_2\}$，且非零运算 $[-,-,-]$ 定义为

$$[\boldsymbol{u}_1,\boldsymbol{u}_2,\boldsymbol{u}_2]=\boldsymbol{u}_1 .$$

则对任意 $k,k_1,k_2\in K$,

$$\boldsymbol{d}=\begin{pmatrix} k & k_1 \\ 0 & k_2 \end{pmatrix}$$

是 $(L,[-,-,-])$ 上的修正 $(-2k_2)$-微分算子.

例 4 设 $(L,[-,-,-])$ 是 4 维李三系具有基 $\{\boldsymbol{u}_1,\boldsymbol{u}_2,\boldsymbol{u}_3,\boldsymbol{u}_4\}$，且非零括号运算 $[-,-,-]$ 定义为

$$[\boldsymbol{u}_1,\boldsymbol{u}_2,\boldsymbol{u}_1]=\boldsymbol{u}_4 .$$

则对任意 $k,k_i\in K$,

$$\boldsymbol{d}=\begin{pmatrix} 1 & 0 & k_1 & 0 \\ 0 & 1 & k_2 & 0 \\ 0 & 0 & k_3 & 0 \\ 0 & 0 & k_4 & k \end{pmatrix}$$

是 $(L,[-,-,-])$ 上的修正 $(k-3)$-微分算子.

定义 3.7 设 $(L,[-,-,-],d)$ 是修正 λ-微分李三系，$(V;\theta)$ 是李三系 $(L,[-,-,-])$ 的一个表示. 如果线性映射 $d_V:V\to V$, 对任意 $\boldsymbol{x},\boldsymbol{y}\in L,\boldsymbol{u}\in V$, 满足式（3-8）、

式（3-9）:

$$d_V(\theta(\boldsymbol{x},\boldsymbol{y})\boldsymbol{u})=\theta(d(\boldsymbol{x}),\boldsymbol{y})\boldsymbol{u}+\theta(\boldsymbol{x},d(\boldsymbol{y}))\boldsymbol{u}+\theta(\boldsymbol{x},\boldsymbol{y})d_V(\boldsymbol{u})+\lambda\theta(\boldsymbol{x},\boldsymbol{y})\boldsymbol{u}, \tag{3-8}$$

$$d_V(D(\boldsymbol{x},\boldsymbol{y})\boldsymbol{u})=D(d(\boldsymbol{x}),\boldsymbol{y})\boldsymbol{u}+D(\boldsymbol{x},d(\boldsymbol{y}))\boldsymbol{u}+D(\boldsymbol{x},\boldsymbol{y})d_V(\boldsymbol{u})+\lambda D(\boldsymbol{x},\boldsymbol{y})\boldsymbol{u}. \tag{3-9}$$

则称 $(V;\theta,d_V)$ 是修正 λ-微分李三系 $(L,[-,-,-],d)$ 的一个表示.

例 5 设 $(L,[-,-,-],d)$ 是修正 λ-微分李三系，则 $(L;\vartheta,d)$ 是 $(L,[-,-,-],d)$ 的表示，称其为伴随表示.

命题 3.3 设 $(V;\theta,d_V)$ 是修正 λ-微分李三系 $(L,[-,-,-],d)$ 的表示，则 $(L\oplus V,[-,-,-]_\theta,d\oplus d_V)$ 是修正 λ-微分李三系，其中，对任意 $\boldsymbol{x}\in L,\boldsymbol{u}\in V$，$d\oplus d_V$ 的定义为

$$d\oplus d_V(\boldsymbol{x},\boldsymbol{u})=(d(\boldsymbol{x}),d_V(\boldsymbol{u})),$$

此时，$(L\oplus V,[-,-,-]_\theta,d\oplus d_V)$ 称为 L 和 V 的半直积修正 λ-微分李三系.

证明 由命题 3.1，$(L\oplus V,[-,-,-]_\theta)$ 是李三系. 进一步，对任意的 $\boldsymbol{x},\boldsymbol{y},\boldsymbol{z}\in L,\boldsymbol{u},\boldsymbol{v},\boldsymbol{w}\in V$，有

$$\begin{aligned}&d\oplus d_V[(\boldsymbol{x},\boldsymbol{u}),(\boldsymbol{y},\boldsymbol{v}),(\boldsymbol{z},\boldsymbol{w})]_\theta\\&=(d[\boldsymbol{x},\boldsymbol{y},\boldsymbol{z}],d_V(\theta(\boldsymbol{y},\boldsymbol{z})\boldsymbol{u}-\theta(\boldsymbol{x},\boldsymbol{z})\boldsymbol{v}+\boldsymbol{D}(\boldsymbol{x},\boldsymbol{y})\boldsymbol{w})),\end{aligned} \tag{3-10}$$

$$\begin{aligned}[d\oplus d_V(\boldsymbol{x},\boldsymbol{u}),(\boldsymbol{y},\boldsymbol{v}),(\boldsymbol{z},\boldsymbol{w})]_\theta&=[(d(\boldsymbol{x}),d_V(\boldsymbol{u})),(\boldsymbol{y},\boldsymbol{v}),(\boldsymbol{z},\boldsymbol{w})]\\&=([d(\boldsymbol{x}),\boldsymbol{y},\boldsymbol{z}],\theta(\boldsymbol{y},\boldsymbol{z})d_V(\boldsymbol{u})-\\&\qquad\theta(d(\boldsymbol{x}),\boldsymbol{z})\boldsymbol{v}+\boldsymbol{D}(d(\boldsymbol{x}),\boldsymbol{y})\boldsymbol{w}),\end{aligned} \tag{3-11}$$

$$\begin{aligned}&[(\boldsymbol{x},\boldsymbol{u}),d\oplus d_V(\boldsymbol{y},\boldsymbol{v}),(\boldsymbol{z},\boldsymbol{w})]_\theta\\&=([\boldsymbol{x},d(\boldsymbol{y}),\boldsymbol{z}],\theta(d(\boldsymbol{y}),\boldsymbol{z})\boldsymbol{u}-\theta(\boldsymbol{x},\boldsymbol{z})d_V(\boldsymbol{v})+\boldsymbol{D}(\boldsymbol{x},d(\boldsymbol{y}))\boldsymbol{w}),\end{aligned} \tag{3-12}$$

$$\begin{aligned}&[(\boldsymbol{x},\boldsymbol{u}),(\boldsymbol{y},\boldsymbol{v}),d\oplus d_V(\boldsymbol{z},\boldsymbol{w})]_\theta\\&=([\boldsymbol{x},\boldsymbol{y},d(\boldsymbol{z})],\theta(\boldsymbol{y},d(\boldsymbol{z}))\boldsymbol{u}-\theta(\boldsymbol{x},d(\boldsymbol{z}))\boldsymbol{v}+\boldsymbol{D}(\boldsymbol{x},\boldsymbol{y})d_V(\boldsymbol{w})).\end{aligned} \tag{3-13}$$

由式（3-10）至式（3-13），有

$$\begin{aligned}&d\oplus d_V[(\boldsymbol{x},\boldsymbol{u}),(\boldsymbol{y},\boldsymbol{v}),(\boldsymbol{z},\boldsymbol{w})]_\theta=\\&[d\oplus d_V(\boldsymbol{x},\boldsymbol{u}),(\boldsymbol{y},\boldsymbol{v}),(\boldsymbol{z},\boldsymbol{w})]_\theta+[(\boldsymbol{x},\boldsymbol{u}),d\oplus d_V(\boldsymbol{y},\boldsymbol{v}),(\boldsymbol{z},\boldsymbol{w})]_\theta+\\&[(\boldsymbol{x},\boldsymbol{u}),(\boldsymbol{y},\boldsymbol{v}),d\oplus d_V(\boldsymbol{z},\boldsymbol{w})]_\theta+\lambda[(\boldsymbol{x},\boldsymbol{u}),(\boldsymbol{y},\boldsymbol{v}),(\boldsymbol{z},\boldsymbol{w})]_\theta.\end{aligned}$$

因此，$(L\oplus V,[-,-,-]_\theta,d\oplus d_V)$ 是修正 λ-微分李三系．□

接下来，引入修正 λ-微分李三系的上同调．设 $(V;\theta,d_V)$ 是修正 λ-微分李三系 $(L,[-,-,-],d)$ 的表示，$(\bigoplus_{n=1}^{+\infty} C_{\mathrm{lts}}^{2n-1}(L,V),\delta))$ 为李三系 $(L,[-,-,-])$ 的上链复形．对任意的 $n\geqslant 1$，定义线性映射 $\Delta: C_{\mathrm{lts}}^{2n-1}(L,V)\to C_{\mathrm{lts}}^{2n-1}(L,V)$ 为

$$\Delta(f)(\mathrm{id}^{\otimes 2n-1})=\sum_{i=1}^{2n-1} f(\mathrm{id}^{\otimes i-1}\otimes d\otimes \mathrm{id}^{\otimes 2n-1-i})+(n-1)\lambda f(\mathrm{id}^{\otimes 2n-1})-$$
$$d_V\circ f(\mathrm{id}^{\otimes 2n-1}).$$

引理 3.1 线性映射 Δ 为上链映射，即满足 $\Delta\circ\delta=\delta\circ\Delta$．

定义 3.8 设 $(V;\theta,d_V)$ 是修正 λ-微分李三系 $(L,[-,-,-],d)$ 的表示．定义修正 λ-微分李三系的 n-上链为

$$C_{\mathrm{MDlts}}^{1}(L,V):=C_{\mathrm{lts}}^{1}(L,V),$$
$$C_{\mathrm{MDlts}}^{2n-1}(L,V):=C_{\mathrm{lts}}^{2n-1}(L,V)\oplus C_{\mathrm{lts}}^{2n-3}(L,V),\forall n\geqslant 2.$$

对于 $n\geqslant 1$，定义线性算子 $\partial: C_{\mathrm{MDlts}}^{2n-1}(L,V)\to C_{\mathrm{MDlts}}^{2n+1}(L,V)$ 为

当 $n=1$ 时，$\partial: C_{\mathrm{MDlts}}^{1}(L,V)\to C_{\mathrm{MDlts}}^{3}(L,V)$, 对任意 $f\in C_{\mathrm{MDlts}}^{1}(L,V)$,

$$\partial(f)=(\delta(f),-\Delta(f)).$$

当 $n\geqslant 2$ 时，$\partial: C_{\mathrm{MDlts}}^{2n-1}(L,V)\to C_{\mathrm{MDlts}}^{2n+1}(L,V)$，对任意 $(f,g)\in C_{\mathrm{MDlts}}^{2n-1}(L,V)$,

$$\partial(f,g)=(\delta(f),\delta(g)+(-1)^n\Delta(f)).$$

由引理 3.1，有以下命题.

命题 3.4 线性算子 ∂ 为上边缘算子，即满足 $\partial\circ\partial=0$.

因此，$(\bigoplus_{n=1}^{+\infty} C_{\mathrm{MDlts}}^{2n-1}(L,V),\partial)$ 是上链复形．对于 $n\geqslant 1$，对应的 $(2n-1)$-上闭链群记为 $Z_{\mathrm{MDlts}}^{2n-1}(L,V)$．对于 $n\geqslant 2$，对应的 $(2n-1)$-上边缘链群记为 $B_{\mathrm{MDlts}}^{2n-1}(L,V)$．对于 $n\geqslant 2$，相应的 $(2n-1)$-上同调群定义为

$$H_{\mathrm{MDlts}}^{2n-1}(L,V):=\frac{Z_{\mathrm{MDlts}}^{2n-1}(L,V)}{B_{\mathrm{MDlts}}^{2n-1}(L,V)}.$$

容易看出存在一个上链复形短正合序列：

$$0 \to C_{\mathrm{lts}}^{2n-1}(L,V) \to C_{\mathrm{MDlts}}^{2n+1}(L,V) \to C_{\mathrm{lts}}^{2n+1}(L,V) \to 0 .$$

则诱导出一个上同调群长正合列：

$$\cdots \to H_{\mathrm{MDlts}}^{2n-1}(L,V) \to H_{\mathrm{lts}}^{2n-1}(L,V) \to H_{\mathrm{MDlts}}^{2n+1}(L,V) \to H_{\mathrm{lts}}^{2n+1}(L,V) \to \cdots .$$

3.3 修正微分李三系的单参数形式形变

设 $(L,[-,-,-],d)$ 是 K 上修正 λ-微分李三系，$K[[\boldsymbol{t}]]$ 为单变量 $\boldsymbol{t}$ 的幂级数环，$L[[\boldsymbol{t}]]$ 为 L 上的形式幂级数. 接下来，记李三系括号运算 $[-,-,-]$ 为 υ. 考虑 $\boldsymbol{t}$ 参数族线性算子

$$\upsilon_t = \sum_{i=0}^{\infty} \upsilon_i t^i ,$$

$$d_t = \sum_{i=0}^{\infty} d_i t^i ,$$

其中 $(\upsilon_i, d_i) \in C_{\mathrm{MDlts}}^2(L,L)$.

定义 3.9 如果对所有的 $\boldsymbol{t}, (L[[\boldsymbol{t}]], \upsilon_t, d_t)$ 为 $K[[\boldsymbol{t}]]$ 上的修正 λ-微分李三系，其中 $(\upsilon_0, d_0) = (\upsilon, d)$，则称 (υ_t, d_t) 生成修正 λ-微分李三系 $(L,[-,-,-],d)$ 的单参数形式形变.

显然，$(L[[\boldsymbol{t}]], \upsilon, d)$ 是 $(L,[-,-,-],d)$ 的单参数形式形变.

因此，(υ_t, d_t) 生成 $(L,[-,-,-],d)$ 的单参数形式形变当且仅当对任意 $\boldsymbol{a},\boldsymbol{b},\boldsymbol{c},\boldsymbol{x},\boldsymbol{y} \in L$，式（3-14）至式（3-17）成立：

$$\upsilon_t(\boldsymbol{a},\boldsymbol{b},\boldsymbol{c}) = -\upsilon_t(\boldsymbol{b},\boldsymbol{a},\boldsymbol{c}), \tag{3-14}$$

$$\upsilon_t(\boldsymbol{a},\boldsymbol{b},\boldsymbol{c}) + \upsilon_t(\boldsymbol{b},\boldsymbol{c},\boldsymbol{a}) + \upsilon_t(\boldsymbol{c},\boldsymbol{a},\boldsymbol{b}) = 0, \tag{3-15}$$

$$\begin{aligned}\upsilon_t(\boldsymbol{x},\boldsymbol{y},\upsilon_t(\boldsymbol{a},\boldsymbol{b},\boldsymbol{c})) = {} & \upsilon_t(\upsilon_t(\boldsymbol{x},\boldsymbol{y},\boldsymbol{a}),\boldsymbol{b},\boldsymbol{c}) + \upsilon_t(\boldsymbol{a},\upsilon_t(\boldsymbol{x},\boldsymbol{y},\boldsymbol{b}),\boldsymbol{c}) + \\ & \upsilon_t(\boldsymbol{a},\boldsymbol{b},\upsilon_t(\boldsymbol{x},\boldsymbol{y},\boldsymbol{c})),\end{aligned} \tag{3-16}$$

$$\boldsymbol{d}_t(\upsilon_t(\boldsymbol{a},\boldsymbol{b},\boldsymbol{c})) = \upsilon_t(\boldsymbol{d}_t(\boldsymbol{a}),\boldsymbol{b},\boldsymbol{c}) + \upsilon_t(\boldsymbol{a},\boldsymbol{d}_t(\boldsymbol{b}),\boldsymbol{c}) + \upsilon_t(\boldsymbol{a},\boldsymbol{b},\boldsymbol{d}_t(\boldsymbol{c})) + \lambda\upsilon_t(\boldsymbol{a},\boldsymbol{b},\boldsymbol{c}) \tag{3-17}$$

展开式（3-14）至式（3-17）并对比 $\boldsymbol{t}^n(n=0,1,2,\cdots)$ 的系数，等价于等式（3-18）至式（3-21）：

$$\upsilon_n(\boldsymbol{a},\boldsymbol{b},\boldsymbol{c})=-\upsilon_n(\boldsymbol{b},\boldsymbol{a},\boldsymbol{c}), \tag{3-18}$$

$$\upsilon_n(\boldsymbol{a},\boldsymbol{b},\boldsymbol{c})+\upsilon_n(\boldsymbol{b},\boldsymbol{c},\boldsymbol{a})+\upsilon_n(\boldsymbol{c},\boldsymbol{a},\boldsymbol{b})=0, \tag{3-19}$$

$$\begin{aligned}&\sum_{i+j=n}\upsilon_i(\boldsymbol{x},\boldsymbol{y},\upsilon_j(\boldsymbol{a},\boldsymbol{b},\boldsymbol{c}))=\\&\sum_{i+j=n}\left(\upsilon_t(\upsilon_t(\boldsymbol{x},\boldsymbol{y},\boldsymbol{a}),\boldsymbol{b},\boldsymbol{c})+\upsilon_t(\boldsymbol{a},\upsilon_t(\boldsymbol{x},\boldsymbol{y},\boldsymbol{b}),\boldsymbol{c})+\upsilon_t(\boldsymbol{a},\boldsymbol{b},\upsilon_t(\boldsymbol{x},\boldsymbol{y},\boldsymbol{c}))\right),\end{aligned} \tag{3-20}$$

$$\begin{aligned}&\sum_{i+j=n}d_i(\upsilon_j(\boldsymbol{a},\boldsymbol{b},\boldsymbol{c}))\\&=\sum_{i+j=n}\left(\upsilon_i(d_j(\boldsymbol{a}),\boldsymbol{b},\boldsymbol{c})+\upsilon_i(\boldsymbol{a},d_j(\boldsymbol{b}),\boldsymbol{c})+\upsilon_i(\boldsymbol{a},\boldsymbol{b},d_j(\boldsymbol{c}))\right)+\lambda\upsilon_n(\boldsymbol{a},\boldsymbol{b},\boldsymbol{c}).\end{aligned} \tag{3-21}$$

命题 3.5 设 $(L[[\boldsymbol{t}]],\upsilon_t,d_t)$ 为修正 λ-微分李三系 $(L,[-,-,-],d)$ 的单参数形式形变. 则 (υ_1,d_1) 是一个修正 λ-微分李三系 $(L,[-,-,-],d)$ 的 3-上闭链，其系数取自伴随表示 $(L;\vartheta,d)$.

证明 对于 $n=1,$ 式（3-20）等价于

$$\begin{aligned}&\upsilon_1(\boldsymbol{x},\boldsymbol{y},[\boldsymbol{a},\boldsymbol{b},\boldsymbol{c}])+[\boldsymbol{x},\boldsymbol{y},\upsilon_1(\boldsymbol{a},\boldsymbol{b},\boldsymbol{c})]\\&=\upsilon_1([\boldsymbol{x},\boldsymbol{y},\boldsymbol{a}],\boldsymbol{b},\boldsymbol{c})+[\upsilon_1(\boldsymbol{x},\boldsymbol{y},\boldsymbol{a}),\boldsymbol{b},\boldsymbol{c}]+\upsilon_1(\boldsymbol{a},[\boldsymbol{x},\boldsymbol{y},\boldsymbol{b}],\boldsymbol{c})+[\boldsymbol{a},\upsilon_1(\boldsymbol{x},\boldsymbol{y},\boldsymbol{b}),\boldsymbol{c}]+\\&\quad\upsilon_1(\boldsymbol{a},\boldsymbol{b},[\boldsymbol{x},\boldsymbol{y},\boldsymbol{c}])+[\boldsymbol{a},\boldsymbol{b},\upsilon_1(\boldsymbol{x},\boldsymbol{y},\boldsymbol{c})],\end{aligned}$$

即 $\delta\upsilon_1=0,$ 另外，对于 $n=1,$ 式（3-21）等价于

$$\begin{aligned}&d_1([\boldsymbol{a},\boldsymbol{b},\boldsymbol{c}])+d(\upsilon_1(\boldsymbol{a},\boldsymbol{b},\boldsymbol{c}))\\&=[d_1(\boldsymbol{a}),\boldsymbol{b},\boldsymbol{c}]+\upsilon_1(d(\boldsymbol{a}),\boldsymbol{b},\boldsymbol{c})+[\boldsymbol{a},d_1(\boldsymbol{b}),\boldsymbol{c}]+\upsilon_1(\boldsymbol{a},d(\boldsymbol{b}),\boldsymbol{c})+\\&\quad[\boldsymbol{a},\boldsymbol{b},d_1(\boldsymbol{c})]+\upsilon_1(\boldsymbol{a},\boldsymbol{b},d(\boldsymbol{c}))+\lambda\upsilon_1(\boldsymbol{a},\boldsymbol{b},\boldsymbol{c}),\end{aligned}$$

即 $\delta d_1+\Phi\upsilon_1=0$. 换言之，对于 $n=1$，等式（3-20）和式（3-21）等价于

$$\partial(\upsilon_1,d_1)=(\delta\upsilon_1,\delta d_1+\Phi\upsilon_1)=0\,.$$

因此 (υ_1,d_1) 是 $(L,[-,-,-],d)$ 的 3-上闭链，其系数取自伴随表示 $(L;\vartheta,d)$. □

如果在修正 λ-微分李三系 $(L,[-,-,-],d)$ 的单参数形式形变 (υ_t,d_t) 中，

$\upsilon_t=\upsilon$,则可得修正 λ-微分算子 d 的 1-参数形式形变 d_t. 因此，有下面结论.

推论 3.1 设 d_t 为修正 λ-微分算子 d 的单参数形式形变. 则 d_1 是一个修正 λ-微分算子 d 的 1-上闭链，其系数取自伴随表示 $(L;\vartheta,d)$.

证明 由式（3-21），当 $n=1$, 注意到 $\upsilon_1=0$, 有

$$d_1\in \mathrm{Der}(L).$$

因此，$\delta d_1=0$, 即 d_1 是一个修正 λ-微分算子 d 的 1-上闭链，其系数取自伴随表示 $(L;\vartheta,d)$.

定义 3.10 3-上闭链 (υ_1,d_1) 称为修正 λ-微分李三系 $(L,[-,-,-],d)$ 的 1-参数形式形变 (υ_t,d_t) 的无穷小.

定义 3.11 设 $(L[[\boldsymbol{t}]],\upsilon_t,d_t)$ 和 $(L[[\boldsymbol{t}]],\upsilon_t',d_t')$ 是修正 λ-微分李三系 $(L,[-,-,-],d)$ 的 2 个单参数形式形变. 如果存在一个从 $(L[[\boldsymbol{t}]],\upsilon_t',d_t')$ 到 $(L[[\boldsymbol{t}]],\upsilon_t,d_t)$ 的形式同构

$$\varphi_t=\mathrm{id}_L+\sum_{i=1}^{\infty}\varphi_i t^i:(L[[\boldsymbol{t}]],\upsilon_t',d_t')\to(L[[\boldsymbol{t}]],\upsilon_t,d_t),$$

其中 $\varphi_i\in\mathrm{End}(L)$，使得

$$\varphi_t\circ\upsilon_t'=\upsilon_t\circ(\varphi_t\times\varphi_t\times\varphi_t),$$

$$\varphi_t\circ d_t'=d_t\circ\varphi_t,$$

则称单参数形式形变 $(L[[\boldsymbol{t}]],\upsilon_t,d_t)$ 和 $(L[[\boldsymbol{t}]],\upsilon_t',d_t')$ 等价.

命题 3.6 修正 λ-微分李三系 $(L,[-,-,-],d)$ 的 2 个等价的单参数形式形变的无穷小在 $H^2_{\mathrm{MDlts}}(L,L)$ 中属于相同的上同调类.

证明 设 $\varphi_t:(L[[\boldsymbol{t}]],\upsilon_t',d_t')\to(L[[\boldsymbol{t}]],\upsilon_t,d_t)$ 为一个形式同构，对任意 $\boldsymbol{a},\boldsymbol{b},\boldsymbol{c}\in L$，有

$$\varphi_t(\upsilon_t'(\boldsymbol{a},\boldsymbol{b},\boldsymbol{c}))=\upsilon_t(\varphi_t(\boldsymbol{a}),\varphi_t(\boldsymbol{b}),\varphi_t(\boldsymbol{c})),\tag{3-22}$$

$$\varphi_t(\boldsymbol{d}_t'(\boldsymbol{a}))=d_t(\varphi_t(\boldsymbol{a})),\tag{3-23}$$

展开式（3-22）、式（3-23），对比 $\boldsymbol{t}$ 的系数，可得

$$\upsilon_1'(\boldsymbol{a},\boldsymbol{b},\boldsymbol{c})-\upsilon_1(\boldsymbol{a},\boldsymbol{b},\boldsymbol{c})=[\varphi_1(\boldsymbol{a}),\boldsymbol{b},\boldsymbol{c}]+[\boldsymbol{a},\varphi_1(\boldsymbol{b}),\boldsymbol{c}]+[\boldsymbol{a},\boldsymbol{b},\varphi_1(\boldsymbol{c})]-\varphi_1[\boldsymbol{a},\boldsymbol{b},\boldsymbol{c}],$$

$$d_1'(\boldsymbol{a})-d_1(\boldsymbol{a})=d(\varphi_1(\boldsymbol{x}))-\varphi_1(d(\boldsymbol{x})).$$

因此，有

$$\upsilon_1'(\boldsymbol{a},\boldsymbol{b},\boldsymbol{c})-\upsilon_1(\boldsymbol{a},\boldsymbol{b},\boldsymbol{c})=\delta\varphi_1(\boldsymbol{a},\boldsymbol{b},\boldsymbol{c}),$$
$$d_1'(\boldsymbol{a})-d_1(\boldsymbol{a})=-\Phi\varphi_1(\boldsymbol{a}),$$

即

$$(\upsilon_1',d_1')-(\upsilon_1,d_1)=(\delta\varphi_1,-\Phi\varphi_1)=\partial(\varphi_1),$$

这意味着$[(\upsilon_1',d_1')]=[(\upsilon_1,d_1)]\in H^2_{\mathrm{MDlts}}(L,L)$. □

定义 3.3.7 设$(L[[\boldsymbol{t}]],\upsilon_t,d_t)$是修正$\lambda$-微分李三系$(L,[-,-,-],d)$的单参数形式形变. 如果存在一个从$(L[[\boldsymbol{t}]],\upsilon_t,d_t)$到$(L[[\boldsymbol{t}]],\upsilon,d)$的形式同构

$$\varphi_t=\mathrm{id}_L+\sum_{i=1}^{\infty}\varphi_i t^i:(L[[\boldsymbol{t}]],\upsilon_t,d_t)\to(L[[\boldsymbol{t}]],\upsilon,d),$$

其中$\varphi_i\in\mathrm{End}(L)$，使得

$$\varphi_t\circ\upsilon_t=\upsilon\circ(\varphi_t\times\varphi_t\times\varphi_t),$$
$$\varphi_t\circ d_t=d\circ\varphi_t,$$

则称单参数形式形变$(L[[\boldsymbol{t}]],\upsilon_t,d_t)$为平凡的.

定义 3.13 如果$(L,[-,-,-],d)$的每一个单参数形式形变$(L[[\boldsymbol{t}]],\upsilon_t,d_t)$都是平凡的，则称修正$\lambda$-微分李三系$(L,[-,-,-],d)$为分析刚性的.

定理 3.1 如果$H^3_{\mathrm{MDlts}}(L,L)=0$，则修正$\lambda$-微分李三系$(L,[-,-,-],d)$为分析刚性.

证明 设$(L[[\boldsymbol{t}]],\upsilon_t,d_t)$为$(L,[-,-,-],d)$的单参数形式形变. 则由命题 3.5，$(\upsilon_1,d_1)$是一个3-上闭链. 又由$H^3_{\mathrm{MDlts}}(L,L)=0$，则存在一个1-上链$\varphi_1\in C^1_{\mathrm{MDlts}}(L,L)$，使得

$$(\upsilon_1,d_1)=-\partial(\varphi_1) \tag{3-24}$$

置$\varphi_t=\mathrm{id}_L+\varphi_1\boldsymbol{t}$，可得单参数形式形变$(L[[\boldsymbol{t}]],\upsilon_t',d_t')$，其中

$$\upsilon_t'=\varphi_t^{-1}\circ\upsilon_t\circ(\varphi_t\otimes\varphi_t\otimes\varphi_t),$$
$$d_t'=\varphi_t^{-1}\circ d_t\circ\varphi_t,$$

则$(L[[\boldsymbol{t}]],\upsilon_t',d_t')$，等价于$(L[[\boldsymbol{t}]],\upsilon_t,d_t)$ 进而，有

$$\upsilon_t'=\left(\mathrm{id}_L-\varphi_1\boldsymbol{t}+\varphi_1^2\boldsymbol{t}^2+\cdots+(-1)^i\varphi_1^i\boldsymbol{t}^i+\cdots\right)\circ\upsilon_t\circ\left((\mathrm{id}_L+\varphi_1\boldsymbol{t})\otimes(\mathrm{id}_L+\varphi_1\boldsymbol{t})\otimes(\mathrm{id}_L+\varphi_1\boldsymbol{t})\right),$$

$$d_t'=\left(\mathrm{id}_L-\varphi_1\boldsymbol{t}+\varphi_1^2\boldsymbol{t}^2+\cdots+(-1)^i\varphi_1^i\boldsymbol{t}^i+\cdots\right)\circ d_t\circ(\mathrm{id}_L+\varphi_1\boldsymbol{t}).$$

由等式（3-24），有

$$\upsilon_t'=\upsilon+\upsilon_2'\boldsymbol{t}^2+\cdots,$$

$$d_t'=d+d_2'\boldsymbol{t}^2+\cdots.$$

重复上面的论证，可证得 $(L[[\boldsymbol{t}]],\upsilon_t,d_t)$ 等价于 $(L[[\boldsymbol{t}]],\upsilon,d)$. 因此，修正 λ -微分李三系 $(L,[-,-,-],d)$ 为分析刚性. □

3.4 修正微分李三系的交换扩张

设 V 为任意向量空间，定义 V 上括积为 $[\boldsymbol{u},\boldsymbol{v},\boldsymbol{w}]_V=0,\forall\boldsymbol{u},\boldsymbol{v},\boldsymbol{w}\in V$，如果 d_V 为 V 上线性映射，则 $(V,[-,-,-]_V,d_V)$ 是一个交换修正 λ -微分李三系.

修正 λ -微分李三系 $(L,[-,-,-],d)$ 的子空间 I 如果满足 $[L,L,I]\subseteq I$, $[I,L,L]\subseteq I,d(I)\subseteq I$，则称 I 为 L 的理想. 如果 L 的理想 I 进一步满足 $[L,I,I]=0,[I,I,L]=0$，则称 I 为 L 的交换理想. 接下来引入修正 λ -微分李三系的交换扩张.

定义 3.14 设 $(L,[-,-,-],d)$ 是修正 λ -微分李三系，$(V,[-,-,-]_V,d_V)$ 为交换修正 λ -微分李三系. 如果存在修正 λ -微分李三系的短正合列：

$$0\to(V,[-,-,-]_V,d_V)\xrightarrow{i}(\hat{L},[-,-,-]_{\hat{L}},\hat{d})\xrightarrow{p}(L,[-,-,-],d)\to 0,$$

使得 $\hat{d}\,|_V=d_V,[-,u,v]_{\hat{L}}=[u,-,v]_{\hat{L}}=[u,v,-]_{\hat{L}}=0,\forall\boldsymbol{u},\boldsymbol{v}\in V$，即 V 是 $\hat{L}$ 的一个交换理想，则称 $(\hat{L},[-,-,-]_{\hat{L}},\hat{d})$ 是 $(L,[-,-,-],d)$ 通过 $(V,[-,-,-]_V,d_V)$ 的一个交换扩张.

定义 3.15 $p:\hat{L}\to L$ 的一个截面是一个线性映射 $s:L\to\hat{L}$ 使得 $p\circ s=\mathrm{id}_L$.

定义 3.16 如果存在修正 λ -微分李三系同构映射 $\varphi:(\hat{L}_1,[-,-,-]_{\hat{L}_1},\hat{d}_1)\to(\hat{L}_2,[-,-,-]_{\hat{L}_2},\hat{d}_2)$ 使得式（3-25）可换

$$\begin{array}{ccccccccc}0&\to&(V,[-,-,-]_V,d_V)&\xrightarrow{i_1}&(\hat{L}_1,[-,-,-]_{\hat{L}_1},\hat{d}_1)&\xrightarrow{p_1}&(L,[-,-,-],d)&\to&0\\&&\|&&\downarrow\varphi&&\|&&\\0&\to&(V,[-,-,-]_V,d_V)&\xrightarrow[i_2]{}&(\hat{L}_2,[-,-,-]_{\hat{L}_2},\hat{d}_2))&\xrightarrow[p_2]{}&(L,[-,-,-],d)&\to&0.\end{array}\qquad(3\text{-}25)$$

则称 $(L,[-,-,-],d)$ 通过 $(V,[-,-,-]_V,d_V)$ 的 2 个交换扩张 $(\hat{L}_1,[-,-,-]_{\hat{L}_1},\hat{d}_1)$ 和 $(\hat{L}_2,[-,-,-]_{\hat{L}_2},\hat{d}_2)$ 是等价的.

设 $(\hat{L},[-,-,-]_{\hat{L}},\hat{d})$ 是 $(L,[-,-,-],d)$ 通过 $(V,[-,-,-]_V,d_V)$ 的一个交换扩张，s 是 p 的一个截面映射. 定义映射 $\theta: L\times L\to \mathrm{End}(V)$ 如下：

$$\theta(\boldsymbol{x},\boldsymbol{y})\boldsymbol{u}=[\boldsymbol{u},s(\boldsymbol{x}),s(\boldsymbol{y})]_{\hat{L}},$$

对任意 $\boldsymbol{x},\boldsymbol{y}\in L,\boldsymbol{u}\in V$. 则我们可得

$$\begin{aligned}D(\boldsymbol{x},\boldsymbol{y})\boldsymbol{u}&=\theta(\boldsymbol{y},\boldsymbol{x})\boldsymbol{u}-\theta(\boldsymbol{x},\boldsymbol{y})\boldsymbol{u}\\&=[\boldsymbol{u},s(\boldsymbol{y}),s(\boldsymbol{x})]_{\hat{L}}-[\boldsymbol{u},s(\boldsymbol{x}),s(\boldsymbol{y})]_{\hat{L}}\\&=[s(\boldsymbol{x}),s(\boldsymbol{y}),\boldsymbol{u}]_{\hat{L}}.\end{aligned}$$

命题 3.7 由上述表述，$(V;\theta,\phi_V)$ 是 $(L,[-,-,-],d)$ 的一个表示.

证明 对任意 $\boldsymbol{a},\boldsymbol{b},\boldsymbol{c},\boldsymbol{d}\in L,\boldsymbol{u}\in V$，有

$$\begin{aligned}&\theta(\boldsymbol{c},\boldsymbol{d})\theta(\boldsymbol{a},\boldsymbol{b})\boldsymbol{u}-\theta(\boldsymbol{b},\boldsymbol{d})\theta(\boldsymbol{a},\boldsymbol{c})\boldsymbol{u}-\theta(\boldsymbol{a},[\boldsymbol{b},\boldsymbol{c},\boldsymbol{d}])\boldsymbol{u}+D(\boldsymbol{b},\boldsymbol{c})\theta(\boldsymbol{a},\boldsymbol{d})\boldsymbol{u}\\=&[[\boldsymbol{u},s(\boldsymbol{a}),s(\boldsymbol{b})]_{\hat{L}},s(\boldsymbol{c}),s(\boldsymbol{d})]_{\hat{L}}-[[\boldsymbol{u},s(\boldsymbol{a}),s(\boldsymbol{c})]_{\hat{L}},s(\boldsymbol{b}),s(\boldsymbol{d})]_{\hat{L}}-\\&[\boldsymbol{u},s(\boldsymbol{a}),s[\boldsymbol{b},\boldsymbol{c},\boldsymbol{d}]]_{\hat{L}}+[s(\boldsymbol{b}),s(\boldsymbol{c}),[\boldsymbol{u},s(\boldsymbol{a}),s(\boldsymbol{d})]_{\hat{L}}]_{\hat{L}}\\=&[[\boldsymbol{u},s(\boldsymbol{a}),s(\boldsymbol{b})]_{\hat{L}},s(\boldsymbol{c}),s(\boldsymbol{d})]_{\hat{L}}-[[\boldsymbol{u},s(\boldsymbol{a}),s(\boldsymbol{c})]_{\hat{L}},s(\boldsymbol{b}),s(\boldsymbol{d})]_{\hat{L}}-\\&[\boldsymbol{u},s(\boldsymbol{a}),[s(\boldsymbol{b}),s(\boldsymbol{c}),s(\boldsymbol{d})]_{\hat{L}}]_{\hat{L}}+[s(\boldsymbol{b}),s(\boldsymbol{c}),[\boldsymbol{u},s(\boldsymbol{a}),s(\boldsymbol{d})]_{\hat{L}}]_{\hat{L}}\\=&0,\end{aligned}$$

$$\begin{aligned}&\theta(\boldsymbol{c},\boldsymbol{d})D(\boldsymbol{a},\boldsymbol{b})\boldsymbol{u}-D(\boldsymbol{a},\boldsymbol{b})\theta(\boldsymbol{c},\boldsymbol{d})\boldsymbol{u}+\theta([\boldsymbol{a},\boldsymbol{b},\boldsymbol{c}],\boldsymbol{d})\boldsymbol{u}+\theta(\boldsymbol{c},[\boldsymbol{a},\boldsymbol{b},\boldsymbol{d}])\boldsymbol{u}\\=&[[s(\boldsymbol{a}),s(\boldsymbol{b}),\boldsymbol{u}]_{\hat{L}},s(\boldsymbol{c}),s(\boldsymbol{d})]_{\hat{L}}-[s(\boldsymbol{a}),s(\boldsymbol{b}),[\boldsymbol{u},s(\boldsymbol{c}),s(\boldsymbol{d})]_{\hat{L}}]_{\hat{L}}+\\&[\boldsymbol{u},s[\boldsymbol{a},\boldsymbol{b},\boldsymbol{c}],s(\boldsymbol{d})]_{\hat{L}}+[\boldsymbol{u},s(\boldsymbol{c}),s[\boldsymbol{a},\boldsymbol{b},\boldsymbol{d}]]_{\hat{L}}\\=&[[s(\boldsymbol{a}),s(\boldsymbol{b}),\boldsymbol{u}]_{\hat{L}},s(\boldsymbol{c}),s(\boldsymbol{d})]_{\hat{L}}-[s(\boldsymbol{a}),s(\boldsymbol{b}),[\boldsymbol{u},s(\boldsymbol{c}),s(\boldsymbol{d})]_{\hat{L}}]_{\hat{L}}+\\&[\boldsymbol{u},[s(\boldsymbol{a}),s(\boldsymbol{b}),s(\boldsymbol{c})]_{\hat{L}},s(\boldsymbol{d})]_{\hat{L}}+[\boldsymbol{u},s(\boldsymbol{c}),[s(\boldsymbol{a}),s(\boldsymbol{b}),s(\boldsymbol{d})]_{\hat{L}}]_{\hat{L}}\\=&0,\end{aligned}$$

$$\begin{aligned}&d_V(\theta(\boldsymbol{a},\boldsymbol{b})\boldsymbol{u})-\theta(d(\boldsymbol{a}),\boldsymbol{b})\boldsymbol{u}-\theta(\boldsymbol{a},d(\boldsymbol{b}))\boldsymbol{u}-\theta(\boldsymbol{a},\boldsymbol{b})d_V(\boldsymbol{u})-\lambda\theta(\boldsymbol{a},\boldsymbol{b})\boldsymbol{u}\\=&d_V[\boldsymbol{u},s(\boldsymbol{a}),s(\boldsymbol{b})]_{\hat{L}}-[\boldsymbol{u},sd(\boldsymbol{a}),s(\boldsymbol{b})]_{\hat{L}}-[\boldsymbol{u},s(\boldsymbol{a}),sd(\boldsymbol{b})]_{\hat{L}}-\\&[d_V(\boldsymbol{u}),s(\boldsymbol{a}),s(\boldsymbol{b})]_{\hat{L}}-\lambda[\boldsymbol{u},s(\boldsymbol{a}),s(\boldsymbol{b})]_{\hat{L}}\\=&0.\end{aligned}$$

因此，$(V;\theta,d_V)$ 是 $(L,[-,-,-],d)$ 的一个表示. □

接下来对任意 $\boldsymbol{x},\boldsymbol{y},\boldsymbol{z}\in L$, 定义线性映射

$$\varsigma: L\times L\times L\to V\ ,\quad \varpi: L\to V$$

分别如下：

$$\varsigma(\boldsymbol{x},\boldsymbol{y},\boldsymbol{z})=[s(\boldsymbol{x}),s(\boldsymbol{y}),s(\boldsymbol{z})]_{\hat{L}}-s[\boldsymbol{x},\boldsymbol{y},\boldsymbol{z}],$$

$$\varpi(\boldsymbol{x})=\hat{d}(s(\boldsymbol{x}))-s(d(\boldsymbol{x}))\ .$$

通过赋予 $L\oplus V$ 如下一个括积 $[-,-,-]_\varsigma$ 和一个修正 λ-微分算子 d_ϖ，将 $\hat{L}$ 上修正 λ-微分李三系结构转移到 $L\oplus V$ 上：

$$\begin{aligned}&[(\boldsymbol{x},\boldsymbol{u}),(\boldsymbol{y},\boldsymbol{v}),(\boldsymbol{z},\boldsymbol{w})]_\varsigma\\&=([\boldsymbol{x},\boldsymbol{y},\boldsymbol{z}],\theta(\boldsymbol{y},\boldsymbol{z})\boldsymbol{u}-\theta(\boldsymbol{x},\boldsymbol{z})\boldsymbol{v}+D(\boldsymbol{a},\boldsymbol{b})\boldsymbol{w}+\varsigma(\boldsymbol{x},\boldsymbol{y},\boldsymbol{z})),\\&d_\varpi(\boldsymbol{x},\boldsymbol{u})=(d(\boldsymbol{x}),\varpi(\boldsymbol{x})+d_V(\boldsymbol{u})),\end{aligned}$$

对任意 $(\boldsymbol{x},\boldsymbol{u}),(\boldsymbol{y},\boldsymbol{v}),(\boldsymbol{z},\boldsymbol{w})\in L\oplus V$.

命题3.8 三元组 $(L\oplus V,[-,-,-]_\varsigma,d_\varpi)$ 是一个修正 λ-微分李三系的充要条件为 (ς,ϖ) 是一个 $(L,[-,-,-],d)$ 的 3-上闭链，其系数取自表示 $(V;\theta,d_V)$. 此时

$$0\to(V,[-,-,-]_V,d_V)\xrightarrow{i}(L\oplus V,[-,-,-]_\varsigma,d_\varpi)\xrightarrow{p}(L,[-,-,-],d)\to 0$$

是 $(L,[-,-,-],d)$ 通过 $(V,[-,-,-]_V,d_V)$ 的一个交换扩张.

证明 三元组 $(L\oplus V,[-,-,-]_\varsigma,d_\varpi)$ 是一个修正 λ-微分李三系等价于下列式（3-26）至（3-29）成立（对任意 $\boldsymbol{a},\boldsymbol{b},\boldsymbol{c},\boldsymbol{x},\boldsymbol{y},\boldsymbol{z}\in L$）:

$$\varsigma(\boldsymbol{a},\boldsymbol{b},\boldsymbol{c})+\varsigma(\boldsymbol{b},\boldsymbol{a},\boldsymbol{c})=0,\tag{3-26}$$

$$\varsigma(\boldsymbol{a},\boldsymbol{b},\boldsymbol{c})+\varsigma(\boldsymbol{c},\boldsymbol{a},\boldsymbol{b})+\varsigma(\boldsymbol{b},\boldsymbol{c},\boldsymbol{a})=0,\tag{3-27}$$

$$\begin{aligned}&\varsigma(\boldsymbol{a},\boldsymbol{b},[\boldsymbol{x},\boldsymbol{y},\boldsymbol{z}])+D(\boldsymbol{a},\boldsymbol{b})\varsigma(\boldsymbol{x},\boldsymbol{y},\boldsymbol{z})-\varsigma([\boldsymbol{a},\boldsymbol{b},\boldsymbol{x}],\boldsymbol{y},\boldsymbol{z})-\\&\varsigma(\boldsymbol{x},[\boldsymbol{a},\boldsymbol{b},\boldsymbol{y}],\boldsymbol{z})-\varsigma(\boldsymbol{x},\boldsymbol{y},[\boldsymbol{a},\boldsymbol{b},\boldsymbol{z}])-\theta(\boldsymbol{y},\boldsymbol{z})\varsigma(\boldsymbol{a},\boldsymbol{b},\boldsymbol{x})+\\&\theta(\boldsymbol{x},\boldsymbol{z})\varsigma(\boldsymbol{a},\boldsymbol{b},\boldsymbol{y})-D(\boldsymbol{x},\boldsymbol{y})\varsigma(\boldsymbol{a},\boldsymbol{b},\boldsymbol{z})=0,\end{aligned}\tag{3-28}$$

$$\begin{aligned}&\theta(\boldsymbol{b},\boldsymbol{c})\varpi(\boldsymbol{a})+\varsigma(d(\boldsymbol{a}),\boldsymbol{b},\boldsymbol{c})-\theta(\boldsymbol{a},\boldsymbol{c})\varpi(\boldsymbol{b})+\varsigma(\boldsymbol{a},d(\boldsymbol{b}),\boldsymbol{c})+\\&D(\boldsymbol{a},\boldsymbol{b})\varpi(\boldsymbol{c})+\varsigma(\boldsymbol{a},\boldsymbol{b},\boldsymbol{d}(\boldsymbol{c}))+\lambda\varsigma(\boldsymbol{a},\boldsymbol{b},\boldsymbol{c})-\varpi([\boldsymbol{a},\boldsymbol{b},\boldsymbol{c}])-\\&d_V\varsigma(\boldsymbol{a},\boldsymbol{b},\boldsymbol{c})=0.\end{aligned}\tag{3-29}$$

由式（3-28）和式（3-29），分别可得

$$\delta\varsigma = 0,\ \ \delta\varpi + \Delta\varsigma = 0.$$

因此，

$$\partial(\varsigma,\varpi) = (\delta\varsigma, \delta\varpi + \Delta\varsigma) = 0,$$

即 (ς,ϖ) 是一个 3-上闭链.

相反，如果 (ς,ϖ) 是一个 3-上闭链，即满足式（3-28）和（3-29），易得 $(L \oplus V, [-,-,-]_\varsigma, d_\varpi)$ 是一个修正 λ-微分李三系. □

命题 3.9 设 $(\hat{L}, [-,-,-]_{\hat{L}}, \hat{d})$ 是 $(L, [-,-,-], d)$ 通过 $(V, [-,-,-]_V, d_V)$ 的一个交换扩张，s 是 p 的一个截面映射. 如果 (ς,ϖ) 是使用截面 s 的构造的一个 3-上闭链，则它的上同调类不依赖于 s 的选择.

证明 设 $s_1 : L \to \hat{L}$ 为 p 的另一个截面映射. 由命题 3.8，s 和 s_1 可得两个 3-上闭链分别为 (ς,ϖ) 和 (ς_1,ϖ_1). 定义线性映射 $\xi : L \to V$ 为

$$\xi(\boldsymbol{a}) = s(\boldsymbol{a}) - s_1(\boldsymbol{a}), \qquad \boldsymbol{a} \in L.$$

则

$$\begin{aligned}
&\varsigma(\boldsymbol{a},\boldsymbol{b},\boldsymbol{c})\\
&= [s(\boldsymbol{a}), s(\boldsymbol{b}), s(\boldsymbol{c})]_{\hat{L}} - s[\boldsymbol{a},\boldsymbol{b},\boldsymbol{c}]\\
&= [s_1(\boldsymbol{a}) + \xi(\boldsymbol{a}), s_1(\boldsymbol{b}) + \xi(\boldsymbol{b}), s_1(\boldsymbol{c}) + \xi(\boldsymbol{c})]_{\hat{L}} - (s_1[\boldsymbol{a},\boldsymbol{b},\boldsymbol{c}] + \xi[\boldsymbol{a},\boldsymbol{b},\boldsymbol{c}])\\
&= [s_1(\boldsymbol{a}), s_1(\boldsymbol{b}), s_1(\boldsymbol{c})]_{\hat{L}} + \theta(\boldsymbol{b},\boldsymbol{c})\xi(\boldsymbol{a}) - \theta(\boldsymbol{a},\boldsymbol{c})\xi(\boldsymbol{b}) + D(\boldsymbol{a},\boldsymbol{b})\xi(\boldsymbol{c}) - s_1[\boldsymbol{a},\boldsymbol{b},\boldsymbol{c}] - \xi[\boldsymbol{a},\boldsymbol{b},\boldsymbol{c}]\\
&= [s_1(\boldsymbol{a}), s_1(\boldsymbol{b}), s_1(\boldsymbol{c})]_{\hat{L}} - s_1[\boldsymbol{a},\boldsymbol{b},\boldsymbol{c}] + \theta(\boldsymbol{b},\boldsymbol{c})\xi(\boldsymbol{a}) - \theta(\boldsymbol{a},\boldsymbol{c})\xi(\boldsymbol{b}) + D(\boldsymbol{a},\boldsymbol{b})\xi(\boldsymbol{c}) - \xi[\boldsymbol{a},\boldsymbol{b},\boldsymbol{c}]\\
&= \varsigma_1(\boldsymbol{a},\boldsymbol{b},\boldsymbol{c}) + \delta\xi(\boldsymbol{a},\boldsymbol{b},\boldsymbol{c}),
\end{aligned}$$

$$\begin{aligned}
\varpi(\boldsymbol{a}) &= \hat{d}(s(\boldsymbol{a})) - s(\boldsymbol{d}(\boldsymbol{a}))\\
&= \hat{d}(s_1(\boldsymbol{a}) + \xi(\boldsymbol{a})) - (s_1(d(\boldsymbol{a})) + \xi(d(\boldsymbol{a})))\\
&= \hat{d}(s_1(\boldsymbol{a})) - s_1(\boldsymbol{d}(\boldsymbol{a})) + \hat{d}(\xi(\boldsymbol{a})) - \xi(d(\boldsymbol{a}))\\
&= \varpi_1(\boldsymbol{a}) - \Delta\xi(\boldsymbol{a}).
\end{aligned}$$

因此，$(\varsigma,\varpi) - (\varsigma_1,\varpi_1) = (\delta\xi, -\Delta\xi) = \partial\xi \in B^3_{\mathrm{MDlts}}(L,V)$，即 (ς,ϖ) 和 (ς_1,ϖ_1) 在相同的上同调类. □

定理 3.2 $(L,[-,-,-],d)$ 通过 $(V,[-,-,-]_V,d_V)$ 的任意交换扩张都可以通过第 3 上同调群 $H^3_{\mathrm{MDlts}}(L,V)$ 分类.

证 明 设 $(\hat{L}_1,[-,-,-]_{\hat{L}_1},\hat{d}_1)$ 和 $(\hat{L}_2,[-,-,-]_{\hat{L}_2},\hat{d}_2)$ 是 $(L,[-,-,-],d)$ 通过 $(V,[-,-,-]_V,d_V)$ 的两个等价交换扩张，即存在同构映射 $\varphi\colon\hat{L}_1\to\hat{L}_2$ 使得图（3-25）交换. 设 s_1 是 p_1 的一个截面映射，由 $p_2\circ\varphi=p_1$，可得 $p_2\circ(\varphi\circ s_1)=p_1\circ s_1=\mathrm{id}_L$.

即 $\varphi\circ s_1$ 是 p_2 的一个截面映射. 记作 $s_2:=\varphi\circ s_1$. 由 φ 是 $\hat{L}_1$ 到 $\hat{L}_2$ 的同构映射使得 $\varphi|_V=\mathrm{id}_V$, 可得

$$
\begin{aligned}
\varsigma_2(\boldsymbol{a},\boldsymbol{b},\boldsymbol{c})&=[s_2(\boldsymbol{a}),s_2(\boldsymbol{b}),s_2(\boldsymbol{c})]_{\hat{L}}-s_2[\boldsymbol{a},\boldsymbol{b},\boldsymbol{c}]\\
&=[\varphi s_1(\boldsymbol{a}),\varphi s_1(\boldsymbol{b}),\varphi s_1(\boldsymbol{c})]_{\hat{L}}-\varphi s_1[\boldsymbol{a},\boldsymbol{b},\boldsymbol{c}]\\
&=\varphi([s_1(\boldsymbol{a}),s_1(\boldsymbol{b}),s_1(\boldsymbol{c})]_{\hat{L}}-\boldsymbol{s}_1[\boldsymbol{a},\boldsymbol{b},\boldsymbol{c}])\\
&=\varphi\varsigma_1(\boldsymbol{a},\boldsymbol{b},\boldsymbol{c})\\
&=\varsigma_1(\boldsymbol{a},\boldsymbol{b},\boldsymbol{c}),
\end{aligned}
$$

$$
\begin{aligned}
\varpi_2(\boldsymbol{a})&=\hat{d}_2(s_2(\boldsymbol{a}))-s_2(d(\boldsymbol{a}))\\
&=\hat{d}_2(\varphi(s_1(\boldsymbol{a})))-\varphi(s_1(d(\boldsymbol{a})))\\
&=\varphi(\hat{d}_1(s_1(\boldsymbol{a})))-\varphi(s_1(d(\boldsymbol{a})))\\
&=\varphi(\hat{d}_1(s_1(\boldsymbol{a}))-s_1(d(\boldsymbol{a})))\\
&=\varphi(\varpi_1(\boldsymbol{a}))\\
&=\varpi_1(\boldsymbol{a}).
\end{aligned}
$$

因此，所有等价的交换扩张在 $H^3_{\mathrm{MDlts}}(L,V)$ 中的相同的元素.

反之，给定 $H^3_{\mathrm{MDlts}}(L,V)$ 中两个同源的 3-上闭链 (ς_1,ϖ_1) 和 (ς_2,ϖ_2), 则由命题 3.8 可以构造两个交换扩张

$$0\to(V,[-,-,-]_V,d_V)\xrightarrow{i_1}(L\oplus V,[-,-,-]_{\varsigma_1},d_{\varpi_1})\xrightarrow{p_1}(L,[-,-,-],d)\to 0,$$

和

$$0\to(V,[-,-,-]_V,d_V)\xrightarrow{i_2}(L\oplus V,[-,-,-]_{\varsigma_2},d_{\varpi_2})\xrightarrow{p_2}(L,[-,-,-],d)\to 0.$$

进一步，存在线性映射 $\xi: L \to V$ 使得

$$(\varsigma_1, \varpi_1) - (\varsigma_2, \varpi_2) = (\delta\xi, -\Delta\xi) = \partial\xi.$$

定义线性映射 $\varphi_\xi : L \oplus V \to L \oplus V$ 为

$$\varphi_\xi(\boldsymbol{x}, \boldsymbol{u}) = (\boldsymbol{x}, \xi(\boldsymbol{x}) + \boldsymbol{u}), \forall(\boldsymbol{x}, \boldsymbol{u}) \in L \oplus V.$$

则 φ_ξ 是这两个交换扩张的的同构映射. □

3.5　修正微分李三 2-系和交叉模

定义 3.17[59]　李三 2-系为一个五元组 (L_0, L_1, h, l_3, l_5)，其中

（1）$h: L_1 \to L_0$ 为线性映射；

（2）$l_3 : L_i \wedge L_j \wedge L_k \to L_{i+j+k} (0 \leqslant i+j+k \leqslant 1)$ 为 3-线性映射；

（3）$l_5 : \wedge^2 L_0 \wedge \wedge^3 L_0 \to L_1$ 为多重线性映射；

对任意的 $\boldsymbol{x}, \boldsymbol{y}, \boldsymbol{z}, \boldsymbol{x}_i \in L_0 (i = 1, \ldots, 7), \boldsymbol{u}, \boldsymbol{v}, \boldsymbol{u}_i \in L_1$，满足下列条件：

$$\begin{aligned}
&l_3(\boldsymbol{x}, \boldsymbol{y}, \boldsymbol{z}) = -l_3(\boldsymbol{y}, \boldsymbol{x}, \boldsymbol{z}),\\
&l_3(\boldsymbol{x}, \boldsymbol{y}, \boldsymbol{u}) = -l_3(\boldsymbol{y}, \boldsymbol{x}, \boldsymbol{u}),\\
&l_3(\boldsymbol{u}, \boldsymbol{x}, \boldsymbol{y}) = -l_3(\boldsymbol{x}, \boldsymbol{u}, \boldsymbol{y}),\\
&hl_3(\boldsymbol{u}, \boldsymbol{y}, \boldsymbol{z}) = l_3(h(\boldsymbol{u}), \boldsymbol{y}, \boldsymbol{z}),
\end{aligned} \tag{3-30}$$

$$\begin{aligned}
&l_3(h(\boldsymbol{u}), \boldsymbol{v}, \boldsymbol{z}) = l_3(\boldsymbol{u}, h(\boldsymbol{v}), \boldsymbol{z}),\\
&l_3(h(\boldsymbol{u}), \boldsymbol{y}, \boldsymbol{v}) = l_3(\boldsymbol{u}, \boldsymbol{y}, h(\boldsymbol{v})),\\
&l_3(\boldsymbol{x}, h(\boldsymbol{u}), \boldsymbol{v}) = l_3(\boldsymbol{x}, \boldsymbol{u}, h(\boldsymbol{v})),
\end{aligned} \tag{3-31}$$

$$\begin{aligned}
&l_3(\boldsymbol{x}, \boldsymbol{y}, \boldsymbol{z}) + l_3(\boldsymbol{y}, \boldsymbol{z}, \boldsymbol{x}) + l_3(\boldsymbol{z}, \boldsymbol{x}, \boldsymbol{y}) = 0,\\
&l_3(\boldsymbol{x}, \boldsymbol{y}, \boldsymbol{u}) + l_3(\boldsymbol{y}, \boldsymbol{u}, \boldsymbol{x}) + l_3(\boldsymbol{u}, \boldsymbol{x}, \boldsymbol{y}) = 0,
\end{aligned} \tag{3-32}$$

$$\begin{aligned}
&hl_5(\boldsymbol{x}_1, \boldsymbol{x}_2, \boldsymbol{x}_3, \boldsymbol{x}_4, \boldsymbol{x}_5) = -l_3(\boldsymbol{x}_1, \boldsymbol{x}_2, l_3(\boldsymbol{x}_3, \boldsymbol{x}_4, \boldsymbol{x}_5)) +\\
&l_3(\boldsymbol{x}_3, l_3(\boldsymbol{x}_1, \boldsymbol{x}_2, \boldsymbol{x}_4), \boldsymbol{x}_5) + l_3(l_3(\boldsymbol{x}_1, \boldsymbol{x}_2, \boldsymbol{x}_3), \boldsymbol{x}_4, \boldsymbol{x}_5) +\\
&l_3(\boldsymbol{x}_3, \boldsymbol{x}_4, l_3(\boldsymbol{x}_1, \boldsymbol{x}_2, \boldsymbol{x}_5)),
\end{aligned} \tag{3-33}$$

$$l_5(h(\boldsymbol{u}_1),\boldsymbol{x}_2,\boldsymbol{x}_3,\boldsymbol{x}_4,\boldsymbol{x}_5)=-l_3(\boldsymbol{u}_1,\boldsymbol{x}_2,l_3(\boldsymbol{x}_3,\boldsymbol{x}_4,\boldsymbol{x}_5))+$$
$$l_3(\boldsymbol{x}_3,l_3(\boldsymbol{u}_1,\boldsymbol{x}_2,\boldsymbol{x}_4),\boldsymbol{x}_5)+l_3(l_3(\boldsymbol{u}_1,\boldsymbol{x}_2,\boldsymbol{x}_3),\boldsymbol{x}_4,\boldsymbol{x}_5)+$$
$$l_3(\boldsymbol{x}_3,\boldsymbol{x}_4,l_3(\boldsymbol{u}_1,\boldsymbol{x}_2,\boldsymbol{x}_5)), \tag{3-34}$$

$$l_5(\boldsymbol{x}_1,h(\boldsymbol{u}_2),\boldsymbol{x}_3,\boldsymbol{x}_4,\boldsymbol{x}_5)=-l_3(\boldsymbol{x}_1,\boldsymbol{u}_2,l_3(\boldsymbol{x}_3,\boldsymbol{x}_4,\boldsymbol{x}_5))+$$
$$l_3(\boldsymbol{x}_3,l_3(\boldsymbol{x}_1,\boldsymbol{u}_2,\boldsymbol{x}_4),\boldsymbol{x}_5)+l_3(l_3(\boldsymbol{x}_1,\boldsymbol{u}_2,\boldsymbol{x}_3),\boldsymbol{x}_4,\boldsymbol{x}_5)+$$
$$l_3(\boldsymbol{x}_3,\boldsymbol{x}_4,l_3(\boldsymbol{x}_1,\boldsymbol{u}_2,\boldsymbol{x}_5)), \tag{3-35}$$

$$l_5(\boldsymbol{x}_1,\boldsymbol{x}_2,h(\boldsymbol{u}_3),\boldsymbol{x}_4,\boldsymbol{x}_5)=-l_3(\boldsymbol{x}_1,\boldsymbol{x}_2,l_3(\boldsymbol{u}_3,\boldsymbol{x}_4,\boldsymbol{x}_5))+$$
$$l_3(\boldsymbol{u}_3,\boldsymbol{l}_3(\boldsymbol{x}_1,\boldsymbol{x}_2,\boldsymbol{x}_4),\boldsymbol{x}_5)+l_3(l_3(\boldsymbol{x}_1,\boldsymbol{x}_2,\boldsymbol{u}_3),\boldsymbol{x}_4,\boldsymbol{x}_5)+$$
$$l_3(\boldsymbol{u}_3,\boldsymbol{x}_4,l_3(\boldsymbol{x}_1,\boldsymbol{x}_2,\boldsymbol{x}_5)), \tag{3-36}$$

$$l_5(\boldsymbol{x}_1,\boldsymbol{x}_2,\boldsymbol{x}_3,h(\boldsymbol{u}_4),\boldsymbol{x}_5)=-l_3(\boldsymbol{x}_1,\boldsymbol{x}_2,l_3(\boldsymbol{x}_3,\boldsymbol{u}_4,\boldsymbol{x}_5))+$$
$$l_3(\boldsymbol{x}_3,l_3(\boldsymbol{x}_1,\boldsymbol{x}_2,\boldsymbol{u}_4),\boldsymbol{x}_5)+l_3(l_3(\boldsymbol{x}_1,\boldsymbol{x}_2,\boldsymbol{x}_3),\boldsymbol{u}_4,\boldsymbol{x}_5)+$$
$$l_3(\boldsymbol{x}_3,\boldsymbol{u}_4,l_3(\boldsymbol{x}_1,\boldsymbol{x}_2,\boldsymbol{x}_5)), \tag{3-37}$$

$$hl_5(\boldsymbol{x}_1,\boldsymbol{x}_2,\boldsymbol{x}_3,\boldsymbol{x}_4,h(\boldsymbol{u}_5))=-l_3(\boldsymbol{x}_1,\boldsymbol{x}_2,l_3(\boldsymbol{x}_3,\boldsymbol{x}_4,\boldsymbol{u}_5))+$$
$$l_3(\boldsymbol{x}_3,l_3(\boldsymbol{x}_1,\boldsymbol{x}_2,\boldsymbol{x}_4),\boldsymbol{u}_5)+l_3(l_3(\boldsymbol{x}_1,\boldsymbol{x}_2,\boldsymbol{x}_3),\boldsymbol{x}_4,\boldsymbol{u}_5)+$$
$$l_3(\boldsymbol{x}_3,\boldsymbol{x}_4,l_3(\boldsymbol{x}_1,\boldsymbol{x}_2,\boldsymbol{u}_5)), \tag{3-38}$$

$$l_3(l_5(\boldsymbol{x}_1,\boldsymbol{x}_2,\boldsymbol{x}_3,\boldsymbol{x}_4,\boldsymbol{x}_5),\boldsymbol{x}_6,\boldsymbol{x}_7)-l_3(l_5(\boldsymbol{x}_1,\boldsymbol{x}_2,\boldsymbol{x}_3,\boldsymbol{x}_4,\boldsymbol{x}_6),\boldsymbol{x}_5,\boldsymbol{x}_7)+$$
$$l_3(\boldsymbol{x}_1,\boldsymbol{x}_2,l_5(\boldsymbol{x}_3,\boldsymbol{x}_4,\boldsymbol{x}_5,\boldsymbol{x}_6,\boldsymbol{x}_7))-l_3(\boldsymbol{x}_3,\boldsymbol{x}_4,l_5(\boldsymbol{x}_1,\boldsymbol{x}_2,\boldsymbol{x}_5,\boldsymbol{x}_6,\boldsymbol{x}_7))+$$
$$l_3(\boldsymbol{x}_5,\boldsymbol{x}_6,l_5(\boldsymbol{x}_1,\boldsymbol{x}_2,\boldsymbol{x}_3,\boldsymbol{x}_4,\boldsymbol{x}_7))-l_5(l_3(\boldsymbol{x}_1,\boldsymbol{x}_2,\boldsymbol{x}_3),\boldsymbol{x}_4,\boldsymbol{x}_5,\boldsymbol{x}_6,\boldsymbol{x}_7)-$$
$$l_5(\boldsymbol{x}_3,l_3(\boldsymbol{x}_1,\boldsymbol{x}_2,\boldsymbol{x}_4),\boldsymbol{x}_5,\boldsymbol{x}_6,\boldsymbol{x}_7)-l_5(\boldsymbol{x}_3,\boldsymbol{x}_4,l_3(\boldsymbol{x}_1,\boldsymbol{x}_2,\boldsymbol{x}_5),\boldsymbol{x}_6,\boldsymbol{x}_7)-$$
$$l_5(\boldsymbol{x}_3,\boldsymbol{x}_4,\boldsymbol{x}_5,l_3(\boldsymbol{x}_1,\boldsymbol{x}_2,\boldsymbol{x}_6),\boldsymbol{x}_7)-l_5(\boldsymbol{x}_3,\boldsymbol{x}_4,\boldsymbol{x}_5,\boldsymbol{x}_6,l_3(\boldsymbol{x}_1,\boldsymbol{x}_2,\boldsymbol{x}_7))+$$
$$l_5(\boldsymbol{x}_1,\boldsymbol{x}_2,l_3(\boldsymbol{x}_3,\boldsymbol{x}_4,\boldsymbol{x}_5),\boldsymbol{x}_6,\boldsymbol{x}_7)+l_5(\boldsymbol{x}_1,\boldsymbol{x}_2,\boldsymbol{x}_5,l_3(\boldsymbol{x}_3,\boldsymbol{x}_4,\boldsymbol{x}_6),\boldsymbol{x}_7)+$$
$$l_5(\boldsymbol{x}_1,\boldsymbol{x}_2,\boldsymbol{x}_5,\boldsymbol{x}_6,l_3(\boldsymbol{x}_3,\boldsymbol{x}_4,\boldsymbol{x}_7))-l_5(\boldsymbol{x}_1,\boldsymbol{x}_2,\boldsymbol{x}_3,\boldsymbol{x}_4,l_3(\boldsymbol{x}_5,\boldsymbol{x}_6,\boldsymbol{x}_7))=0. \tag{3-39}$$

如果 $h=0$, 则称李三 2-系 $(L_0,L_1,h=0,l_3,l_5)$ 为简单的. 如果 $l_5=0$, 则称李三 2-系 $(L_0,L_1,h,l_3,l_5=0)$ 为严格的.

定义 3.18 修正 λ-微分李三 2-系包括李三 2-系 $H=(L_0,L_1,h,l_3,l_5)$ 和修正 λ-微分 2-算子 $I=(d_0,d_1,d_2)$，其中

（1）$d_0 : L_0 \to L_0$ 是线性映射；

（2）$d_1 : L_1 \to L_1$ 是线性映射；

（3）$d_2 : \wedge^3 L_0 \to L_1$ 是三线性映射；

对任意 $\boldsymbol{x}, \boldsymbol{y}, \boldsymbol{z}, \boldsymbol{x}_i \in L_0 (i = 1,2,3,4,5,6,7)$, $\boldsymbol{u}_i \in L_1$, 使得式(3-40)至式(3-45)成立：

$$d_0 \circ h = h \circ d_1, \tag{3-40}$$

$$d_2(\boldsymbol{x}, \boldsymbol{y}, \boldsymbol{z}) = -d_2(\boldsymbol{y}, \boldsymbol{x}, \boldsymbol{z}), \tag{3-41}$$

$$d_2(\boldsymbol{x}, \boldsymbol{y}, \boldsymbol{z}) + d_2(\boldsymbol{z}, \boldsymbol{x}, \boldsymbol{y}) + d_2(\boldsymbol{y}, \boldsymbol{z}, \boldsymbol{x}) = 0, \tag{3-42}$$

$$\begin{aligned} & hd_2(\boldsymbol{x}_1, \boldsymbol{x}_2, \boldsymbol{x}_3) + d_0 l_3(\boldsymbol{x}_1, \boldsymbol{x}_2, \boldsymbol{x}_3) = \\ & l_3(d_0(\boldsymbol{x}_1), \boldsymbol{x}_2, \boldsymbol{x}_3) + l_3(\boldsymbol{x}_1, d_0(\boldsymbol{x}_2), \boldsymbol{x}_3) + l_3(\boldsymbol{x}_1, \boldsymbol{x}_2, d_0(\boldsymbol{x}_3)) \\ & +\lambda l_3(\boldsymbol{x}_1, \boldsymbol{x}_2, \boldsymbol{x}_3), \end{aligned} \tag{3-43}$$

$$\begin{aligned} & d_2(\boldsymbol{x}_1, \boldsymbol{x}_2, h(\boldsymbol{u}_3)) + d_1 l_3(\boldsymbol{x}_1, \boldsymbol{x}_2, \boldsymbol{u}_3) = \\ & l_3(d_0(\boldsymbol{x}_1), \boldsymbol{x}_2, \boldsymbol{u}_3) + l_3(\boldsymbol{x}_1, d_0(\boldsymbol{x}_2), \boldsymbol{u}_3) + \\ & l_3(\boldsymbol{x}_1, \boldsymbol{x}_2, d_1(\boldsymbol{u}_3)) + \lambda l_3(\boldsymbol{x}_1, \boldsymbol{x}_2, \boldsymbol{u}_3), \end{aligned} \tag{3-44}$$

$$\begin{aligned} & d_2(h(\boldsymbol{u}_1), \boldsymbol{x}_2, \boldsymbol{x}_3) + d_1 l_3(\boldsymbol{u}_1, \boldsymbol{x}_2, \boldsymbol{x}_3) = \\ & l_3(d_1(\boldsymbol{u}_1), \boldsymbol{x}_2, \boldsymbol{x}_3) + l_3(\boldsymbol{u}_1, d_0(\boldsymbol{x}_2), \boldsymbol{x}_3) + \\ & l_3(\boldsymbol{u}_1, \boldsymbol{x}_2, d_0(\boldsymbol{x}_3)) + \lambda l_3(\boldsymbol{u}_1, \boldsymbol{x}_2, \boldsymbol{x}_3), \end{aligned} \tag{3-45}$$

$$\begin{aligned} & l_3(d_2(\boldsymbol{x}_1, \boldsymbol{x}_2, \boldsymbol{x}_3), \boldsymbol{x}_4, \boldsymbol{x}_5) - l_3(d_2(\boldsymbol{x}_1, \boldsymbol{x}_2, \boldsymbol{x}_4), \boldsymbol{x}_3, \boldsymbol{x}_5) - \\ & l_3(\boldsymbol{x}_1, \boldsymbol{x}_2, d_2(\boldsymbol{x}_3, \boldsymbol{x}_4, \boldsymbol{x}_5)) + l_3(\boldsymbol{x}_3, \boldsymbol{x}_4, d_2(\boldsymbol{x}_1, \boldsymbol{x}_2, \boldsymbol{x}_5)) + \\ & d_2([\boldsymbol{x}_1, \boldsymbol{x}_2, \boldsymbol{x}_3], \boldsymbol{x}_4, \boldsymbol{x}_5) + d_2(\boldsymbol{x}_3, [\boldsymbol{x}_1, \boldsymbol{x}_2, \boldsymbol{x}_4], \boldsymbol{x}_5) + \\ & d_2(\boldsymbol{x}_3, \boldsymbol{x}_4, [\boldsymbol{x}_1, \boldsymbol{x}_2, \boldsymbol{x}_5]) - d_2(\boldsymbol{x}_1, \boldsymbol{x}_2, [\boldsymbol{x}_3, \boldsymbol{x}_4, \boldsymbol{x}_5]) - \\ & l_5(d_0(\boldsymbol{x}_1), \boldsymbol{x}_2, \boldsymbol{x}_3, \boldsymbol{x}_4, \boldsymbol{x}_5) - l_5(\boldsymbol{x}_1, d_0(\boldsymbol{x}_2), \boldsymbol{x}_3, \boldsymbol{x}_4, \boldsymbol{x}_5) - \\ & l_5(\boldsymbol{x}_1, \boldsymbol{x}_2, d_0(\boldsymbol{x}_3), \boldsymbol{x}_4, \boldsymbol{x}_5) - l_5(\boldsymbol{x}_1, \boldsymbol{x}_2, \boldsymbol{x}_3, d_0(\boldsymbol{x}_4), \boldsymbol{x}_5) - \\ & l_5(\boldsymbol{x}_1, \boldsymbol{x}_2, \boldsymbol{x}_3, \boldsymbol{x}_4, d_0(\boldsymbol{x}_5)) - 2\lambda l_5(\boldsymbol{x}_1, \boldsymbol{x}_2, \boldsymbol{x}_3, \boldsymbol{x}_4, \boldsymbol{x}_5) + \\ & d_1(l_5(\boldsymbol{x}_1, \boldsymbol{x}_2, \boldsymbol{x}_3, \boldsymbol{x}_4, \boldsymbol{x}_5)) = 0. \end{aligned} \tag{3-46}$$

如果 $h = 0$, 则称修正 λ-微分李三 2-系 (H, I) 为简单的. 如果 $l_5 = 0, d_2 = 0$, 则称修正 λ-微分李三 2-系 (H, I) 为严格的.

定理 3.3 简单修正 λ-微分李三 2-系 (H, I) 和修正 λ 微分李三系的 5-上闭链是一一对应的.

证明 设 $(H = (L_0, L_1, h = 0, l_3, l_5), I = (d_0, d_1, d_2))$ 为简单修正 λ-微分李三

2-系. 则 (L_0,l_3,d_0) 为修正 λ-微分李三系. 另外，容易验证 $(L_1;\theta,d_1)$ 为修正 λ-微分李三系 (L_0,l_3,d_0) 的表示，其中

$$\theta: L_0\times L_0\to \mathrm{End}(L_1),$$
$$(\boldsymbol{x}_1,\boldsymbol{x}_2)\mapsto \theta(\boldsymbol{x}_1,\boldsymbol{x}_2)$$

为

$$\theta(\boldsymbol{x}_1,\boldsymbol{x}_2)\boldsymbol{u}=l_3(\boldsymbol{u},\boldsymbol{x}_1,\boldsymbol{x}_2),\qquad \forall \boldsymbol{x}_1,\boldsymbol{x}_2\in L_0,\boldsymbol{u}\in L_1.$$

进而,

$$D(\boldsymbol{x}_1,\boldsymbol{x}_2)\boldsymbol{u}=\theta(\boldsymbol{x}_2,\boldsymbol{x}_1)\boldsymbol{u}-\theta(\boldsymbol{x}_1,\boldsymbol{x}_2)\boldsymbol{u}=l_3(\boldsymbol{x}_1,\boldsymbol{x}_2,\boldsymbol{u}).$$

接下来考虑修正 λ-微分李三系 (L_0,l_3,d_0) 的上同调，其系数取自表示 $(L_1;\theta,d_1)$.

定义线性映射

$$f:\wedge^2 L_0\wedge\wedge^3 L_0\to L_1 \text{和} g:\wedge^3 L_0\to L_1$$

为

$$f(\boldsymbol{x}_1,\boldsymbol{x}_2,\boldsymbol{x}_3,\boldsymbol{x}_4,\boldsymbol{x}_5)=l_5(\boldsymbol{x}_1,\boldsymbol{x}_2,\boldsymbol{x}_3,\boldsymbol{x}_4,\boldsymbol{x}_5),$$
$$g(\boldsymbol{x},\boldsymbol{y},\boldsymbol{z})=d_2(\boldsymbol{x},\boldsymbol{y},\boldsymbol{z}).$$

由式（3-39），有 $\delta f=0$. 进一步根据式（3-46），有

$$\begin{aligned}
&\delta g(\boldsymbol{x}_1,\boldsymbol{x}_2,\boldsymbol{x}_3,\boldsymbol{x}_4,\boldsymbol{x}_5)-\Delta f(\boldsymbol{x}_1,\boldsymbol{x}_2,\boldsymbol{x}_3,\boldsymbol{x}_4,\boldsymbol{x}_5)\\
=&\theta(\boldsymbol{x}_4,\boldsymbol{x}_5)g(\boldsymbol{x}_1,\boldsymbol{x}_2,\boldsymbol{x}_3)-\theta(\boldsymbol{x}_3,\boldsymbol{x}_5)g(\boldsymbol{x}_1,\boldsymbol{x}_2,\boldsymbol{x}_4)-D(\boldsymbol{x}_1,\boldsymbol{x}_2)g(\boldsymbol{x}_3,\boldsymbol{x}_4,\boldsymbol{x}_5)+\\
&D(\boldsymbol{x}_3,\boldsymbol{x}_4)g(\boldsymbol{x}_1,\boldsymbol{x}_2,\boldsymbol{x}_5)+g([\boldsymbol{x}_1,\boldsymbol{x}_2,\boldsymbol{x}_3],\boldsymbol{x}_4,\boldsymbol{x}_5)+g(\boldsymbol{x}_3,[\boldsymbol{x}_1,\boldsymbol{x}_2,\boldsymbol{x}_4],\boldsymbol{x}_5)+\\
&g(\boldsymbol{x}_3,\boldsymbol{x}_4,[\boldsymbol{x}_1,\boldsymbol{x}_2,\boldsymbol{x}_5])-g(\boldsymbol{x}_1,\boldsymbol{x}_2,[\boldsymbol{x}_3,\boldsymbol{x}_4,\boldsymbol{x}_5])-f(d_0(\boldsymbol{x}_1),\boldsymbol{x}_2,\boldsymbol{x}_3,\boldsymbol{x}_4,\boldsymbol{x}_5)-\\
&f(\boldsymbol{x}_1,d_0(\boldsymbol{x}_2),\boldsymbol{x}_3,\boldsymbol{x}_4,\boldsymbol{x}_5)-f(\boldsymbol{x}_1,\boldsymbol{x}_2,d_0(\boldsymbol{x}_3),\boldsymbol{x}_4,\boldsymbol{x}_5)-f(\boldsymbol{x}_1,\boldsymbol{x}_2,\boldsymbol{x}_3,d_0(\boldsymbol{x}_4),\boldsymbol{x}_5)-\\
&f(\boldsymbol{x}_1,\boldsymbol{x}_2,\boldsymbol{x}_3,\boldsymbol{x}_4,d_0(\boldsymbol{x}_5))-2\lambda f(\boldsymbol{x}_1,\boldsymbol{x}_2,\boldsymbol{x}_3,\boldsymbol{x}_4,\boldsymbol{x}_5)+d_1(f(\boldsymbol{x}_1,\boldsymbol{x}_2,\boldsymbol{x}_3,\boldsymbol{x}_4,\boldsymbol{x}_5))\\
=&l_3(d_2(\boldsymbol{x}_1,\boldsymbol{x}_2,\boldsymbol{x}_3),\boldsymbol{x}_4,\boldsymbol{x}_5)-l_3(d_2(\boldsymbol{x}_1,\boldsymbol{x}_2,\boldsymbol{x}_4),\boldsymbol{x}_3,\boldsymbol{x}_5)-l_3(\boldsymbol{x}_1,\boldsymbol{x}_2,d_2(\boldsymbol{x}_3,\boldsymbol{x}_4,\boldsymbol{x}_5))+\\
&l_3(\boldsymbol{x}_3,\boldsymbol{x}_4,d_2(\boldsymbol{x}_1,\boldsymbol{x}_2,\boldsymbol{x}_5))+d_2([\boldsymbol{x}_1,\boldsymbol{x}_2,\boldsymbol{x}_3],\boldsymbol{x}_4,\boldsymbol{x}_5)+d_2(\boldsymbol{x}_3,[\boldsymbol{x}_1,\boldsymbol{x}_2,\boldsymbol{x}_4],\boldsymbol{x}_5)+\\
&d_2(\boldsymbol{x}_3,\boldsymbol{x}_4,[\boldsymbol{x}_1,\boldsymbol{x}_2,\boldsymbol{x}_5])-d_2(\boldsymbol{x}_1,\boldsymbol{x}_2,[\boldsymbol{x}_3,\boldsymbol{x}_4,\boldsymbol{x}_5])-l_5(d_0(\boldsymbol{x}_1),\boldsymbol{x}_2,\boldsymbol{x}_3,\boldsymbol{x}_4,\boldsymbol{x}_5)-\\
&l_5(\boldsymbol{x}_1,d_0(\boldsymbol{x}_2),\boldsymbol{x}_3,\boldsymbol{x}_4,\boldsymbol{x}_5)-l_5(\boldsymbol{x}_1,\boldsymbol{x}_2,d_0(\boldsymbol{x}_3),\boldsymbol{x}_4,\boldsymbol{x}_5)-l_5(\boldsymbol{x}_1,\boldsymbol{x}_2,\boldsymbol{x}_3,d_0(\boldsymbol{x}_4),\boldsymbol{x}_5)-\\
&l_5(\boldsymbol{x}_1,\boldsymbol{x}_2,\boldsymbol{x}_3,\boldsymbol{x}_4,d_0(\boldsymbol{x}_5))-2\lambda l_5(\boldsymbol{x}_1,\boldsymbol{x}_2,\boldsymbol{x}_3,\boldsymbol{x}_4,\boldsymbol{x}_5)+d_1(l_5(\boldsymbol{x}_1,\boldsymbol{x}_2,\boldsymbol{x}_3,\boldsymbol{x}_4,\boldsymbol{x}_5))\\
=&0.
\end{aligned}$$

因此，$\partial(f,g)=0$，即 (f,g) 是 5-上闭链.

反之，如果 (f,g) 是修正 λ -微分李三系 $(L,[-,-,-],d)$ 的 5-上闭链，其系数取自表示 $(V;\theta,d_V)$. 定义 $L_0=L,L_1=V,l_5=f,d_0=d,d_1=d_V,d_2=g$. 定义三线性映射

$$l_3:L_i\wedge L_j\wedge L_k\to L_{i+j+k}$$

为

$$l_3(\boldsymbol{x}_1,\boldsymbol{x}_2,\boldsymbol{x}_3)=[\boldsymbol{x}_1,\boldsymbol{x}_2,\boldsymbol{x}_3],$$

$$l_3(\boldsymbol{u},\boldsymbol{x}_1,\boldsymbol{x}_2)=\theta(\boldsymbol{x}_1,\boldsymbol{x}_2)\boldsymbol{u},$$

$$l_3(\boldsymbol{x}_1,\boldsymbol{x}_2,\boldsymbol{u})=D(\boldsymbol{x}_1,\boldsymbol{x}_2)\boldsymbol{u},$$

对任意 $\boldsymbol{x}_1,\boldsymbol{x}_2,\boldsymbol{x}_3\in L_0,\boldsymbol{u}\in L_1$. 则容易验证 $((L_0,L_1,h=0,l_3,l_5),(d_0,d_1,d_2))$ 为简单修正 λ -微分李三 2 系. □

定义 3.19 修正 λ -微分李三系的交叉模为一组 $((L_0,[-,-,-]_0,d_0),(L_1,[-,-,-]_1,d_1),h,\theta)$，其中

（1）$(L_0,[-,-,-]_0,d_0)$ 和 $(L_1,[-,-,-]_1,d_1)$ 为 2 个修正 λ -微分李三系；

（2）$h:L_1\to L_0$ 为修正 λ -微分李三系同态；

（3）$(L_1;\theta,d_1)$ 为修正 λ -微分李三系 $(L_0,[-,-,-]_0,d_0)$ 的表示；

对任意 $\boldsymbol{x},\boldsymbol{y},\boldsymbol{z}\in L_0,\boldsymbol{u},\boldsymbol{v},\boldsymbol{w}\in L_1$，满足：

$$h(\theta(\boldsymbol{x},\boldsymbol{y})\boldsymbol{u})=[h(\boldsymbol{u}),\boldsymbol{x},\boldsymbol{y}]_0,$$

$$\theta(h(\boldsymbol{u}),h(\boldsymbol{v}))\boldsymbol{w}=[\boldsymbol{w},\boldsymbol{u},\boldsymbol{v}]_1,$$

$$h(\theta(\boldsymbol{x},h(\boldsymbol{v}))\boldsymbol{w})=[h(\boldsymbol{w}),\boldsymbol{x},h(\boldsymbol{v})]_0,$$

$$h(\theta(h(\boldsymbol{u}),\boldsymbol{y})\boldsymbol{w})=[h(\boldsymbol{w}),h(\boldsymbol{u}),\boldsymbol{y}]_0.$$

定理 3.4 严格修正 λ -微分李三 2-系和修正 λ -微分李三系的交叉模是一一对应的.

证明 设 $((L_1,L_0,h,l_3,l_5=0),(d_0,d_1,d_2=0))$ 为严格修正 λ -微分李三 2-系，构造修正 λ -微分李三系的交叉模如下：

对任意 $\boldsymbol{x},\boldsymbol{y},\boldsymbol{z}\in L_0,\boldsymbol{u},\boldsymbol{v},\boldsymbol{w}\in L_1$，定义线性映射 $[-,-,-]_0,[-,-,-]_1$ 和 θ 为

$$[\boldsymbol{x},\boldsymbol{y},\boldsymbol{z}]_0=l_3(\boldsymbol{x},\boldsymbol{y},\boldsymbol{z}),$$

$$[\boldsymbol{u},\boldsymbol{v},\boldsymbol{w}]_1=l_3(h(\boldsymbol{u}),h(\boldsymbol{v}),\boldsymbol{w})=l_3(h(\boldsymbol{u}),\boldsymbol{v},h(\boldsymbol{w}))=l_3(\boldsymbol{u},h(\boldsymbol{v}),h(\boldsymbol{w})),$$

$$\theta(\boldsymbol{x},\boldsymbol{y})\boldsymbol{w}=l_3(\boldsymbol{w},\boldsymbol{x},\boldsymbol{y}).$$

显然，$(L_0,[-,-,-]_0,d_0)$ 和 $(L_1,[-,-,-]_1,d_1)$ 为 2 个修正 λ-微分李三系，$(L_1;\theta,d_1)$ 为修正 λ-微分李三系 $(L_0,[-,-,-]_0,d_0)$ 的表示，

下面验证 $h:(L_1,[-,-,-]_1,d_1)\to(L_0,[-,-,-]_0,d_0)$ 是修正 λ-微分李三系同态. 事实上，

$$\begin{aligned}h[\boldsymbol{u},\boldsymbol{v},\boldsymbol{w}]_1&=hl_3(h(\boldsymbol{u}),h(\boldsymbol{v}),\boldsymbol{w})\\&=\boldsymbol{l}_3(h(\boldsymbol{u}),h(\boldsymbol{v}),h(\boldsymbol{w}))\\&=[h(\boldsymbol{u}),h(\boldsymbol{v}),h(\boldsymbol{w})]_0,\end{aligned}$$

结合式（3-40），可得 $h:(L_1,[-,-,-]_1,d_1)\to(L_0,[-,-,-]_0,d_0)$ 是修正 λ-微分李三系同态. 又，

$$\begin{aligned}h(\theta(\boldsymbol{x},\boldsymbol{y})\boldsymbol{u})&=hl_3(\boldsymbol{u},\boldsymbol{x},\boldsymbol{y})\\&=l_3(h(\boldsymbol{u}),\boldsymbol{x},\boldsymbol{y})\\&=[h(\boldsymbol{u}),\boldsymbol{x},\boldsymbol{y}]_0,\end{aligned}$$

$$\begin{aligned}\theta(h(\boldsymbol{u}),h(\boldsymbol{v}))\boldsymbol{w}&=l_3(\boldsymbol{w},h(\boldsymbol{u}),h(\boldsymbol{v}))\\&=[\boldsymbol{w},\boldsymbol{u},\boldsymbol{v}]_1,\end{aligned}$$

$$\begin{aligned}h(\theta(\boldsymbol{x},h(\boldsymbol{v}))\boldsymbol{w})&=hl_3(\boldsymbol{w},\boldsymbol{x},h(\boldsymbol{v}))\\&=l_3(h(\boldsymbol{w}),\boldsymbol{x},h(\boldsymbol{v}))\\&=[h(\boldsymbol{w}),\boldsymbol{x},h(\boldsymbol{v})]_0,\end{aligned}$$

$$\begin{aligned}h(\theta(h(\boldsymbol{u}),\boldsymbol{y})\boldsymbol{w})&=hl_3(\boldsymbol{w},h(\boldsymbol{u}),\boldsymbol{y})\\&=l_3(h(\boldsymbol{w}),h(\boldsymbol{u}),\boldsymbol{y})\\&=[h(\boldsymbol{w}),h(\boldsymbol{u}),\boldsymbol{y}]_0.\end{aligned}$$

因此，可得修正 λ-微分李三系的交叉模 $((L_0,[-,-,-]_0,d_0),(L_1,[-,-,-]_1,d_1),h,\theta)$.

反之，设 $((L_0,[-,-,-]_0,d_0),(L_1,[-,-,-]_1,d_1),h,\theta)$ 为修正 λ-微分李三系的交叉模，对任意 $\boldsymbol{x},\boldsymbol{y},\boldsymbol{z}\in L_0,\boldsymbol{u},\boldsymbol{v},\boldsymbol{w}\in L_1$，构造如式（3-47）所示的严格修正 λ-微分

李三 2-系，

$$
\begin{aligned}
&l_3(\boldsymbol{x}, \boldsymbol{y}, \boldsymbol{z}) = [\boldsymbol{x}, \boldsymbol{y}, \boldsymbol{z}]_0, \\
&l_3(\boldsymbol{u}, \boldsymbol{v}, \boldsymbol{w}) = [\boldsymbol{u}, \boldsymbol{v}, \boldsymbol{w}]_1, \\
&l_3(\boldsymbol{u}, \boldsymbol{x}, \boldsymbol{y}) = \theta(\boldsymbol{x}, \boldsymbol{y})\boldsymbol{u}, \\
&l_3(\boldsymbol{x}, \boldsymbol{u}, \boldsymbol{y}) = -\theta(\boldsymbol{x}, \boldsymbol{y})\boldsymbol{u}, \\
&l_3(\boldsymbol{x}, \boldsymbol{y}, \boldsymbol{u}) = \theta(\boldsymbol{y}, \boldsymbol{x})\boldsymbol{u} - \theta(\boldsymbol{x}, \boldsymbol{y})\boldsymbol{u}.
\end{aligned}
\tag{3-47}
$$

则容易验证 $((L_0, L_1, h, l_3, l_5 = 0), (d_0, d_1, d_2 = 0))$ 是严格修正 λ-微分李三 2-系．□

4

修正微分 Hom-预李代数

本章讨论修正微分 Hom-预李代数的结构，包括其构造、双模和上同调及其应用.

我们在预李代数的相关工作见文献[33,37].

4.1 修正微分 Hom-预李代数的双模

首先回顾 Hom-预李代数基本概念，然后引入修正微分 Hom-预李代数的概念及它的双模，并给出有关性质.

定义 4.1[60] Hom-预李代数是一个三元组 $(P,*,\alpha)$，其中 P 是一个向量空间，$*:P\times P\to P$ 是双线性映射，α 是 P 上的线性变换，对任意的 $\boldsymbol{x},\boldsymbol{y},\boldsymbol{z}\in P$，使得式（4-1）、式（4-2）成立：

$$\alpha(\boldsymbol{x}*\boldsymbol{y})=\alpha(\boldsymbol{x})*\alpha(\boldsymbol{y}), \tag{4-1}$$

$$(\boldsymbol{x}*\boldsymbol{y})*\alpha(\boldsymbol{z})-\alpha(\boldsymbol{x})*(\boldsymbol{y}*\boldsymbol{z})=(\boldsymbol{y}*\boldsymbol{x})*\alpha(\boldsymbol{z})-\alpha(\boldsymbol{y})*(\boldsymbol{x}*\boldsymbol{z}). \tag{4-2}$$

进一步，如果 α 是 P 上的可逆线性变换，则称 $(P,*,\alpha)$ 为正则 Hom-预李代数.

定义 4.2[61] Hom-李代数是一个三元组 $(P,[-,-],\alpha)$，其中 P 是一个向量空间，$[-,-]:P\times P\to P$ 是双线性映射和 α 是 P 上的线性变换，对任意的 $x,y,z\in P$，使得式（4-3）至式（4-5）成立：

$$[\boldsymbol{x},\boldsymbol{y}]=-[\boldsymbol{y},\boldsymbol{x}], \tag{4-3}$$

$$\alpha([\boldsymbol{x},\boldsymbol{y}])=[\alpha(\boldsymbol{x}),\alpha(\boldsymbol{y})], \tag{4-4}$$

$$[\alpha(\boldsymbol{x}),[\boldsymbol{y},\boldsymbol{z}]]+[\alpha(\boldsymbol{z}),[\boldsymbol{x},\boldsymbol{y}]]+[\alpha(\boldsymbol{y}),[\boldsymbol{z},\boldsymbol{x}]]=0. \tag{4-5}$$

进一步，如果 α 是 P 上的可逆线性变换，则称 $(P,[-,-],\alpha)$ 为正则 Hom-李代数.

注记 1 设 $(P,*,\alpha)$ 为 Hom-预李代数. 对任意的 $\boldsymbol{x},\boldsymbol{y}\in P$，定义 P 上的双线性运算 $[-,-]^c$ 为

$$[\boldsymbol{x},\boldsymbol{y}]^c=\boldsymbol{x}*\boldsymbol{y}-\boldsymbol{y}*\boldsymbol{x},$$

则 $(P,[-,-]^c,\alpha)$ 为 Hom-李代数，$(P,[-,-]^c,\alpha)$ 称为 $(P,*,\alpha)$ 的相邻 Hom-李代数.

例 1 设$(P,[-,-],\alpha)$为 Hom-李代数，$R:P\to P$是线性映射满足罗巴等式

$$R\circ\alpha=\alpha\circ R,$$
$$[R\boldsymbol{x},R\boldsymbol{y}]=R([R\boldsymbol{x},\boldsymbol{y}]+[\boldsymbol{x},R\boldsymbol{y}]),$$

其中$\boldsymbol{x},\boldsymbol{y}\in P$. 进一步，定义运算$*_R:P\times P\to P$为

$$\boldsymbol{x}*_R\boldsymbol{y}=[R\boldsymbol{x},\boldsymbol{y}],$$

则$(P,*_R,\alpha)$为 Hom-预李代数.

定义 4.3 设$(P,*,\alpha)$为 Hom-预李代数. 对任意$\lambda\in K$, 如果线性映射$\partial:P\to P$满足等式：

$$\partial\circ\alpha=\alpha\circ\partial,\tag{4-6}$$
$$\partial(\boldsymbol{x}*\boldsymbol{y})=\partial(\boldsymbol{x})*\boldsymbol{y}+\boldsymbol{x}*\partial(\boldsymbol{y})+\lambda\boldsymbol{x}*\boldsymbol{y},\tag{4-7}$$

其中$\boldsymbol{x},\boldsymbol{y}\in P$. 则称$\partial$是$(P,[-,-],\alpha)$上的修正$\lambda$-微分算子.

定义 4.4 一个修正λ-微分 Hom-预李代数是一个四元组$(P,*,\alpha,\partial)$, 其中$(P,*,\alpha)$为 Hom-预李代数，∂是$(P,[-,-],\alpha)$上的修正λ-微分算子. 修正λ-微分 Hom-预李代数也简记为(P,α,∂).

定义 4.5 设$(P_1,*_1,\alpha_1,\partial_1)$和$(P_2,*_2,\alpha_2,\partial_2)$是两个修正$\lambda$-微分 Hom-预李代数. 如果线性映射$\varPhi:P_1\to P_2$满足

$$\varPhi\circ\partial_1=\partial_2\circ\varPhi,$$
$$\varPhi\circ\alpha_1=\alpha_2\circ\varPhi,$$
$$\varPhi(x*_1y)=\varPhi(x)*_2\varPhi(y),$$

其中$\boldsymbol{x},\boldsymbol{y}\in P$, 则称$\varPhi$是修正$\lambda$-微分 Hom-预李代数$(P_1,*_1,\alpha_1,\partial_1)$到$(P_2,*_2,\alpha_2,\partial_2)$的同态映射. 进一步，如果$\varPhi$是可逆映射，则称$\varPhi$是$(P_1,*_1,\alpha_1,\partial_1)$到$(P_2,*_2,\alpha_2,\partial_2)$的同构映射.

例 2 恒等映射$\mathrm{id}_P:P\to P$为$(P,[-,-],\alpha)$上的修正(-1)-微分算子.

例 3 设$(P,[-,-],\alpha,\partial)$是修正$\lambda$-微分 Hom-李代数，由例 1，如果$\partial\circ R=R\circ\partial$，则$(P,*_R,\alpha,\partial)$为修正$\lambda$-微分 Hom-预李代数.

例 4 设$(P,*,\alpha)$是 2-维 Hom-预李代数，$\{\boldsymbol{\varepsilon}_1,\boldsymbol{\varepsilon}_2\}$为它的一个基，其中非零运算$*$和线性变换$\alpha$定义如下：

$$\varepsilon_1 * \varepsilon_2 = \varepsilon_1, \quad \varepsilon_2 * \varepsilon_2 = \varepsilon_2$$
$$\alpha(\varepsilon_1) = \varepsilon_1, \quad \alpha(\varepsilon_2) = -\varepsilon_2.$$

则对任意 $k \in K$,

$$\partial = \begin{pmatrix} k & 0 \\ 0 & -\lambda \end{pmatrix}$$

为 $(P,*,\alpha)$ 上的修正 λ-微分算子.

例 5 设 $(P,*,\alpha,\partial)$ 是修正 λ-微分 Hom-预李代数, 则 $k \in K$, $(P,*,\alpha,k\partial)$ 为修正 $k\lambda$-微分 Hom-预李代数.

定义 4.6[62,63] Hom-预李代数 $(P,*,\alpha)$ 的双模是一个四元组 $(V,\beta;*_{\mathrm{l}},*_{\mathrm{r}})$，其中

（1）(V,β) 是具有线性变换的向量空间;

（2）$*_{\mathrm{l}}: P\times V \to V$ 和 $*_{\mathrm{r}}: V\times P \to V$ 是双线性映射;

对任意 $\boldsymbol{x},\boldsymbol{y} \in P, \boldsymbol{u} \in V$, 满足式（4-8）至式（4-10）:

$$\begin{aligned} &\beta(\boldsymbol{x} *_{\mathrm{l}} \boldsymbol{u}) = \alpha(\boldsymbol{x}) *_{\mathrm{l}} \beta(\boldsymbol{u}), \\ &\beta(\boldsymbol{u} *_{\mathrm{r}} \boldsymbol{x}) = \beta(\boldsymbol{u}) *_{\mathrm{r}} \alpha(\boldsymbol{x}), \end{aligned} \tag{4-8}$$

$$(\boldsymbol{x} * \boldsymbol{y}) *_{\mathrm{l}} \beta(\boldsymbol{u}) - \alpha(\boldsymbol{x}) *_{\mathrm{l}} (\boldsymbol{y} *_{\mathrm{l}} \boldsymbol{u}) = (\boldsymbol{y} * \boldsymbol{x}) *_{\mathrm{l}} \beta(\boldsymbol{u}) - \alpha(\boldsymbol{y}) *_{\mathrm{l}} (\boldsymbol{x} *_{\mathrm{l}} \boldsymbol{u}), \tag{4-9}$$

$$(\boldsymbol{x} *_{\mathrm{l}} \boldsymbol{u}) *_{\mathrm{r}} \alpha(\boldsymbol{y}) - \alpha(\boldsymbol{x}) *_{\mathrm{l}} (\boldsymbol{u} *_{\mathrm{r}} \boldsymbol{y}) = (\boldsymbol{u} *_{\mathrm{r}} \boldsymbol{x}) *_{\mathrm{r}} \alpha(\boldsymbol{y}) - \beta(\boldsymbol{u}) *_{\mathrm{r}} (\boldsymbol{x} * \boldsymbol{y}). \tag{4-10}$$

此时, Hom-预李代数 $(P,*,\alpha)$ 的双模 $(V,\beta;*_{\mathrm{l}},*_{\mathrm{r}})$ 也称为它的表示.

定义 4.7 修正 λ-微分 Hom-预李代数 $(P,*,\alpha,\partial)$ 的双模是一个五元组 $(V,\beta;*_{\mathrm{l}},*_{\mathrm{r}},\partial_V)$，其中

（1）$(V,\beta;*_{\mathrm{l}},*_{\mathrm{r}})$ 是 Hom-预李代数 $(P,*,\alpha)$ 的双模;

（2）$\partial_V : V \to V$ 是线性映射;

对任意 $\boldsymbol{x} \in P, \boldsymbol{u} \in V$, 满足

$$\partial_V \circ \beta = \beta \circ \partial_V,$$

$$\partial_V(\boldsymbol{x} *_{\mathrm{l}} \boldsymbol{u}) = \partial(\boldsymbol{x}) *_{\mathrm{l}} \boldsymbol{u} + \boldsymbol{x} *_{\mathrm{l}} \partial_V(\boldsymbol{u}) + \lambda \boldsymbol{x} *_{\mathrm{l}} \boldsymbol{u},$$

$$\partial(\boldsymbol{u} *_{\mathrm{r}} \boldsymbol{x}) = \partial(\boldsymbol{u}) *_{\mathrm{r}} \boldsymbol{x} + \boldsymbol{u} *_{\mathrm{r}} \partial(\boldsymbol{x}) + \lambda \boldsymbol{u} *_{\mathrm{r}} \boldsymbol{x}.$$

也称 $(P,*,\alpha,\partial)$ 的双模 $(V,\beta;*_{\mathrm{l}},*_{\mathrm{r}},\partial_V)$ 为它的表示.

例如, 给定修正 λ-微分 Hom-预李代数 $(P,*,\alpha,\partial)$, 自然有一个在 P 上伴随

双模，其中对应的双模映射为 $*_{\mathrm{l}}=*_{\mathrm{r}}=*,\beta=\alpha,\partial_V=\partial$.

命题 4.1 五元组 $(V,\beta;*_{\mathrm{l}},*_{\mathrm{r}},\partial_V)$ 是修正 λ-微分 Hom-预李代数 $(P,*,\alpha,\partial)$ 的双模当且仅当 $(P\oplus V,*_{(\mathrm{l,r})},\alpha\oplus\beta,\partial\oplus\partial_V)$ 是修正 λ-微分 Hom-预李代数，其中对任意 $\boldsymbol{x},\boldsymbol{y}\in P,\boldsymbol{u},\boldsymbol{v}\in V$,

$$(\boldsymbol{x}+\boldsymbol{u})*_{(\mathrm{l,r})}(\boldsymbol{y}+\boldsymbol{v}):=\boldsymbol{x}*\boldsymbol{y}+\boldsymbol{x}*_{\mathrm{l}}\boldsymbol{v}+\boldsymbol{u}*_{\mathrm{r}}\boldsymbol{y},$$

$$\alpha\oplus\beta(\boldsymbol{x}+\boldsymbol{u}):=\alpha(\boldsymbol{x})+\beta(\boldsymbol{u}),$$

$$\partial\oplus\partial_{\boldsymbol{V}}(\boldsymbol{x}+\boldsymbol{u}):=\partial(\boldsymbol{x})+\partial_{\boldsymbol{V}}(\boldsymbol{u}).$$

证明 首先由文献[62,63]，$(P\oplus V,*_{(\mathrm{l,r})},\alpha\oplus\beta)$ 是 Hom-预李代数. 接下来，对任意 $\boldsymbol{x},\boldsymbol{y}\in P,\boldsymbol{u},\boldsymbol{v}\in V$，有

$$\begin{aligned}
&\partial\oplus\partial_V(\alpha\oplus\beta(\boldsymbol{x}+\boldsymbol{u}))\\
&=\partial\oplus\partial_V(\alpha(\boldsymbol{x})+\beta(\boldsymbol{u}))\\
&=\partial(\alpha(\boldsymbol{x}))+\partial_V(\beta(\boldsymbol{u}))\\
&=\alpha(\partial(\boldsymbol{x}))+\beta(\partial_V(\boldsymbol{u}))\\
&=\alpha\oplus\beta(\partial\oplus\partial_V(\boldsymbol{x}+\boldsymbol{u})),
\end{aligned}$$

$$\begin{aligned}
&\partial\oplus\partial_V((\boldsymbol{x}+\boldsymbol{u})*_{(\mathrm{l,r})}(\boldsymbol{y}+\boldsymbol{v}))\\
&=\partial\oplus\partial_V(\boldsymbol{x}*\boldsymbol{y}+\boldsymbol{x}*_{\mathrm{l}}\boldsymbol{v}+\boldsymbol{u}*_{\mathrm{r}}\boldsymbol{y})\\
&=\partial(\boldsymbol{x}*\boldsymbol{y})+\partial_V(\boldsymbol{x}*_{\mathrm{l}}\boldsymbol{v})+\partial_V(\boldsymbol{u}*_{\mathrm{r}}\boldsymbol{y})\\
&=\partial(\boldsymbol{x})*\boldsymbol{y}+\boldsymbol{x}*\partial(\boldsymbol{y})+\lambda\boldsymbol{x}*\boldsymbol{y}+\partial(\boldsymbol{x})*_{\mathrm{l}}\boldsymbol{v}+\boldsymbol{x}*_{\mathrm{l}}\partial_{VV}(\boldsymbol{v})+\lambda\boldsymbol{x}*_{\mathrm{l}}\boldsymbol{v}+\\
&\quad\partial_V(\boldsymbol{u})*_{\mathrm{r}}\boldsymbol{y}+\boldsymbol{u}*_{\mathrm{r}}\partial(\boldsymbol{y})+\lambda\boldsymbol{u}*_{\mathrm{r}}\boldsymbol{y}\\
&=\partial\oplus\partial_V(\boldsymbol{x}+\boldsymbol{u})*_{(\mathrm{l,r})}(\boldsymbol{y}+\boldsymbol{v})+(\boldsymbol{x}+\boldsymbol{u})*_{(\mathrm{l,r})}\partial\oplus\partial_V(\boldsymbol{y}+\boldsymbol{v})+\lambda(\boldsymbol{x}+\boldsymbol{u})*_{(\mathrm{l,r})}(\boldsymbol{y}+\boldsymbol{v}).
\end{aligned}$$

因此，$(P\oplus V,*_{(\mathrm{l,r})},\alpha\oplus\beta,\partial\oplus\partial_V)$ 是修正 λ-微分 Hom-预李代数.

反之，如果 $(P\oplus V,*_{(\mathrm{l,r})},\alpha\oplus\beta,\partial\oplus\partial_V)$ 是修正 λ-微分 Hom-预李代数，则对任意 $x\in P,u\in V$，有

$$\begin{aligned}
\partial\oplus\partial_V(\alpha\oplus\beta(0+\boldsymbol{u}))&=\partial\oplus\partial_V(\beta(\boldsymbol{u}))\\
&=\partial_V(\beta(\boldsymbol{u})),\\
\alpha\oplus\beta(\partial\oplus\partial_V(0+\boldsymbol{u}))&=\alpha\oplus\beta(\partial_V(\boldsymbol{u}))\\
&=\beta(\partial_V(\boldsymbol{u})),
\end{aligned}$$

进一步由 $(\partial\oplus\partial_V)\circ(\alpha\oplus\beta)=(\alpha\oplus\beta)\circ(\partial\oplus\partial_V)$, 可得 $\partial_V\circ\beta=\beta\circ\partial_V$.

$$\begin{aligned}&\partial\oplus\partial_V((\boldsymbol{x}+0)*_{(\mathrm{l,r})}(0+\boldsymbol{u}))\\=&\partial\oplus\partial_V(\boldsymbol{x}+0)*_{(\mathrm{l,r})}(0+\boldsymbol{u})+(\boldsymbol{x}+0)*_{(\mathrm{l,r})}\partial\oplus\partial_V(0+\boldsymbol{u})+\lambda(\boldsymbol{x}+0)*_{(\mathrm{l,r})}(0+\boldsymbol{u}),\\&\partial\oplus\partial_V((0+\boldsymbol{u})*_{(\mathrm{l,r})}(\boldsymbol{x}+0))\\=&\partial\oplus\partial_V(0+\boldsymbol{u})*_{(\mathrm{l,r})}(\boldsymbol{x}+0)+(0+\boldsymbol{u})*_{(\mathrm{l,r})}\partial\oplus\partial_V(\boldsymbol{x}+0)+\lambda(0+\boldsymbol{u})*_{(\mathrm{l,r})}(\boldsymbol{x}+0),\end{aligned}$$

展开可得

$$\partial_V(\boldsymbol{x}*_{\mathrm{l}}\boldsymbol{u})=\partial(\boldsymbol{x})*_{\mathrm{l}}\boldsymbol{u}+\boldsymbol{x}*_{\mathrm{l}}\partial_V(\boldsymbol{u})+\lambda\boldsymbol{x}*_{\mathrm{l}}\boldsymbol{u},$$

$$\partial(\boldsymbol{u}*_{\mathrm{r}}\boldsymbol{x})=\partial(\boldsymbol{u})*_{\mathrm{r}}\boldsymbol{x}+\boldsymbol{u}*_{\mathrm{r}}\partial(\boldsymbol{x})+\lambda\boldsymbol{u}*_{\mathrm{r}}\boldsymbol{x}.$$

因此，$(V,\beta;*_{\mathrm{l}},*_{\mathrm{r}},\partial_V)$是修正 λ-微分 Hom-预李代数$(P,*,\alpha,\partial)$的双模. □

4.2 修正微分 Hom-预李代数的上同调和无穷小形变

这节建立修正 λ-微分 Hom-预李代数的上同调理论，并用于分类它的无穷小形变.

首先回顾 Hom-预李代数的上同调理论[63]. 设$(V,\beta;*_{\mathrm{l}},*_{\mathrm{r}})$是 Hom-预李代数$(P,*,\alpha)$的双模. 定义$(P,*,\alpha)$的 n-上链，系数取自表示$(V,\beta;*_{\mathrm{l}},*_{\mathrm{r}})$为

$$C^n_{\mathrm{Hlsa}}(P,V)=\{f\in\mathrm{Hom}(P^{\otimes n},V)\mid f\circ\alpha^{\otimes n}=\beta\circ f\}.$$

上边缘算子$\delta:C^n_{\mathrm{Hlsa}}(P,V)\to C^{n+1}_{\mathrm{Hlsa}}(P,V)$为

$$\begin{aligned}&\delta f(\boldsymbol{x}_1,\boldsymbol{x}_2,\cdots,\boldsymbol{x}_{n+1})\\=&\sum_{i=1}^{n}(-1)^{i+1}\alpha^{n-1}(\boldsymbol{x}_i)*_{\mathrm{l}}f(\boldsymbol{x}_1,\cdots,\hat{\boldsymbol{x}}_i,\cdots,\boldsymbol{x}_{n+1})+\\&\sum_{i=1}^{n}(-1)^{i+1}f(\boldsymbol{x}_1,\cdots,\hat{\boldsymbol{x}}_i,\cdots,\boldsymbol{x}_n,\boldsymbol{x}_i)*_{\mathrm{r}}\alpha^{n-1}(\boldsymbol{x}_{n+1})-\\&\sum_{i=1}^{n}(-1)^{i+1}f(\alpha(\boldsymbol{x}_1),\cdots,\hat{\boldsymbol{x}}_i,\cdots,\alpha(\boldsymbol{x}_n),\boldsymbol{x}_i*\boldsymbol{x}_{n+1})+\\&\sum_{1\leqslant i<j\leqslant n}(-1)^{i+j}f(\boldsymbol{x}_i*\boldsymbol{x}_j-\boldsymbol{x}_j*\boldsymbol{x}_i,\alpha(\boldsymbol{x}_1),\cdots,\hat{\boldsymbol{x}}_i,\cdots,\hat{\boldsymbol{x}}_j,\cdots,\alpha(\boldsymbol{x}_{n+1})),\end{aligned}$$

其中 $f\in C^n_{\mathrm{Hlsa}}(P,V),\boldsymbol{x}_1,\boldsymbol{x}_2,\cdots,\boldsymbol{x}_{n+1}\in P$. 则具有上边缘算子的复形为

$$C^1_{\mathrm{Hlsa}}(P,V)\xrightarrow{\delta}C^2_{\mathrm{Hlsa}}(P,V)\xrightarrow{\delta}C^3_{\mathrm{Hlsa}}(P,V)\xrightarrow{\delta}\cdots$$

因此，Hom-预李代数 $(P,*,\alpha)$ 的上同调群为

$$H_{\mathrm{Hlsa}}^{n}(P,V)=\frac{Z_{\mathrm{Hlsa}}^{n}(P,V)}{B_{\mathrm{Hlsa}}^{n}(P,V)},$$

其中 $Z_{\mathrm{Hlsa}}^{n}(P,V)$ 为上闭链群， $B_{\mathrm{Hlsa}}^{n}(P,V)$ 为上边缘链群.

设 $(V,\beta;*_1,*_r,\partial_V)$ 是修正 λ -微分 Hom-预李代数 $(P,*,\alpha,\partial)$ 的双模. 对任意 $n\geqslant 1$ ，定义线性映射 $\Gamma:C_{\mathrm{Hlsa}}^{n}(P,V)\to C_{\mathrm{Hlsa}}^{n}(P,V)$ 为

$$\begin{aligned}&\Gamma f(\boldsymbol{x}_1,\boldsymbol{x}_2,\cdots,\boldsymbol{x}_n)\\&=\sum_{i=1}^{n}f(\boldsymbol{x}_1,\cdots,\partial\boldsymbol{x}_i,\cdots,\boldsymbol{x}_n)+(\boldsymbol{n}-1)\lambda f(\boldsymbol{x}_1,\boldsymbol{x}_2,\cdots,\boldsymbol{x}_n)-\partial_V f(\boldsymbol{x}_1,\boldsymbol{x}_2,\cdots,\boldsymbol{x}_n).\end{aligned}$$

命题 4.2 线性映射 Γ 为上链映射，即 $\Gamma\circ\delta=\delta\circ\Gamma$. 换言之，下列图表交换

$$\begin{array}{ccc}C_{\mathrm{Hlsa}}^{n}(P,V)&\xrightarrow{\delta}&C_{\mathrm{Hlsa}}^{n+1}(P,V)\\\downarrow\Gamma&&\downarrow\Gamma\\C_{\mathrm{Hlsa}}^{n}(P,V)&\underset{\delta}{\to}&C_{\mathrm{Hlsa}}^{n+1}(P,V).\end{array}$$

证明 对任意 $f\in C_{\mathrm{Hlsa}}^{n}(P,V),\boldsymbol{x}_1,\boldsymbol{x}_2,\cdots,\boldsymbol{x}_{n+1}\in P$, 有

$$\begin{aligned}&\Gamma(\delta f)(\boldsymbol{x}_1,\boldsymbol{x}_2,\cdots,\boldsymbol{x}_{n+1})\\&=\sum_{i=1}^{n+1}(\delta f)(\boldsymbol{x}_1,\cdots,\partial\boldsymbol{x}_i,\cdots,\boldsymbol{x}_{n+1})+n\lambda(\delta f)(\boldsymbol{x}_1,\boldsymbol{x}_2,\cdots,\boldsymbol{x}_{n+1})-\\&\quad\partial_V(\delta f)(\boldsymbol{x}_1,\boldsymbol{x}_2,\cdots,\boldsymbol{x}_{n+1})\end{aligned}\tag{4-11}$$

和

$$\begin{aligned}&\delta(\Gamma f)(\boldsymbol{x}_1,\boldsymbol{x}_2,\cdots,\boldsymbol{x}_{n+1})\\&=\sum_{i=1}^{n}(-1)^{i+1}\alpha^{n-1}(\boldsymbol{x}_i)*_l(\Gamma f)(\boldsymbol{x}_1,\cdots,\hat{\boldsymbol{x}}_i,\cdots,\boldsymbol{x}_{n+1})+\\&\quad\sum_{i=1}^{n}(-1)^{i+1}(\Gamma f)(\boldsymbol{x}_1,\cdots,\hat{\boldsymbol{x}}_i,\cdots,\boldsymbol{x}_n,\boldsymbol{x}_i)*_r\alpha^{n-1}(\boldsymbol{x}_{n+1})-\\&\quad\sum_{i=1}^{n}(-1)^{i+1}(\Gamma f)(\alpha(\boldsymbol{x}_1),\cdots,\hat{\boldsymbol{x}}_i,\cdots,\alpha(\boldsymbol{x}_n),\boldsymbol{x}_i*\boldsymbol{x}_{n+1})+\\&\quad\sum_{1\leqslant i<j\leqslant n}(-1)^{i+j}(\Gamma f)(\boldsymbol{x}_i*\boldsymbol{x}_j-\boldsymbol{x}_j*\boldsymbol{x}_i,\alpha(\boldsymbol{x}_1),\cdots,\hat{\boldsymbol{x}}_i,\cdots,\hat{\boldsymbol{x}}_j,\cdots,\alpha(\boldsymbol{x}_{n+1})),\end{aligned}\tag{4-12}$$

使用式（4-2）、式（4-7）、式（4-9）和式（4-10），进一步展开式（4-11）和式（4-12），可得（4-11）和式（4-12）. 因此，$\Gamma\circ\delta=\delta\circ\Gamma$. □

定义 4.8 设 $(P,*,\alpha,\partial)$ 是修正 λ-微分 Hom-预李代数，$(V,\beta;*_{\rm l},*_{\rm r},\partial_V)$ 是其双模. 定义上链复形 $(C^{\bullet}_{\rm mdHlsa}(P,V),\Xi)$ 为 Γ 的映射锥的负一次平移. 具体地

$$C^{1}_{\rm mdHlsa}(P,V)=C^{1}_{\rm Hlsa}(P,V)$$

和对任意 $n\geqslant 2$,

$$C^{n}_{\rm mdHlsa}(P,V)=C^{n}_{\rm Hlsa}(P,V)\oplus C^{n-1}_{\rm Hlsa}(P,V),$$

和对应上边缘算子 $\Xi:C^{1}_{\rm mdHlsa}(P,V)\to C^{2}_{\rm mdHlsa}(P,V)$ 为

$$\Xi(f)=(\delta f,-\Gamma f),\quad \forall\ f\in C^{1}_{\rm mdHlsa}(P,V),$$

对任意 $n\geqslant 2$, 上边缘算子 $\Xi:C^{n}_{\rm mdHlsa}(P,V)\to C^{n+1}_{\rm mdHlsa}(P,V)$ 为

$$\Xi(f,g)=(\delta f,\delta g+(-1)^{n}\Gamma f),\quad \forall\ (f,g)\in C^{n}_{\rm mdHlsa}(P,V).$$

上链复形 $(C^{\bullet}_{\rm mdHlsa}(P,V),\Xi)$ 的上同调群记为 $H^{\bullet}_{\rm mdHlsa}(P,V)$，称为修正 λ-微分 Hom-预李代数 $(P,*,\alpha,\partial)$ 的上同调群，系数取自双模 $(V,\beta;*_{\rm l},*_{\rm r},\partial_V)$.

特别地，当双模 $(V,\beta;*_{\rm l},*_{\rm r},\partial_V)$ 为伴随双模 $(P,\alpha;*_{\rm l}=*_{\rm r}=*,\partial)$ 时，分别记

$$(C^{\bullet}_{\rm mdHlsa}(P,P),\Xi):=(C^{\bullet}_{\rm mdHlsa}(P),\Xi),$$

$$H^{\bullet}_{\rm mdHlsa}(P,P):=H^{\bullet}_{\rm mdHlsa}(P),$$

其分别称为修正 λ-微分 Hom-预李代数 $(P,*,\alpha,\partial)$ 的上链复形和上同调群.

本节最后，使用已经建立的上同调理论刻画修正 λ-微分 Hom-预李代数的无穷小形变.

定义 4.9 设 $(P,*,\alpha,\partial)$ 是修正 λ-微分 Hom-预李代数. 如果对所有 $t\in K$,

$$(P[[t]]/(t^2),*_t=*+t*_1,\alpha,\partial_t=\partial+t\partial_1)$$

也是修正 λ-微分 Hom-预李代数，其中 $(*_1,\partial_1)\in C^{2}_{\rm mdHlsa}(P)$, 则称 $(*_1,\partial_1)$ 生成修正 λ-微分 Hom-预李代数 $(P,*,\alpha,\partial)$ 的无穷小形变.

命题 4.3 如果 $(*_1,\partial_1)$ 生成修正 λ-微分 Hom-预李代数 $(P,*,\alpha,\partial)$ 的无穷小形变，则 $(*_1,\partial_1)$ 是修正 λ-微分 Hom-预李代数 $(P,*,\alpha,\partial)$ 的 2-上闭链.

证明 如果$(*_1,\partial_1)$生成修正λ-微分 Hom-预李代数$(P,*,\alpha,\partial)$的无穷小形变，则对任意$\boldsymbol{x},\boldsymbol{y},\boldsymbol{z}\in P$，有

$$\alpha(\boldsymbol{x}*_{\mathrm{t}}\boldsymbol{y})=\alpha(\boldsymbol{x})*_{\mathrm{t}}\alpha(\boldsymbol{y}),$$

$$\partial_t\circ\alpha=\alpha\circ\partial_t,$$

$$(\boldsymbol{x}*_{\mathrm{t}}\boldsymbol{y})*_{\mathrm{t}}\alpha(\boldsymbol{z})-\alpha(\boldsymbol{x})*_{\mathrm{t}}(\boldsymbol{y}*_{\mathrm{t}}\boldsymbol{z})=(\boldsymbol{y}*_{\mathrm{t}}\boldsymbol{x})*_{\mathrm{t}}\alpha(\boldsymbol{z})-\alpha(\boldsymbol{y})*_{\mathrm{t}}(\boldsymbol{x}*_{\mathrm{t}}\boldsymbol{z}),$$

$$\partial_{\mathrm{t}}(\boldsymbol{x}*_{\mathrm{t}}\boldsymbol{y})=\partial_{\mathrm{t}}\boldsymbol{x}*_{\mathrm{t}}\boldsymbol{y}+\boldsymbol{x}*_{\mathrm{t}}\partial_{\mathrm{t}}\boldsymbol{y}+\lambda\boldsymbol{x}*_{\mathrm{t}}\boldsymbol{y},$$

比较上面等式两边$\boldsymbol{t}^1$的系数，可得

$$\alpha(\boldsymbol{x}*_1\boldsymbol{y})=\alpha(\boldsymbol{x})*_1\alpha(\boldsymbol{y}),$$

$$\partial_1\circ\alpha=\alpha\circ\partial_1,$$

$$\begin{aligned}&(\boldsymbol{x}*_1\boldsymbol{y})*\alpha(\boldsymbol{z})+(\boldsymbol{x}*\boldsymbol{y})*_1\alpha(\boldsymbol{z})-\alpha(\boldsymbol{x})*_1(\boldsymbol{y}*\boldsymbol{z})-\alpha(\boldsymbol{x})*(\boldsymbol{y}*_1\boldsymbol{z})\\&=(\boldsymbol{y}*_1\boldsymbol{x})*\alpha(\boldsymbol{z})+(\boldsymbol{y}*\boldsymbol{x})*_1\alpha(\boldsymbol{z})-\alpha(\boldsymbol{y})*_1(\boldsymbol{x}*\boldsymbol{z})-\alpha(\boldsymbol{y})*(\boldsymbol{x}*_1\boldsymbol{z}),\end{aligned}\qquad(4\text{-}13)$$

$$\partial_1(\boldsymbol{x}*\boldsymbol{y})+\partial(\boldsymbol{x}*_1\boldsymbol{y})=\partial_1\boldsymbol{x}*\boldsymbol{y}+\partial\boldsymbol{x}*_1\boldsymbol{y}+\boldsymbol{x}*_1\partial\boldsymbol{y}+\boldsymbol{x}*\partial_1\boldsymbol{y}+\lambda\boldsymbol{x}*_1\boldsymbol{y}.\qquad(4\text{-}14)$$

从而，式（4-13）等价于$\delta*_1=0$，式（4-14）等价于$\delta\partial_1+\Gamma*_1=0$，也就是说

$$\varXi(*_1,\partial_1)=(\delta*_1,\delta\partial_1+\Gamma*_1)=0.$$

因此，$(*_1,\partial_1)$是 2-上闭链. □

定义 4.10 设$(P[[\boldsymbol{t}]]/(\boldsymbol{t}^2),*_t=*+\boldsymbol{t}*_1,\alpha,\partial_t=\partial+\boldsymbol{t}\partial_1)$和$(P[[\boldsymbol{t}]]/(\boldsymbol{t}^2),*'_t=*+\boldsymbol{t}*'_1,\alpha,\partial'_t=\partial+\boldsymbol{t}\partial'_1)$是修正$\lambda$-微分 Hom-预李代数$(P,*,\alpha,\partial)$的 2 个无穷小形变，如果存在$\varPhi_1:P\to P$使得$\varPhi_t=\mathrm{id}_P+t\varPhi_1$是$(P[[\boldsymbol{t}]]/(\boldsymbol{t}^2),*'_t,\alpha,\partial'_t)$到$(P[[\boldsymbol{t}]]/(\boldsymbol{t}^2),*_t,\alpha,\partial_t)$的修正$\lambda$-微分 Hom-预李代数同态，即对任意$x,y\in P$，式（4-15）至式（4-17）成立：

$$\varPhi_t(\boldsymbol{x}*'_t\boldsymbol{y})=\varPhi_t(\boldsymbol{x})*_t\varPhi_t(\boldsymbol{y}),\qquad(4\text{-}15)$$

$$\varPhi_t(\alpha(\boldsymbol{x}))=\alpha(\varPhi_t(\boldsymbol{x})),\qquad(4\text{-}16)$$

$$\varPhi_t(\partial'_t\boldsymbol{x})=\partial_t\varPhi_t(\boldsymbol{x}),\qquad(4\text{-}17)$$

则称 2 个无穷小形变$(P[[\boldsymbol{t}]]/(\boldsymbol{t}^2),*'_t,\alpha,\partial'_t)$和$(P[[\boldsymbol{t}]]/(\boldsymbol{t}^2),*_t,\alpha,\partial_t)$等价.

命题 4.4 如果 2 个无穷小形变$(P[[\boldsymbol{t}]]/(\boldsymbol{t}^2),*'_t=*+\boldsymbol{t}*'_1,\alpha,\partial'_t=\partial+\boldsymbol{t}\partial'_1)$和$(P[[\boldsymbol{t}]]/(\boldsymbol{t}^2),*_t=*+\boldsymbol{t}*_1,\alpha,\partial_t=\partial+\boldsymbol{t}\partial_1)$等价，则$(*'_1,\partial'_1)$和$(*_1,\partial_1)$在$H^2_{\mathrm{mdHlsa}}(P)$

属于相同的上同调类.

证明 设 $\Phi_t:(P[[t]]/(t^2),*'_t,\alpha,\partial'_t)\to(P[[t]]/(t^2),*_t,\alpha,\partial_t)$ 为修正 λ-微分 Hom-预李代数同态. 展开式（4-15）至式（4-17），可得

$$x*'_1 y - x*_1 y = \Phi_1(x)*y + x*\Phi_1(y) - \Phi_1(x*y),$$
$$\Phi_1(\alpha(x)) = \alpha(\Phi_1(x)),$$
$$\partial'_1 x - \partial_1 x = \partial\Phi_1(x) - \Phi_1(\partial x),$$

即

$$(*'_1,\partial'_1)-(*_1,\partial_1)=(\delta\Phi_1,-\Gamma\Phi_1)=\Xi(\Phi_1)\in B^2_{\mathrm{mdHlsa}}(P).$$

因此，$(*'_1,\partial'_1)$ 和 $(*_1,\partial_1)$ 在 $H^2_{\mathrm{mdHlsa}}(P)$ 属于相同的上同调类. □

注 1 如果无穷小形变 $(P[[t]]/(t^2),*_t,\alpha,\partial_t)$ 与 $(P[[t]]/(t^2),*,\alpha,\partial)$ 等价，则称修正 λ-微分 Hom-预李代数 $(P,*,\alpha,\partial)$ 的无穷小形变 $(P[[t]]/(t^2),*_t=*+t*_1,\alpha,\partial_t=\partial+t\partial_1)$ 是平凡的.

4.3 修正微分 Hom-预李代数的交换扩张

本节研究修正 λ-微分 Hom-预李代数的交换扩张，证明任意修正 λ-微分 Hom-预李代数的交换扩张都能被第 2-上同调群分类.

定义 4.11 设 $(P,*,\alpha,\partial)$ 为修正 λ-微分 Hom-预李代数，$(V,*_V,\beta,\partial_V)$ 为具有平凡乘积 $*_V$ 的修正 λ-微分 Hom-预李代数. 如果存在一个修正 λ-微分 Hom-预李代数同态的短正合列

$$0\to(V,*_V,\beta,\partial_V)\xrightarrow{i}(\hat{P},\hat{*},\hat{\alpha},\hat{\partial})\xrightarrow{p}(P,*,\alpha,\partial)\to 0,\tag{4-18}$$

即存在一个交换图：

$$\begin{array}{ccccccccc}
0 & \to & (V,\beta) & \xrightarrow{i} & (\hat{P},\hat{\alpha}) & \xrightarrow{p} & (P,\alpha) & \to & 0\\
 & & \downarrow \partial_V & & \downarrow \hat{\partial} & & \downarrow \partial & & \\
0 & \to & (V,\beta) & \xrightarrow[i]{} & (\hat{P},\hat{\alpha}) & \xrightarrow[p]{} & (P,\alpha) & \to & 0
\end{array}$$

使得 $\partial_V(u)=\hat{\partial}(u),\beta(u)=\hat{\alpha}(u),u\hat{*}v=0$, 对任意 $u,v\in V$, 即 V 是 $\hat{P}$ 的交换理想，则称 $(\hat{P},\hat{*},\hat{\alpha},\hat{\partial})$ 为 $(P,*,\alpha,\partial)$ 通过 $(V,*_V,\beta,\partial_V)$ 的一个交换扩张.

定义 4.12 $(P,*,\alpha,\partial)$ 通过 $(V,*_V,\beta,\partial_V)$ 的交换扩张 $(\hat{P},\hat{*},\hat{\alpha},\hat{\partial})$ 的一个截面是线性映射 $s:P\to\hat{P}$ 使得 $p\circ s=\mathrm{id}_P$ 和 $\hat{\alpha}\circ s=s\circ\alpha$.

定义 4.13 设 $(\hat{P}_1,\hat{*}_1,\hat{\alpha}_1,\hat{\partial}_1)$ 和 $(\hat{P}_2,\hat{*}_2,\hat{\alpha}_2,\hat{\partial}_2)$ 为 $(P,*,\alpha,\partial)$ 通过 $(V,*_V,\beta,\partial_V)$ 的 2 个交换扩张. 如果存在修正 λ-微分 Hom-预李代数同构映射 $\varPhi:\hat{P}_1\to\hat{P}_2$ 使得下面的图表（4-19）交换

$$\begin{array}{ccccccccc} 0 & \to & V & \xrightarrow{i_1} & \hat{P}_1 & \xrightarrow{p_2} & P & \to & 0 \\ & & \downarrow \mathrm{id}_V & & \downarrow \varPhi & & \downarrow \mathrm{id}_P & & \\ 0 & \to & V & \xrightarrow[i_2]{} & P_2' & \xrightarrow[p_2]{} & P & \to & 0. \end{array} \tag{4-19}$$

则称 $(P,*,\alpha,\partial)$ 通过 $(V,*_V,\beta,\partial_V)$ 的 2 个交换扩张 $(\hat{P}_1,\hat{*}_1,\hat{\alpha}_1,\hat{\partial}_1)$ 和 $(\hat{P}_2,\hat{*}_2,\hat{\alpha}_2,\hat{\partial}_2)$ 是等价的.

下面将证明 $(P,*,\alpha,\partial)$ 通过 $(V,*_V,\beta,\partial_V)$ 的交换扩张构成等价类与第二上同调群 $H^2_{\mathrm{mdHlsa}}(P,V)$ 一一对应.

设 $(\hat{P},\hat{*},\hat{\alpha},\hat{\partial})$ 为修正 λ-微分 Hom-预李代数 $(P,*,\alpha,\partial)$ 通过 $(V,*_V,\beta,\partial_V)$ 的交换扩张且 $s:P\to\hat{P}$ 是它的一个截面. 对任意 $\boldsymbol{x}\in P,\boldsymbol{u}\in V$, 定义线性映射 $*_{\mathrm{l}}:P\times V\to V$ 和 $*_{\mathrm{r}}:V\times P\to V$ 分别为

$$\boldsymbol{x}*_{\mathrm{l}}\boldsymbol{u}=s(\boldsymbol{x})\hat{*}\boldsymbol{u},$$
$$\boldsymbol{u}*_{\mathrm{r}}\boldsymbol{x}=\boldsymbol{u}\hat{*}s(\boldsymbol{x}).$$

进一步对任意 $x,y\in P$, 定义映射 $\omega:P\times P\to V$ 和 $\chi:P\to V$ 分别为

$$\omega(\boldsymbol{x},\boldsymbol{y})=s(\boldsymbol{x})\hat{*}s(\boldsymbol{y})-s(\boldsymbol{x}*\boldsymbol{y}),$$
$$\chi(\boldsymbol{x})=\hat{\partial}s(\boldsymbol{x})-s(\partial\boldsymbol{x}).$$

显然，$\hat{P}$ 作为向量空间与 $P\oplus V$ 同构，将 $\hat{P}$ 的修正 λ-微分 Hom-预李代数结构转移到 $P\oplus V$ 上，可得修正 λ-微分 Hom-预李代数 $(P\oplus V,*_\omega,\alpha\oplus\beta,\partial_\chi)$，其中对任意 $\boldsymbol{x},\boldsymbol{y}\in P$ 和 $\boldsymbol{u},\boldsymbol{v}\in V$, $*_\omega,\alpha\oplus\beta$ 和 ∂_χ 定义为

$$(\boldsymbol{x}+\boldsymbol{u})*_\omega(\boldsymbol{y}+\boldsymbol{v})=\boldsymbol{x}*\boldsymbol{y}+\boldsymbol{x}*_{\mathrm{l}}\boldsymbol{v}+\boldsymbol{u}*_{\mathrm{r}}\boldsymbol{y}+\omega(\boldsymbol{x},\boldsymbol{y}),$$
$$\alpha\oplus\beta(\boldsymbol{x}+\boldsymbol{u})=\alpha(\boldsymbol{x})+\beta(\boldsymbol{u}),$$
$$\partial_\chi(\boldsymbol{x}+\boldsymbol{u})=\partial\boldsymbol{x}+\chi(\boldsymbol{x})+\partial_V\boldsymbol{u}.$$

进而，可得一个交换扩张

$$0 \to (V, *_V, \beta, \partial_V) \xrightarrow{i} (P \oplus V, *_\omega, \alpha \oplus \beta, \partial_\chi) \xrightarrow{p} (P, *, \alpha, \partial) \to 0, \qquad (4\text{-}20)$$

易验证这与原来的交换扩张（4-18）等价.

命题 4.5 沿用上面的记号，$(V, \beta; *_{\mathrm{l}}, *_{\mathrm{r}}, \partial_V)$ 是修正 λ-微分 Hom-预李代数 $(P, *, \alpha, \partial)$ 的双模.

证明 首先，对任意 $\boldsymbol{x} \in P, \boldsymbol{u} \in V$，有

$$\begin{aligned}
\beta(\boldsymbol{x} *_{\mathrm{l}} \boldsymbol{u}) &= \beta(s(\boldsymbol{x}) \hat{*} \boldsymbol{u}) \\
&= \hat{\alpha}(s(\boldsymbol{x}) \hat{*} \boldsymbol{u}) \\
&= \hat{\alpha}(s(\boldsymbol{x})) \hat{*} \hat{\alpha}(\boldsymbol{u}) \\
&= s(\alpha(\boldsymbol{x})) \hat{*} \hat{\alpha}(\boldsymbol{u}) \\
&= s(\alpha(\boldsymbol{x})) \hat{*} \beta(\boldsymbol{u}) \\
&= \alpha(\boldsymbol{x}) *_{\mathrm{l}} \beta(\boldsymbol{u}).
\end{aligned}$$

类似地，也有 $\beta(\boldsymbol{u} *_{\mathrm{r}} \boldsymbol{x}) = \beta(\boldsymbol{u}) *_{\mathrm{r}} \alpha(\boldsymbol{x})$.

其次，对任意 $\boldsymbol{x}, \boldsymbol{y} \in P, \boldsymbol{u} \in V$，由 V 是 $\hat{P}$ 的交换理想及 $s(\boldsymbol{x}) \hat{*} s(\boldsymbol{y}) - s(\boldsymbol{x} * \boldsymbol{y}) \in V$, 可得

$$\begin{aligned}
&\alpha(\boldsymbol{x}) *_{\mathrm{l}} (\boldsymbol{y} *_{\mathrm{l}} \boldsymbol{u}) - (\boldsymbol{x} * \boldsymbol{y}) *_{\mathrm{l}} \beta(\boldsymbol{u}) \\
&= s(\alpha(\boldsymbol{x})) \hat{*} (s(\boldsymbol{y}) \hat{*} \boldsymbol{u}) - s(\boldsymbol{x} * \boldsymbol{y}) \hat{*} \beta(\boldsymbol{u}) \\
&= \hat{\alpha}(s(\boldsymbol{x})) \hat{*} (s(\boldsymbol{y}) \hat{*} \boldsymbol{u}) - (s(\boldsymbol{x}) \hat{*} s(\boldsymbol{y})) \hat{*} \hat{\alpha}(\boldsymbol{u}) \\
&= \hat{\alpha}(s(\boldsymbol{y})) \hat{*} (s(\boldsymbol{x}) \hat{*} \boldsymbol{u}) - (s(\boldsymbol{y}) \hat{*} s(\boldsymbol{x})) \hat{*} \hat{\alpha}(\boldsymbol{u}) \\
&= s(\alpha(\boldsymbol{y})) \hat{*} (s(\boldsymbol{x}) \hat{*} \boldsymbol{u}) - s(\boldsymbol{y} * \boldsymbol{x}) \hat{*} \beta(\boldsymbol{u}) \\
&= \alpha(\boldsymbol{y}) *_{\mathrm{l}} (\boldsymbol{x} *_{\mathrm{l}} \boldsymbol{u}) - (\boldsymbol{y} * \boldsymbol{x}) *_{\mathrm{l}} \beta(\boldsymbol{u}).
\end{aligned}$$

类似地可得 $\alpha(\boldsymbol{x}) *_{\mathrm{l}} (\boldsymbol{u} *_{\mathrm{r}} \boldsymbol{y}) - (\boldsymbol{x} *_{\mathrm{l}} \boldsymbol{u}) *_{\mathrm{r}} \alpha(\boldsymbol{y}) = \beta(\boldsymbol{u}) *_{\mathrm{r}} (\boldsymbol{x} * \boldsymbol{y}) - (\boldsymbol{u} *_{\mathrm{r}} \boldsymbol{x}) *_{\mathrm{r}} \alpha(\boldsymbol{y})$. 从而，$(V, \beta; *_{\mathrm{l}}, *_{\mathrm{r}})$ 是 Hom-预李代数 $(P, *, \alpha)$ 的双模.

进一步，由 $\hat{\partial} s(x) - s(\partial x) \in V$，有

$$\begin{aligned}
\partial_V (\boldsymbol{x} *_{\mathrm{l}} \boldsymbol{u}) &= \partial_V (s(\boldsymbol{x}) \hat{*} \boldsymbol{u}) \\
&= \hat{\partial}(s(\boldsymbol{x}) \hat{*} \boldsymbol{u}) \\
&= \hat{\partial} s(\boldsymbol{x}) \hat{*} \boldsymbol{u} + s(\boldsymbol{x}) \hat{*} \hat{\partial} \boldsymbol{u} + \lambda s(\boldsymbol{x}) \hat{*} \boldsymbol{u} \\
&= s(\partial \boldsymbol{x}) \hat{*} \boldsymbol{u} + s(\boldsymbol{x}) \hat{*} \partial_V \boldsymbol{u} + \lambda s(\boldsymbol{x}) \hat{*} \boldsymbol{u} \\
&= \partial \boldsymbol{x} *_{\mathrm{l}} \boldsymbol{u} + \boldsymbol{x} *_{\mathrm{l}} \partial_V \boldsymbol{u} + \lambda \boldsymbol{x} *_{\mathrm{l}} \boldsymbol{u}.
\end{aligned}$$

同理也有 $\partial_V(\boldsymbol{u} *_{\mathrm{r}} \boldsymbol{x})=\partial_V \boldsymbol{u} *_{\mathrm{r}} \boldsymbol{x}+\boldsymbol{u} *_{\mathrm{r}} \partial \boldsymbol{x}+\lambda \boldsymbol{u} *_{\mathrm{r}} \boldsymbol{x}$. 因此，$(V,\beta;*_{\mathrm{l}},*_{\mathrm{r}},\partial_V)$ 是修正 λ-微分 Hom-预李代数 $(P,*,\alpha,\partial)$ 的双模. □

命题 4.6 沿用上面的记号，(ω,χ) 是修正 λ-微分 Hom-预李代数 $(P,*,\alpha,\partial)$ 一个 2-上闭链，其系数取自双模 $(V,\beta;*_{\mathrm{l}},*_{\mathrm{r}},\partial_V)$.

证明 由 $(P\oplus V,*_\omega,\alpha\oplus\beta,\partial_\chi)$ 为修正 λ-微分 Hom-预李代数，对任意 $\boldsymbol{x},\boldsymbol{y},\boldsymbol{z}\in P,\boldsymbol{u},\boldsymbol{v},\boldsymbol{w}\in V$，有

$$\partial_\chi(\alpha\oplus\beta)(\boldsymbol{x}+\boldsymbol{u})=(\alpha\oplus\beta)\partial_\chi(\boldsymbol{x}+\boldsymbol{u}), \tag{4-21}$$

$$(\alpha\oplus\beta)((\boldsymbol{x}+\boldsymbol{u})*_\omega(\boldsymbol{y}+\boldsymbol{v}))=(\alpha\oplus\beta)(\boldsymbol{x}+\boldsymbol{u})*_\omega(\alpha\oplus\beta)(\boldsymbol{y}+\boldsymbol{v}), \tag{4-22}$$

$$\begin{aligned}&((\boldsymbol{x}+\boldsymbol{u})*_\omega(\boldsymbol{y}+\boldsymbol{v}))*_\omega(\alpha\oplus\beta)(\boldsymbol{z}+\boldsymbol{w})-(\alpha\oplus\beta)(\boldsymbol{x}+\boldsymbol{u})*_\omega((\boldsymbol{y}+\boldsymbol{v})*_\omega(\boldsymbol{z}+\boldsymbol{w}))\\
=&((\boldsymbol{y}+\boldsymbol{v})*_\omega(\boldsymbol{x}+\boldsymbol{u}))*_\omega(\alpha\oplus\beta)(\boldsymbol{z}+\boldsymbol{w})-\\
&(\alpha\oplus\beta)(\boldsymbol{y}+\boldsymbol{v})*_\omega((\boldsymbol{x}+\boldsymbol{u})*_\omega(\boldsymbol{z}+\boldsymbol{w})),\end{aligned} \tag{4-23}$$

$$\begin{aligned}&\partial_\chi((\boldsymbol{x}+\boldsymbol{u})*_\omega(\boldsymbol{y}+\boldsymbol{v}))=\\
&\partial_\chi(\boldsymbol{x}+\boldsymbol{u})*_\omega(\boldsymbol{y}+\boldsymbol{v})+(\boldsymbol{x}+\boldsymbol{u})*_\omega\partial_\chi(\boldsymbol{y}+\boldsymbol{v})+\lambda(\boldsymbol{x}+\boldsymbol{u})*_\omega(\boldsymbol{y}+\boldsymbol{v}).\end{aligned} \tag{4-24}$$

进一步，式（4-21）至式（4-24）等价于

$$\chi(\alpha(\boldsymbol{x}))=\beta(\chi(\boldsymbol{x})), \tag{4-25}$$

$$\beta(\omega(\boldsymbol{x},\boldsymbol{y}))=\omega(\alpha(\boldsymbol{x}),\alpha(\boldsymbol{y})), \tag{4-26}$$

$$\begin{aligned}&\omega(\boldsymbol{x},\boldsymbol{y})*_{\mathrm{r}}\alpha(\boldsymbol{z})+\omega(\boldsymbol{x}*\boldsymbol{y},\alpha(\boldsymbol{z}))-\alpha(\boldsymbol{x})*_{\mathrm{l}}\omega(\boldsymbol{y},\boldsymbol{z})-\omega(\alpha(\boldsymbol{x}),\boldsymbol{y}*\boldsymbol{z})\\
=&\omega(\boldsymbol{y},\boldsymbol{x})*_{\mathrm{r}}\alpha(\boldsymbol{z})+\omega(\boldsymbol{y}*\boldsymbol{x},\alpha(\boldsymbol{z}))-\alpha(\boldsymbol{y})*_{\mathrm{l}}\omega(\boldsymbol{x},\boldsymbol{z})-\omega(\alpha(\boldsymbol{y}),\boldsymbol{x}*\boldsymbol{z}),\end{aligned} \tag{4-27}$$

$$\begin{aligned}&\chi(\boldsymbol{x}*\boldsymbol{y})+\partial_V\omega(\boldsymbol{x},\boldsymbol{y})\\
=&\chi(\boldsymbol{x})*_{\mathrm{r}}\boldsymbol{y}+\omega(\partial\boldsymbol{x},\boldsymbol{y})+\boldsymbol{x}*_{\mathrm{l}}\chi(\boldsymbol{y})+\omega(\boldsymbol{x},\partial\boldsymbol{y})+\lambda\omega(\boldsymbol{x},\boldsymbol{y}).\end{aligned} \tag{4-28}$$

由式（4-27）和式（4-28），分别可得 $\delta\omega=0$ 和 $\delta\chi+\Gamma\omega=0$. 因此，$\Xi(\omega,\chi)=(\delta\omega,\delta\chi+\Gamma\omega)=0$，即 (ω,χ) 是一个 2-上闭链. □

现在讨论不同截面选择对表示和上同调类的影响.

命题 4.7 设 $(\hat{P},\hat{*},\hat{\alpha},\hat{\partial})$ 为修正 λ-微分 Hom-预李代数 $(P,*,\alpha,\partial)$ 通过 $(V,*_V,\beta,\partial_V)$ 的交换扩张，$s:P\to\hat{P}$ 是它的一个截面. 则

（1）截面的不同选择给出相同的双模. 进一步，等价的交换扩张给出相同的双模.

（2）由截面 s 构造的 2-上闭链 (ω,χ) 所在的上同调类不依赖于 s 的选择.

证明 （1）设 $s':P\to\hat{P}$ 为 $(\hat{P},\hat{*},\hat{\alpha},\hat{\partial})$ 的另一个截面映射，$(V,\beta;*'_{\mathrm{l}},*'_{\mathrm{r}},\partial_V)$ 是修正 λ-微分 Hom-预李代数 $(P,*,\alpha,\partial)$ 通过 s' 构造的另一个双模. 由 $s(x)-s'(x)\in V$, 对任意 $x\in P,u\in V$，有

$$\boldsymbol{x}*_{\mathrm{l}}\boldsymbol{u}-\boldsymbol{x}*'_{\mathrm{l}}\boldsymbol{u}=s(\boldsymbol{x})\hat{*}\boldsymbol{u}-s'(\boldsymbol{x})\hat{*}\boldsymbol{u}=(s(\boldsymbol{x})-s'(\boldsymbol{x}))\hat{*}\boldsymbol{u}=0,$$

从而 $*_{\mathrm{l}}=*'_{\mathrm{l}}$. 类似地也有，$*_{\mathrm{r}}=*'_{\mathrm{r}}$. 因此，不同截面给出相同的双模.

进一步，设 $(\hat{P}_1,\hat{*}_1,\hat{\alpha}_1,\hat{\partial}_1)$ 和 $(\hat{P}_2,\hat{*}_2,\hat{\alpha}_2,\hat{\partial}_2)$ 为 $(P,*,\alpha,\partial)$ 通过 $(V,*_V,\beta,\partial_V)$ 的 2 个等价的交换扩张具有同构映射 $\varPhi:\hat{P}_1\to\hat{P}_2$ 使得图（4-19）交换. 设 $s_1:P\to\hat{P}_1$ 和 $s_2:P\to\hat{P}_2$ 分别为 $(\hat{P}_1,\hat{*}_1,\hat{\alpha}_1,\hat{\partial}_1)$ 和 $(\hat{P}_2,\hat{*}_2,\hat{\alpha}_2,\hat{\partial}_2)$ 的截面映射. 由命题 4.5，可得 $(V,\beta;*_{\mathrm{l}}^1,*_{\mathrm{l}}^1,\partial_V)$ 和 $(V,\beta;*_{\mathrm{l}}^2,*_{\mathrm{l}}^2,\partial_V)$ 是 $(P,*,\alpha,\partial)$ 分别通过 s_1 和 s_2 构造的 2 个双模. 定义 $s'_1:P\to\hat{P}_1$ 为 $s'_1=\varPhi^{-1}\circ s_2$. 由 $p_2\circ\varPhi=p_1$，有

$$p_1\circ s'_1=(p_2\circ\varPhi)\circ(\varPhi^{-1}\circ s_2)=\mathrm{id}_P.$$

因此，可得 s'_1 是 $(\hat{P}_1,\hat{*}_1,\hat{\alpha}_1,\hat{\partial}_1)$ 的一个截面. 由于 $\varPhi$ 是修正 λ-微分 Hom-预李代数同构映射使得 $\varPhi|_V=\mathrm{id}_V$，对任意 $\boldsymbol{x}\in P,\boldsymbol{u}\in V$，有

$$\boldsymbol{x}*_{\mathrm{l}}^1\boldsymbol{u}=s'_1(\boldsymbol{x})\hat{*}_1\boldsymbol{u}=\varPhi^{-1}\circ s_2(\boldsymbol{x})\hat{*}_1\boldsymbol{u}=\varPhi^{-1}(s_2(\boldsymbol{x})\hat{*}_2\boldsymbol{u})=\boldsymbol{x}*_{\mathrm{l}}^2\boldsymbol{u},$$

从而，$*_{\mathrm{l}}^1=*_{\mathrm{l}}^2$，类似地也有 $*_{\mathrm{r}}^1=*_{\mathrm{r}}^2$. 因此，等价的交换扩张给出相同的双模.

（2）设 $s':P\to\hat{P}$ 为 $(\hat{P},\hat{*},\hat{\alpha},\hat{\partial})$ 的另一个截面映射，由命题 4.6，s' 可得另一个 2-上闭链分别为 (ω',χ'). 定义 $\tau:P\to V$ 为 $\tau(\boldsymbol{x})=s(\boldsymbol{x})-s'(\boldsymbol{x})$, 对任意 $\boldsymbol{x},\boldsymbol{y}\in P$，有

$$\begin{aligned}\omega(\boldsymbol{x},\boldsymbol{y})&=s(\boldsymbol{x})\hat{*}s(\boldsymbol{y})-s(\boldsymbol{x}*\boldsymbol{y})\\&=(s'(\boldsymbol{x})+\tau(\boldsymbol{x}))\hat{*}(s'(\boldsymbol{y})+\tau(\boldsymbol{y}))-(s'(\boldsymbol{x}*\boldsymbol{y})+\tau(\boldsymbol{x}*\boldsymbol{y}))\\&=s'(\boldsymbol{x})\hat{*}s'(\boldsymbol{y})+s'(\boldsymbol{x})\hat{*}\tau(\boldsymbol{y})+\tau(\boldsymbol{x})\hat{*}s'(\boldsymbol{y})+\tau(\boldsymbol{x})\hat{*}\tau(\boldsymbol{y})-s'(\boldsymbol{x}*\boldsymbol{y})-\tau(\boldsymbol{x}*\boldsymbol{y})\\&=s'(\boldsymbol{x})\hat{*}s'(\boldsymbol{y})-s'(\boldsymbol{x}*\boldsymbol{y})+\boldsymbol{x}*_{\mathrm{l}}\tau(\boldsymbol{y})+\tau(\boldsymbol{x})*_{\mathrm{r}}\boldsymbol{y}-\tau(\boldsymbol{x}*\boldsymbol{y})\\&=\omega'(\boldsymbol{x},\boldsymbol{y})+\delta\tau(\boldsymbol{x},\boldsymbol{y}),\end{aligned}$$

$$\begin{aligned}\chi(\boldsymbol{x}) &= \hat{\partial}s(\boldsymbol{x}) - s(\partial\boldsymbol{x}) \\ &= \hat{\partial}(s'(\boldsymbol{x}) + \tau(\boldsymbol{x})) - (s_1(\partial\boldsymbol{x}) + \tau(\partial\boldsymbol{x})) \\ &= \hat{\partial}s'(\boldsymbol{x}) - s_1(\partial\boldsymbol{x}) + \partial_V\tau(\boldsymbol{x}) - \tau(\partial\boldsymbol{x}) \\ &= \chi'(\boldsymbol{x}) - \Gamma\tau(\boldsymbol{x}).\end{aligned}$$

因此，

$$\begin{aligned}(\omega,\chi) - (\omega',\chi') &= (\delta\tau, -\Gamma\tau) \\ &= \Xi\tau \in B^2_{\mathrm{mdHlsa}}(P,V),\end{aligned}$$

即 (ω,χ) 和 (ω',χ') 在 $H^2_{\mathrm{mdHlsa}}(P,V)$ 中属于相同的上同调类. □

定理 4.1 修正 λ-微分 Hom-预李代数 $(P,*,\alpha,\partial)$ 通过 $(V,*_V,\beta,\partial_V)$ 的交换扩张构成的等价类和第 2 上同调群 $H^2_{\mathrm{mdHlsa}}(P,V)$ 之间是一一对应的.

证明 设 $(\hat{P}_1,\hat{*}_1,\hat{\alpha}_1,\hat{\partial}_1)$ 和 $(\hat{P}_2,\hat{*}_2,\hat{\alpha}_2,\hat{\partial}_2)$ 为 $(P,*,\alpha,\partial)$ 通过 $(V,*_V,\beta,\partial_V)$ 的 2 个等价的交换扩张具有同构映射 $\Phi:\hat{P}_1\to\hat{P}_2$ 使得图（4-19）交换. 设 s_1 是 $(\hat{P}_1,\hat{*}_1,\hat{\alpha}_1,\hat{\partial}_1)$ 的一个截面映射，由 $p_2\circ\Phi = p_1$，可得

$$p_2\circ(\Phi\circ s_1) = p_1\circ s_1 = \mathrm{id}_P.$$

因此可得 $(\hat{P}_2,\hat{*}_2,\hat{\alpha}_2,\hat{\partial}_2)$ 一个截面映射 $\Phi\circ s_1$，记作 $s_2 := \Phi\circ s_1$. 由 Φ 是 $\hat{P}_1$ 到 $\hat{P}_2$ 的同构映射使得 $\Phi|_V = \mathrm{id}_V$，有

$$\begin{aligned}\omega_2(\boldsymbol{x},\boldsymbol{y}) &= s_2(\boldsymbol{x})\,\hat{*}_2\, s_2(\boldsymbol{y}) - s_2(\boldsymbol{x}*\boldsymbol{y}) \\ &= \Phi\circ s_1(\boldsymbol{x})\,\hat{*}_2\,\Phi\circ s_1(\boldsymbol{y}) - \Phi\circ s_1(\boldsymbol{x}*\boldsymbol{y}) \\ &= \Phi(s_1(\boldsymbol{x})\,\hat{*}_1\, s_1(\boldsymbol{y}) - s_1(\boldsymbol{x}*\boldsymbol{y})) \\ &= \Phi\omega_1(\boldsymbol{x},\boldsymbol{y}) \\ &= \omega_1(\boldsymbol{x},\boldsymbol{y}),\end{aligned}$$

$$\begin{aligned}\chi_2(\boldsymbol{x}) &= \hat{\partial}_2 s_2(\boldsymbol{x}) - s_2(\partial\boldsymbol{x}) \\ &= \hat{\partial}_2(\Phi\circ s_1(\boldsymbol{x})) - \Phi\circ s_1(\partial\boldsymbol{x}) \\ &= \Phi(\hat{\partial}_1 s_1(\boldsymbol{x}) - s_1(\partial\boldsymbol{x})) \\ &= \Phi(\chi_1(\boldsymbol{x})) \\ &= \chi_1(\boldsymbol{x}).\end{aligned}$$

因此，等价的交换扩张在 $H^2_{\mathrm{mdHlsa}}(P,V)$ 中对应相同的元素.

反之，给定两个 2-上闭链 (ω_1,χ_1) 和 (ω_2,χ_2)，则通过式（4-20）可以构造两个交接扩张 $(P\oplus V,*_{\omega_1},\alpha\oplus\beta,\partial_{\chi_1})$ 和 $(P\oplus V,*_{\omega_2},\alpha\oplus\beta,\partial_{\chi_2})$. 进一步，如果 (ω_1,χ_1) 和 (ω_2,χ_2) 在 $H^2_{\mathrm{mdHlsa}}(P,V)$ 中属于相同的上同调类，则存在线性映射 $\tau:P\to V$ 使得

$$(\omega_1,\chi_1)-(\omega_2,\chi_2)=\Xi\tau\in B^2_{\mathrm{mdHlsa}}(P,V).$$

定义线性映射 $\Phi_\tau:P\oplus V\to P\oplus V$ 为

$$\Phi_\tau(\boldsymbol{x}+\boldsymbol{u})=\boldsymbol{x}+\tau(\boldsymbol{x})+\boldsymbol{u},\ \forall\ \boldsymbol{x}+\boldsymbol{u}\in P\oplus V.$$

则 Φ_τ 是这两个交换扩张 $(P\oplus V,*_{\omega_1},\alpha\oplus\beta,\partial_{\chi_1})$ 和 $(P\oplus V,*_{\omega_2},\alpha\oplus\beta,\partial_{\chi_2})$. 之间的同构映射. □

4.4 修正微分 Hom-预李 2-代数和交叉模

这节引入修正 λ-微分 Hom-预李 2-代数的概念，并证明简单修正 λ-微分 Hom-预李 2-代数能被修正 λ-微分 Hom-预李代数的 3-上闭链分类. 另外，证明严格修正 λ-微分 Hom-预李 2-代数等价于修正 λ-微分 Hom-预李代数的交叉模.

接下来给出 Hom-预李 2-代数的概念，它是 Hom-预李代数的范畴化.

定义 4.14 一个 Hom-预李 2-代数组成一个元组 $\Omega=(P_0,P_1,h,l_2,l_3,\alpha_0,\alpha_1)$，其中

（1）$h:P_1\to P_0$ 是线性映射；

（2）$\alpha_0:P_0\to P_0,\alpha_1:P_1\to P_1$ 是线性映射；

（3）$l_2:P_i\otimes P_j\to P_{i+j}$ 是双线性映射，其中 $0\leqslant i+j\leqslant 1$；

（4）$l_3:P_0\times P_0\times P_0\to P_1$ 是三线性映射；

对任意 $\boldsymbol{x},\boldsymbol{y},\boldsymbol{z},\boldsymbol{a}\in L_0,\boldsymbol{u},\boldsymbol{v}\in L_1$，满足式（4-29）至式（4-35）成立：

$$\begin{aligned}&h(\boldsymbol{\alpha}_1(\boldsymbol{u}))=\boldsymbol{\alpha}_0(h(\boldsymbol{u})),\\&l_3(\boldsymbol{\alpha}_0(\boldsymbol{x}),\boldsymbol{\alpha}_0(\boldsymbol{y}),\boldsymbol{\alpha}_0(\boldsymbol{z}))=\boldsymbol{\alpha}_1(l_3(\boldsymbol{x},\boldsymbol{y},\boldsymbol{z})),\end{aligned}\tag{4-29}$$

$$\begin{aligned}&hl_2(\boldsymbol{x},\boldsymbol{u})=l_2(\boldsymbol{x},h(\boldsymbol{u})),\\&hl_2(\boldsymbol{u},\boldsymbol{x})=l_2(h(\boldsymbol{u}),\boldsymbol{x}),\\&l_2(h(\boldsymbol{u}),\boldsymbol{v})=l_2(\boldsymbol{u},h(\boldsymbol{v})),\end{aligned}\tag{4-30}$$

$$\begin{aligned}&\alpha_0 l_2(x,y)=l_2(\alpha_0(x),\alpha_0(y)),\\&\alpha_0 l_2(u,v)=l_2(\alpha_1(u),\alpha_1(v)),\\&\alpha_1 l_2(x,u)=l_2(\alpha_0(x),\alpha_1(u)),\\&\alpha_1 l_2(u,x)=l_2(\alpha_1(u),\alpha_0(x)),\end{aligned}\tag{4-31}$$

$$\begin{aligned}hl_3(x,y,z)=&l_2(\alpha_0(x),l_2(y,z))-l_2(l_2(x,y),\alpha_0(z))-\\&l_2(\alpha_0(y),l_2(x,z))+l_2(l_2(y,x),\alpha_0(z)),\end{aligned}\tag{4-32}$$

$$\begin{aligned}l_3(x,y,h(u))=&l_2(\alpha_0(x),l_2(y,u))-l_2(l_2(x,y),\alpha_1(u))-\\&l_2(\alpha_0(y),l_2(x,u))+l_2(l_2(y,x),\alpha_1(u)),\end{aligned}\tag{4-33}$$

$$\begin{aligned}l_3(h(u),y,z)=&l_2(\alpha_1(u),l_2(y,z))-l_2(l_2(u,y),\alpha_0(z))-\\&l_2(\alpha_0(y),l_2(u,z))+l_2(l_2(y,u),\alpha_0(z)),\end{aligned}\tag{4-34}$$

$$\begin{aligned}&l_2(\alpha_0^2(x),l_3(y,z,a))-l_2(\alpha_0^2(y),l_3(x,z,a))+l_2(\alpha_0^2(z),l_3(x,y,a))+\\&l_2(l_3(y,z,x),\alpha_0^2(a))-l_2(l_3(x,z,y),\alpha_0^2(a))+l_2(l_3(x,y,z),\alpha_0^2(a))-\\&l_3(\alpha_0(y),\alpha_0(z),l_2(x,a))+l_3(\alpha_0(x),\alpha_0(z),l_2(y,a))-\\&l_3(\alpha_0(x),\alpha_0(y),l_2(z,a))-l_2(l_2(x,y)-l_2(y,x),\alpha_0(z),\alpha_0(a))+\\&l_2(l_2(x,z)-l_2(z,x),\alpha_0(y),\alpha_0(a))-\\&l_2(l_2(y,z)-l_2(z,y),\alpha_0(x),\alpha_0(a))=0.\end{aligned}\tag{4-35}$$

现在引入修正 λ -微分 Hom-预李 2-代数的概念.

定义 4.15 一个修正 λ -微分 Hom-预李 2-代数组成一个 Hom-预李 2-代数 $\Omega=(P_0,P_1,h,l_2,l_3,\alpha_0,\alpha_1)$ 和 Ω 上一个修正 λ -微分 2-算子 $\tilde{\partial}=(\partial_0,\partial_1,\partial_2)$，其中

（1）2 个线性映射 $\partial_0:P_0\to P_0$ 和 $\partial_1:P_1\to P_1$；

（2）一个双线性映射 $\partial_2:P_0\otimes P_0\to P_1$；

对任意 $x,y,z\in P_0,u\in P_1$，使得式（4-36）至式（4-40）成立：

$$\begin{aligned}&\partial_0\circ h=h\circ\partial_1,\\&\partial_2\circ(\alpha_0\otimes\alpha_0)=\alpha_1\circ\partial_2,\\&\partial_0\circ\alpha_0=\alpha_0\circ\partial_0,\\&\partial_1\circ\alpha_1=\alpha_1\circ\partial_1,\end{aligned}\tag{4-36}$$

$$h\partial_2(x,y)+\partial_0 l_2(x,y)=l_2(\partial_0 x,y)+l_2(x,\partial_0 y)+\lambda l_2(x,y),\tag{4-37}$$

$$\partial_2(\boldsymbol{x},h(\boldsymbol{u}))+\partial_1 l_2(\boldsymbol{x},\boldsymbol{u})=l_2(\partial_0\boldsymbol{x},\boldsymbol{u})+l_2(\boldsymbol{x},\partial_1\boldsymbol{u})+\lambda l_2(\boldsymbol{x},\boldsymbol{u}),\tag{4-38}$$

$$\partial_2(h(\boldsymbol{u}),\boldsymbol{x})+\partial_1 l_2(\boldsymbol{u}\boldsymbol{x})=l_2(\partial_1\boldsymbol{u},\boldsymbol{x})+l_2(\boldsymbol{u},\partial_0\boldsymbol{x})+\lambda l_2(\boldsymbol{u},\boldsymbol{x}),\tag{4-39}$$

$$\begin{aligned}&-l_3(\partial_0\boldsymbol{x},\boldsymbol{y},\boldsymbol{z})-l_3(\boldsymbol{x},\partial_0\boldsymbol{y},\boldsymbol{z})-l_3(\boldsymbol{x},\boldsymbol{y},\partial_0\boldsymbol{z})-2\lambda l_3(\boldsymbol{x},\boldsymbol{y},\boldsymbol{z})+\partial_1 l_3(\boldsymbol{x},\boldsymbol{y},\boldsymbol{z})+\\&l_2(\alpha_0(\boldsymbol{x}),\partial_2(\boldsymbol{y},\boldsymbol{z}))-l_2(\alpha_0(\boldsymbol{y}),\partial_2(\boldsymbol{x},\boldsymbol{z}))+l_2(\partial_2(\boldsymbol{y},\boldsymbol{x}),\alpha_0(\boldsymbol{z}))-\\&l_2(\partial_2(\boldsymbol{x},\boldsymbol{y}),\alpha_0(\boldsymbol{z}))-\partial_2(\alpha_0(\boldsymbol{y}),l_2(\boldsymbol{x},\boldsymbol{z}))+\partial_2(\alpha_0(\boldsymbol{x}),l_2(\boldsymbol{y},\boldsymbol{z}))-\\&\partial_2(l_2(\boldsymbol{x},\boldsymbol{y})-l_2(\boldsymbol{y},\boldsymbol{x}),\alpha_0(\boldsymbol{z}))=0.\end{aligned}\tag{4-40}$$

修正 λ-微分 Hom-预李 2-代数记为

$$(\Omega,\tilde{\partial})=((P_0,P_1,h,l_2,l_3,\alpha_0,\alpha_1),(\partial_0,\partial_1,\partial_2)).$$

如果 $h=0$，则称修正 λ-微分 Hom-预李 2-代数为简单的. 如果 $l_3=0$，$\partial_2=0$，则称修正 λ-微分 Hom-预李 2-代数为严格的.

定理 4.2 简单修正 λ-微分 Hom-预李 2-代数和修正 λ-微分 Hom-预李代数的 3-上闭链一一对应.

证明 设 $((P_0,P_1,h=0,l_2,l_3,\alpha_0,\alpha_1),(\partial_0,\partial_1,\partial_2))$ 为简单修正 λ-微分 Hom-预李 2-代数. 则由定义 4.14 和定义 4.15，可得 $(P_0,l_2,\alpha_0,\partial_0)$ 为修正 λ-微分 Hom-预李代数. l_2 也诱导了 2 个线性映射 $*_1:P_0\times P_1\to P_1,*_{\mathrm{r}}:P_1\times P_0\to P_1$ 为

$$\begin{aligned}&\boldsymbol{x}*_1\boldsymbol{u}=l_2(\boldsymbol{x},\boldsymbol{u}),\\&\boldsymbol{u}*_{\mathrm{r}}\boldsymbol{x}=l_2(\boldsymbol{u},\boldsymbol{x}),\qquad\forall\boldsymbol{x}\in P_0,\boldsymbol{u}\in P_1.\end{aligned}$$

由定义 4.14 和定义 4.15，$(P_1,\alpha_1;*_l,*_r,\partial_1)$ 是修正 λ-微分 Hom-预李代数 $(P_0,l_2,\alpha_0,\partial_0)$ 的双模. 因此，可以考虑修正 λ-微分 Hom-预李代数 $(P_0,l_2,\alpha_0,\partial_0)$ 的上同调，系数取自双模 $(P_1,\alpha_1;*_l,*_r,\partial_1)$. 式（4-35）和式（4-40）分别等价于

$$\delta l_3=0\text{ 和 }\delta\partial_2-\Gamma l_3=0.$$

因此，$\Xi(l_3,\partial_2)=(\delta l_3,\delta\partial_2-\Gamma l_3)=0$，即 (l_3,φ_2) 是修正 λ-微分 Hom-预李代数 $(P_0,l_2,\alpha_0,\partial_0)$ 的 3-上闭链，系数取自双模 $(P_1,\alpha_1;*_1,*_{\mathrm{r}},\partial_1)$.

反之，给定一个修正 λ-微分 Hom-预李代数 $(P,*,\alpha,\partial)$，一个 $(P,*,\alpha,\partial)$ 的双模 $(V,\beta;*_1,*_{\mathrm{r}},\partial_V)$，和一个 $(P,*,\alpha,\partial)$ 的 3-上闭链 (f,g)，系数取自双模 $(V,\beta;*_1,*_{\mathrm{r}},\partial_V)$. 定义

$$
\begin{aligned}
&P_0 = P, \quad P_1 = V, \\
&l_3 = f, \\
&\alpha_0 = \alpha, \quad \alpha_1 = \beta, \\
&\partial_0 = \partial, \quad \partial_1 = \partial_V, \quad \partial_2 = g,
\end{aligned}
$$

定义 $l_2 : P_i \otimes P_j \to P_{i+j}$ 为

$$l_2(\boldsymbol{x},\boldsymbol{y}) = \boldsymbol{x} * \boldsymbol{y}, \quad l_2(\boldsymbol{x},\boldsymbol{u}) = \boldsymbol{x} *_1 \boldsymbol{u}, \quad l_2(\boldsymbol{u},\boldsymbol{x}) = \boldsymbol{u} *_\mathrm{r} \boldsymbol{x}, \quad l_2(\boldsymbol{u},\boldsymbol{v}) = 0,$$

对任意 $\boldsymbol{x},\boldsymbol{y} \in P_0, \boldsymbol{u},\boldsymbol{v} \in P_1$. 则容易验证 $((P_0,P_1,h=0,l_2,l_3,\alpha_0,\alpha_1),(\partial_0,\partial_1,\partial_2))$ 为简单修正 λ-微分 Hom-预李 2-代数. □

定义 4.16 设 $(P_0,*_0,\alpha_0,\partial_0)$ 和 $(P_1,*_1,\alpha_1,\partial_1)$ 为修正 λ-微分 Hom-预李代数, $h:(P_1,*_1,\alpha_1,\partial_1) \to (P_0,*_0,\alpha_0,\partial_0)$ 是修正 λ-微分 Hom-预李代数同态, $(P_1,\alpha_1;*_1,*_\mathrm{r},\partial_1)$ 是修正 λ-微分 Hom-预李代数 $(P_0,*_0,\alpha_0,\partial_0)$ 的双模, 且对任意 $\boldsymbol{x} \in P_0, \boldsymbol{u},\boldsymbol{v} \in P_1$, 使得式（4-41）至式（4-43）成立

$$h(\boldsymbol{x} *_1 \boldsymbol{u}) = \boldsymbol{x} *_0 h(\boldsymbol{u}), \tag{4-41}$$

$$h(\boldsymbol{u} *_\mathrm{r} \boldsymbol{x}) = h(\boldsymbol{u}) *_0 \boldsymbol{x}, \tag{4-42}$$

$$h(\boldsymbol{u}) *_1 \boldsymbol{v} = \boldsymbol{u} *_\mathrm{r} h(\boldsymbol{v}) = \boldsymbol{u} *_1 \boldsymbol{v}, \tag{4-43}$$

则称 $\left((P_0,*_0,\alpha_0,\partial_0),(P_1,*_1,\alpha_1,\partial_1),h,*_1,*_\mathrm{r}\right)$ 为修正 λ-微分 Hom-预李代数的交叉模.

例 1 设 $(P,*,\alpha,\partial)$ 为修正 λ-微分 Hom-预李代数, R 为 P 的双边理想（即 R 满足 $R*P \subseteq R, P*R \subseteq R, \alpha(R) \subseteq R, \partial(R) \subseteq R$）, $i: R \to P$ 为包含映射. 则 $((P,*,\alpha,\partial), (R,*,\alpha|_R,\partial|_R),i,*_1 = *_\mathrm{r} = *)$ 为修正 λ-微分 Hom-预李代数的交叉模.

特别地, $\left((P,*,\alpha,\partial),(P,*,\alpha,\partial),\mathrm{id}_P,*_1 = *_\mathrm{r} = *\right)$ 为修正 λ-微分 Hom-预李代数的交叉模.

例 2 设 $f:(P_1,*_1,\alpha_1,\partial_1) \to (P_0,*_0,\alpha_0,\partial_0)$ 是修正 λ-微分 Hom-预李代数同态. 则 $\ker(f)$ 为 $(P_1,*_1,\alpha_1,\partial_1)$ 的双边理想, 由例 1, 从而, $\left((P_1,*_1,\alpha_1,\partial_1), (\ker(f),*_1,\alpha_1|_{\ker(f)},\partial_1|_{\ker(f)}),i,*_1 = *_\mathrm{r} = *_1\right)$ 为修正 λ-微分 Hom-预李代数的交叉模.

例 3 设 $(V,\beta;*_1,*_\mathrm{r},\partial_V)$ 是修正 λ-微分 Hom-预李代数 $(P,*,\alpha,\partial)$ 的双模.

赋予平凡的预李代数结构 $*_V$，则 $\left((P,*,\alpha,\partial),(V,*_V,\beta,\partial_V),0,*_1,*_r\right)$ 为修正 λ-微分 Hom-预李代数的交叉模.

定理 4.3 严格修正 λ-微分 Hom-预李 2-代数和修正 λ-微分 Hom-预李代数的交叉模是一一对应的.

证明 设 $((P_0,P_1,h,l_2,l_3=0,\alpha_0,\alpha_1),(\partial_0,\partial_1,\partial_2=0))$ 为严格修正 λ-微分 Hom-预李 2-代数，对任意 $x,y\in P_0,u,v\in P_1$，分别定义 P_0 和 P_1 上运算 $*_0$ 和 $*_1$ 为

$$\boldsymbol{x}*_0\boldsymbol{y}=l_2(\boldsymbol{x},\boldsymbol{y}),$$

$$\boldsymbol{u}*_0\boldsymbol{v}=l_2(h(\boldsymbol{u}),\boldsymbol{v})=l_2(\boldsymbol{u},h(\boldsymbol{v})),$$

由定义 4.14 和定义 4.15，容易验证 $(P_0,*_0,\alpha_0,\partial_0)$ 和 $(P_1,*_1,\alpha_1,\partial_1)$ 为修正 λ-微分 Hom-预李代数，$(P_1,\alpha_1;*_l,*_r,\partial_1)$ 是修正 λ-微分 Hom-预李代数 $(P_0,*_0,\alpha_0,\partial_0)$ 的双模，其中 l_2 也诱导了 2 个线性映射 $*_1:P_0\times P_1\to P_1,*_r:P_1\times P_0\to P_1$ 为

$$\boldsymbol{x}*_1\boldsymbol{u}=l_2(\boldsymbol{x},\boldsymbol{u}),$$

$$\boldsymbol{u}*_r\boldsymbol{x}=l_2(\boldsymbol{u},\boldsymbol{x}).$$

下面仅需验证式(4-41)至式(4-43)成立和 $h:(P_1,*_1,\alpha_1,\partial_1)\to(P_0,*_0,\alpha_0,\partial_0)$ 是修正 λ-微分 Hom-预李代数同态. 事实上，

$$\begin{aligned}h(\boldsymbol{u}*_1\boldsymbol{v})&=hl_2(h(\boldsymbol{u}),\boldsymbol{v})\\&=l_2(h(\boldsymbol{u}),h(\boldsymbol{v}))\\&=h(\boldsymbol{u})*_0h(\boldsymbol{v}),\end{aligned}$$

结合式（4-37），可得 $h:(P_1,*_1,\alpha_1,\partial_1)\to(P_0,*_0,\alpha_0,\partial_0)$ 是修正 λ-微分 Hom-预李代数同态. 进一步，

$$h(\boldsymbol{x}*_1\boldsymbol{u})=hl_2(\boldsymbol{x},\boldsymbol{u})=l_2(\boldsymbol{x},h(\boldsymbol{u}))=\boldsymbol{x}*_0h(\boldsymbol{u}),$$

$$h(\boldsymbol{u}*_r\boldsymbol{x})=hl_2(\boldsymbol{u},\boldsymbol{x})=l_2(h(\boldsymbol{u}),\boldsymbol{x})=h(\boldsymbol{u})*_0\boldsymbol{x},$$

$$h(\boldsymbol{u})*_1\boldsymbol{v}=l_2(h(\boldsymbol{u}),\boldsymbol{v})=l_2(\boldsymbol{u},h(\boldsymbol{v}))=\boldsymbol{u}*_r h(\boldsymbol{v})=\boldsymbol{u}*_1\boldsymbol{v}.$$

因此，可得 $\left((P_0,*_0,\alpha_0,\partial_0),(P_1,*_1,\alpha_1,\partial_1),h,*_1,*_r\right)$ 为修正 λ-微分 Hom-预李代数的交叉模.

反之，一个修正 λ-微分 Hom-预李代数的交叉模 $\left((P_0,*_0,\alpha_0,\partial_0),\right.$

$(P_1,*_1,\alpha_1,\partial_1),h,*_1,*_r)$ 可得一个严格修正 λ-微分 Hom-预李 2-代数 $((P_0,P_1,h,l_2,l_3=0,\alpha_0,\alpha_1),(\partial_0,\partial_1,\partial_2=0))$，其中对任意 $x,y\in P_0,u,v\in P_1$,

$$l_2(\boldsymbol{x},\boldsymbol{y})=\boldsymbol{x}*_0\boldsymbol{y},$$
$$l_2(\boldsymbol{u},\boldsymbol{v})=\boldsymbol{u}*_1\boldsymbol{v},$$
$$l_2(\boldsymbol{x},\boldsymbol{u})=\boldsymbol{x}*_1\boldsymbol{u}$$
$$l_2(\boldsymbol{u},\boldsymbol{x})=\boldsymbol{u}*_r\boldsymbol{x}.$$

则容易验证 $((P_0,P_1,h,l_2,l_3=0,\alpha_0,\alpha_1),(\partial_0,\partial_1,\partial_2=0))$ 是严格修正 λ-微分 Hom-预李 2-代数. □

5

修正罗巴 Hom-李代数

本章引入修正罗巴 Hom-李代数的概念和表示. 然后发展修正罗巴 Hom-李代数的上同调理论. 作为应用，利用二阶上同调群研究修正罗巴 Hom-李代数形式形变和交换扩张. 最后，引入修正罗巴 Hom-李代数的交叉模的概念，讨论简单和严格修正罗巴 Hom-李 2-代数.

我们在 Hom-李代数上的非阿贝尔嵌入张量及广义 BiHom-代数等其他方面的工作见文献[64-66].

5.1　修正罗巴 Hom-李代数的表示

首先回顾 Hom-李代数的表示. 然后引入修正罗巴 Hom-李代数，并给出它的表示. 最后引入一个新的修正罗巴 Hom-李代数和它的表示.

定义 5.1[61]　一个 Hom-李代数是一个三元组 $(G,[-,-],\alpha)$，包括一个向量空间 G，一个斜对称运算 $[-,-]:G\times G\to G$ 和一个 G 上的线性变换 α，对任意的 $\boldsymbol{x},\boldsymbol{y},\boldsymbol{z}\in G$, 满足：

（1）保积性：$\alpha([\boldsymbol{x},\boldsymbol{y}])=[\alpha(\boldsymbol{x}),\alpha(\boldsymbol{y})]$,

（2）Hom-雅可比等式：$[\alpha(\boldsymbol{x}),[\boldsymbol{y},\boldsymbol{z}]]+[\alpha(\boldsymbol{z}),[\boldsymbol{x},\boldsymbol{y}]]+[\alpha(\boldsymbol{y}),[\boldsymbol{z},\boldsymbol{x}]]=0$.

此外，如果 G 上的线性变换 α 是双射，则称 $(G,[-,-],\alpha)$ 是正则 Hom-李代数.

定义 5.2　设 H 为 G 的子空间. 如果 $\alpha(H)\subseteq H$ 和 $[H,G]\subseteq H$，则称 H 是 G 的理想. 进一步，如果理想 H 满足 $[H,H]=0$，则称 H 是 G 的交换理想.

定义 5.3　一个 Hom-李代数同态 $\varphi:(G,[-,-],\alpha)\to(G',[-,-]',\alpha')$ 是一个线性映射 $\varphi:G\to G'$，对任意 $\boldsymbol{x},\boldsymbol{y}\in G$，使得式（5-1）、式（5-2）成立：

$$\varphi\circ\alpha=\alpha'\circ\varphi, \tag{5-1}$$

$$\varphi[\boldsymbol{x},\boldsymbol{y}]=[\varphi(\boldsymbol{x}),\varphi(\boldsymbol{y})]'. \tag{5-2}$$

例 1　设 G 是具有基 $\{\varepsilon_1,\varepsilon_2\}$ 的 2 维向量空间. 如果在 G 上定义如下的括号 $[-,-]$ 和线性变换 α，

$$[\varepsilon_1,\varepsilon_2]=-[\varepsilon_2,\varepsilon_1]=\varepsilon_1,$$

$$\alpha(\varepsilon_1)=\varepsilon_1,\alpha(\varepsilon_2)=-\varepsilon_2,$$

则 $(G,[-,-],\alpha)$ 是 2-维正则 Hom-李代数.

例 2 设 G 是具有基 $\{\varepsilon_1,\varepsilon_2,\varepsilon_3\}$ 的 3 维向量空间. 如果在 G 上定义如下的括号 $[-,-]$ 和线性变换 α,

$$[\varepsilon_1,\varepsilon_2]=-[\varepsilon_2,\varepsilon_1]=\varepsilon_3,$$

$$\alpha(\varepsilon_1)=\varepsilon_1,\alpha(\varepsilon_2)=-\varepsilon_2,\alpha(\varepsilon_3)=\varepsilon_3,$$

则 $(G,[-,-],\alpha)$ 是 3 维正则 Hom-李代数.

受到修正 r-矩阵[25-26]启发,下面给出 Hom-李代数上修正罗巴算子的概念.

定义 5.4 设 $(G,[-,-],\alpha)$ 为 Hom-李代数. $(G,[-,-],\alpha)$ 上的修正罗巴算子是线性算子 $R:G\to G$, 对任意 $x,y\in G$, 使得式(5-3)、式(5-4)成立:

$$R\circ\alpha=\alpha\circ R, \tag{5-3}$$

$$[R\boldsymbol{x},R\boldsymbol{y}]=R([R\boldsymbol{x},\boldsymbol{y}]+[\boldsymbol{x},R\boldsymbol{y}])-[\boldsymbol{x},\boldsymbol{y}]. \tag{5-4}$$

修正罗巴 Hom-李代数 $(G,[-,-],\alpha,R)$ 是具有修正罗巴算子 R 的 Hom-李代数.

定义 5.5 一个修正罗巴 Hom-李代数同态 $\varphi:(G,[-,-],\alpha,R)\to(G',[-,-]',\alpha',R')$ 是一个 Hom-李代数同态 $\varphi:(G,[-,-],\alpha)\to(G',[-,-]',\alpha')$ 使得

$$\varphi\circ R=R'\circ\varphi.$$

进而, 如果 φ 是双射, 则称 φ 是 $(G,[-,-],\alpha,R)$ 到 $(G',[-,-]',\alpha',R')$ 的修正罗巴 Hom-李代数同构.

注记 1 当 $\alpha=\mathrm{id}_G$, Hom-李代数 $(G,[-,-],\mathrm{id}_G)$ 上的修正罗巴算子 R 为修正 r-矩阵[25-26].

由 Hom-李代数上修正罗巴算子的定义得出以下结论.

命题 5.1 设 $(G,[-,-],\alpha)$ 为 Hom-李代数. 一个线性算子 $R:G\to G$ 是修正罗巴算子当且仅当 $-R:G\to G$ 也是修正罗巴算子.

受到带权罗巴李代数[67]的启发, 下面给出 Hom-李代数上−1 权的罗巴算子的概念.

定义 5.6 设 $(G,[-,-],\alpha)$ 为 Hom-李代数. $(G,[-,-],\alpha)$ 上−1 权的罗巴算

子是线性算子 $T:G\to G$，对任意 $\boldsymbol{x},\boldsymbol{y}\in G$，使得式（5-5）、式（5-6）成立：

$$T\circ\alpha=\alpha\circ T, \tag{5-5}$$

$$[T\boldsymbol{x},T\boldsymbol{y}]=T([T\boldsymbol{x},\boldsymbol{y}]+[\boldsymbol{x},T\boldsymbol{y}]-[\boldsymbol{x},\boldsymbol{y}]). \tag{5-6}$$

进而，具有−1 权的罗巴算子 T 的 Hom-李代数称为−1 权罗巴 Hom-李代数，记为 $(G,[-,-],\alpha,T)$.

下面的结果揭示了−1 权罗巴算子和修正罗巴算子之间的一些联系.

命题 5.2 设 $(G,[-,-],\alpha)$ 为 Hom-李代数. 如果一个线性映射 $T:G\to G$ 是−1 权罗巴算子，则 $2T-\mathrm{id}_G:G\to G$ 是修正罗巴算子.

证明 对任意 $\boldsymbol{x},\boldsymbol{y}\in G$，由式（5-5）和式（5-6），有

$$\begin{aligned}(2T-\mathrm{id}_G)\circ\alpha&=2T\circ\alpha-\alpha\\&=\alpha\circ(2T)-\alpha\\&=\alpha\circ(2T-\mathrm{id}_G),\end{aligned}$$

$$\begin{aligned}&[(2T-\mathrm{id}_G)\boldsymbol{x},(2T-\mathrm{id}_G)\boldsymbol{y}]\\&=[2T\boldsymbol{x}-\boldsymbol{x},2T\boldsymbol{y}-\boldsymbol{y}]\\&=4[T\boldsymbol{x},T\boldsymbol{y}]-2[T\boldsymbol{x},\boldsymbol{y}]-2[\boldsymbol{x},T\boldsymbol{y}]+[\boldsymbol{x},\boldsymbol{y}]\\&=4T([T\boldsymbol{x},\boldsymbol{y}]+[\boldsymbol{x},T\boldsymbol{y}]-[\boldsymbol{x},\boldsymbol{y}])-2[T\boldsymbol{x},\boldsymbol{y}]-2[\boldsymbol{x},T\boldsymbol{y}]+[\boldsymbol{x},\boldsymbol{y}]\\&=(2T-\mathrm{id}_G)([\boldsymbol{x},(2T-\mathrm{id}_G)\boldsymbol{y}]+[(2T-\mathrm{id}_G)\boldsymbol{x},\boldsymbol{y}])-[\boldsymbol{x},\boldsymbol{y}].\end{aligned}$$

因此，$2T-\mathrm{id}_G:G\to G$ 是修正罗巴算子. □

例 3 一个恒等映射 $\mathrm{id}_G:G\to G$ 是 Hom-李代数 $(G,[-,-],\alpha)$ 上的修正罗巴算子.

例 4 设 $(G,[-,-],\alpha)$ 是由例 1 给出的 2 维正则 Hom-李代数. 则对任意 $k\in K$,

$$\boldsymbol{R}=\begin{pmatrix}1&0\\0&k\end{pmatrix}$$

是 $(G,[-,-],\alpha)$ 上的修正罗巴算子.

例 5 设 $(G,[-,-],\alpha)$ 是由例 2 给出的 3 维正则 Hom-李代数. 则对任意 $k_1,k_2\in K$,

$$\boldsymbol{R}=\begin{pmatrix}1 & 0 & 0\\ 0 & -1 & 0\\ k_1 & 0 & k_2\end{pmatrix}$$

是 $(G,[-,-],\alpha)$ 上的修正罗巴算子.

回顾 Hom-李代数 $(G,[-,-],\alpha)$ 上的 Nijenhuis 算子是一个线性映射 $N:G\to G$，满足

$$N\circ\alpha=\alpha\circ N, \tag{5-7}$$

$$[N\boldsymbol{x},N\boldsymbol{y}]=N([N\boldsymbol{x},\boldsymbol{y}]+[\boldsymbol{x},N\boldsymbol{y}])-N^2[\boldsymbol{x},\boldsymbol{y}], \tag{5-8}$$

其中 $\boldsymbol{x},\boldsymbol{y}\in G$. 下面的结果揭示 Nijenhuis 算子和修正罗巴算子之间的一些联系.

命题 5.3 设 $(G,[-,-],\alpha)$ 是 Hom-李代数. 如果 $N^2=\mathrm{id}_G$，则 $N:G\to G$ 是 Nijenhuis 算子当且仅当 N 是修正罗巴算子.

证明 如果 $N^2=\mathrm{id}_G$，则式（5-8）等价于式（5-4）. 因此命题成立.

下面回顾 Hom-李代数的表示，然后引入修正罗巴 Hom-李代数的表示.

定义 5.7[68] Hom-李代数 $(G,[-,-],\alpha)$ 在 Hom-向量空间 (V,β) 上的表示是一个线性映射 $\rho:G\to\mathrm{End}(V)$, 对任意 $\boldsymbol{x},\boldsymbol{y}\in G$ 使得式（5-9）、式（5-10）成立

$$\rho(\alpha(\boldsymbol{x}))\circ\beta=\beta\circ\rho(\boldsymbol{x}), \tag{5-9}$$

$$\rho([\boldsymbol{x},\boldsymbol{y}])\circ\beta=\rho(\alpha(\boldsymbol{x}))\circ\rho(\boldsymbol{y})-\rho(\alpha(\boldsymbol{y}))\circ\rho(\boldsymbol{x}). \tag{5-10}$$

也记 Hom-李代数 $(G,[-,-],\alpha)$ 的表示为 $(V,\beta;\rho)$.

例如，任意 Hom-李代数 $(G,[-,-],\alpha)$ 都可视为自身上的一个表示，其中

$$\rho=\mathrm{ad}:G\to\mathrm{End}(G),\qquad \boldsymbol{x}\mapsto(\boldsymbol{y}\mapsto[\boldsymbol{x},\boldsymbol{y}]),\quad \forall\boldsymbol{x},\boldsymbol{y}\in G\,.$$

三元组 $(G,\alpha;\mathrm{ad})$ 称为 Hom-李代数 $(G,[-,-],\alpha)$ 上的伴随表示.

定义 5.8 修正罗巴 Hom-李代数 $(G,[-,-],\alpha,R)$ 的表示是一个四元组 $(V,\beta;\rho,R_V)$，其中，$(V,\beta;\rho)$ 是 Hom-李代数 $(G,[-,-],\alpha)$ 的表示，$R_V:V\to V$ 是线性映射，对任意 $\boldsymbol{x}\in G,\boldsymbol{u}\in V$ ，使得式（5-11）、式（5-12）成立

$$R_V\circ\beta=\beta\circ R_V,\tag{5-11}$$

$$\rho(R\boldsymbol{x})R_V\boldsymbol{u}=R_V(\rho(R\boldsymbol{x})\boldsymbol{u}+\rho(\boldsymbol{x})R_V\boldsymbol{u})-\rho(\boldsymbol{x})\boldsymbol{u}.\tag{5-12}$$

例 6 $(G,\alpha;\mathrm{ad},R)$ 是修正罗巴 Hom-李代数 $(G,[-,-],\alpha,R)$ 的伴随表示.

修正罗巴 Hom-李代数的表示和−1 权罗巴 Hom-李代数的表示有着密切的联系.

定义 5.9 −1 权罗巴 Hom-李代数 $(G,[-,-],\alpha,T)$ 的表示是一个四元组 $(V,\beta;\rho,T_V)$，其中 $(V,\beta;\rho)$ 是 Hom-李代数 $(G,[-,-],\alpha)$ 的表示，$T_V:V\to V$ 是线性映射，对任意 $\boldsymbol{x}\in G,\boldsymbol{u}\in V$，使得式（5-13）、式（5-14）成立：

$$T_V\circ\beta=\beta\circ T_V,\tag{5-13}$$

$$\rho(T\boldsymbol{x})T_V\boldsymbol{u}=T_V(\rho(T\boldsymbol{x})\boldsymbol{u}+\rho(\boldsymbol{x})T_V\boldsymbol{u}-\rho(\boldsymbol{x})\boldsymbol{u}).\tag{5-14}$$

命题 5.4 如果 $(V,\beta;\rho,T_V)$ 是−1 权罗巴 Hom-李代数 $(G,[-,-],\alpha,T)$ 的表示，则 $(V,\beta;\rho,2T_V-\mathrm{id}_V)$ 是修正罗巴 Hom-李代数 $(G,[-,-],\alpha,2T-\mathrm{id}_G)$ 的表示.

证明 对任意 $x,y\in G$ 和 $u\in V$，由式（5-13）和（5-14），有

$$\begin{aligned}(2T-\mathrm{id}_G)\circ\beta&=2T\circ\beta-\beta\\&=\beta\circ(2T)-\beta\\&=\beta\circ(2T-\mathrm{id}_G),\end{aligned}$$

$$\begin{aligned}&\rho((2T-\mathrm{id}_G)\boldsymbol{x})(2T_V-\mathrm{id}_V)\boldsymbol{u}\\&=\rho(2T\boldsymbol{x}-\boldsymbol{x})(2T_V\boldsymbol{u}-\boldsymbol{u})\\&=4\rho(T\boldsymbol{x})T_V\boldsymbol{u}-2\rho(T\boldsymbol{x})\boldsymbol{u}-2\rho(\boldsymbol{x})T_V\boldsymbol{u}+\rho(\boldsymbol{x})\boldsymbol{u}\\&=4T_V\left(\rho(T\boldsymbol{x})\boldsymbol{u}+\rho(\boldsymbol{x})T_V\boldsymbol{u}-\rho(\boldsymbol{x})\boldsymbol{u}\right)-2\rho(T\boldsymbol{x})\boldsymbol{u}-2\rho(\boldsymbol{x})T_V\boldsymbol{u}+\rho(\boldsymbol{x})\boldsymbol{u}\\&=(2T_V-\mathrm{id}_V)\left(\rho((2T-\mathrm{id}_G)\boldsymbol{x})\boldsymbol{u}+\rho(\boldsymbol{x})(2T_V-\mathrm{id}_V)\boldsymbol{u}\right)-\rho(\boldsymbol{x})\boldsymbol{u}.\end{aligned}$$

因此，$(V,\beta;\rho,2T_V-\mathrm{id}_V)$ 是 $(G,[-,-],\alpha,2T-\mathrm{id}_G)$ 的表示. □

下面构造半直积修正罗巴 Hom-李代数.

命题 5.5 如果 $(V,\beta;\rho,R_V)$ 是修正罗巴 Hom-李代数 $(G,[-,-],\alpha,R)$ 的表示，则 $(G\oplus V,[-,-]_\rho,\alpha\oplus\beta,R\oplus R_V)$ 是修正罗巴 Hom-李代数，其中对任意 $\boldsymbol{x},\boldsymbol{y}\in G$ 和 $\boldsymbol{u},\boldsymbol{v}\in V$，

$$[\boldsymbol{x}+\boldsymbol{u},\boldsymbol{y}+\boldsymbol{v}]_{\rho}:=[\boldsymbol{x},\boldsymbol{y}]+\rho(\boldsymbol{x})\boldsymbol{v}-\rho(\boldsymbol{y})\boldsymbol{u},$$

$$\alpha\oplus\beta(\boldsymbol{x}+\boldsymbol{u}):=\alpha(\boldsymbol{x})+\beta(\boldsymbol{u}),$$

$$R\oplus R_V(\boldsymbol{x}+\boldsymbol{u}):=R(\boldsymbol{x})+R_V(\boldsymbol{u}).$$

此时，$(G\oplus V,[-,-]_{\rho},\alpha\oplus\beta,R\oplus R_V)$ 称为 G 和 V 的半直积修正罗巴 Hom-李代数.

证明 由 Hom-李代数表示理论[68]，可得 $(G\oplus V,[-,-]_{\rho},\alpha\oplus\beta)$ 是 Hom-李代数. 进而，对任意 $\boldsymbol{x},\boldsymbol{y}\in G$ 和 $\boldsymbol{u},\boldsymbol{v}\in V$ ，由式（5-3）、式（5-4），式（5-11）和（5-12），有

$$\begin{aligned}(R\oplus R_V)\circ(\alpha\oplus\beta)(\boldsymbol{x}+\boldsymbol{u})&=(R\oplus R_V)(\alpha(\boldsymbol{x})+\beta(\boldsymbol{u}))\\&=R\alpha(\boldsymbol{x})+R_V\beta(\boldsymbol{u})\\&=\alpha(R\boldsymbol{x})+\beta(R_V\boldsymbol{u})\\&=(\alpha\oplus\beta)\circ(R\oplus R_V)(\boldsymbol{x}+\boldsymbol{u}),\end{aligned}$$

$$\begin{aligned}&[R\oplus R_V(\boldsymbol{x}+\boldsymbol{u}),R\oplus R_V(\boldsymbol{y}+\boldsymbol{v})]_{\rho}\\&=[R\boldsymbol{x}+R_V\boldsymbol{u},R\boldsymbol{y}+R_V\boldsymbol{v}]_{\rho}\\&=[R\boldsymbol{x},R\boldsymbol{y}]+\rho(R\boldsymbol{x})R_V\boldsymbol{v}-\rho(R\boldsymbol{y})R_V\boldsymbol{u}\\&=R([R\boldsymbol{x},\boldsymbol{y}]+[\boldsymbol{x},R\boldsymbol{y}])-[\boldsymbol{x},\boldsymbol{y}]+R_V(\rho(R\boldsymbol{x})\boldsymbol{v}+\rho(\boldsymbol{x})R_V\boldsymbol{v})-\rho(\boldsymbol{x})\boldsymbol{v}\\&\quad-R_V(\rho(R\boldsymbol{y})\boldsymbol{u}+\rho(\boldsymbol{y})R_V\boldsymbol{u})+\rho(\boldsymbol{y})\boldsymbol{u}\\&=R\oplus R_V([R\oplus R_V(\boldsymbol{x}+\boldsymbol{u}),\boldsymbol{y}+\boldsymbol{v}]_{\rho}+[\boldsymbol{x}+\boldsymbol{u},R\oplus R_V(\boldsymbol{y}+\boldsymbol{v})]_{\rho})-[\boldsymbol{x}+\boldsymbol{u},\boldsymbol{y}+\boldsymbol{v}]_{\rho}.\end{aligned}$$

因此，$(G\oplus V,[-,-]_{\rho},\alpha\oplus\beta,R\oplus R_V)$ 为修正罗巴 Hom-李代数. □

接下来引入新的修正罗巴 Hom-李代数和它的表示，将在下一节用于建立修正罗巴算子的上同调.

命题 5.6 设 $(G,[-,-],\alpha,R)$ 为修正罗巴 Hom-李代数，对任意 $\boldsymbol{x},\boldsymbol{y}\in G$ ，定义新的运算，如式（5-15）所示：

$$[\boldsymbol{x},\boldsymbol{y}]_R=[R\boldsymbol{x},\boldsymbol{y}]+[\boldsymbol{x},R\boldsymbol{y}],\tag{5-15}$$

则

（1）$(G,[-,-]_R,\alpha)$ 为 Hom-李代数，记为 G_R.

（2）$(G,[-,-]_R,\alpha,R)$ 为修正罗巴 Hom-李代数.

证明 （1）显然$[-,-]_R$为斜对称. 进而，对任意$\boldsymbol{x},\boldsymbol{y},\boldsymbol{z}\in G$，由 Hom-雅可比式和式（5-3），有

$$\begin{aligned}[\alpha(\boldsymbol{x}),\alpha(\boldsymbol{y})]_R &= [R\alpha(\boldsymbol{x}),\alpha(\boldsymbol{y})]+[\alpha(\boldsymbol{x}),R\alpha(\boldsymbol{y})]\\ &= [\alpha(R\boldsymbol{x}),\alpha(\boldsymbol{y})]+[\alpha(\boldsymbol{x}),\alpha(R\boldsymbol{y})]\\ &= \alpha([R\boldsymbol{x},\boldsymbol{y}]+[\boldsymbol{x},R\boldsymbol{y}])\\ &= \alpha([\boldsymbol{x},\boldsymbol{y}]_R),\end{aligned}$$

$$\begin{aligned}&[\alpha(\boldsymbol{x}),[\boldsymbol{y},\boldsymbol{z}]_R]_R+[\alpha(\boldsymbol{z}),[\boldsymbol{x},\boldsymbol{y}]_R]_R+[\alpha(\boldsymbol{y}),[\boldsymbol{z},\boldsymbol{x}]_R]_R\\ =&[R\alpha(\boldsymbol{x}),[R\boldsymbol{y},\boldsymbol{z}]+[\boldsymbol{y},R\boldsymbol{z}]]+[\alpha(\boldsymbol{x}),R[R\boldsymbol{y},\boldsymbol{z}]+R[\boldsymbol{y},R\boldsymbol{z}]]+\\ &[R\alpha(\boldsymbol{z}),[R\boldsymbol{x},\boldsymbol{y}]+[\boldsymbol{x},R\boldsymbol{y}]]+[\alpha(\boldsymbol{z}),R[R\boldsymbol{x},\boldsymbol{y}]+R[\boldsymbol{x},R\boldsymbol{y}]]+\\ &[R\alpha(\boldsymbol{y}),[R\boldsymbol{z},\boldsymbol{x}]+[\boldsymbol{z},R\boldsymbol{x}]]+[\alpha(\boldsymbol{y}),R[R\boldsymbol{z},\boldsymbol{x}]+R[\boldsymbol{z},R\boldsymbol{x}]]\\ =&[R\alpha(\boldsymbol{x}),[R\boldsymbol{y},\boldsymbol{z}]]+[R\alpha(\boldsymbol{x}),[\boldsymbol{y},R\boldsymbol{z}]]+[\alpha(\boldsymbol{x}),R[R\boldsymbol{y},\boldsymbol{z}]]+[\alpha(\boldsymbol{x}),R[\boldsymbol{y},R\boldsymbol{z}]]+\\ &[R\alpha(\boldsymbol{z}),[R\boldsymbol{x},\boldsymbol{y}]]+[R\alpha(\boldsymbol{z}),[\boldsymbol{x},R\boldsymbol{y}]]+[\alpha(\boldsymbol{z}),R[R\boldsymbol{x},\boldsymbol{y}]]+[\alpha(\boldsymbol{z}),R[\boldsymbol{x},R\boldsymbol{y}]]+\\ &[R\alpha(\boldsymbol{y}),[R\boldsymbol{z},\boldsymbol{x}]]+[R\alpha(\boldsymbol{y}),[\boldsymbol{z},R\boldsymbol{x}]]+[\alpha(\boldsymbol{y}),R[R\boldsymbol{z},\boldsymbol{x}]]+[\alpha(\boldsymbol{y}),R[\boldsymbol{z},R\boldsymbol{x}]]\\ =&0.\end{aligned}$$

因此，可得$(G,[-,-]_R,\alpha)$为 Hom-李代数.

（2）由式（5-4），有

$$\begin{aligned}[R\boldsymbol{x},R\boldsymbol{y}]_R &= [R^2\boldsymbol{x},R\boldsymbol{y}]+[R\boldsymbol{x},R^2\boldsymbol{y}]\\ &= R\left([R^2\boldsymbol{x},\boldsymbol{y}]+[R\boldsymbol{x},R\boldsymbol{y}]\right)-[R\boldsymbol{x},\boldsymbol{y}]+R\left([R\boldsymbol{x},R\boldsymbol{y}]+[\boldsymbol{x},R^2\boldsymbol{y}]\right)-[\boldsymbol{x},R\boldsymbol{y}]\\ &= R\left([R^2\boldsymbol{x},\boldsymbol{y}]+[R\boldsymbol{x},R\boldsymbol{y}]+[R\boldsymbol{x},R\boldsymbol{y}]+[\boldsymbol{x},R^2\boldsymbol{y}]\right)-[R\boldsymbol{x},\boldsymbol{y}]-[\boldsymbol{x},R\boldsymbol{y}]\\ &= R\left([R\boldsymbol{x},\boldsymbol{y}]_R+[\boldsymbol{x},R\boldsymbol{y}]_R\right)-[\boldsymbol{x},\boldsymbol{y}]_R.\end{aligned}$$

因此，这就证明了(G_R,R)为修正罗巴 Hom-李代数. □

命题 5.7 设$(V,\beta;\rho,R_V)$是修正罗巴 Hom-李代数$(G,[-,-],\alpha,R)$的表示. 对任意$\boldsymbol{x}\in G$和$\boldsymbol{u}\in V$，定义线性映射$\rho_R:G\to \mathrm{End}(V)$为

$$\rho_R(\boldsymbol{x})\boldsymbol{u}=\rho(R\boldsymbol{x})\boldsymbol{u}-R_V(\rho(\boldsymbol{x})\boldsymbol{u}), \tag{5-16}$$

则$(V,\beta;\rho_R)$是 Hom-李代数G_R的表示. 进而，$(V,\beta;\rho_R,R_V)$是修正罗巴 Hom-

李代数 (G_R, R) 的表示.

证明 直接验证有 $(V,\beta;\rho_R)$ 是 Hom-李代数 G_R 的表示. 进而，对任意 $\boldsymbol{x}\in G$ 和 $\boldsymbol{u}\in V$，由式（5-12），有

$$
\begin{aligned}
&\rho_R(R\boldsymbol{x})R_V\boldsymbol{u}\\
&=\rho(R^2\boldsymbol{x})R_V\boldsymbol{u}-R_V(\rho(R\boldsymbol{x})R_V\boldsymbol{u})\\
&=R_V(\rho(R^2\boldsymbol{x})\boldsymbol{u}+\rho(R\boldsymbol{x})R_V\boldsymbol{u})-\rho(R\boldsymbol{x})\boldsymbol{u}-R_V^2\left(\rho(R\boldsymbol{x})\boldsymbol{u}+\rho(\boldsymbol{x})R_V\boldsymbol{u}\right)+R_V(\rho(\boldsymbol{x})\boldsymbol{u})\\
&=R_V(\rho(R^2\boldsymbol{x})\boldsymbol{u}-R_V(\rho(R\boldsymbol{x})\boldsymbol{u})+\rho(R\boldsymbol{x})R_V\boldsymbol{u}-R_V(\rho(\boldsymbol{x})R_V\boldsymbol{u}))-\\
&\quad\rho(R\boldsymbol{x})\boldsymbol{u}+R_V(\rho(\boldsymbol{x})\boldsymbol{u})\\
&=R_V(\rho_R(R\boldsymbol{x})\boldsymbol{u}+\rho_R(\boldsymbol{x})R_V\boldsymbol{u})-\rho_R(\boldsymbol{x})\boldsymbol{u}.
\end{aligned}
$$

因此，可得 $(V,\beta;\rho_R,R_V)$ 是修正罗巴 Hom-李代数 (G_R,R) 的表示. □

例 7 $(G,\alpha;\mathrm{ad}_R,R)$ 是修正罗巴 Hom-李代数 (G_R,R) 的伴随表示，其中对任意 $x,y\in G$,

$$\mathrm{ad}_R(\boldsymbol{x})\boldsymbol{y}=[R\boldsymbol{x},\boldsymbol{y}]-R[\boldsymbol{x},\boldsymbol{y}].$$

5.2 修正罗巴 Hom-李代数的上同调

这节引入修正罗巴 Hom-李代数的上同调理论，系数取自它的表示.

首先回顾 Hom-李代数的上同调理论[68]. 设 $(V,\beta;\rho)$ 是 Hom-李代数 $(G,[-,-],\alpha)$ 的表示. 记 $(G,[-,-],\alpha)$ 的 n-上链为

$$C_{\mathrm{HL}}^n(G,V):=\{f\in \mathrm{Hom}(G^{\otimes n},V)\mid \beta\circ f=f\circ\alpha^{\otimes n}\}.$$

上边缘算子 $\delta: C_{\mathrm{HL}}^n(G,V)\to C_{\mathrm{HL}}^{n+1}(G,V)$ 为

$$
\begin{aligned}
&\delta f(\boldsymbol{x}_1,\boldsymbol{x}_2,\cdots,\boldsymbol{x}_{n+1})\\
&=\sum_{i=1}^{n+1}(-1)^{n+1}\rho(\alpha^{n-1}(\boldsymbol{x}_i))f(\boldsymbol{x}_1,\cdots,\hat{\boldsymbol{x}}_i,\cdots,\boldsymbol{x}_{n+1})+\\
&\quad\sum_{1\leqslant i<j\leqslant n+1}(-1)^{i+j}f([\boldsymbol{x}_i,\boldsymbol{x}_j],\alpha(\boldsymbol{x}_1),\cdots,\hat{\boldsymbol{x}}_i,\cdots,\hat{\boldsymbol{x}}_j,\cdots,\alpha(\boldsymbol{x}_{n+1})),
\end{aligned}
\tag{5-17}
$$

其中 $f \in C^n_{\mathrm{HL}}(G,V)$， $\boldsymbol{x}_1,\boldsymbol{x}_2,\cdots,\boldsymbol{x}_{n+1} \in G$．则 $\delta^2=0$．记 $H^{\bullet}_{\mathrm{HL}}(G,V)$ 为上链复形 $(C^{\bullet}_{\mathrm{HL}}(G,V),\delta)$ 的上同调群.

首先，通过 Hom-李代数的上同调给出修正罗巴算子的上同调．设 $(V,\beta;\rho,R_V)$ 是修正罗巴 Hom-李代数 $(G,[-,-],\alpha,R)$ 的表示．回顾命题 5.6 和命题 5.7 给出一个新的 Hom-李代数 G_R 和 G_R 的一个表示 $V_R=(V,\beta;\rho_R)$．考虑 G_R 的上链复形，系数取自表示 V_R，为

$$(C^{\bullet}_{\mathrm{HL}}(G_R,V_R),\partial)=(\oplus_{n=0}^{\infty}C^{n+1}_{\mathrm{HL}}(G_R,V_R),\partial).$$

具体来说，

$$C^n_{\mathrm{HL}}(G_R,V_R):=\{f\in \mathrm{Hom}(G_R^{\otimes n},V_R)\mid \beta\circ f=f\circ\alpha^{\otimes n}\},$$

它的上边缘算子 $\partial: C^n_{\mathrm{HL}}(G_R,V_R)\to C^{n+1}_{\mathrm{HL}}(G_R,V_R)$ 为

$$\begin{aligned}
&\partial f(\boldsymbol{a}_1,\boldsymbol{a}_2,\cdots,\boldsymbol{a}_{n+1})\\
&=\sum_{i=1}^{n+1}(-1)^{n+1}\Big(\rho(R\alpha^{n-1}(\boldsymbol{a}_i))f(\boldsymbol{a}_1,\cdots,\hat{\boldsymbol{a}}_i,\cdots,\boldsymbol{a}_{n+1})-R_V\rho(\alpha^{n-1}(\boldsymbol{a}_i))f(\boldsymbol{a}_1,\cdots,\hat{\boldsymbol{a}}_i,\cdots,\boldsymbol{a}_{n+1})\Big)+\\
&\sum_{1\leqslant i<j\leqslant n+1}(-1)^{i+j}f([R\boldsymbol{a}_i,\boldsymbol{a}_j]+[\boldsymbol{a}_i,R\boldsymbol{a}_j],\alpha(\boldsymbol{a}_1),\cdots,\hat{\boldsymbol{a}}_i,\cdots,\hat{\boldsymbol{a}}_j,\cdots,\alpha(\boldsymbol{a}_{n+1})),
\end{aligned}\tag{5-18}$$

其中 $f\in C^n_{\mathrm{HL}}(G_R,V_R)$，$\boldsymbol{a}_1,\boldsymbol{a}_2,\cdots,\boldsymbol{a}_{n+1}\in G_R$．

定义 5.10 设 $(V,\beta;\rho,R_V)$ 是修正罗巴 Hom-李代数 $(G,[-,-],\alpha,R)$ 的表示．则上链复形 $(C^{\bullet}_{\mathrm{HL}}(G_R,V_R),\partial)$ 称为修正罗巴算子 R 的上链复形，系数取自表示 $(V,\beta;\rho,R_V)$，记为 $(C^{\bullet}_{\mathrm{MRBO}}(G,V),\partial)$．上链复形 $(C^{\bullet}_{\mathrm{MRBO}}(G,V),\partial)$ 的上同调群记为 $H^{\bullet}_{\mathrm{MRBO}}(G,V)$，称为修正罗巴算子 R 的上同调群，系数取自表示 $(V,\beta;\rho,R_V)$．

特别地，当取 $(G,\alpha;\mathrm{ad}_R,R)$ 为修正罗巴 Hom-李代数 (G_R,R) 的伴随表示时，记 $(C^{\bullet}_{\mathrm{MRBO}}(G,V),\partial)$ 为 $(C^{\bullet}_{\mathrm{MRBO}}(G),\partial)$，称为修正罗巴算子 R 的上链复形，$(C^{\bullet}_{\mathrm{MRBO}}(G),\partial)$ 的上同调群记为 $H^{\bullet}_{\mathrm{MRBO}}(G)$，称为修正罗巴算子 R 的上同调群.

现在结合 Hom-李代数和修正罗巴算子的上同调构造出修正罗巴 Hom-李代数的上同调.

受到 WANG 和 ZHOU[69]关于构造带权罗巴结合代数的上同调启发，定义

如下的上链映射，对于 $n\geqslant 1$，定义

$$\Upsilon: C_{\mathrm{HL}}^{n}(G,V)\to C_{\mathrm{MRBO}}^{n}(G,V)$$

为：

当 n 为偶数时，

$$\begin{aligned}
&\Upsilon f(\boldsymbol{x}_1,\cdots,\boldsymbol{x}_n)\\
&=\sum_{i=1}^{\left[\frac{n}{2}\right]+1}\Big(\sum_{1\leqslant j_1<\cdots<j_{2i-2}\leqslant n} f(\boldsymbol{x}_1,\cdots,R\boldsymbol{x}_{j_1},\cdots,R\boldsymbol{x}_{j_{2i-2}},\cdots,\boldsymbol{x}_n)-\\
&R_V\sum_{1\leqslant j_1<\cdots<j_{2i-3}\leqslant n} f(\boldsymbol{x}_1,\cdots,R\boldsymbol{x}_{j_1},\cdots,R\boldsymbol{x}_{j_{2i-3}},\cdots,\boldsymbol{x}_n)\Big),
\end{aligned}\tag{5-19}$$

当 n 为奇数时，

$$\begin{aligned}
&\Upsilon f(\boldsymbol{x}_1,\cdots,\boldsymbol{x}_n)\\
&=\sum_{i=1}^{\left[\frac{n}{2}\right]+1}\Big(\sum_{1\leqslant j_1<\cdots<j_{2i-1}\leqslant n} f(\boldsymbol{x}_1,\cdots,R\boldsymbol{x}_{j_1},\cdots,R\boldsymbol{x}_{j_{2i-1}},\cdots,\boldsymbol{x}_n)-\\
&R_V\sum_{1\leqslant j_1<\cdots<j_{2i-2}\leqslant n} R_V f(\boldsymbol{x}_1,\cdots,R\boldsymbol{x}_{j_1},\cdots,R\boldsymbol{x}_{j_{2i-2}},\cdots,\boldsymbol{x}_n)\Big),
\end{aligned}\tag{5-20}$$

其中，符号 $\left[\frac{n}{2}\right]$ 表示不超过 $\frac{n}{2}$ 的最大整数. 另外，当 j_{2i-3} 的下标是负数时，f 是零映射.

例如，当 $n=1$ 时，由式（5-20），链映射 $\Upsilon: C_{\mathrm{HL}}^{1}(G,V)\to C_{\mathrm{MRBO}}^{1}(G,V)$ 为

$$\Upsilon f(\boldsymbol{x}_1)=f(R\boldsymbol{x}_1)-R_V f(\boldsymbol{x}_1).\tag{5-21}$$

引理 5.1 上面定义 $\Upsilon: C_{\mathrm{HL}}^{n}(G,V)\to C_{\mathrm{MRBO}}^{n}(G,V)$ 为上链映射，即 $\Upsilon\circ\delta=\partial\circ\Upsilon$. 换句话说，下面的图交换

$$\begin{array}{ccccccc}
C_{\mathrm{HL}}^{1}(G,V) & \xrightarrow{\delta} & C_{\mathrm{HL}}^{2}(G,V)\ \cdots & C_{\mathrm{HL}}^{n+1}(G,V) & \xrightarrow{\delta} & C_{\mathrm{HL}}^{n+1}(G,V) & \cdots\\
\downarrow\Upsilon & & \downarrow\Upsilon & \downarrow\Upsilon & & \downarrow\Upsilon & \\
C_{\mathrm{MRBO}}^{1}(G,V) & \xrightarrow[\partial]{} & C_{\mathrm{MRBO}}^{2}(G,V)\cdots & C_{\mathrm{MRBO}}^{n+1}(G,V) & \xrightarrow[\partial]{} & C_{\mathrm{MRBO}}^{n+1}(G,V) & \cdots
\end{array}$$

证明 这里只证明 $n=1$ 的情形，其他情形留给读者. 对任意 $f\in C^1_{\mathrm{HL}}(G,V)$，$\boldsymbol{x},\boldsymbol{y}\in G$，由式（5-17）至式（5-21），有

$$
\begin{aligned}
&\Upsilon(\delta f)(\boldsymbol{x},\boldsymbol{y})\\
&=(\delta f)(R\boldsymbol{x},R\boldsymbol{y})-R_V\big((\delta f)(R\boldsymbol{x},\boldsymbol{y})+(\delta f)(\boldsymbol{x},R\boldsymbol{y})\big)+(\delta f)(\boldsymbol{x},\boldsymbol{y})\\
&=\rho(R\boldsymbol{x})f(R\boldsymbol{y})-\rho(R\boldsymbol{y})f(R\boldsymbol{x})-\boldsymbol{f}([R\boldsymbol{x},R\boldsymbol{y}])-\\
&\quad R_V(\rho(R\boldsymbol{x})f(\boldsymbol{y})-\rho(\boldsymbol{y})f(R\boldsymbol{x})-f([R\boldsymbol{x},\boldsymbol{y}]))-\\
&\quad R_V(\rho(\boldsymbol{x})f(R\boldsymbol{y})-\rho(R\boldsymbol{y})f(\boldsymbol{x})-f([\boldsymbol{x},R\boldsymbol{y}]))+\\
&\quad \rho(\boldsymbol{x})f(\boldsymbol{y})-\rho(\boldsymbol{y})f(\boldsymbol{x})-f([\boldsymbol{x},\boldsymbol{y}])\\
&=\rho(R\boldsymbol{x})f(R\boldsymbol{y})-\rho(R\boldsymbol{y})f(R\boldsymbol{x})-f([R\boldsymbol{x},R\boldsymbol{y}])-\\
&\quad R_V(\rho(R\boldsymbol{x})f(\boldsymbol{y}))+R_V(\rho(\boldsymbol{y})f(R\boldsymbol{x}))+R_V(f([R\boldsymbol{x},\boldsymbol{y}]))-\\
&\quad R_V(\rho(\boldsymbol{x})f(R\boldsymbol{y}))+R_V(\rho(R\boldsymbol{y})f(\boldsymbol{x}))+R_V(f([\boldsymbol{x},R\boldsymbol{y}]))+\\
&\quad \rho(\boldsymbol{x})f(\boldsymbol{y})-\rho(\boldsymbol{y})f(\boldsymbol{x})-f([\boldsymbol{x},\boldsymbol{y}]),
\end{aligned}
\tag{5-22}
$$

$$
\begin{aligned}
&\partial(\Upsilon f)(\boldsymbol{x},\boldsymbol{y})\\
&=\rho_R(\boldsymbol{x})(\Upsilon f)(\boldsymbol{y})-\rho_R(\boldsymbol{y})(\Upsilon f)(\boldsymbol{x})-(\Upsilon f)([\boldsymbol{x},\boldsymbol{y}]_R)\\
&=\rho_R(\boldsymbol{x})(f(R\boldsymbol{y})-R_Vf(\boldsymbol{y}))-\rho_R(\boldsymbol{y})(f(R\boldsymbol{x})-R_Vf(\boldsymbol{x}))-(\Upsilon f)([R\boldsymbol{x},\boldsymbol{y}]+[\boldsymbol{x},R\boldsymbol{y}])\\
&=\rho(R\boldsymbol{x})f(R\boldsymbol{y})-R_V(\rho(\boldsymbol{x})f(R\boldsymbol{y}))-\rho(R\boldsymbol{x})R_Vf(\boldsymbol{y})+R_V(\rho(\boldsymbol{x})R_Vf(\boldsymbol{y}))-\\
&\quad \rho(R\boldsymbol{y})\boldsymbol{f}(R\boldsymbol{x})+R_V(\rho(\boldsymbol{y})\boldsymbol{f}(R\boldsymbol{x}))+\rho(R\boldsymbol{y})R_Vf(\boldsymbol{x})-R_V(\rho(\boldsymbol{y})R_Vf(\boldsymbol{x}))-\\
&\quad f(R[R\boldsymbol{x},\boldsymbol{y}])+R_V(f[R\boldsymbol{x},\boldsymbol{y}])-f(R[\boldsymbol{x},R\boldsymbol{y}])+R_V(f[\boldsymbol{x},R\boldsymbol{y}]).
\end{aligned}
\tag{5-23}
$$

利用式（5-4）、式（5-12）、式（5-15）和式（5-16），对比式（5-22）和式（5-23），可得 $\Upsilon\circ\delta=\partial\circ\Upsilon$. □

设 $(V,\beta;\rho,R_V)$ 是修正罗巴 Hom-李代数 $(G,[-,-],\alpha,R)$ 的表示. 定义修正罗巴 Hom-李代数 $(G,[-,-],\alpha,R)$ 的 1-上链为

$$C^1_{\mathrm{MRBHL}}(G,V)=C^1_{\mathrm{HL}}(G,V).$$

对于 $n\geqslant 2$，定义修正罗巴 Hom-李代数 $(G,[-,-],\alpha,R)$ 的 n-上链为

$$C^n_{\mathrm{MRBHL}}(G,V)=C^n_{\mathrm{HL}}(G,V)\oplus C^{n-1}_{\mathrm{MRBO}}(G,V).$$

定义 $d:C^1_{\mathrm{MRBHL}}(G,V)\to C^2_{\mathrm{MRBHL}}(G,V)$ 为

$$d(f)=(\delta f,-\Upsilon f),\quad \forall f\in C^1_{\mathrm{MRBHL}}(G,V).$$

对于 $n\geqslant 2$，定义 $d:C^n_{\mathrm{MRBHL}}(G,V)\to C^{n+1}_{\mathrm{MRBHL}}(G,V)$ 为

$$d(f,g)=(\delta f,-\partial g-\Upsilon f),\quad \forall (f,g)\in C^n_{\mathrm{MRBHL}}(G,V).$$

由引理 5.1，可得下面定理.

定理 5.1 上面定义的映射 d 为上边缘算子，即 $d^2=0$.

因此，由定理 5.1 可得，上链复形 $(C^n_{\mathrm{MRBHL}}(G,V),d)$ 称为修正罗巴 Hom-李代数 $(G,[-,-],\alpha,R)$ 的上链复形，系数取自表示 $(V,\beta;\rho,R_V)$. 上链复形的上同调群记为 $H^n_{\mathrm{MRBHL}}(G,V)$ 称为修正罗巴 Hom-李代数 $(G,[-,-],\alpha,R)$ 的上同调群，系数取自表示 $(V,\beta;\rho,R_V)$.

特别地，当取 $(G,\alpha;\mathrm{ad},R)$ 为修正罗巴 Hom-李代数 $(G,[-,-],\alpha,R)$ 的伴随表示时，分别记 $(C^n_{\mathrm{MRBHL}}(G,V),d)$, $H^n_{\mathrm{MRBHL}}(G,V)$ 为 $(C^n_{\mathrm{MRBHL}}(G),d)$, $H^n_{\mathrm{MRBHL}}(G)$，称为修正罗巴 Hom-李代数 $(G,[-,-],\alpha,R)$ 的上链复形和上同调群.

显然，存在一个上链复形的短正合序列：

$$0\to C^{\bullet-1}_{\mathrm{MBRO}}(G,V)\xrightarrow{\mathrm{inc}}C^{\bullet}_{\mathrm{MRBHL}}(G,V)\xrightarrow{\mathrm{proj}}C^{\bullet}_{\mathrm{HL}}(G,V)\to 0,$$

其中 inc 和 proj 分别是包含映射和投影映射. 因此，诱导一个长正合的上同调序列：

$$\cdots\to H^n_{\mathrm{MRBHL}}(G,V)\to H^n_{\mathrm{HL}}(G,V)\to H^n_{\mathrm{MRBO}}(G,V)\to$$
$$H^{n+1}_{\mathrm{MRBHL}}(G,V)\to H^{n+1}_{\mathrm{HL}}(G,V)\to\cdots$$

5.3 修正罗巴 Hom-李代数的形式形变

这节研究修正罗巴 Hom-李代数的形式形变. 设 $K[\boldsymbol{t}]$ 是变量 $\boldsymbol{t}$ 的幂级数环，$G[\boldsymbol{t}]$ 是 G 上的形式幂级数. 如果 $(G,[-,-],\alpha)$ 为 Hom-李代数，则 $G[\boldsymbol{t}]$ 上自然有一个 Hom-李代数结构，其中

$$\left[\sum_{i=0}^{\infty}\boldsymbol{x}_i\,\boldsymbol{t}^i,\sum_{j=0}^{\infty}\boldsymbol{y}_j\,\boldsymbol{t}^j\right]=\sum_{s=0}^{\infty}\sum_{i+j=s}[\boldsymbol{x}_i,\boldsymbol{y}_j]\,\boldsymbol{t}^s$$

定义 5.11 修正罗巴 Hom-李代数 $(G,[-,-],\alpha,R)$ 的形式形变是一个序对 (F_t,R_t)，其中，

$$F_t=\sum_{i=0}^{\infty}F_i\boldsymbol{t}^i,$$

$$R_t=\sum_{i=0}^{\infty}R_i\boldsymbol{t}^i,$$

使得下列条件成立：

（1）$(F_i,R_i)\in C^2_{\mathrm{MRBHL}}(G)$；

（2）$F_0=[-,-],R_0=R$；

（3）$(G[\boldsymbol{t}],F_t,\alpha,R_t)$ 是 $K[\boldsymbol{t}]$ 上的修正罗巴 Hom-李代数.

设 (F_t,R_t) 是上面定义的形式形变，则对任意 $x,y,z\in G$，式（5-24）须成立：

$$\begin{aligned}
&F_t(\boldsymbol{x},\boldsymbol{y})+F_t(\boldsymbol{y},\boldsymbol{x})=0,\\
&\alpha(F_t(\boldsymbol{x},\boldsymbol{y}))=F_t(\alpha(\boldsymbol{x}),\alpha(\boldsymbol{y})),\\
&F_t(\alpha(\boldsymbol{x}),F_t(\boldsymbol{y},\boldsymbol{z}))+F_t(\alpha(\boldsymbol{z}),F_t(\boldsymbol{x},\boldsymbol{y}))+F_t(\alpha(\boldsymbol{y}),F_t(\boldsymbol{z},\boldsymbol{x}))=0,\\
&\alpha(R_t\boldsymbol{x})=R_t\alpha(\boldsymbol{x}),\\
&F_t(R_t\boldsymbol{x},R_t\boldsymbol{y})=R_t(F_t(R_t\boldsymbol{x},\boldsymbol{y})+F_t(\boldsymbol{x},R_t\boldsymbol{y}))-F_t(\boldsymbol{x},\boldsymbol{y}).
\end{aligned}\tag{5-24}$$

对比上面等式两边 $\boldsymbol{t}^n$ 的系数，式（5-24）等价于式（5-25）：

$$\begin{aligned}
&F_n(\boldsymbol{x},\boldsymbol{y})+F_n(\boldsymbol{y},\boldsymbol{x})=0,\\
&\alpha(F_n(\boldsymbol{x},\boldsymbol{y}))=F_n(\alpha(\boldsymbol{x}),\alpha(\boldsymbol{y})),\\
&\sum_{i=0}^{n}(F_i(\alpha(\boldsymbol{x}),F_{n-i}(\boldsymbol{y},\boldsymbol{z}))+F_i(\alpha(\boldsymbol{z}),F_{n-i}(\boldsymbol{x},\boldsymbol{y}))+\\
&F_i(\alpha(\boldsymbol{y}),F_{n-i}(\boldsymbol{z},\boldsymbol{x}))=0,\\
&\alpha(R_n\boldsymbol{x})=R_n\alpha(\boldsymbol{x}),\\
&\sum_{i+j+k=n}F_i(R_j\boldsymbol{x},R_k\boldsymbol{y})=\\
&\sum_{i+j+k=n}R_i(F_j(R_k\boldsymbol{x},\boldsymbol{y})+F_j(\boldsymbol{x},R_k\boldsymbol{y}))-F_n(\boldsymbol{x},\boldsymbol{y}).
\end{aligned}\tag{5-25}$$

注意到对于 $n=0$，式（5-25）等价于 (G,F_0,α,R_0) 为修正罗巴 Hom-李代数.

命题 5.8 设 (F_t,R_t) 是修正罗巴 Hom-李代数 $(G,[-,-],\alpha,R)$ 的形式形变，则 (F_1,R_1) 是复形 $(C^n_{\mathrm{MRBHL}}(G),d)$ 的 2-上闭链.

证明 对于 $n=1$，式（5-25）为

$$
\begin{aligned}
&F_1(\boldsymbol{x},\boldsymbol{y})+F_1(\boldsymbol{y},\boldsymbol{x})=0,\\
&\alpha(F_1(\boldsymbol{x},\boldsymbol{y}))=F_1(\alpha(\boldsymbol{x}),\alpha(\boldsymbol{y})),\\
&[\alpha(\boldsymbol{x}),F_1(\boldsymbol{y},\boldsymbol{z})]+F_1(\alpha(\boldsymbol{x}),[\boldsymbol{y},\boldsymbol{z}])+[\alpha(\boldsymbol{z}),F_1(\boldsymbol{x},\boldsymbol{y})]+\\
&F_1(\alpha(\boldsymbol{z}),[\boldsymbol{x},\boldsymbol{y}])+[\alpha(\boldsymbol{y}),F_1(\boldsymbol{z},\boldsymbol{x})]+F_1(\alpha(\boldsymbol{y}),[\boldsymbol{z},\boldsymbol{x}])=0,\\
&\alpha(R_1\boldsymbol{x})=R_1\alpha(\boldsymbol{x}),\\
&F_1(R\boldsymbol{x},R\boldsymbol{y})+[R_1\boldsymbol{x},R\boldsymbol{y}]+[R\boldsymbol{x},R_1\boldsymbol{y}]=R_1([R\boldsymbol{x},\boldsymbol{y}]+[\boldsymbol{x},R\boldsymbol{y}])+\\
&R(F_1(R\boldsymbol{x},\boldsymbol{y})+F_1(\boldsymbol{x},R\boldsymbol{y}))+([R_1\boldsymbol{x},\boldsymbol{y}]+[\boldsymbol{x},R_1\boldsymbol{y}])-F_1(\boldsymbol{x},\boldsymbol{y}).
\end{aligned}
\tag{5-26}
$$

因此，由式（5-26）可得

$$d(F_1,R_1)=(\delta F_1,-\partial R_1-\Upsilon F_1)=0,$$

即 (F_1,R_1) 是 2-上闭链. □

定义 5.12 2-上闭链 (F_1,R_1) 称为修正罗巴 Hom-李代数 $(G,[-,-],\alpha,R)$ 的形式形变 (F_t,R_t) 的无穷小.

定义 5.13 设 (F_t,R_t) 和 (F_t',R_t') 是修正罗巴 Hom-李代数 $(G,[-,-],\alpha,R)$ 的 2 个形式形变. 如果存在一个从 $(G[\boldsymbol{t}],F_t',\alpha,R_t')$ 到 $(G[\boldsymbol{t}],F_t,\alpha,R_t)$ 的形式同构

$$\Psi_t=\sum_{i\geqslant 0}\psi_i\,\boldsymbol{t}^i:G[\boldsymbol{t}]\to G[\boldsymbol{t}],$$

其中 $\psi_i:G\to G$ 为线性映射，$\psi_0=\mathrm{id}_G$，使得对任意 $\boldsymbol{x},\boldsymbol{y}\in G$,

$$
\begin{aligned}
\Psi_t(F_t'(\boldsymbol{x},\boldsymbol{y}))&=F_t(\Psi_t(\boldsymbol{x}),\Psi_t(\boldsymbol{y})),\\
\Psi_t(R_t\boldsymbol{x})&=R_t\Psi_t(\boldsymbol{x}),\\
\Psi_t(\alpha(\boldsymbol{x}))&=\alpha(\Psi_t(\boldsymbol{x})),
\end{aligned}
\tag{5-27}
$$

则称形式形变 (F_t,R_t) 和 (F_t',R_t') 等价.

命题 5.9 两个等价的形式形变的无穷小在 $H^2_{\mathrm{MRBHL}}(G)$ 中属于相同的上同调类.

证明 设 $\Psi_t:(G[\boldsymbol{t}],F_t',\alpha,R_t')\to(G[\boldsymbol{t}],F_t,\alpha,R_t)$ 为一个形式同构，展开式（5-

27），比较 $\boldsymbol{t}$ 的系数，可得

$$F_1'(\boldsymbol{x},\boldsymbol{y}) = F_1(\boldsymbol{x},\boldsymbol{y}) + [\psi_1(\boldsymbol{x}),\boldsymbol{y}] + [\boldsymbol{x},\psi_1(\boldsymbol{y})] - \psi_1[\boldsymbol{x},\boldsymbol{y}],$$
$$R_1(\boldsymbol{x}) = R_1(\boldsymbol{x}) + R\psi_1(\boldsymbol{x}) - \psi_1(R\boldsymbol{x}),$$
$$\psi_1(\alpha(\boldsymbol{x})) - \alpha(\psi_1(\boldsymbol{x})) = 0,$$

因此，$F_1'(\boldsymbol{x},\boldsymbol{y}) = F_1'(\boldsymbol{x},\boldsymbol{y}) + \delta\psi_1(\boldsymbol{x},\boldsymbol{y})$，$R_1'(\boldsymbol{x}) = R_1(\boldsymbol{x}) - \varPhi\psi_1(\boldsymbol{x})$，即

$$\begin{aligned}(F_1',R_1') &= (F_1,R_1) + (\delta\psi_1, -\varPhi\psi_1)\\ &= (F_1,R_1) + d\psi_1,\end{aligned}$$

这意味着 (F_1',R_1') 和 (F_1,R_1) 在 $H^2_{\mathrm{MRBHL}}(G)$ 中属于相同的上同调类. □

定义 5.14 如果修正罗巴 Hom-李代数 $(G,[-,-],\alpha,R)$ 的形式形变 (F_t,R_t) 和 (F_0,R_0) 等价，则称形式形变 (F_t,R_t) 为平凡的.

定义 5.15 如果 $(G,[-,-],\alpha,R)$ 的每一个形式形变 (F_t,R_t) 都是平凡的，则称修正罗巴 Hom-李代数 $(G,[-,-],\alpha,R)$ 为分析刚性的.

定理 5.2 设 $(G,[-,-],\alpha,R)$ 为修正罗巴 Hom-李代数，如果 $H^2_{\mathrm{MRBHL}}(G)=0$，则修正罗巴 Hom-李代数 $(G,[-,-],\alpha,R)$ 为分析刚性.

证明 设 (F_t,R_t) 为修正罗巴 Hom-李代数 $(G,[-,-],\alpha,R)$ 的形式形变. 则由命题 5.8，(F_1,R_1) 是一个 2-上闭链. 又 $H^2_{\mathrm{MRBHL}}(G)=0$，则存在一个 1-上链 $\psi_1 \in C^1_{\mathrm{MRBHL}}(G)$，使得

$$(F_1,R_1) = d\psi_1. \tag{5-28}$$

置 $\varPsi_t = \mathrm{id}_G - \psi_1\boldsymbol{t}$，可得形式形变 $(\bar{F}_t,\bar{R}_t)$，其中

$$\begin{aligned}\bar{F}_t(\boldsymbol{x},\boldsymbol{y}) &= \left(\varPsi_t^{-1}\circ F_t\circ(\varPsi_t\otimes\varPsi_t)\right)(\boldsymbol{x},\boldsymbol{y}),\\ \bar{R}_t(\boldsymbol{x}) &= \left(\varPsi_t^{-1}\circ R_t\circ\varPsi_t\right)(\boldsymbol{x}),\end{aligned} \tag{5-29}$$

从而，$(\bar{F}_t,\bar{R}_t)$ 等价于 (F_t,R_t). 进而展开式（5-29），可得

$$\begin{aligned}\bar{F}_t(\boldsymbol{x},\boldsymbol{y}) &= \left(\mathrm{id}_G + \psi_1\boldsymbol{t} + \psi_1^2\boldsymbol{t}^2 + \cdots + \psi_1^i\boldsymbol{t}^i + \cdots\right)\\ &\quad (F_t(\boldsymbol{x}-\psi_1(\boldsymbol{x})\boldsymbol{t}, \boldsymbol{y}-\psi_1(\boldsymbol{y})\boldsymbol{t})),\\ \bar{R}_t(\boldsymbol{x}) &= \left(\mathrm{id}_G + \psi_1\boldsymbol{t} + \psi_1^2\boldsymbol{t}^2 + \cdots + \psi_1^i\boldsymbol{t}^i + \cdots\right)(R_t(\boldsymbol{x}-\psi_1(\boldsymbol{x})\boldsymbol{t}).\end{aligned} \tag{5-30}$$

因此,

$$\overline{F}_t(\boldsymbol{x},\boldsymbol{y}) = F_0(\boldsymbol{x},\boldsymbol{y}) + \big(F_1(\boldsymbol{x},\boldsymbol{y}) - [\boldsymbol{x},\psi_1(\boldsymbol{y})] - [\psi_1(\boldsymbol{x}),\boldsymbol{y}] + \psi_1([\boldsymbol{x},\boldsymbol{y}])\big)\boldsymbol{t} + \overline{F}_2(\boldsymbol{x},\boldsymbol{y})\boldsymbol{t}^2 + \cdots,$$

$$\overline{R}_t\boldsymbol{x} = R_0\boldsymbol{x} + \big(R_1\boldsymbol{x} - R\psi_1(\boldsymbol{x}) + \psi_1(R\boldsymbol{x})\big)\boldsymbol{t} + \overline{R}_2(\boldsymbol{x})\boldsymbol{t}^2 + \cdots.$$

由式（5-28），有

$$\overline{F}_t(\boldsymbol{x},\boldsymbol{y}) = F_0(\boldsymbol{x},\boldsymbol{y}) + \overline{F}_2(\boldsymbol{x},\boldsymbol{y})\boldsymbol{t}^2 + \cdots,$$

$$\overline{R}_t(\boldsymbol{x}) = R_0\boldsymbol{x} + \overline{R}_2(\boldsymbol{x})\boldsymbol{t}^2 + \cdots.$$

重复上面的论证，可证得 (F_t,R_t) 等价于 (F_0,R_0). 因此，修正罗巴 Hom-李代数 $(G,[-,-],\alpha,R)$ 为分析刚性. □

5.4 修正罗巴 Hom-李代数的交换扩张

这节证明修正罗巴 Hom-李代数的任意交换扩张都有一个表示和 2-上闭链，进一步证明它们可被 2-阶上同调群分类.

定义 5.16 设 $(G,[-,-],\alpha,R)$ 为修正罗巴 Hom-李代数，$(V,[-,-],\beta,R_V)$ 为具有平凡李括号的修正罗巴 Hom-李代数. 如果存在一个修正罗巴 Hom-李代数同态的短正合列

$$0 \to (V,[-,-]_V,\beta,R_V) \xrightarrow{i} (\hat{G},[-,-]_{\hat{G}},\hat{\alpha},\hat{R}) \xrightarrow{p} (G,[-,-],\alpha,R) \to 0,$$

即存在一个交换图:

$$\begin{array}{ccccccccc}
0 & \to & (V,\beta) & \xrightarrow{i} & (\hat{G},\hat{\alpha}) & \xrightarrow{p} & (G,\alpha) & \to & 0 \\
 & & \downarrow R_V & & \downarrow \hat{R} & & \downarrow R & & \\
0 & \to & (V,\beta) & \xrightarrow[i]{} & (\hat{G},\hat{\alpha}) & \xrightarrow[p]{} & (G,\alpha) & \to & 0
\end{array}$$

使得 $R_V(\boldsymbol{u}) = \hat{R}(\boldsymbol{u}), \beta(\boldsymbol{u}) = \hat{\alpha}(\boldsymbol{u}), [\boldsymbol{u},\boldsymbol{v}]_{\hat{G}} = 0$, 对任意 $\boldsymbol{u},\boldsymbol{v} \in V$, 即 V 是 $\hat{G}$ 的交换理想. 则称 $(\hat{G},[-,-]_{\hat{G}},\hat{\alpha},\hat{R})$ 为 $(G,[-,-],\alpha,R)$ 通过 $(V,[-,-],\beta,R_V)$ 的一个交换扩张.

定义 5.17 $(G,[-,-],\alpha,R)$ 通过 $(V,[-,-],\beta,R_V)$ 的交换扩张 $(\hat{G},[-,-]_{\hat{G}},\hat{\alpha},\hat{R})$

的一个截面是线性映射 $s:G\to\hat{G}$ 使得 $p\circ s=\mathrm{id}_G$ 和 $\hat{\alpha}\circ s=s\circ\alpha$.

定义 5.18 设 $(\hat{G}_1,[-,-]_{\hat{G}_1},\hat{\alpha}_1,\hat{R}_1)$ 和 $(\hat{G}_2,[-,-]_{\hat{G}_2},\hat{\alpha}_2,\hat{R}_2)$ 为 $(G,[-,-],\alpha,R)$ 通过 $(V,[-,-],\beta,R_V)$ 的 2 个交换扩张. 如果存在修正罗巴 Hom-李代数同构映射 $\varphi:(\hat{G}_1,[-,-]_{\hat{G}_1},\hat{\alpha}_1,\hat{R}_1)\to(\hat{G}_2,[-,-]_{\hat{G}_2},\hat{\alpha}_2,\hat{R}_2)$ 使得图表（5-31）交换

$$\begin{array}{ccccccccc} 0 & \to & (V,[-,-]_V,\beta,R_V) & \xrightarrow{i_1} & (\hat{G}_1,[-,-]_{\hat{G}_1},\hat{\alpha}_1,\hat{R}_1) & \xrightarrow{p_1} & (G,[-,-],\alpha,R) & \to & 0 \\ & & \downarrow \mathrm{id}_V & & \downarrow \varphi & & \downarrow \mathrm{id}_G & & \\ 0 & \to & (V,[-,-]_V,\beta,R_V) & \xrightarrow[i_2]{} & (\hat{G}_2,[-,-]_{\hat{G}_2},\hat{\alpha}_2,\hat{R}_2) & \xrightarrow[p_2]{} & (G,[-,-],\alpha,R) & \to & 0 \end{array}, \tag{5-31}$$

则称 $(G,[-,-],\alpha,R)$ 通过 $(V,[-,-],\beta,R_V)$ 的 2 个交换扩张 $(\hat{G}_1,[-,-]_{\hat{G}_1},\hat{\alpha}_1,\hat{R}_1)$ 和 $(\hat{G}_2,[-,-]_{\hat{G}_2},\hat{\alpha}_2,\hat{R}_2)$ 是等价的.

设 $(\hat{G},[-,-]_{\hat{G}},\hat{\alpha},\hat{R})$ 为 $(G,[-,-],\alpha,R)$ 通过 $(V,[-,-],\beta,R_V)$ 的交换扩张且 $s:G\to\hat{G}$ 是它的一个截面. 定义线性映射 $\rho:G\to\mathrm{End}(V)$ 为

$$\rho(\boldsymbol{x})\boldsymbol{v}=[s(\boldsymbol{x}),\boldsymbol{v}]_{\hat{G}},\quad \forall\boldsymbol{x}\in G,\boldsymbol{v}\in V.$$

命题 5.10 沿用上面的记号，$(V,\beta;\rho,R_V)$ 是修正罗巴 Hom-李代数 $(G,[-,-],\alpha,R)$ 的表示，且不依赖于截面 s 的选取. 进一步，等价的交换扩张给出相同的表示.

证明 首先对任意交换扩张 $(\hat{G},[-,-]_{\hat{G}},\hat{\alpha},\hat{R})$ 的另一个截面 $s':G\to\hat{G}$，$x\in G$，有

$$p(s(x)-s'(x))=p(s(x))-p(s'(x))=x-x=0.$$

因此，存在 $\boldsymbol{u}\in V$, 使得 $s'(\boldsymbol{x})=s(\boldsymbol{x})+\boldsymbol{u}$. 由于 V 是 $\hat{G}$ 的交换理想，可得

$$[s'(\boldsymbol{x}),\boldsymbol{v}]_{\hat{G}}=[s(\boldsymbol{x})+\boldsymbol{u},\boldsymbol{v}]_{\hat{G}}=[s(\boldsymbol{x}),\boldsymbol{v}]_{\hat{G}},$$

即 ρ 不依赖于截面 s 的选取.

其次，对任意 $\boldsymbol{x},\boldsymbol{y}\in G,\boldsymbol{u}\in V$, 由 V 是 $\hat{G}$ 的交换理想及 $[s(\boldsymbol{x}),s(\boldsymbol{y})]_{\hat{G}}-s[\boldsymbol{x},\boldsymbol{y}]\in V$, 可得

$$\begin{aligned}\rho(\alpha(\boldsymbol{x}))\beta(\boldsymbol{v}) &= [s(\alpha(\boldsymbol{x})), \beta(\boldsymbol{v})]_{\hat{G}} \\ &= [\hat{\alpha}(\boldsymbol{s}(\boldsymbol{x})), \hat{\alpha}(\boldsymbol{v})]_{\hat{G}} \\ &= \hat{\alpha}[s(\boldsymbol{x}), \boldsymbol{v}]_{\hat{G}} \\ &= \beta[s(\boldsymbol{x}), \boldsymbol{v}]_{\hat{G}} \\ &= \beta(\rho(\boldsymbol{x})\boldsymbol{v})\end{aligned}$$

和

$$\begin{aligned}&\rho(\alpha(\boldsymbol{x}))\rho(\boldsymbol{y})\boldsymbol{u} - \rho(\alpha(\boldsymbol{y}))\rho(\boldsymbol{x})\boldsymbol{u} \\ &= [s(\alpha(\boldsymbol{x})),[s(\boldsymbol{y}),\boldsymbol{u}]_{\hat{G}}]_{\hat{G}} - [s(\alpha(\boldsymbol{y})),[s(\boldsymbol{x}),\boldsymbol{u}]_{\hat{G}}]_{\hat{G}} \\ &= [\hat{\alpha}(s(\boldsymbol{x})),[s(\boldsymbol{y}),\boldsymbol{u}]_{\hat{G}}]_{\hat{G}} + [\hat{\alpha}(s(\boldsymbol{y})),[\boldsymbol{u},s(\boldsymbol{x})]_{\hat{G}}]_{\hat{G}} \\ &= -[\hat{\alpha}(\boldsymbol{u}),[s(\boldsymbol{x}),\boldsymbol{s}(\boldsymbol{y})]_{\hat{G}}]_{\hat{G}} \\ &= [[s(\boldsymbol{x}),s(\boldsymbol{y})]_{\hat{G}},\beta(\boldsymbol{u})]_{\hat{G}} \\ &= [s([\boldsymbol{x},\boldsymbol{y}]),\beta(\boldsymbol{u})]_{\hat{G}} \\ &= \rho([\boldsymbol{x},\boldsymbol{y}])\beta(\boldsymbol{u}).\end{aligned}$$

从而，$(V,\beta;\rho)$ 是 Hom-李代数 $(G,[-,-],\alpha)$ 的表示.

另一方面，由 $\hat{R}s(\boldsymbol{x})-s(R\boldsymbol{x})\in V$ ，有

$$\begin{aligned}\rho(R\boldsymbol{x})R_V\boldsymbol{u}) &= [s(R\boldsymbol{x}),R_V\boldsymbol{u}]_{\hat{G}} \\ &= [\hat{R}s(\boldsymbol{x}),\hat{R}\boldsymbol{u}]_{\hat{G}} \\ &= \hat{R}([\hat{R}s(\boldsymbol{x}),\boldsymbol{u}]_{\hat{G}} + [s(\boldsymbol{x}),\hat{R}\boldsymbol{u}]_{\hat{G}}) - [s(\boldsymbol{x}),\boldsymbol{u}]_{\hat{G}} \\ &= R_V([s(R\boldsymbol{x}),\boldsymbol{u}]_{\hat{G}} + [s(\boldsymbol{x}),R_V\boldsymbol{u}]_{\hat{G}}) - [s(\boldsymbol{x}),\boldsymbol{u}]_{\hat{G}} \\ &= R_V(\rho(R\boldsymbol{x})\boldsymbol{u} + \rho(\boldsymbol{x})R_V\boldsymbol{u}) - \rho(\boldsymbol{x})\boldsymbol{u}.\end{aligned}$$

因此，$(V,\beta;\rho,R_V)$ 是修正罗巴 Hom-李代数 $(G,[-,-],\alpha,R)$ 的表示.

假设 $(\hat{G}_1,[-,-]_{\hat{G}_1},\hat{\alpha}_1,\hat{R}_1)$ 和 $(\hat{G}_2,[-,-]_{\hat{G}_2},\hat{\alpha}_2,\hat{R}_2)$ 为 $(G,[-,-],\alpha,R)$ 通过 $(V,[-,-],\beta,R_V)$ 的 2 个等价交换扩张，即存在修正罗巴 Hom-李代数同构映射 $\phi:(\hat{G}_1,[-,-]_{\hat{G}_1},\hat{\alpha}_1,\hat{R}_1)\to(\hat{G}_2,[-,-]_{\hat{G}_2},\hat{\alpha}_2,\hat{R}_2)$ 使得图表(5-31)交换. 设 $s_1:G\to\hat{G}_1$ 和 $s_2:G\to\hat{G}_2$ 分别为 $(\hat{G}_1,[-,-]_{\hat{G}_1},\hat{\alpha}_1,\hat{R}_1)$ 和 $(\hat{G}_2,[-,-]_{\hat{G}_2},\hat{\alpha}_2,\hat{R}_2)$ 的截面，从而

$$(p_2\varphi)s_1(\boldsymbol{x}) = p_1s_1(\boldsymbol{x}) = \boldsymbol{x} = p_2s_2(\boldsymbol{x}),$$

则 $\varphi s_1(\boldsymbol{x})-s_2(\boldsymbol{x})\in\ker(p_2)\cong V$. 进一步，由 $\varphi:(\hat{G}_1,[-,-]_{\hat{G}_1},\hat{\alpha}_1,\hat{R}_1)\to(\hat{G}_2,[-,-]_{\hat{G}_2},\hat{\alpha}_2,\hat{R}_2)$ 是修正罗巴 Hom-李代数同构映射使得 $\phi|_V=\mathrm{id}_V$,

$$[s_1(\boldsymbol{x}),\boldsymbol{u}]_{\hat{G}_1}=\varphi[s_1(\boldsymbol{x}),\boldsymbol{u}]_{\hat{G}_1}=[\varphi s_1(\boldsymbol{x}),\varphi(\boldsymbol{u})]_{\hat{G}_2}=[s_2(\boldsymbol{x}),\boldsymbol{u}]_{\hat{G}_2}.$$

因此，等价的交换扩张给出相同的表示. □

设 $(\hat{G},[-,-]_{\hat{G}},\hat{\alpha},\hat{R})$ 为 $(G,[-,-],\alpha,R)$ 通过 $(V,[-,-],\beta,R_V)$ 的交换扩张且 $s:G\to\hat{G}$ 是它的一个截面. 进一步定义线性映射 $\omega:G\times G\to V$ 和 $\chi:G\to V$ 分别为

$$\omega(\boldsymbol{x},\boldsymbol{y})=[s(\boldsymbol{x}),s(\boldsymbol{y})]_{\hat{G}}-s([\boldsymbol{x},\boldsymbol{y}]),$$

$$\chi(\boldsymbol{x})=\hat{R}s(\boldsymbol{x})-s(R\boldsymbol{x}),\qquad\forall\boldsymbol{x},\boldsymbol{y}\in G.$$

下面赋予 $G\oplus V$ 一个李括号 $[-,-]_\omega$, 一个线性映射 $\alpha\oplus\beta$ 和一个修正罗巴算子 R_χ 结构，将 $\hat{G}$ 上修正罗巴 Hom-李代数结构转移到 $G\oplus V$ 上,

$$[\boldsymbol{x}+\boldsymbol{u},\boldsymbol{y}+\boldsymbol{v}]_\omega=[\boldsymbol{x},\boldsymbol{y}]+\rho(\boldsymbol{x})\boldsymbol{v}-\rho(\boldsymbol{b})\boldsymbol{u}+\omega(\boldsymbol{x},\boldsymbol{y}),$$

$$\alpha\oplus\beta(\boldsymbol{x}+\boldsymbol{u})=\alpha(\boldsymbol{x})+\beta(\boldsymbol{u}),$$

$$R_\chi(\boldsymbol{x}+\boldsymbol{u})=R\boldsymbol{x}+\chi(\boldsymbol{x})+R_V\boldsymbol{u},\qquad\forall\boldsymbol{x},\boldsymbol{y}\in\boldsymbol{G},\boldsymbol{u},\boldsymbol{v}\in\boldsymbol{V}.$$

命题 5.11 四元组 $(G\oplus V,[-,-]_\omega,\alpha\oplus\beta,R_\chi)$ 是修正罗巴 Hom-李代数当且仅当 (ω,χ) 是修正罗巴 Hom-李代数 $(G,[-,-],\alpha,R)$ 的一个 2-上闭链，其系数取自表示 $(V,\beta;\rho,R_V)$. 此时

$$0\to(V,[-,-]_V,\beta,R_V)\xrightarrow{i}(G\oplus V,[-,-]_\omega,\alpha\oplus\beta,R_\chi)\xrightarrow{p}(G,[-,-],\alpha,R)\to0$$

是一个交换扩张.

证明 四元组 $(G\oplus V,[-,-]_\omega,\alpha\oplus\beta,R_\chi)$ 是修正罗巴 Hom-李代数当且仅当对任意 $\boldsymbol{x},\boldsymbol{y},\boldsymbol{z}\in G,\boldsymbol{u},\boldsymbol{v},\boldsymbol{w}\in V$, 式（5-32）至式（5-36）成立:

$$[\boldsymbol{x}+\boldsymbol{u},\boldsymbol{y}+\boldsymbol{v}]_\omega=-[\boldsymbol{y}+\boldsymbol{v},\boldsymbol{x}+\boldsymbol{u}]_\omega,\tag{5-32}$$

$$\alpha\oplus\beta([\boldsymbol{x}+\boldsymbol{u},\boldsymbol{y}+\boldsymbol{v}]_\omega)=[\alpha(\boldsymbol{x})+\beta(\boldsymbol{u}),\alpha(\boldsymbol{y})+\beta(\boldsymbol{v})]_\omega,\tag{5-33}$$

$$\begin{aligned}&[\alpha(\boldsymbol{x})+\beta(\boldsymbol{u}),[\boldsymbol{y}+\boldsymbol{v},\boldsymbol{z}+\boldsymbol{w}]_\varpi]_\varpi+[\alpha(\boldsymbol{z})+\beta(\boldsymbol{w}),[\boldsymbol{x}+\boldsymbol{u},\boldsymbol{y}+\boldsymbol{v}]_\varpi]_\varpi+\\&[\alpha(\boldsymbol{y})+\beta(\boldsymbol{v}),[\boldsymbol{z}+\boldsymbol{w},\boldsymbol{x}+\boldsymbol{u}]_\varpi]_\varpi=0,\end{aligned}\tag{5-34}$$

$$R_\chi(\alpha(\boldsymbol{x})+\beta(\boldsymbol{u}))=\alpha\oplus\beta(R_\chi(\boldsymbol{x}+\boldsymbol{u})), \tag{5-35}$$

$$[R_\chi(\boldsymbol{x}+\boldsymbol{u}),R_\chi(\boldsymbol{y}+\boldsymbol{v})]_\omega = R_\chi\left([R_\chi(\boldsymbol{x}+\boldsymbol{u}),\boldsymbol{y}+\boldsymbol{v}]_\omega+[\boldsymbol{x}+\boldsymbol{u},R_\chi(\boldsymbol{y}+\boldsymbol{v})]_\omega\right)-[\boldsymbol{x}+\boldsymbol{u},\boldsymbol{y}+\boldsymbol{v}]_\omega. \tag{5-36}$$

进一步，式（5-32）至式（5-36）等价于

$$\omega(\boldsymbol{x},\boldsymbol{y})=-\omega(\boldsymbol{y},\boldsymbol{x}), \tag{5-37}$$

$$\beta(\omega(\boldsymbol{x},\boldsymbol{y}))=\omega(\alpha(\boldsymbol{x}),\alpha(\boldsymbol{y})), \tag{5-38}$$

$$\rho(\alpha(\boldsymbol{x}))\omega(\boldsymbol{y},\boldsymbol{z})-\rho(\alpha(\boldsymbol{y}))\omega(\boldsymbol{x},\boldsymbol{z})+\rho(\alpha(\boldsymbol{z}))\omega(\boldsymbol{x},\boldsymbol{y})- \omega([\boldsymbol{x},\boldsymbol{y}],\alpha(\boldsymbol{z}))+\omega([\boldsymbol{x},\boldsymbol{z}],\alpha(\boldsymbol{y}))-\omega([\boldsymbol{y},\boldsymbol{z}],\alpha(\boldsymbol{x}))=0, \tag{5-39}$$

$$\chi(\alpha(\boldsymbol{x}))=\beta(\chi(\boldsymbol{x})), \tag{5-40}$$

$$\omega(R\boldsymbol{x},R\boldsymbol{y})+\rho(R\boldsymbol{x})\chi(\boldsymbol{y})-\rho(R\boldsymbol{y})\chi(\boldsymbol{x})= \chi([R\boldsymbol{x},\boldsymbol{y}])+\chi([\boldsymbol{x},R\boldsymbol{y}])+R_V(\rho(\boldsymbol{x})\chi(\boldsymbol{y}))-R_V(\rho(\boldsymbol{y})\chi(\boldsymbol{x}))+ R_V(\omega(R\boldsymbol{x},\boldsymbol{y}))+R_V(\omega(\boldsymbol{x},R\boldsymbol{y}))-\omega(\boldsymbol{x},\boldsymbol{y}). \tag{5-41}$$

由式（5-39）和式（5-41），分别可得 $\delta\omega=0$ 和 $-\partial\chi-\Upsilon\omega=0$. 因此，

$$d(\omega,\chi)=(\delta\omega,-\partial\chi-\Upsilon\omega)=0,$$

即 (ω,χ) 是一个 2-上闭链.

反之，如果 (ω,χ) 是修正罗巴 Hom-李代数 $(G,[-,-],\alpha,R)$ 的一个 2-上闭链，其系数取自表示 $(V,\beta;\rho,R_V)$，则有 $d(\omega,\chi)=(\delta\omega,-\partial\chi-\Upsilon\omega)=0$，这意味着式（5-39）和式（5-41）成立. 因此，$(G\oplus V,[-,-]_\omega,\alpha\oplus\beta,R_\chi)$ 是修正罗巴 Hom-李代数. □

命题 5.12 设 $(\hat{G},[-,-]_{\hat{G}},\hat{\alpha},\hat{R})$ 为 $(G,[-,-],\alpha,R)$ 通过 $(V,[-,-],\beta,R_V)$ 的交换扩张且 $s:G\to\hat{G}$ 是它的一个截面. 如果 (ω,χ) 是使用截面 s 的构造的一个 2-上闭链，则它的上同调类不依赖于 s 的选择.

证明 设 $s_1,s_2:G\to\hat{G}$ 为 $(\hat{G},[-,-]_{\hat{G}},\hat{\alpha},\hat{R})$ 的两个不同的截面. 由命题 5.11，s_1 和 s_2 可得两个 2-上闭链，分别为 (ω_1,χ_1) 和 (ω_2,χ_2). 定义线性映射 $\lambda:G\to V$ 为 $\lambda(\boldsymbol{x})=s_1(\boldsymbol{x})-s_2(\boldsymbol{x})$，由命题 5.10，则

$$
\begin{aligned}
&\omega_1(\boldsymbol{x},\boldsymbol{y})\\
&=[s_1(\boldsymbol{x}),s_1(\boldsymbol{y})]_{\hat{G}}-s_1[\boldsymbol{x},\boldsymbol{y}]\\
&=[s_2(\boldsymbol{x})+\lambda(\boldsymbol{x}),s_2(\boldsymbol{y})+\lambda(\boldsymbol{y})]_{\hat{G}}-(s_2[\boldsymbol{x},\boldsymbol{y}]+\lambda[\boldsymbol{x},\boldsymbol{y}])\\
&=[s_2(\boldsymbol{x}),s_2(\boldsymbol{y})]_{\hat{G}}+[s_2(\boldsymbol{x}),\lambda(\boldsymbol{y})]_{\hat{G}}+[\lambda(\boldsymbol{x}),s_2(\boldsymbol{y})]_{\hat{G}}+[\lambda(\boldsymbol{x}),\lambda(\boldsymbol{y})]_{\hat{G}}-\\
&\quad(s_2[\boldsymbol{x},\boldsymbol{y}]+\lambda[\boldsymbol{x},\boldsymbol{y}])\\
&=[s_2(\boldsymbol{x}),s_2(\boldsymbol{y})]_{\hat{G}}-s_2[\boldsymbol{x},\boldsymbol{y}]+\rho(\boldsymbol{x})\lambda(\boldsymbol{y})-\rho(\boldsymbol{y})\lambda(\boldsymbol{x})-\lambda[\boldsymbol{x},\boldsymbol{y}]\\
&=\omega_2(\boldsymbol{x},\boldsymbol{y})+\delta\lambda(\boldsymbol{x},\boldsymbol{y}),
\end{aligned}
$$

$$
\begin{aligned}
\chi_1(\boldsymbol{x})&=\hat{R}s_1(\boldsymbol{x})-s_1(R\boldsymbol{x})\\
&=\hat{R}(s_2(\boldsymbol{x})+\lambda(\boldsymbol{x}))-(s_2(R\boldsymbol{x})+\lambda(R\boldsymbol{x}))\\
&=\hat{R}s_2(\boldsymbol{x})-s_2(R\boldsymbol{x})+\hat{R}\lambda(\boldsymbol{x})-\lambda(R\boldsymbol{x})\\
&=\chi_2(\boldsymbol{x})+R_V\lambda(\boldsymbol{x})-\lambda(R\boldsymbol{x})\\
&=\chi_2(\boldsymbol{x})-\Upsilon\lambda(\boldsymbol{x}).
\end{aligned}
$$

因此，

$$
\begin{aligned}
(\omega_1,\chi_1)-(\omega_2,\chi_2)&=(\delta\lambda,-\Upsilon\lambda)\\
&=d\lambda\in B^2_{\mathrm{MRBHL}}(G,V),
\end{aligned}
$$

即 (ω_1,χ_1) 和 (ω_2,χ_2) 在相同的上同调类. □

定理 5.3 修正罗巴 Hom-李代数 $(G,[-,-],\alpha,R)$ 通过 $(V,[-,-],\beta,R_V)$ 的交换扩张构成的等价类和第 2 上同调群 $H^2_{\mathrm{MRBHL}}(G,V)$ 之间是一一对应的.

证明 设 $(\hat{G}_1,[-,-]_{\hat{G}_1},\hat{\alpha}_1,\hat{R}_1)$ 和 $(\hat{G}_2,[-,-]_{\hat{G}_2},\hat{\alpha}_2,\hat{R}_2)$ 为修正罗巴 Hom-李代数 $(G,[-,-],\alpha,R)$ 通过 $(V,[-,-],\beta,R_V)$ 的 2 个等价交换扩张，即存在修正罗巴 Hom-李代数同构映射 $\varphi:(\hat{G}_1,[-,-]_{\hat{G}_1},\hat{\alpha}_1,\hat{R}_1)\to(\hat{G}_2,[-,-]_{\hat{G}_2},\hat{\alpha}_2,\hat{R}_2)$ 使得图表（5-31）交换. 设 s_1 是 $(\hat{G}_1,[-,-]_{\hat{G}_1},\hat{\alpha}_1,\hat{R}_1)$ 的一个截面映射，由 $p_2\circ\varphi=p_1$，可得

$$
p_2\circ(\varphi\circ s_1)=p_1\circ s_1=\mathrm{id}_G,
$$

即 $\varphi\circ s_1$ 是 $(\hat{G}_2,[-,-]_{\hat{G}_2},\hat{\alpha}_2,\hat{R}_2)$ 的一个截面映射. 记作

$$
s_2:=\varphi\circ s_1.
$$

由 φ 是 $\hat{G}_1$ 到 $\hat{G}_2$ 的修正罗巴 Hom-李代数同构映射使得 $\varphi|_V=\mathrm{id}_V$，可得

$$\begin{aligned}\omega_2(\boldsymbol{x},\boldsymbol{y})&=[s_2(\boldsymbol{x}),s_2(\boldsymbol{y})]_{\hat{G}_2}-s_2[\boldsymbol{x},\boldsymbol{y}]\\&=[\varphi s_1(\boldsymbol{x}),\varphi \boldsymbol{s}_1(\boldsymbol{y})]_{\hat{G}_2}-\varphi s_1[\boldsymbol{x},\boldsymbol{y}]\\&=\varphi([s_1(\boldsymbol{x}),s_1(\boldsymbol{y})]_{\hat{G}_1}-s_1[\boldsymbol{x},\boldsymbol{y}])\\&=\varphi\omega_1(\boldsymbol{x},\boldsymbol{y})\\&=\omega_1(\boldsymbol{x},\boldsymbol{y}),\end{aligned}$$

$$\begin{aligned}\chi_2(\boldsymbol{x})&=\hat{R}_2 s_2(\boldsymbol{x})-s_2(R\boldsymbol{x})\\&=\hat{R}_2\varphi(s_1(\boldsymbol{x}))-\varphi(s_1(R\boldsymbol{x}))\\&=\varphi(\hat{R}_1 s_1(\boldsymbol{x}))-\varphi(s_1(R\boldsymbol{x}))\\&=\varphi(\hat{R}_1 s_1(\boldsymbol{x})-s_1(R\boldsymbol{x}))\\&=\varphi(\chi_1(\boldsymbol{x}))\\&=\chi_1(\boldsymbol{x}),\end{aligned}$$

因此，所有等价的交换扩张在 $H^2_{\mathrm{MRBHL}}(G,V)$ 中对应相同的元素.

反之，给定 $H^2_{\mathrm{MRBHL}}(G,V)$ 中相同上同调类的两个 2-上闭链 (ω_1,χ_1) 和 (ω_2,χ_2), 则由命题 5.11 可以构造两个交换扩张：

$$0\to(V,[-,-]_V,\beta,R_V)\xrightarrow{i_1}(G\oplus V,[-,-]_{\omega_1},\alpha\oplus\beta,R_{\chi_1})\xrightarrow{p_1}(G,[-,-],\alpha,R)\to 0$$

和

$$0\to(V,[-,-]_V,\beta,R_V)\xrightarrow{i_2}(G\oplus V,[-,-]_{\omega_2},\alpha\oplus\beta,R_{\chi_2})\xrightarrow{p_2}(G,[-,-],\alpha,R)\to 0,$$

进一步，存在线性映射 $\lambda:G\to V$ 使得

$$(\omega_1,\chi_1)-(\omega_2,\chi_2)=(\delta\lambda,-\Upsilon\lambda)=d\lambda.$$

将线性映射 $\varphi_\lambda:G\oplus V\to G\oplus V$ 定义为

$$\varphi_\lambda(\boldsymbol{x},\boldsymbol{u})=\boldsymbol{x}+\lambda(\boldsymbol{x})+\boldsymbol{u},\forall\boldsymbol{x}+\boldsymbol{u}\in G\oplus V.$$

则 φ_λ 是这两个交换扩张 $(G\oplus V,[-,-]_{\omega_1},\alpha\oplus\beta,R_{\chi_1})$ 和 $(G\oplus V,[-,-]_{\omega_2},\alpha\oplus\beta,R_{\chi_2})$ 之间的同构映射. □

5.5 修正罗巴 Hom-李 2-代数和交叉模

首先回顾 Hom-李 2-代数的概念，它是 Hom-李代数的范畴化.

定义 5.19 [70] Hom-李 2-代数为一个五元组 $\Omega=(G_0,G_1,h,l_2,l_3,\alpha_0,\alpha_1)$，其中

（1）$h:G_1\to G_0$ 为线性映射，$\alpha_0\in\mathrm{End}(G_0)$ 和 $\alpha_1\in\mathrm{End}(G_1)$ 满足 $\alpha_0\circ h=h\circ\alpha_1$;

（2）$l_2:G_i\wedge G_j\to G_{i+j}(0\leqslant i+j\leqslant 1)$ 为双线性映射；

（3）$l_3:\wedge^3 G_0\to G_1$ 为斜对称三线性映射，满足 $\alpha_1\circ l_3=l_3\circ\alpha_0^{\otimes 3}$；

对任意的 $a,b,c,x\in G_0,u,v\in G_1$，满足：

$$\begin{aligned}&l_2(\boldsymbol{a},\boldsymbol{b})=-l_2(\boldsymbol{b},\boldsymbol{a}),\\&l_2(\boldsymbol{a},\boldsymbol{u})=-l_2(\boldsymbol{u},\boldsymbol{a}),\\&l_2(\boldsymbol{u},\boldsymbol{v})=0,\\&hl_2(\boldsymbol{a},\boldsymbol{u})=l_2(\boldsymbol{a},h(\boldsymbol{u})),\\&l_2(h(\boldsymbol{u}),\boldsymbol{v})=l_2(\boldsymbol{u},h(\boldsymbol{v})),\end{aligned}\tag{5-42}$$

$$\begin{aligned}&\alpha_0(l_2(\boldsymbol{a},\boldsymbol{b}))=l_2(\alpha_0(\boldsymbol{a}),\alpha_0(\boldsymbol{b})),\\&\alpha_1(l_2(\boldsymbol{a},\boldsymbol{u}))=l_2(\alpha_0(\boldsymbol{a}),\alpha_1(\boldsymbol{u})),\end{aligned}\tag{5-43}$$

$$\begin{aligned}hl_3(\boldsymbol{a},\boldsymbol{b},\boldsymbol{c})=&\,l_2(\alpha_0(\boldsymbol{a}),l_2(\boldsymbol{b},\boldsymbol{c}))+l_2(\alpha_0(\boldsymbol{b}),l_2(\boldsymbol{c},\boldsymbol{a}))+\\&\,l_2(\alpha_0(\boldsymbol{c}),l_2(\boldsymbol{a},\boldsymbol{b})),\\l_3(\boldsymbol{a},\boldsymbol{b},\boldsymbol{h}(\boldsymbol{u}))=&\,l_2(\alpha_0(\boldsymbol{a}),l_2(\boldsymbol{b},\boldsymbol{u}))+l_2(\alpha_0(\boldsymbol{b}),l_2(\boldsymbol{u},\boldsymbol{a}))+\\&\,l_2(\alpha_1(\boldsymbol{u}),l_2(\boldsymbol{a},\boldsymbol{b})),\end{aligned}\tag{5-44}$$

$$\begin{aligned}&(l_3(l_2(\boldsymbol{a},\boldsymbol{b}),\alpha_0(\boldsymbol{c}),\alpha_0(\boldsymbol{x}))+l_2(l_3(\boldsymbol{a},\boldsymbol{b},\boldsymbol{x}),\alpha_0^2(\boldsymbol{c}))+\\&l_3(\alpha_0(\boldsymbol{a}),l_2(\boldsymbol{b},\boldsymbol{x}),\alpha_0(\boldsymbol{c}))+l_3(l_2(\boldsymbol{a},\boldsymbol{x}),\alpha_0(\boldsymbol{b}),\alpha_0(\boldsymbol{c}))=\\&l_2(l_3(\boldsymbol{a},\boldsymbol{b},\boldsymbol{c}),\alpha_0^2(\boldsymbol{x}))+l_3(l_2(\boldsymbol{a},\boldsymbol{c}),\alpha_0(\boldsymbol{b}),\alpha_0(\boldsymbol{x}))+\\&l_3(\alpha_0(\boldsymbol{a}),l_2(\boldsymbol{b},\boldsymbol{c}),\alpha_0(\boldsymbol{x}))+l_2(\alpha_0^2(\boldsymbol{a}),l_3(\boldsymbol{b},\boldsymbol{c},\boldsymbol{x}))+\\&l_2(\boldsymbol{l}_3(\boldsymbol{a},\boldsymbol{c},\boldsymbol{x}),\alpha_0^2(\boldsymbol{b}))+l_3(\alpha_0(\boldsymbol{a}),l_2(\boldsymbol{c},\boldsymbol{x}),\alpha_0(\boldsymbol{b})).\end{aligned}\tag{5-45}$$

定义 5.20 修正罗巴 Hom 李 2-代数包括 Hom 李 2-代数 $\Omega=(G_0,G_1,h,l_2,$

$l_3,\alpha_0,\alpha_1)$ 和修正罗巴 2-算子 $\mathscr{R}=(R_0,R_1,R_2)$，其中

（1）$R_0:G_0\to G_0$ 是线性映射；

（2）$R_1:G_1\to G_1$ 是线性映射；

（3）$R_2:\wedge^2 G_0\to G_1$ 是斜对称双线性映射；

对任意 $a,b,c\in G_0,u\in G_1$, 使得式（5-46）至式（5-51）成立

$$R_0\circ h=h\circ R_1, \tag{5-46}$$

$$\begin{aligned}&R_0\circ\alpha_0=\alpha_0\circ R_0,\\&R_1\circ\alpha_1=\alpha_1\circ R_1,\end{aligned} \tag{5-47}$$

$$R_2(\alpha_0(\boldsymbol{a}),\alpha_0(\boldsymbol{b}))=\alpha_1(R_2(\boldsymbol{a},\boldsymbol{b})), \tag{5-48}$$

$$hR_2(\boldsymbol{a},\boldsymbol{b})+R_0l_2(\boldsymbol{a},\boldsymbol{b})=R_0(l_2(R_0\boldsymbol{a},\boldsymbol{b})+l_2(\boldsymbol{a},R_0\boldsymbol{b}))-l_2(\boldsymbol{a},\boldsymbol{b}), \tag{5-49}$$

$$R_2(\boldsymbol{a},h(\boldsymbol{u}))+R_1l_2(\boldsymbol{a},\boldsymbol{u})=R_1(l_2(R_0\boldsymbol{a},\boldsymbol{u})+l_2(\boldsymbol{a},R_1\boldsymbol{u}))-l_2(\boldsymbol{a},\boldsymbol{u}), \tag{5-50}$$

$$\begin{aligned}&l_2(R_0\alpha_0(\boldsymbol{a}),\boldsymbol{g}(\boldsymbol{b},\boldsymbol{c}))-R_1l_2(\alpha_0(\boldsymbol{a}),\boldsymbol{g}(\boldsymbol{b},\boldsymbol{c}))-l_2(R_0\alpha_0(\boldsymbol{b}),\boldsymbol{g}(\boldsymbol{a},\boldsymbol{c}))+\\&R_1l_2(\alpha_0(\boldsymbol{b}),\boldsymbol{g}(\boldsymbol{a},\boldsymbol{c}))+l_2(R_0\alpha_0(\boldsymbol{c}),\boldsymbol{g}(\boldsymbol{a},\boldsymbol{b}))-R_1l_2(\alpha_0(\boldsymbol{c}),\boldsymbol{g}(\boldsymbol{a},\boldsymbol{b})+\\&R_2(l_2(R_0\boldsymbol{a},\boldsymbol{b})+l_2(\boldsymbol{a},R_0\boldsymbol{b}),\alpha_0(\boldsymbol{c}))-R_2(l_2(R_0\boldsymbol{a},\boldsymbol{c})+l_2(\boldsymbol{a},R_0\boldsymbol{c}),\alpha_0(\boldsymbol{b}))+\\&R_2(l_2(R_0\boldsymbol{b},\boldsymbol{c})+l_2(\boldsymbol{b},R_0\boldsymbol{c}),\alpha_0(\boldsymbol{a}))-l_3(R_0\boldsymbol{a},\boldsymbol{b},\boldsymbol{c})-l_3(\boldsymbol{a},R_0\boldsymbol{b},\boldsymbol{c})-\\&l_3(\boldsymbol{a},\boldsymbol{b},R_0\boldsymbol{c})+R_1l_3(\boldsymbol{a},\boldsymbol{b},\boldsymbol{c})-l_3(R_0\boldsymbol{a},R_0\boldsymbol{b},R_0\boldsymbol{c})+R_1l_3(\boldsymbol{a},R_0\boldsymbol{b},R_0\boldsymbol{c})+\\&R_1l_3(R_0\boldsymbol{a},\boldsymbol{b},R_0\boldsymbol{c})+R_1l_3(R_0\boldsymbol{a},R_0\boldsymbol{b},\boldsymbol{c})=0.\end{aligned} \tag{5-51}$$

记修正罗巴 Hom-李 2-代数为 $(\Omega,\mathscr{R})$. 如果 $h=0$, 则称修正罗巴 Hom-李 2-代数 $(\Omega,\mathscr{R})$. 为简单的. 如果 $l_3=0,R_2=0$, 则称修正罗巴 Hom-李 2-代数 $(\Omega,\mathscr{R})$. 为严格的.

定理 5.4 简单修正罗巴 Hom-李 2-代数和修正罗巴 Hom-李代数的 3-上闭链是一一对应的.

证明 设 $(\Omega=(G_0,G_1,h=0,l_2,l_3,\alpha_0,\alpha_1),\mathscr{R}=(R_0,R_1,R_2))$ 为简单修正罗巴 Hom-李 2-代数. 则 (G_0,α_0,l_2,R_0) 为修正罗巴 Hom-李代数. 另外，容易验证 $(G_1,\alpha_1;\rho,R_1)$ 为修正罗巴 Hom-李代数 (G_0,α_0,l_2,R_0) 的表示，其中

$$\rho:G_0\to\mathrm{End}(G_1),\boldsymbol{x}\mapsto\rho(\boldsymbol{x})$$

为

$$\rho(\boldsymbol{x})\boldsymbol{u}=l_2(\boldsymbol{x},\boldsymbol{u}),\forall\boldsymbol{x}\in G_0,\boldsymbol{u}\in G_1.$$

接下来考虑修正罗巴 Hom-李代数 (G_0,α_0,l_2,R_0) 的上同调，其系数取自表示 $(G_1,\alpha_1;\rho,R_1)$.

定义线性映射

$$f:\wedge^3 G_0 \to G_1 \text{ 和 } g:\wedge^2 G_0 \to G_1$$

为

$$f(\boldsymbol{a},\boldsymbol{b},\boldsymbol{c}) = l_3(\boldsymbol{a},\boldsymbol{b},\boldsymbol{c}),$$
$$g(\boldsymbol{a},\boldsymbol{b}) = R_2(\boldsymbol{a},\boldsymbol{b}).$$

由式（5-45），有 $\delta f = 0$. 进一步根据式（5-51），我们有

$$\begin{aligned}
&-\partial g(\boldsymbol{a},\boldsymbol{b},\boldsymbol{c}) - \Upsilon f(\boldsymbol{a},\boldsymbol{b},\boldsymbol{c})\\
=&\rho(R_0\alpha_0(\boldsymbol{a}))g(\boldsymbol{b},\boldsymbol{c}) - R_1\rho(\alpha_0(\boldsymbol{a}))g(\boldsymbol{b},\boldsymbol{c}) - \rho(R_0\alpha_0(\boldsymbol{b}))g(\boldsymbol{a},\boldsymbol{c}) + R_1\rho(\alpha_0(\boldsymbol{b}))g(\boldsymbol{a},\boldsymbol{c}) +\\
&\rho(R_0\alpha_0(\boldsymbol{c}))g(\boldsymbol{a},\boldsymbol{b}) - R_1\rho(\alpha_0(\boldsymbol{c}))g(\boldsymbol{a},\boldsymbol{b}) + g(l_2(R_0\boldsymbol{a},\boldsymbol{b}) + l_2(\boldsymbol{a},R_0\boldsymbol{b}),\alpha_0(\boldsymbol{c})) -\\
&g(l_2(R_0\boldsymbol{a},\boldsymbol{c}) + l_2(\boldsymbol{a},R_0\boldsymbol{c}),\alpha_0(\boldsymbol{b})) + g(l_2(R_0\boldsymbol{b},\boldsymbol{c}) + l_2(\boldsymbol{b},R_0\boldsymbol{c}),\alpha_0(\boldsymbol{a})) -\\
&f(R_0\boldsymbol{a},\boldsymbol{b},\boldsymbol{c}) - f(\boldsymbol{a},R_0\boldsymbol{b},\boldsymbol{c}) - f(\boldsymbol{a},\boldsymbol{b},R_0\boldsymbol{c}) + R_1 f(\boldsymbol{a},\boldsymbol{b},\boldsymbol{c}) - f(R_0\boldsymbol{a},R_0\boldsymbol{b},R_0\boldsymbol{c}) +\\
&R_1 f(\boldsymbol{a},R_0\boldsymbol{b},R_0\boldsymbol{c}) + R_1 f(R_0\boldsymbol{a},\boldsymbol{b},R_0\boldsymbol{c}) + R_1 f(R_0\boldsymbol{a},R_0\boldsymbol{b},\boldsymbol{c})\\
=&l_2(R_0\alpha_0(\boldsymbol{a}),g(\boldsymbol{b},\boldsymbol{c})) - R_1 l_2(\alpha_0(\boldsymbol{a}),g(\boldsymbol{b},\boldsymbol{c})) - l_2(R_0\alpha_0(\boldsymbol{b}),g(\boldsymbol{a},\boldsymbol{c})) +\\
&R_1 l_2(\alpha_0(\boldsymbol{b}),g(\boldsymbol{a},\boldsymbol{c})) + l_2(R_0\alpha_0(\boldsymbol{c}),g(\boldsymbol{a},\boldsymbol{b})) - R_1 l_2(\alpha_0(\boldsymbol{c}),g(\boldsymbol{a},\boldsymbol{b})) +\\
&R_2(l_2(R_0\boldsymbol{a},\boldsymbol{b}) + l_2(\boldsymbol{a},R_0\boldsymbol{b}),\alpha_0(\boldsymbol{c})) - R_2(l_2(R_0\boldsymbol{a},\boldsymbol{c}) + l_2(\boldsymbol{a},R_0\boldsymbol{c}),\alpha_0(\boldsymbol{b})) +\\
&R_2(l_2(R_0\boldsymbol{b},\boldsymbol{c}) + l_2(\boldsymbol{b},R_0\boldsymbol{c}),\alpha_0(\boldsymbol{a})) - l_3(R_0\boldsymbol{a},\boldsymbol{b},\boldsymbol{c}) -\\
&l_3(\boldsymbol{a},R_0\boldsymbol{b},\boldsymbol{c}) - l_3(\boldsymbol{a},\boldsymbol{b},R_0\boldsymbol{c}) + R_1 l_3(\boldsymbol{a},\boldsymbol{b},\boldsymbol{c}) - l_3(R_0\boldsymbol{a},R_0\boldsymbol{b},\boldsymbol{R_0}\boldsymbol{c}) +\\
&R_1 l_3(\boldsymbol{a},R_0\boldsymbol{b},R_0\boldsymbol{c}) + R_1 l_3(R_0\boldsymbol{a},\boldsymbol{b},R_0\boldsymbol{c}) + R_1 l_3(R_0\boldsymbol{a},R_0\boldsymbol{b},\boldsymbol{c})\\
=&0.
\end{aligned}$$

因此，$d(f,g) = (\delta f, -\partial g - \Upsilon f) = 0$，即 (f,g) 是 3-上闭链.

反之，如果 (f,g) 是修正罗巴 Hom-李代数 $(G,[-,-],\alpha,R)$ 的 3-上闭链，其系数取自表示 $(V,\beta;\rho,R_V)$. 定义 $G_0 = G, G_1 = V, l_3 = f, R_0 = R, R_1 = R_V, R_2 = g$. 定义双线性映射

$$l_2 : G_i \wedge G_j \to G_{i+j}$$

为

$$l_2(\boldsymbol{a},\boldsymbol{b}) = [\boldsymbol{a},\boldsymbol{b}],$$
$$l_2(\boldsymbol{a},\boldsymbol{u}) = -l_2(\boldsymbol{u},\boldsymbol{a}) = \rho(\boldsymbol{a})\boldsymbol{u},$$
$$l_2(\boldsymbol{u},\boldsymbol{v}) = 0,$$

对任意 $\boldsymbol{a},\boldsymbol{b}\in G_0,\boldsymbol{u},\boldsymbol{v}\in G_1$. 则容易验证 $((G_0,G_1,h=0,l_2,l_3,\alpha_0,\alpha_1),(R_0,R_1,R_2))$ 为简单修正罗巴 Hom-李 2-代数. □

定义 5.21 罗巴 Hom-李代数的交叉模为一组 $((G_0,[-,-]_0,\alpha_0,R_0),(G_1,[-,-]_1,\alpha_1,R_1),h,\rho)$，其中

（1）$(G_0,[-,-]_0,\alpha_0,R_0)$ 和 $(G_1,[-,-]_1,\alpha_1,R_1)$ 为 2 个修正罗巴 Hom-李代数；

（2）$h:G_1\to G_0$ 为修正罗巴 Hom-李代数同态；

（3）$(G_1,\alpha_1;\rho,R_1)$ 为修正罗巴 Hom-李代数 $(G_0,[-,-]_0,\alpha_0,R_0)$ 的表示；

对任意 $x,y\in G_0,u,v\in G_1$, 满足：

$$h(\rho(\boldsymbol{x})\boldsymbol{u})=[\boldsymbol{x},h(\boldsymbol{u})]_0,$$

$$\rho(h(\boldsymbol{u}))\boldsymbol{v}=[\boldsymbol{u},\boldsymbol{v}]_1,$$

$$h(\rho(h(\boldsymbol{u}))\boldsymbol{v})=[h(\boldsymbol{u}),\boldsymbol{h}(\boldsymbol{v})]_0.$$

例 1 设 $(G,[-,-],\alpha,R)$ 为修正罗巴 Hom-李代数，H 为 $(G,[-,-],\alpha,R)$ 的理想（即 H 满足 $[G,H]\subseteq H,\alpha(H)\subseteq H,R(H)\subseteq H$），$i:H\to G$ 为包含映射. 则 $\big((G,[-,-],\alpha,R),(H,[-,-],\alpha|_H,R|_H),i,\mathrm{ad}\big)$ 为修正罗巴 Hom-李代数的交叉模. 特别地，$\big((G,[-,-],\alpha,R),(G,[-,-],\alpha,R),\mathrm{id},\mathrm{ad}\big)$ 为修正罗巴 Hom-李代数的交叉模.

例 2 设 $f:(G_1,[-,-]_1,\alpha_1,R_1)\to(G_0,[-,-]_0,\alpha_0,R_0)$ 是修正罗巴 Hom-李代数同态. 则 $\ker(f)$ 为 $(G_1,[-,-]_1,\alpha_1,R_1)$ 的理想，由例 1，从而，$\big((G_1,[-,-]_1,\alpha_1,R_1),(\ker(f),[-,-]_1,\alpha_1|_{\ker(f)},R_1|_{\ker(f)}),i,\mathrm{ad}\big)$ 为修正罗巴 Hom-李代数的交叉模.

例 3 设 $(V,\beta;\rho,R_V)$ 是修正罗巴 Hom-李代数 $(G,[-,-],\alpha,R)$ 的表示. 赋予 Hom-向量空间 (V,β) 平凡的李代数结构 $[-,-]_V$，则 $((G,[-,-],\alpha,R),(V,[-,-]_V,\beta,R_V),0,\rho)$ 为修正罗巴 Hom-李代数的交叉模.

定理 5.5 严格修正罗巴 Hom-李 2-代数和修正罗巴 Hom-李代数的交叉模是一一对应的.

证明 设 $((G_0,G_1,h,l_2,l_3=0,\alpha_0,\alpha_1),(R_0,R_1,R_2=0))$ 为严格修正罗巴 Hom-李 2-代数，构造修正罗巴 Hom-李代数的交叉模如下：

对任意 $\boldsymbol{x},\boldsymbol{y}\in G_0,\boldsymbol{u},\boldsymbol{v}\in G_1$, 定义线性映射 $[-,-]_0,[-,-]_1$ 和 ρ 为

$$[\boldsymbol{x},\boldsymbol{y}]_0=l_2(\boldsymbol{x},\boldsymbol{y}),$$

$$[\boldsymbol{u},\boldsymbol{v}]_1=l_2(h(\boldsymbol{u}),\boldsymbol{v})=l_2(\boldsymbol{u},h(\boldsymbol{v})),$$

$$\rho(\boldsymbol{x})\boldsymbol{u}=l_2(\boldsymbol{x},\boldsymbol{u}).$$

显然，$(G_0,[-,-]_0,\alpha_0,R_0)$ 和 $(G_1,[-,-]_1,\alpha_1,R_1)$ 为 2 个修正罗巴 Hom-李代数，$(G_1,\alpha_1;\rho,R_1)$ 为修正罗巴 Hom-李代数 $(G_0,[-,-]_0,\alpha_0,R_0)$ 的表示.

下面验证 $h:(G_1,[-,-]_1,\alpha_1,R_1)\to(G_0,[-,-]_0,\alpha_0,R_0)$ 是修正罗巴 Hom-李代数同态. 事实上，

$$h[\boldsymbol{u},\boldsymbol{v}]_1=hl_2(h(\boldsymbol{u}),\boldsymbol{v})=l_2(h(\boldsymbol{u}),h(\boldsymbol{v}))=[h(\boldsymbol{u}),h(\boldsymbol{v})]_0,$$

结合式（5-46）、式（5-47），可得 $h:(G_1,[-,-]_1,\alpha_1,R_1)\to(G_0,[-,-]_0,\alpha_0,R_0)$ 是修正罗巴 Hom-李代数同态. 又，

$$h(\rho(\boldsymbol{x})\boldsymbol{u})=hl_2(\boldsymbol{x},\boldsymbol{u})=l_2(\boldsymbol{x},h(\boldsymbol{u}))=[\boldsymbol{x},h(\boldsymbol{u})]_0,$$

$$\rho(h(\boldsymbol{u}))\boldsymbol{v}=l_2(h(\boldsymbol{u}),\boldsymbol{v})=[\boldsymbol{u},\boldsymbol{v}]_1,$$

$$h(\rho(h(\boldsymbol{u}))\boldsymbol{v})=hl_2(h(\boldsymbol{u}),\boldsymbol{v})=l_2(h(\boldsymbol{u}),h(\boldsymbol{v}))=[h(\boldsymbol{u}),h(\boldsymbol{v})]_0.$$

因此，可得修正罗巴 Hom-李代数的交叉模 $((G_0,[-,-]_0,\alpha_0,R_0),(G_1,[-,-]_1,\alpha_1,R_1),h,\rho)$.

反之，设 $((G_0,[-,-]_0,\alpha_0,R_0),(G_1,[-,-]_1,\alpha_1,R_1),h,\rho)$ 为修正罗巴 Hom-李代数的交叉模，对任意 $x,y\in G_0,u,v\in G_1$，构造如下的严格修正罗巴 Hom-李 2-代数：

$$l_2(\boldsymbol{x},\boldsymbol{y})=[\boldsymbol{x},\boldsymbol{y}]_0,$$

$$l_2(\boldsymbol{u},\boldsymbol{v})=[\boldsymbol{u},\boldsymbol{v}]_1,$$

$$l_2(\boldsymbol{x},\boldsymbol{u})=-l_2(\boldsymbol{u},\boldsymbol{x})=\rho(\boldsymbol{x})\boldsymbol{u}.$$

则容易验证 $((G_0,G_1,h,l_2,l_3=0,\alpha_0,\alpha_1),(R_0,R_1,R_2=0))$ 为严格修正罗巴 Hom-李 2-代数. □

6

修正罗巴 Hom-3-李代数

本章研究修正罗巴 Hom-3-李代数. 首先给出修正罗巴 Hom-3-李代数的概念并给出等价刻画. 随后，引入修正罗巴 Hom-3-李代数的表示和上同调. 最后，利用低阶上同调群讨论修正罗巴 Hom-3-李代数的单参数形式形变、n-阶形变和交换扩张.

我们在 Hom-3-李代数上的嵌入张量的工作见文献[71].

6.1 修正罗巴 Hom-3-李代数

定义 6.1[72] Hom-3-李代数是一个三元组 $(g,[-,-,-],\alpha)$，其中 g 是向量空间，$[-,-,-]:\wedge^3 g\to g$ 是斜对称三线性映射，$\alpha: g\to g$ 是线性变换，对任意 $\boldsymbol{x}_1,\boldsymbol{x}_2,\boldsymbol{y}_1,\boldsymbol{y}_2,\boldsymbol{y}_3\in g$，使得

$$\alpha[\boldsymbol{y}_1,\boldsymbol{y}_2,\boldsymbol{y}_3]=[\alpha(\boldsymbol{y}_1),\alpha(\boldsymbol{y}_2),\alpha(\boldsymbol{y}_3)],$$

$$[\alpha(\boldsymbol{x}_1),\alpha(\boldsymbol{x}_2),[\boldsymbol{y}_1,\boldsymbol{y}_2,\boldsymbol{y}_3]]=[[\boldsymbol{x}_1,\boldsymbol{x}_2,\boldsymbol{y}_1],\alpha(\boldsymbol{y}_2),\alpha(\boldsymbol{y}_3)]+[\alpha(\boldsymbol{y}_1),[\boldsymbol{x}_1,\boldsymbol{x}_2,\boldsymbol{y}_2],\alpha(\boldsymbol{y}_3)]+[\alpha(\boldsymbol{y}_1),\alpha(\boldsymbol{y}_2),[\boldsymbol{x}_1,\boldsymbol{x}_2,\boldsymbol{y}_3]]$$

成立.

设 $(g,[-,-,-],\alpha)$ 为 Hom-3-李代数，则 $\wedge^2 g$ 中的元素称为 Hom-3-李代数 $(g,[-,-,-],\alpha)$ 的基本对象. 定义双线性运算 $[-,-]_L:\wedge^2 g\times\wedge^2 g\to\wedge^2 g$ 为

$$[X,Y]_L=[\boldsymbol{x}_1,\boldsymbol{x}_2,\boldsymbol{y}_1]\wedge\alpha(\boldsymbol{y}_2)+\alpha(\boldsymbol{y}_1)\wedge[\boldsymbol{x}_1,\boldsymbol{x}_2,\boldsymbol{y}_2],$$

对任意 $X=\boldsymbol{x}_1\wedge\boldsymbol{x}_2, Y=\boldsymbol{y}_1\wedge\boldsymbol{y}_2\in\wedge^2 g$，定义线性映射 $\tilde{\alpha}:\wedge^2 g\to\wedge^2 g$ 为

$$\tilde{\alpha}(X)=\alpha(\boldsymbol{x}_1)\wedge\alpha(\boldsymbol{x}_2).$$

则 $(\wedge^2 g,[-,-]_L,\tilde{\alpha})$ 是 Hom-莱布尼茨代数.

下面引入 Hom-3-李代数上修正罗巴算子的概念.

定义 6.2 设 $(g,[-,-,-],\alpha)$ 为 Hom-3-李代数，线性映射 $T:g\to g$ 称为修正罗巴算子，如果 T 满足

$$\alpha\circ T=T\circ\alpha,$$

$$[T\boldsymbol{x}_1,T\boldsymbol{x}_2,T\boldsymbol{x}_3]=T([\boldsymbol{x}_1,T\boldsymbol{x}_2,T\boldsymbol{x}_3]+[T\boldsymbol{x}_1,\boldsymbol{x}_2,T\boldsymbol{x}_3]+[T\boldsymbol{x}_1,T\boldsymbol{x}_2,\boldsymbol{x}_3]+[\boldsymbol{x}_1,\boldsymbol{x}_2,\boldsymbol{x}_3])-[T\boldsymbol{x}_1,\boldsymbol{x}_2,\boldsymbol{x}_3]-[\boldsymbol{x}_1,T\boldsymbol{x}_2,\boldsymbol{x}_3]-[\boldsymbol{x}_1,\boldsymbol{x}_2,T\boldsymbol{x}_3].$$

定义 6.3 修正罗巴 Hom-3-李代数是一个四元组 $(g,[-,-,-],\alpha,T)$，其中

$(g,[-,-,-],\alpha)$ 为 Hom-3-李代数，$T:g\to g$ 为修正罗巴算子.

例 1 设 $(g,[-,-,-],\alpha)$ 为 Hom-3-李代数，则 $(g,[-,-,-],\alpha,\mathrm{id}_g)$ 为修正罗巴 Hom-3-李代数，其中 $\mathrm{id}_g:g\to g$ 为恒等映射. 因此，修正罗巴 Hom-3-李代数可以视为 Hom-3-李代数的推广.

例 2 设 $(g,[-,-,-],\alpha)$ 为 3 维 Hom-3-李代数，其中它的基为 $\{\boldsymbol{\varepsilon}_1,\boldsymbol{\varepsilon}_2,\boldsymbol{\varepsilon}_3\}$，非零运算 $[-,-,-]$ 和线性变换 α 定义为

$$[\boldsymbol{\varepsilon}_1,\boldsymbol{\varepsilon}_2,\boldsymbol{\varepsilon}_3]=\boldsymbol{\varepsilon}_1,$$

$$\alpha(\boldsymbol{\varepsilon}_1)=\boldsymbol{\varepsilon}_1,\alpha(\boldsymbol{\varepsilon}_2)=-\boldsymbol{\varepsilon}_2,\alpha(\boldsymbol{\varepsilon}_3)=\boldsymbol{\varepsilon}_3,$$

则 $(g,[-,-,-],\alpha,\boldsymbol{T})$ 为 3 维修正罗巴 Hom-3-李代数，其中修正罗巴算子为

$$\boldsymbol{T}=\begin{pmatrix}1&0&0\\0&1&0\\0&0&-1\end{pmatrix}.$$

例 3 设 $(g,[-,-,-],\alpha)$ 为 Hom-3-李代数，则 $(g,[-,-,-],\alpha,\boldsymbol{T})$ 为修正罗巴 Hom-3-李代数等价于 $(g,[-,-,-],\alpha,-\boldsymbol{T})$ 为修正罗巴 Hom-3-李代数.

定义 6.4 Nijenhuis Hom-3-李代数是一个四元组 $(g,[-,-,-],\alpha,N)$，其中 $(g,[-,-,-],\alpha)$ 为 Hom-3-李代数和 $N:g\to g$ 为 Nijenhuis 算子，即 N 满足

$$\alpha\circ N=N\circ\alpha,$$

$$\begin{aligned}[N\boldsymbol{x}_1,N\boldsymbol{x}_2,N\boldsymbol{x}_3]=&N([\boldsymbol{x}_1,N\boldsymbol{x}_2,N\boldsymbol{x}_3]+[N\boldsymbol{x}_1,\boldsymbol{x}_2,N\boldsymbol{x}_3]+[N\boldsymbol{x}_1,N\boldsymbol{x}_2,\boldsymbol{x}_3])-\\&N^2([N\boldsymbol{x}_1,\boldsymbol{x}_2,\boldsymbol{x}_3]+[\boldsymbol{x}_1,N\boldsymbol{x}_2,\boldsymbol{x}_3]+[\boldsymbol{x}_1,\boldsymbol{x}_2,N\boldsymbol{x}_3])+\\&N^3[\boldsymbol{x}_1,\boldsymbol{x}_2,\boldsymbol{x}_3].\end{aligned}$$

注记 1 设 $(g,[-,-,-],\alpha)$ 为 Hom-3-李代数，$T:g\to g$ 为线性映射，满足 $T^2=\mathrm{id}_g$，则下列条件等价.

（1）$(g,[-,-,-],\alpha,T)$ 为修正罗巴 Hom-3-李代数；

（2）$(g,[-,-,-],\alpha,T)$ 为 Nijenhuis Hom-3-李代数；

（3）$(g_1,[-,-,-]_{g_1},\alpha|_{g_1})$ 和 $(g_2,[-,-,-]_{g_2},\alpha|_{g_2})$ 为 $(g,[-,-,-],\alpha)$ 的 Hom-3-李子代数，且存在向量空间的的直和分解 $g=g_1\oplus g_2$ 使得 $T(\boldsymbol{a},\boldsymbol{x})=(\boldsymbol{a},-\boldsymbol{x})$，对任意 $\boldsymbol{a}\in g_1$ 和 $\boldsymbol{x}\in g_2$。

文献[73]研究了带权罗巴 3-李代数的形变和上同调理论，下面给出 Hom-3-李代数上权为−1 的罗巴算子的概念.

定义 6.5 权为−1 罗巴 Hom-3-李代数是一个四元组 $(g,[-,-,-],\alpha,R)$，其中 $(g,[-,-,-],\alpha)$ 为 Hom-3-李代数和 $R:g\to g$ 为权−1 罗巴算子，即 R 满足

$$\alpha\circ R=R\circ\alpha\ ,$$

$$\begin{aligned}[R\boldsymbol{x}_1,R\boldsymbol{x}_2,R\boldsymbol{x}_3]=R([&\boldsymbol{x}_1,R\boldsymbol{x}_2,R\boldsymbol{x}_3]+[R\boldsymbol{x}_1,\boldsymbol{x}_2,R\boldsymbol{x}_3]+[R\boldsymbol{x}_1,R\boldsymbol{x}_2,\boldsymbol{x}_3]-\\&[R\boldsymbol{x}_1,\boldsymbol{x}_2,\boldsymbol{x}_3]-[\boldsymbol{x}_1,R\boldsymbol{x}_2,\boldsymbol{x}_3]-[\boldsymbol{x}_1,\boldsymbol{x}_2,R\boldsymbol{x}_3]+[\boldsymbol{x}_1,\boldsymbol{x}_2,\boldsymbol{x}_3]).\end{aligned}$$

命题 6.1 如果 $(g,[-,-,-],\alpha,R)$ 为权为−1 罗巴 Hom-3-李代数，则 $(g,[-,-,-],\alpha,2R-\mathrm{id}_g)$ 为修正罗巴 Hom-3-李代数.

证明 首先，显然有

$$\begin{aligned}\alpha\circ(2R-\mathrm{id}_g)&=2\alpha\circ R-\alpha\\&=2R\circ\alpha-\alpha\\&=(2R-\mathrm{id}_g)\circ\alpha.\end{aligned}$$

接下来，对任意 $\boldsymbol{x}_1,\boldsymbol{x}_2,\boldsymbol{x}_3\in g$ ，有

$$\begin{aligned}&[(2R-\mathrm{id}_g)\boldsymbol{x}_1,(2R-\mathrm{id}_g)\boldsymbol{x}_2,(2R-\mathrm{id}_g)\boldsymbol{x}_3]\\
=&8[R\boldsymbol{x}_1,R\boldsymbol{x}_2,R\boldsymbol{x}_3]-4[R\boldsymbol{x}_1,R\boldsymbol{x}_2,\boldsymbol{x}_3]-4[R\boldsymbol{x}_1,\boldsymbol{x}_2,R\boldsymbol{x}_3]-4[\boldsymbol{x}_1,R\boldsymbol{x}_2,R\boldsymbol{x}_3]+\\
&2[R\boldsymbol{x}_1,\boldsymbol{x}_2,\boldsymbol{x}_3]+2[\boldsymbol{x}_1,R\boldsymbol{x}_2,\boldsymbol{x}_3]+2[\boldsymbol{x}_1,\boldsymbol{x}_2,R\boldsymbol{x}_3]-[\boldsymbol{x}_1,\boldsymbol{x}_2,\boldsymbol{x}_3]\\
=&8R([\boldsymbol{x}_1,R\boldsymbol{x}_2,R\boldsymbol{x}_3]+[R\boldsymbol{x}_1,\boldsymbol{x}_2,R\boldsymbol{x}_3]+[R\boldsymbol{x}_1,R\boldsymbol{x}_2,\boldsymbol{x}_3]-[R\boldsymbol{x}_1,\boldsymbol{x}_2,\boldsymbol{x}_3]-\\
&[\boldsymbol{x}_1,R\boldsymbol{x}_2,\boldsymbol{x}_3]-[\boldsymbol{x}_1,\boldsymbol{x}_2,R\boldsymbol{x}_3]+[\boldsymbol{x}_1,\boldsymbol{x}_2,\boldsymbol{x}_3])-4[R\boldsymbol{x}_1,R\boldsymbol{x}_2,\boldsymbol{x}_3]-\\
&4[R\boldsymbol{x}_1,\boldsymbol{x}_2,R\boldsymbol{x}_3]-4[\boldsymbol{x}_1,R\boldsymbol{x}_2,R\boldsymbol{x}_3]+2[R\boldsymbol{x}_1,\boldsymbol{x}_2,\boldsymbol{x}_3]+2[\boldsymbol{x}_1,R\boldsymbol{x}_2,\boldsymbol{x}_3]+\\
&2[\boldsymbol{x}_1,\boldsymbol{x}_2,R\boldsymbol{x}_3]-[\boldsymbol{x}_1,\boldsymbol{x}_2,\boldsymbol{x}_3]\\
=&(2R-\mathrm{id}_g)([\boldsymbol{x}_1,(2R-\mathrm{id}_g)\boldsymbol{x}_2,(2R-\mathrm{id}_g)\boldsymbol{x}_3]+[(2R-\mathrm{id}_g)\boldsymbol{x}_1,\boldsymbol{x}_2,(2R-\mathrm{id}_g)\boldsymbol{x}_3]+\\
&[(2R-\mathrm{id}_g)\boldsymbol{x}_1,(2R-\mathrm{id}_g)\boldsymbol{x}_2,\boldsymbol{x}_3]+[\boldsymbol{x}_1,\boldsymbol{x}_2,\boldsymbol{x}_3])-[(2R-\mathrm{id}_g)\boldsymbol{x}_1,\boldsymbol{x}_2,\boldsymbol{x}_3]-\\
&[\boldsymbol{x}_1,(2R-\mathrm{id}_g)\boldsymbol{x}_2,\boldsymbol{x}_3]-[\boldsymbol{x}_1,\boldsymbol{x}_2,(2R-\mathrm{id}_g)\boldsymbol{x}_3].\end{aligned}$$

这就证明了 $(g,[-,-,-],\alpha,2R-\mathrm{id}_g)$ 为修正罗巴 Hom-3-李代数. □

命题 6.2 如果 $(g,[-,-,-],\alpha,T)$ 为修正罗巴 Hom-3-李代数，如果定义三元运算 $[-,-,-]_T$ 为

$$[\boldsymbol{x}_1,\boldsymbol{x}_2,\boldsymbol{x}_3]_T=[\boldsymbol{x}_1,T\boldsymbol{x}_2,T\boldsymbol{x}_3]+[T\boldsymbol{x}_1,\boldsymbol{x}_2,T\boldsymbol{x}_3]+[T\boldsymbol{x}_1,T\boldsymbol{x}_2,\boldsymbol{x}_3]+[\boldsymbol{x}_1,\boldsymbol{x}_2,\boldsymbol{x}_3],$$

对任意 $\boldsymbol{x}_1,\boldsymbol{x}_2,\boldsymbol{x}_3\in g$．则

（1）$(g,[-,-,-]_T,\alpha)$ 为 Hom-3-李代数，记为 g_T；

（2）$(g,[-,-,-]_T,\alpha,T)$ 为修正罗巴 Hom-3-李代数.

证明　首先通过直接验证，$(g,[-,-,-]_T,\alpha)$ 为 Hom-3-李代数．对任意 $\boldsymbol{x}_1,\boldsymbol{x}_2,\boldsymbol{x}_3\in g$,

$$\begin{aligned}
&[T\boldsymbol{x}_1,T\boldsymbol{x}_2,T\boldsymbol{x}_3]_T\\
&=[T\boldsymbol{x}_1,T^2\boldsymbol{x}_2,T^2\boldsymbol{x}_3]+[T^2\boldsymbol{x}_1,T\boldsymbol{x}_2,T^2\boldsymbol{x}_3]+[T^2\boldsymbol{x}_1,T^2\boldsymbol{x}_2,T\boldsymbol{x}_3]+[T\boldsymbol{x}_1,T\boldsymbol{x}_2,T\boldsymbol{x}_3]\\
&=T([T\boldsymbol{x}_1,T^2\boldsymbol{x}_2,T\boldsymbol{x}_3]+[T\boldsymbol{x}_1,T\boldsymbol{x}_2,T^2\boldsymbol{x}_3]+[\boldsymbol{x}_1,T^2\boldsymbol{x}_2,T^2\boldsymbol{x}_3]+[\boldsymbol{x}_1,T\boldsymbol{x}_2,T\boldsymbol{x}_3])-\\
&\quad[T\boldsymbol{x}_1,T\boldsymbol{x}_2,T\boldsymbol{x}_3]-[\boldsymbol{x}_1,T^2\boldsymbol{x}_2,T\boldsymbol{x}_3]-[\boldsymbol{x}_1,T\boldsymbol{x}_2,T^2\boldsymbol{x}_3]+\\
&\quad T([T\boldsymbol{x}_1,T\boldsymbol{x}_2,T^2\boldsymbol{x}_3]+[T^2\boldsymbol{x}_1,\boldsymbol{x}_2,T^2\boldsymbol{x}_3]+[T^2\boldsymbol{x}_1,T\boldsymbol{x}_2,T\boldsymbol{x}_3]+[T\boldsymbol{x}_1,\boldsymbol{x}_2,T\boldsymbol{x}_3])-\\
&\quad[T^2\boldsymbol{x}_1,\boldsymbol{x}_2,T\boldsymbol{x}_3]-[T\boldsymbol{x}_1,\boldsymbol{x}_2,T^2\boldsymbol{x}_3]-[T\boldsymbol{x}_1,T\boldsymbol{x}_2,T\boldsymbol{x}_3]+\\
&\quad T([T^2\boldsymbol{x}_1,T^2\boldsymbol{x}_2,\boldsymbol{x}_3]+[T^2\boldsymbol{x}_1,T\boldsymbol{x}_2,T\boldsymbol{x}_3]+[T\boldsymbol{x}_1,T^2\boldsymbol{x}_2,T\boldsymbol{x}_3]+[T\boldsymbol{x}_1,T\boldsymbol{x}_2,\boldsymbol{x}_3])-\\
&\quad[T\boldsymbol{x}_1,T\boldsymbol{x}_2,T\boldsymbol{x}_3]-[T\boldsymbol{x}_1,T^2\boldsymbol{x}_2,\boldsymbol{x}_3]-[T^2\boldsymbol{x}_1,T\boldsymbol{x}_2,\boldsymbol{x}_3]+\\
&\quad T([T\boldsymbol{x}_1,T\boldsymbol{x}_2,\boldsymbol{x}_3]+[T\boldsymbol{x}_1,\boldsymbol{x}_2,T\boldsymbol{x}_3]+[\boldsymbol{x}_1,T\boldsymbol{x}_2,T\boldsymbol{x}_3]+[\boldsymbol{x}_1,\boldsymbol{x}_2,\boldsymbol{x}_3])-\\
&\quad[T\boldsymbol{x}_1,\boldsymbol{x}_2,\boldsymbol{x}_3]-[\boldsymbol{x}_1,T\boldsymbol{x}_2,\boldsymbol{x}_3]-[\boldsymbol{x}_1,\boldsymbol{x}_2,T\boldsymbol{x}_3]\\
&=T([T\boldsymbol{x}_1,T\boldsymbol{x}_2,\boldsymbol{x}_3]_T+[T\boldsymbol{x}_1,\boldsymbol{x}_2,T\boldsymbol{x}_3]_T+[\boldsymbol{x}_1,T\boldsymbol{x}_2,T\boldsymbol{x}_3]_T+[\boldsymbol{x}_1,\boldsymbol{x}_2,\boldsymbol{x}_3]_T)-\\
&\quad[T\boldsymbol{x}_1,\boldsymbol{x}_2,\boldsymbol{x}_3]_T-[\boldsymbol{x}_1,T\boldsymbol{x}_2,\boldsymbol{x}_3]_T-[\boldsymbol{x}_1,\boldsymbol{x}_2,T\boldsymbol{x}_3]_T.
\end{aligned}$$

因此，$(g,[-,-,-]_T,\alpha,T)$ 为修正罗巴 Hom-3-李代数. □

6.2　修正罗巴 Hom-3-李代数的表示和上同调

定义 6.6　设 $(g,[-,-,-],\alpha,T)$ 和 $(g',[-,-,-]',\alpha',T')$ 为修正罗巴 Hom-3-李代数．则 $(g,[-,-,-],\alpha,T)$ 到 $(g',[-,-,-]',\alpha',T')$ 的同态为 Hom-3-李代数同态 $\varphi:(g,[-,-,-],\alpha)\to(g',[-,-,-]',\alpha')$，使得 $\varphi\circ T=T'\circ\varphi$ 成立.

下面回顾 Hom-3-李代数的表示，然后引入修正罗巴 Hom-3-李代数的表示.

定义 6.7[74] 设 $(g,[-,-,-],\alpha)$ 为 Hom-3-李代数，(V,β) 为 Hom-向量空间. 如果斜对称双线性映射 $\rho:\wedge^2 g\to \mathrm{End}(V)$，对任意 $\boldsymbol{x}_1,\boldsymbol{x}_2,\boldsymbol{x}_3,\boldsymbol{x}_4\in g$，满足

$$\rho(\alpha(\boldsymbol{x}_1),\alpha(\boldsymbol{x}_2))\circ\beta=\beta\circ\rho(\boldsymbol{x}_1,\boldsymbol{x}_2)\,,$$

$$\rho(\alpha(\boldsymbol{x}_1),\alpha(\boldsymbol{x}_2))\rho(\boldsymbol{x}_3,\boldsymbol{x}_4)-\rho(\alpha(\boldsymbol{x}_3),\alpha(\boldsymbol{x}_4))\rho(\boldsymbol{x}_1,\boldsymbol{x}_2)$$
$$=\rho([\boldsymbol{x}_1,\boldsymbol{x}_2,\boldsymbol{x}_3],\alpha(\boldsymbol{x}_4))\circ\beta-\rho([\boldsymbol{x}_1,\boldsymbol{x}_2,\boldsymbol{x}_4],\alpha(\boldsymbol{x}_3))\circ\beta\,,$$

$$\rho([\boldsymbol{x}_1,\boldsymbol{x}_2,\boldsymbol{x}_3],\alpha(\boldsymbol{x}_4))\circ\beta-\rho(\alpha(\boldsymbol{x}_2),\alpha(\boldsymbol{x}_3))\rho(\boldsymbol{x}_1,\boldsymbol{x}_4)$$
$$=\rho(\alpha(\boldsymbol{x}_3),\alpha(\boldsymbol{x}_1))\rho(\boldsymbol{x}_2,\boldsymbol{x}_4)+\rho(\alpha(\boldsymbol{x}_1),\alpha(\boldsymbol{x}_2))\rho(\boldsymbol{x}_3,\boldsymbol{x}_4)\,,$$

则称 $(V,\beta;\rho)$ 为 Hom-3-李代数 $(g,[-,-,-],\alpha)$ 的表示. 进而，如果 β 为向量空间 V 的自同构映射，则称 $(V,\beta;\rho)$ 为 Hom-3-李代数 $(g,[-,-,-],\alpha)$ 的正则表示.

任意 Hom-3-李代数 $(g,[-,-,-],\alpha)$ 都可视为在自身上的表示，其中 $\rho=\mathrm{ad}:\wedge^2 g\to\mathrm{End}(g)$ 为 $\mathrm{ad}(\boldsymbol{x},\boldsymbol{y})(\boldsymbol{z})=[\boldsymbol{x},\boldsymbol{y},\boldsymbol{z}]$，对任意 $\boldsymbol{x},\boldsymbol{y},\boldsymbol{z}\in g$，称 $(g,\alpha;\mathrm{ad})$ 为 $(g,[-,-,-],\alpha)$ 的伴随表示.

定义 6.8 设 $(V,\beta;\rho)$ 为 Hom-3-李代数 $(g,[-,-,-],\alpha)$ 的表示，$(g,[-,-,-],\alpha,T)$ 为修正罗巴 Hom-3-李代数. 如果 $(V,\beta;\rho)$ 赋予线性映射 $T_V:V\to V$ 满足

$$T_V\circ\beta=\beta\circ T_V\,,$$

$$\rho(T\boldsymbol{x},T\boldsymbol{y})T_V\boldsymbol{u}=T_V(\rho(T\boldsymbol{x},T\boldsymbol{y})\boldsymbol{u}+\rho(T\boldsymbol{x},\boldsymbol{y})T_V\boldsymbol{u}+\rho(\boldsymbol{x},T\boldsymbol{y})T_V\boldsymbol{u}+\rho(\boldsymbol{x},\boldsymbol{y})\boldsymbol{u})-$$
$$\rho(T\boldsymbol{x},\boldsymbol{y})\boldsymbol{u}-\rho(\boldsymbol{x},T\boldsymbol{y})\boldsymbol{u}-\rho(\boldsymbol{x},\boldsymbol{y})T_V\boldsymbol{u},$$

对任意 $\boldsymbol{x},\boldsymbol{y}\in g,\boldsymbol{u}\in V$，则称 $(V,\beta;\rho,T_V)$ 为修正罗巴 Hom-3-李代数 $(g,[-,-,-],\alpha,T)$ 的表示.

例 1 易知 $(g,\alpha;\mathrm{ad},T)$ 为修正罗巴 Hom-3-李代数 $(g,[-,-,-],\alpha,T)$ 的表示，称为伴随表示.

定义 6.9 设 $(V,\beta;\rho)$ 为 Hom-3-李代数 $(g,[-,-,-],\alpha)$ 的表示，$(g,[-,-,-],\alpha,R)$ 为权-1 罗巴 Hom-3-李代数. 如果 $(V,\beta;\rho)$ 赋予线性映射 $R_V:V\to V$ 满足

$$R_V\circ\beta=\beta\circ R_V,$$

$$\rho(R\boldsymbol{x},R\boldsymbol{y})R_V\boldsymbol{u}=R_V(\rho(R\boldsymbol{x},R\boldsymbol{y})\boldsymbol{u}+\rho(R\boldsymbol{x},\boldsymbol{y})R_V\boldsymbol{u}+\rho(\boldsymbol{x},R\boldsymbol{y})R_V\boldsymbol{u}-\rho(R\boldsymbol{x},\boldsymbol{y})\boldsymbol{u}-\rho(\boldsymbol{x},R\boldsymbol{y})\boldsymbol{u}-\rho(\boldsymbol{x},\boldsymbol{y})R_V\boldsymbol{u}+\rho(\boldsymbol{x},\boldsymbol{y})\boldsymbol{u}),$$

对任意 $\boldsymbol{x},\boldsymbol{y}\in g,\boldsymbol{u}\in V$，则称 $(V,\beta;\rho,R_V)$ 是权为-1 罗巴 Hom-3-李代数 $(g,[-,-,-],\alpha,R)$ 的表示.

下列命题揭示了权为-1 罗巴 Hom-3-李代数和修正罗巴 Hom-3-李代数的表示的联系.

命题 6.3 如果 $(V,\beta;\rho,R_V)$ 为权为-1 罗巴 Hom-3-李代数 $(g,[-,-,-],\alpha,R)$ 的表示，则 $(V,\beta;\rho,2R_V-\mathrm{id}_V)$ 为修正罗巴 Hom 3-李代数 $(g,[-,-,-],\alpha,2R-\mathrm{id}_g)$ 的表示.

证明 对任意 $\boldsymbol{x},\boldsymbol{y}\in g,\boldsymbol{u}\in V$，

$$\begin{aligned}(2R_V-\mathrm{id}_V)\circ\beta&=2R_V\circ\beta-\beta\\&=2\beta\circ R_V-\beta\\&=\beta\circ(2R_V-\mathrm{id}_V),\end{aligned}$$

$$\begin{aligned}&\rho(2R\boldsymbol{x}-\boldsymbol{x},2R\boldsymbol{y}-\boldsymbol{y})(2R_V\boldsymbol{u}-\boldsymbol{u})\\&=8\rho(R\boldsymbol{x},R\boldsymbol{y})R_V\boldsymbol{u}-4\rho(R\boldsymbol{x},\boldsymbol{y})R_V\boldsymbol{u}-4\rho(\boldsymbol{x},R\boldsymbol{y})R_V\boldsymbol{u}-4\rho(R\boldsymbol{x},R\boldsymbol{y})\boldsymbol{u}+\\&\quad 2\rho(\boldsymbol{x},\boldsymbol{y})R_V\boldsymbol{u}+2\rho(R\boldsymbol{x},\boldsymbol{y})\boldsymbol{u}+2\rho(\boldsymbol{x},R\boldsymbol{y})\boldsymbol{u}-\rho(\boldsymbol{x},\boldsymbol{y})\boldsymbol{u}\\&=8R_V(\rho(R\boldsymbol{x},R\boldsymbol{y})\boldsymbol{u}+\rho(R\boldsymbol{x},\boldsymbol{y})R_V\boldsymbol{u}+\rho(\boldsymbol{x},R\boldsymbol{y})R_V\boldsymbol{u}-\rho(R\boldsymbol{x},\boldsymbol{y})\boldsymbol{u}-\rho(\boldsymbol{x},R\boldsymbol{y})\boldsymbol{u}-\\&\quad \rho(\boldsymbol{x},\boldsymbol{y})R_V\boldsymbol{u}+\rho(\boldsymbol{x},\boldsymbol{y})\boldsymbol{u})-4\rho(R\boldsymbol{x},\boldsymbol{y})R_V\boldsymbol{u}-4\rho(\boldsymbol{x},R\boldsymbol{y})R_V\boldsymbol{u}-4\rho(R\boldsymbol{x},R\boldsymbol{y})\boldsymbol{u}+\\&\quad 2\rho(\boldsymbol{x},\boldsymbol{y})R_V\boldsymbol{u}+2\rho(R\boldsymbol{x},\boldsymbol{y})\boldsymbol{u}+2\rho(\boldsymbol{x},R\boldsymbol{y})\boldsymbol{u}-\rho(\boldsymbol{x},\boldsymbol{y})\boldsymbol{u}\\&=(2R_V-\mathrm{id}_V)(\rho(\boldsymbol{x},2R\boldsymbol{y}-\boldsymbol{y})(2R_V\boldsymbol{u}-\boldsymbol{u})+\rho(2R\boldsymbol{x}-\boldsymbol{x},\boldsymbol{y})(2R_V\boldsymbol{u}-\boldsymbol{u})+\\&\quad \rho(2R\boldsymbol{x}-\boldsymbol{x},2R\boldsymbol{y}-\boldsymbol{y})\boldsymbol{u}+\rho(\boldsymbol{x},\boldsymbol{y})\boldsymbol{u})-\rho(\boldsymbol{x},2R\boldsymbol{y}-\boldsymbol{y})\boldsymbol{u}-\rho(\boldsymbol{x},\boldsymbol{y})(2R_V\boldsymbol{u}-\boldsymbol{u})-\\&\quad \rho(2R\boldsymbol{x}-\boldsymbol{x},\boldsymbol{y})\boldsymbol{u}.\end{aligned}$$

因此，$(V,\beta;\rho,2R_V-\mathrm{id}_V)$ 为修正罗巴 Hom-3-李代数 $(g,[-,-,-],\alpha,2R-\mathrm{id}_g)$ 的表示. □

接下来，利用修正罗巴 Hom-3-李代数 $(g,[-,-,-],\alpha,T)$ 和它的表示 $(V,\beta;\rho,T_V)$ 构造半直积修正罗巴 Hom-3-李代数.

命题 6.4 设 $(V,\beta;\rho,T_V)$ 为修正罗巴 Hom-3-李代数 $(g,[-,-,-],\alpha,T)$ 的表示. 则 $(g\oplus V,[-,-,-]_{g\oplus V},\alpha\oplus\beta,T\oplus T_V)$ 为修正罗巴 Hom-3-李代数，其中

$$[\boldsymbol{x}+\boldsymbol{u},\boldsymbol{y}+\boldsymbol{v},\boldsymbol{z}+\boldsymbol{w}]_{g\oplus V}=[\boldsymbol{x},\boldsymbol{y},\boldsymbol{z}]+\rho(\boldsymbol{x},\boldsymbol{y})\boldsymbol{w}+\rho(\boldsymbol{y},\boldsymbol{z})\boldsymbol{u}+\rho(\boldsymbol{z},\boldsymbol{x})\boldsymbol{v}\ ,$$

$$\alpha\oplus\beta(\boldsymbol{x}+\boldsymbol{u})=\alpha(\boldsymbol{x})+\beta(\boldsymbol{u})\ ,$$

$$T\oplus T_V(\boldsymbol{x}+\boldsymbol{u})=T\boldsymbol{x}+T_V\boldsymbol{u}\ ,$$

对任意 $\boldsymbol{x},\boldsymbol{y},\boldsymbol{z}\in g,\boldsymbol{u},\boldsymbol{v},\boldsymbol{w}\in V$.

证明 对任意 $\boldsymbol{x},\boldsymbol{y},\boldsymbol{z}\in g,\boldsymbol{u},\boldsymbol{v},\boldsymbol{w}\in V$,

$$\begin{aligned}&(T\oplus T_V)\circ(\alpha\oplus\beta)(\boldsymbol{x}+\boldsymbol{u})\\&=T\oplus T_V(\alpha(\boldsymbol{x})+\beta(\boldsymbol{u}))\\&=T\alpha(\boldsymbol{x})+T_V\beta(\boldsymbol{u})\\&=\alpha(T\boldsymbol{x})+\beta(T_V\boldsymbol{u})\\&=(\alpha\oplus\beta)\circ(T\oplus T_V)(\boldsymbol{x}+\boldsymbol{u})\ ,\end{aligned}$$

$$\begin{aligned}&[(T\oplus T_V)(\boldsymbol{x}+\boldsymbol{u}),(T\oplus T_V)(\boldsymbol{y}+\boldsymbol{v}),(T\oplus T_V)(\boldsymbol{z}+\boldsymbol{w})]_{g\oplus V}\\&=[T\boldsymbol{x},T\boldsymbol{y},T\boldsymbol{z}]+\rho(T\boldsymbol{x},T\boldsymbol{y})T_V\boldsymbol{w}+\rho(T\boldsymbol{y},T\boldsymbol{z})T_V\boldsymbol{u}+\rho(T\boldsymbol{z},T\boldsymbol{x})T_V\boldsymbol{v}\\&=T([\boldsymbol{x},T\boldsymbol{y},T\boldsymbol{z}]+[T\boldsymbol{x},\boldsymbol{y},T\boldsymbol{z}]+[T\boldsymbol{x},T\boldsymbol{y},\boldsymbol{z}]+[\boldsymbol{x},\boldsymbol{y},\boldsymbol{z}])-[T\boldsymbol{x},\boldsymbol{y},\boldsymbol{z}]-[\boldsymbol{x},T\boldsymbol{y},\boldsymbol{z}]-\\&\quad[\boldsymbol{x},\boldsymbol{y},T\boldsymbol{z}]+T_V(\rho(T\boldsymbol{x},T\boldsymbol{y})\boldsymbol{w}+\rho(T\boldsymbol{x},\boldsymbol{y})T_V\boldsymbol{w}+\rho(\boldsymbol{x},T\boldsymbol{y})T_V\boldsymbol{w}+\rho(\boldsymbol{x},\boldsymbol{y})\boldsymbol{w})-\\&\quad\rho(T\boldsymbol{x},\boldsymbol{y})\boldsymbol{w}-\rho(\boldsymbol{x},T\boldsymbol{y})\boldsymbol{w}-\rho(\boldsymbol{x},\boldsymbol{y})T_V\boldsymbol{w}+T_V(\rho(T\boldsymbol{y},T\boldsymbol{z})\boldsymbol{u}+\rho(T\boldsymbol{y},\boldsymbol{z})T_V\boldsymbol{u}+\\&\quad\rho(\boldsymbol{y},T\boldsymbol{z})T_V\boldsymbol{u}+\rho(\boldsymbol{y},\boldsymbol{z})\boldsymbol{u})-\rho(T\boldsymbol{y},\boldsymbol{z})\boldsymbol{u}-\rho(\boldsymbol{y},T\boldsymbol{z})\boldsymbol{u}-\rho(\boldsymbol{y},\boldsymbol{z})T_V\boldsymbol{u}+\\&\quad T_V(\rho(T\boldsymbol{z},T\boldsymbol{x})\boldsymbol{v}+\rho(T\boldsymbol{z},\boldsymbol{x})T_V\boldsymbol{v}+\rho(\boldsymbol{z},T\boldsymbol{x})T_V\boldsymbol{v}+\rho(\boldsymbol{z},\boldsymbol{x})\boldsymbol{v})-\rho(T\boldsymbol{z},\boldsymbol{x})\boldsymbol{v}-\\&\quad\rho(\boldsymbol{z},T\boldsymbol{x})\boldsymbol{v}-\rho(\boldsymbol{z},\boldsymbol{x})T_V\boldsymbol{v}\\&=(T\oplus T_V)([\boldsymbol{x}+\boldsymbol{u},(T\oplus T_V)(\boldsymbol{y}+\boldsymbol{v}),(T\oplus T_V)(\boldsymbol{z}+\boldsymbol{w})]_{g\oplus V}+\\&\quad[(T\oplus T_V)(\boldsymbol{x}+\boldsymbol{u}),\boldsymbol{y}+\boldsymbol{v},(T\oplus T_V)(\boldsymbol{z}+\boldsymbol{w})]_{g\oplus V}+\\&\quad[(T\oplus T_V)(\boldsymbol{x}+\boldsymbol{u}),(T\oplus T_V)(\boldsymbol{y}+\boldsymbol{v}),\boldsymbol{z}+\boldsymbol{w}]_{g\oplus V}+[\boldsymbol{x}+\boldsymbol{u},\boldsymbol{y}+\boldsymbol{v},\boldsymbol{z}+\boldsymbol{w}]_{g\oplus V})-\\&\quad[(T\oplus T_V)(\boldsymbol{x}+\boldsymbol{u}),\boldsymbol{y}+\boldsymbol{v},\boldsymbol{z}+\boldsymbol{w}]_{g\oplus V}-[\boldsymbol{x}+\boldsymbol{u},(T\oplus T_V)(\boldsymbol{y}+\boldsymbol{v}),\boldsymbol{z}+\boldsymbol{w}]_{g\oplus V}-\\&\quad[\boldsymbol{x}+\boldsymbol{u},\boldsymbol{y}+\boldsymbol{v},(T\oplus T_V)(\boldsymbol{z}+\boldsymbol{w})]_{g\oplus V}.\end{aligned}$$

因此，$(g\oplus V,[-,-,-]_{g\oplus V},\alpha\oplus\beta,T\oplus T_V)$ 为修正罗巴 Hom-3-李代数. □

命题 6.5 设 $(V,\beta;\rho,T_V)$ 为修正罗巴 Hom-3-李代数 $(g,[-,-,-],\alpha,T)$ 的表示. 定义 $\rho_T:g\times g\to \mathrm{gl}(V)$ 为

$$\rho_T(\boldsymbol{x},\boldsymbol{y})\boldsymbol{u}=\rho(T\boldsymbol{x},T\boldsymbol{y})\boldsymbol{u}-T_V(\rho(T\boldsymbol{x},\boldsymbol{y})\boldsymbol{u}+\rho(\boldsymbol{x},T\boldsymbol{y})\boldsymbol{u})+\rho(\boldsymbol{x},\boldsymbol{y})\boldsymbol{u}\ ,$$

对任意 $\boldsymbol{x},\boldsymbol{y}\in g,\boldsymbol{u}\in V$. 则 $(V,\beta;\rho_T)$ 为 Hom-3-李代数 $g_T=(g,[-,-,-]_T,\alpha)$ 的表示. 进而, $(V,\beta;\rho_T,T_V)$ 为修正罗巴 Hom-3-李代数 $(g_T,T)=(g,[-,-,-]_T,\alpha,T)$ 的表示.

证明 首先易验证 $(V,\beta;\rho_T)$ 为 Hom-3-李代数 g_T 的表示. 进一步, 对任意 $\boldsymbol{x},\boldsymbol{y}\in g,\boldsymbol{u}\in V$.

$$
\begin{aligned}
&\rho_T(T\boldsymbol{x},T\boldsymbol{y})T_V\boldsymbol{u}\\
&=\rho(T^2\boldsymbol{x},T^2\boldsymbol{y})T_V\boldsymbol{u}-T_V(\rho(T^2\boldsymbol{x},T\boldsymbol{y})T_V\boldsymbol{u}+\rho(T\boldsymbol{x},T^2\boldsymbol{y})T_V\boldsymbol{u})+\rho(T\boldsymbol{x},T\boldsymbol{y})T_V\boldsymbol{u}\\
&=T_V(\rho(T^2\boldsymbol{x},T^2\boldsymbol{y})\boldsymbol{u}+\rho(T^2\boldsymbol{x},T\boldsymbol{y})T_V\boldsymbol{u}+\rho(T\boldsymbol{x},T^2\boldsymbol{y})T_V\boldsymbol{u}+\rho(T\boldsymbol{x},T\boldsymbol{y})\boldsymbol{u})-\\
&\quad\rho(T^2\boldsymbol{x},T\boldsymbol{y})\boldsymbol{u}-\rho(T\boldsymbol{x},T\boldsymbol{y})T_V\boldsymbol{u}-\rho(T\boldsymbol{x},T^2\boldsymbol{y})\boldsymbol{u}-T_V^2(\rho(T^2\boldsymbol{x},T\boldsymbol{y})\boldsymbol{u}+\rho(T^2\boldsymbol{x},\boldsymbol{y})T_V\boldsymbol{u}+\\
&\quad\rho(T\boldsymbol{x},T\boldsymbol{y})T_V\boldsymbol{u}+\rho(T\boldsymbol{x},\boldsymbol{y})\boldsymbol{u})+T_V(\rho(T^2\boldsymbol{x},\boldsymbol{y})\boldsymbol{u}+\rho(T\boldsymbol{x},\boldsymbol{y})T_V\boldsymbol{u}+\rho(T\boldsymbol{x},T\boldsymbol{y})\boldsymbol{u})-\\
&\quad T_V^2(\rho(T\boldsymbol{x},T^2\boldsymbol{y})\boldsymbol{u}+\rho(T\boldsymbol{x},T\boldsymbol{y})T_V\boldsymbol{u}+\rho(\boldsymbol{x},T^2\boldsymbol{y})T_V\boldsymbol{u}+\rho(\boldsymbol{x},T\boldsymbol{y})\boldsymbol{u})+T_V(\rho(T\boldsymbol{x},T\boldsymbol{y})\boldsymbol{u}+\\
&\quad\rho(\boldsymbol{x},T\boldsymbol{y})T_V\boldsymbol{u}+\rho(\boldsymbol{x},T^2\boldsymbol{y})\boldsymbol{u})+T_V(\rho(T\boldsymbol{x},T\boldsymbol{y})\boldsymbol{u}+\rho(T\boldsymbol{x},\boldsymbol{y})T_V\boldsymbol{u}+\rho(\boldsymbol{x},T\boldsymbol{y})T_V\boldsymbol{u}+\\
&\quad\rho(\boldsymbol{x},\boldsymbol{y})\boldsymbol{u})-\rho(T\boldsymbol{x},\boldsymbol{y})\boldsymbol{u}-\rho(\boldsymbol{x},\boldsymbol{y})T_V\boldsymbol{u}-\rho(\boldsymbol{x},T\boldsymbol{y})\boldsymbol{u}\\
&=T_V(\rho_T(T\boldsymbol{x},T\boldsymbol{y})\boldsymbol{u}+\rho_T(T\boldsymbol{x},\boldsymbol{y})T_V\boldsymbol{u}+\rho_T(\boldsymbol{x},T\boldsymbol{y})T_V\boldsymbol{u}+\rho_T(\boldsymbol{x},\boldsymbol{y})\boldsymbol{u})-\\
&\quad\rho_T(T\boldsymbol{x},\boldsymbol{y})\boldsymbol{u}-\rho_T(\boldsymbol{x},T\boldsymbol{y})\boldsymbol{u}-\rho_T(\boldsymbol{x},\boldsymbol{y})T_V\boldsymbol{u}.
\end{aligned}
$$

因此, $(V,\beta;\rho_T,T_V)$ 为修正罗巴 Hom-3-李代数 (g_T,T) 的表示. □

接下来引入修正罗巴 Hom-3-李代数的上同调. 首先回顾 Hom-3-李代数的上同调理论[74]. 设 $(V,\beta;\rho)$ 为 Hom-3-李代数 $(g,[-,-,-],\alpha)$ 的表示. 系数在 $(V,\beta;\rho)$ 中 $(g,[-,-,-],\alpha)$ 的上链复形为 $(C^{\bullet}_{\mathrm{H3Lie}}(g,V),\delta)$, 其中 n-上链为

$$
C^n_{\mathrm{H3Lie}}(g,V)=\{f\in\mathrm{Hom}(\overbrace{\wedge^2 g\otimes\cdots\otimes\wedge^2 g}^{(n-1)\text{个}}\otimes g,V)\mid\beta\circ f(X_1,\cdots,X_{n-1},\boldsymbol{z})=f(\tilde{\alpha}(X_1),\cdots,\tilde{\alpha}(X_{n-1}),\alpha(\boldsymbol{z}))\}.
$$

对应上边缘算子 $\delta:C^n_{\mathrm{H3Lie}}(g,V)\to C^{n+1}_{\mathrm{H3Lie}}(g,V)$ 为

$$
\begin{aligned}
&\delta f(X_1,X_2,\cdots,X_n,\boldsymbol{x}_{n+1})\\
&=(-1)^n(\rho(\alpha^n(\boldsymbol{y}_n),\alpha^n(\boldsymbol{x}_{n+1}))f(X_1,\cdots,X_{n-1},\boldsymbol{x}_n)+\\
&\quad\rho(\alpha^n(\boldsymbol{x}_n),\alpha^n(\boldsymbol{x}_{n+1}))f(X_1,\cdots,X_{n-1},\boldsymbol{y}_n))+
\end{aligned}
$$

$$\sum_{i=1}^{n}(-1)^{i+1}\rho(\tilde{\alpha}^{n}(X_i))f(X_1,\cdots,\hat{X}_i,\cdots,X_n,\boldsymbol{x}_{n+1})+$$

$$\sum_{i=1}^{n}(-1)^{i}f(\tilde{\alpha}(X_1),\cdots,\hat{X}_i,\cdots,\tilde{\alpha}(X_n),[\boldsymbol{x}_i,\boldsymbol{y}_i,\boldsymbol{x}_{n+1}])+$$

$$\sum_{1\leqslant i<k\leqslant n}(-1)^{i}f(\tilde{\alpha}(X_1),\cdots,\hat{X}_i,\cdots,\tilde{\alpha}(X_{k-1}),[\boldsymbol{x}_i,\boldsymbol{y}_i,\boldsymbol{x}_k]\wedge\alpha(\boldsymbol{y}_k)+$$

$$\alpha(\boldsymbol{x}_k)\wedge[\boldsymbol{x}_i,\boldsymbol{y}_i,\boldsymbol{y}_k],\cdots,\tilde{\alpha}(X_n),\alpha(\boldsymbol{x}_{n+1})).$$

对任意 $X_i\in\wedge^2 g(i=1,2,\cdots,n)$, $\boldsymbol{x}_{n+1}\in g$. 上链复形 $(C^{\bullet}_{\text{H3Lie}}(g,V),\delta)$ 的上同调群记为 $H^{\bullet}_{\text{H3Lie}}(g,V)$.

下面引入 Hom-3-李代数上修正罗巴算子的上同调理论. 回顾命题 6.2 和命题 6.5 给出新的 Hom-3-李代数 $g_T=(g,[-,-,-]_T,\alpha)$ 和 g_T 的表示 $(V,\beta;\rho_T)$. 考虑系数在 $V_T=(V,\beta;\rho_T)$ 中 g_T 的上链复形为 $(C^{\bullet}_{\text{H3Lie}}(g_T,V_T),\delta_T)$.

具体地,

$$C^{n}_{\text{H3Lie}}(g_T,V_T)=\{f\in\text{Hom}(\overbrace{\wedge^2 g_T\otimes\cdots\otimes\wedge^2 g_T}^{(n-1)\text{个}}\otimes g_T,V_T)\mid\beta\circ f(X_1,\cdots,X_{n-1},\boldsymbol{x}_n)$$
$$f(\tilde{\alpha}(X_1),\cdots,\tilde{\alpha}(X_{n-1}),\alpha(\boldsymbol{x}_n))\},$$

它的上边缘算子 $\delta_T:C^{n}_{\text{H3Lie}}(g_T,V_T)\to C^{n+1}_{\text{H3Lie}}(g_T,V_T)$ 为

$$\delta_T f(X_1,X_2,\cdots,X_n,\boldsymbol{x}_{n+1})$$
$$=(-1)^{n}(\rho_T(\alpha^{n}(\boldsymbol{y}_n),\alpha^{n}(\boldsymbol{x}_{n+1}))f(X_1,\cdots,X_{n-1},\boldsymbol{x}_n)+$$
$$\rho_T(\alpha^{n}(\boldsymbol{x}_n),\alpha^{n}(\boldsymbol{x}_{n+1}))f(X_1,\cdots,X_{n-1},\boldsymbol{y}_n))+$$
$$\sum_{i=1}^{n}(-1)^{i+1}\rho_T(\tilde{\alpha}^{n}(X_i))f(X_1,\cdots,\hat{X}_i,\cdots,X_n,\boldsymbol{x}_{n+1})+$$

$$\sum_{i=1}^{n}(-1)^{i}f(\tilde{\alpha}(X_1),\cdots,\hat{X}_i,\cdots,\tilde{\alpha}(X_n),[\boldsymbol{x}_i,\boldsymbol{y}_i,\boldsymbol{x}_{n+1}]_T)+$$
$$\sum_{1\leqslant i<k\leqslant n}(-1)^{i}f(\tilde{\alpha}(X_1),\cdots,\hat{X}_i,\cdots,\tilde{\alpha}(X_{k-1}),[\boldsymbol{x}_i,\boldsymbol{y}_i,\boldsymbol{x}_k]_T\wedge\alpha(\boldsymbol{y}_k)+$$
$$\alpha(\boldsymbol{x}_k)\wedge[\boldsymbol{x}_i,\boldsymbol{y}_i,\boldsymbol{y}_k]_T,\cdots,\tilde{\alpha}(X_n),\alpha(\boldsymbol{x}_{n+1})).$$

定义 6.10 设 $(g,[-,-,-],\alpha,T)$ 为修正罗巴 Hom-3-李代数，$(V,\beta;\rho,T_V)$ 为它的表示. 则上链复形 $(C^{\bullet}_{\mathrm{H3Lie}}(g_T,V_T),\delta_T)$ 称为修正罗巴算子 T 的上链复形，记为 $(C^{\bullet}_{\mathrm{MRB}}(g,V),\delta_T)$. 上链复形 $(C^{\bullet}_{\mathrm{MRB}}(g,V),\delta_T)$ 的上同调群记为 $H^{\bullet}_{\mathrm{MRB}}(g,V)$，称为修正罗巴算子 T 的上同调群.

最后结合 Hom-3-李代数的上同调和修正罗巴算子的上同调，定义修正罗巴 Hom-3-李代数的上同调.

设 $(V,\beta;\rho,T_V)$ 为修正罗巴 Hom-3-李代数 $(g,[-,-,-],\alpha,T)$ 的表示. 受到带权罗巴 3-李代数[73]链映射的启发，构造映射 $\Phi:C^{n}_{\mathrm{H3Lie}}(g,V)\to C^{n}_{\mathrm{MRB}}(g,V)$ 为

$$
\begin{aligned}
&\Phi f((\mathrm{id}\wedge\mathrm{id})^{n-1}\otimes\mathrm{id})\\
&=\sum_{i=1}^{n}\Big(\sum_{1\leqslant j_1<\cdots<j_{2i-1}\leqslant 2n-1} f(\mathrm{id}^{j_1-1},T,\mathrm{id}^{j_2-j_1-1},T,\cdots,T,\mathrm{id}^{2n-1-j_{2i-1}})\circ((\mathrm{id}\wedge\mathrm{id})^{n-1}\otimes\mathrm{id})-\\
&T_V\sum_{1\leqslant j_1<\cdots<j_{2i-2}\leqslant 2n-1} f(\mathrm{id}^{j_1-1},T,\mathrm{id}^{j_2-j_1-1},T,\cdots,T,\mathrm{id}^{2n-1-j_{2i-2}})\circ((\mathrm{id}\wedge\mathrm{id})^{n-1}\otimes\mathrm{id})\Big).
\end{aligned}
$$

引理 6.1 上面定义的映射 $\Phi:C^{n}_{\mathrm{H3Lie}}(g,V)\to C^{n}_{\mathrm{MRB}}(g,V)$ 为上链映射，即式（6-1）可换

$$
\begin{array}{ccc}
C^{n}_{\mathrm{H3Lie}}(g,V) & \xrightarrow{\delta} & C^{n+1}_{\mathrm{H3Lie}}(g,V)\\
\downarrow\Phi & & \downarrow\Phi\\
C^{n}_{\mathrm{MRB}}(g,V) & \xrightarrow[\delta_T]{} & C^{n+1}_{\mathrm{MRB}}(g,V)
\end{array}
\tag{6-1}
$$

定义 6.11 设 $(g,[-,-,-],\alpha,T)$ 为修正罗巴 Hom-3-李代数，$(V,\beta;\rho,T_V)$ 为它的表示. 定义上链复形 $(C^{\bullet}_{\mathrm{MRBH3Lie}}(g,V),\partial)$ 为 Φ 的映射锥的负一次平移，即

$$C^{1}_{\mathrm{MRBH3Lie}}(g,V)=C^{1}_{\mathrm{H3Lie}}(g,V),$$

$$C^{n}_{\mathrm{MRBH3Lie}}(g,V)=C^{n}_{\mathrm{H3Lie}}(g,V)\oplus C^{n-1}_{\mathrm{MRB}}(g,V),$$

对于 $n=1$，对应的上边缘算子 $\partial:C^{1}_{\mathrm{MRBH3Lie}}(g,V)\to C^{2}_{\mathrm{MRBH3Lie}}(g,V)$ 为

$$\partial(f)=(\delta f,-\Phi f),\quad \forall f\in C^{1}_{\mathrm{MRBH3Lie}}(g,V).$$

对于 $n \geqslant 2$，对应的上边缘算子 $\partial: C^n_{\mathrm{MRBH3Lie}}(g,V) \to C^{n+1}_{\mathrm{MRBH3Lie}}(g,V)$ 为

$$\partial(f,g) = (\delta f, -\delta_T g - \Phi f), \quad \forall (f,g) \in C^n_{\mathrm{MRBH3Lie}}(g,V).$$

把上链复形 $(C^{\bullet}_{\mathrm{MRBH3Lie}}(g,V),\partial)$ 称为修正罗巴 Hom-3-李代数 $(g,[-,-,-],\alpha,T)$ 的上链复形，系数取自表示 $(V,\beta;\rho,T_V)$. 上链复形 $(C^{\bullet}_{\mathrm{MRBH3Lie}}(g,V),\partial)$ 的上同调群记为 $H^{\bullet}_{\mathrm{MRBH3Lie}}(g,V)$，称为修正罗巴 Hom-3-李代数 $(g,[-,-,-],\alpha,T)$ 的上同调群，系数取自表示 $(V,\beta;\rho,T_V)$. 当取 $(g,\alpha;\mathrm{ad},T)$ 为修正罗巴 Hom-3-李代数 $(g,[-,-,-],\alpha,T)$ 的伴随表示时，分别记 $(C^{\bullet}_{\mathrm{MRBH3Lie}}(g,V),\partial)$, $H^{\bullet}_{\mathrm{MRBH3Lie}}(g,V)$ 为 $(C^{\bullet}_{\mathrm{MRBH3Lie}}(g),\partial)$, $H^{\bullet}_{\mathrm{MRBH3Lie}}(g)$，称为修正罗巴 Hom-3-李代数 $(g,[-,-,-],\alpha,T)$ 的上链复形和上同调群.

定理 6.1 设 $(g,[-,-,-],\alpha,T)$ 为修正罗巴 Hom-3-李代数，则存在一个上链复形短正合列：

$$0 \to C^{\bullet-1}_{\mathrm{MBR}}(g,V) \xrightarrow{\mathrm{inc}} C^{\bullet}_{\mathrm{MRBH3Lie}}(g,V) \xrightarrow{\mathrm{proj}} C^{\bullet}_{\mathrm{H3Lie}}(g,V) \to 0,$$

其中 inc 和 proj 分别是包含映射和投影映射. 因此，诱导一个上同调长正合列：

$$\cdots \to H^n_{\mathrm{MRBH3Lie}}(g,V) \to H^n_{\mathrm{H3Lie}}(g,V) \to H^n_{\mathrm{MRB}}(g,V) \to$$
$$H^{n+1}_{\mathrm{MRBH3Lie}}(g,V) \to H^{n+1}_{\mathrm{H3Lie}}(g,V) \to \cdots.$$

6.3 修正罗巴 Hom-3-李代数的单参数形式形变

设 (g,υ,α,T) 为修正罗巴 Hom-3-李代数，其中 $\upsilon = [-,-,-]$，此时，

$$g[[\boldsymbol{t}]] = \left\{ \sum_{i=0}^{\infty} \boldsymbol{x}_i t^i \mid \boldsymbol{x}_i \in g \right\}$$

赋予由 g 导出的 3-李括号为

$$\upsilon\left(\sum_{i=0}^{\infty} \boldsymbol{x}_i \boldsymbol{t}^i, \sum_{j=0}^{\infty} \boldsymbol{y}_j \boldsymbol{t}^j, \sum_{k=0}^{\infty} \boldsymbol{z}_k \boldsymbol{t}^k \right) = \sum_{n=0}^{\infty} \left(\sum_{i+j+k=n} \upsilon(\boldsymbol{x}_i, \boldsymbol{y}_j, \boldsymbol{z}_k) \right) \boldsymbol{t}^n,$$

则 $(g[[t]],\upsilon,\alpha)$ 是 Hom-3-李代数，其中的 3-李括号任记为 υ.

定义 6.12 修正罗巴 Hom-3-李代数 $(g,[-,-,-],\alpha,T)$ 的单参数形式形变是一个序对 (υ_t,T_t)，其中

$$\upsilon_t=\sum_{i=0}^{\infty}\upsilon_i \boldsymbol{t}^i,T_t=\sum_{i=0}^{\infty}T_i\boldsymbol{t}^i ,$$

使得下列条件成立：

（1）$(\upsilon_i,T_i)\in C^2_{\mathrm{MRBH3Lie}}(g)$，

（2）$\upsilon_0=\upsilon,T_0=T$，

（3）$(g[[\boldsymbol{t}]],\upsilon_t,\alpha,T_t)$ 是 $K[[\boldsymbol{t}]]$ 上的修正罗巴 Hom-3-李代数.

设 (υ_t,T_t) 是上面定义的单参数形式形变，则对任意 $\boldsymbol{x}_i\in g,i=1,2,3,4,5$，式（6-2）至式（6-5）须成立：

$$\alpha(\upsilon_t(\boldsymbol{x}_1,\boldsymbol{x}_2,\boldsymbol{x}_3))=\upsilon_t(\alpha(\boldsymbol{x}_1),\alpha(\boldsymbol{x}_2),\alpha(\boldsymbol{x}_3)), \tag{6-2}$$

$$\begin{aligned}\upsilon_t(\boldsymbol{x}_1,\boldsymbol{x}_2,\upsilon_t(\boldsymbol{x}_3,\boldsymbol{x}_4,\boldsymbol{x}_5))=&\upsilon_t(\upsilon_t(\boldsymbol{x}_1,\boldsymbol{x}_2,\boldsymbol{x}_3),\boldsymbol{x}_4,\boldsymbol{x}_5)+\upsilon_t(\boldsymbol{x}_3,\upsilon_t(\boldsymbol{x}_1,\boldsymbol{x}_2,\boldsymbol{x}_4),\boldsymbol{x}_5)+\\&\upsilon_t(\boldsymbol{x}_3,\boldsymbol{x}_4,\upsilon_t(\boldsymbol{x}_1,\boldsymbol{x}_2,\boldsymbol{x}_5)),\end{aligned} \tag{6-3}$$

$$\alpha(T_t\boldsymbol{x}_1)=T_t\alpha(x_1), \tag{6-4}$$

$$\begin{aligned}\upsilon_t(T_t\boldsymbol{x}_1,T_t\boldsymbol{x}_2,T_t x_3)=&T_t(\upsilon_t(\boldsymbol{x}_1,T_t\boldsymbol{x}_2,T_t\boldsymbol{x}_3)+\upsilon_t(T_t\boldsymbol{x}_1,\boldsymbol{x}_2,T_t\boldsymbol{x}_3)+\\&\upsilon_t(T_t\boldsymbol{x}_1,T_t\boldsymbol{x}_2,\boldsymbol{x}_3)+\ \upsilon_t(\boldsymbol{x}_1,\boldsymbol{x}_2,\boldsymbol{x}_3))-\upsilon_t(T_t\boldsymbol{x}_1,\boldsymbol{x}_2,\boldsymbol{x}_3)-\\&\upsilon_t(\boldsymbol{x}_1,T_t\boldsymbol{x}_2,\boldsymbol{x}_3)-\upsilon_t(\boldsymbol{x}_1,\boldsymbol{x}_2,T_t\boldsymbol{x}_3).\end{aligned} \tag{6-5}$$

对比上面等式两边 $\boldsymbol{t}^n$ 的系数，式（6-2）至式（6-5）等价于式（6-6）至式（6-9）：

$$\alpha(\upsilon_n(\boldsymbol{x}_1,\boldsymbol{x}_2,\boldsymbol{x}_3))=\upsilon_n(\alpha(\boldsymbol{x}_1),\alpha(\boldsymbol{x}_2),\alpha(\boldsymbol{x}_3)), \tag{6-6}$$

$$\begin{aligned}&\sum_{i=0}^{n}\upsilon_i(\boldsymbol{x}_1,\boldsymbol{x}_2,\upsilon_{n-i}(\boldsymbol{x}_3,\boldsymbol{x}_4,\boldsymbol{x}_5))=\\&\sum_{i=0}^{n}\upsilon_i(\upsilon_{n-i}(\boldsymbol{x}_1,\boldsymbol{x}_2,\boldsymbol{x}_3),\boldsymbol{x}_4,\boldsymbol{x}_5)+\upsilon_i(\boldsymbol{x}_3,\upsilon_{n-i}(\boldsymbol{x}_1,\boldsymbol{x}_2,\boldsymbol{x}_4),\boldsymbol{x}_5)+\\&\upsilon_i(\boldsymbol{x}_3,\boldsymbol{x}_4,\upsilon_{n-i}(\boldsymbol{x}_1,\boldsymbol{x}_2,\boldsymbol{x}_5)),\end{aligned} \tag{6-7}$$

$$\alpha(T_n \boldsymbol{x}_1) = T_n \alpha(\boldsymbol{x}_1), \tag{6-8}$$

$$\sum_{i+j+k+l=n} \upsilon_i(T_j \boldsymbol{x}_1, T_k \boldsymbol{x}_2, T_l \boldsymbol{x}_3) =$$

$$\sum_{i+j+k+l=n} T_i(\upsilon_j(\boldsymbol{x}_1, T_k \boldsymbol{x}_2, T_l \boldsymbol{x}_3) + \upsilon_j(T_k \boldsymbol{x}_1, \boldsymbol{x}_2, T_l \boldsymbol{x}_3) + \upsilon_j(T_k \boldsymbol{x}_1, T_l \boldsymbol{x}_2, \boldsymbol{x}_3)) +$$

$$\sum_{i+j=n} T_i \upsilon_j(\boldsymbol{x}_1, \boldsymbol{x}_2, \boldsymbol{x}_3) - \sum_{i+j=n} \upsilon_i(T_j \boldsymbol{x}_1, \boldsymbol{x}_2, \boldsymbol{x}_3) - \sum_{i+j=n} \upsilon_i(\boldsymbol{x}_1, T_j \boldsymbol{x}_2, \boldsymbol{x}_3) -$$

$$\sum_{i+j=n} \upsilon_i(\boldsymbol{x}_1, \boldsymbol{x}_2, T_j \boldsymbol{x}_3). \tag{6-9}$$

注意到对于 $n=0$，式（6-6）至式（6-9）等价于 $(g[[\boldsymbol{t}]], \upsilon_0, \alpha, T_0)$ 为修正罗巴 Hom-3-李代数.

命题 6.6　设 (υ_t, T_t) 是修正罗巴 Hom-3-李代数 $(g, [-,-,-], \alpha, T)$ 的单参数形式形变，则 (υ_1, T_1) 是上链复形 $(C^n_{\mathrm{MRBH3Lie}}(g), \partial)$ 的 2-上闭链.

证明　对于 $n=1$，式（6-6）至式（6-9）分别为

$$\alpha(\upsilon_1(\boldsymbol{x}_1, \boldsymbol{x}_2, \boldsymbol{x}_3)) = \upsilon_1(\alpha(\boldsymbol{x}_1), \alpha(\boldsymbol{x}_2), \alpha(\boldsymbol{x}_3)),$$

$$[\boldsymbol{x}_1, \boldsymbol{x}_2, \upsilon_1(\boldsymbol{x}_3, \boldsymbol{x}_4, \boldsymbol{x}_5)] + \upsilon_1(\boldsymbol{x}_1, \boldsymbol{x}_2, [\boldsymbol{x}_3, \boldsymbol{x}_4, \boldsymbol{x}_5]) =$$

$$[\upsilon_1(\boldsymbol{x}_1, \boldsymbol{x}_2, \boldsymbol{x}_3), \boldsymbol{x}_4, \boldsymbol{x}_5] + \upsilon_1([\boldsymbol{x}_1, \boldsymbol{x}_2, \boldsymbol{x}_3], \boldsymbol{x}_4, \boldsymbol{x}_5) + [\boldsymbol{x}_3, \upsilon_1(\boldsymbol{x}_1, \boldsymbol{x}_2, \boldsymbol{x}_4), \boldsymbol{x}_5] +$$

$$\upsilon_1(\boldsymbol{x}_3, [\boldsymbol{x}_1, \boldsymbol{x}_2, \boldsymbol{x}_4], \boldsymbol{x}_5) + [\boldsymbol{x}_3, \boldsymbol{x}_4, \upsilon_1(\boldsymbol{x}_1, \boldsymbol{x}_2, \boldsymbol{x}_5)] + \upsilon_1(\boldsymbol{x}_3, \boldsymbol{x}_4, [\boldsymbol{x}_1, \boldsymbol{x}_2, \boldsymbol{x}_5]),$$

$$\alpha(T_1 \boldsymbol{x}_1) = T_1 \alpha(\boldsymbol{x}_1),$$

$$\upsilon_1(T\boldsymbol{x}_1, T\boldsymbol{x}_2, T\boldsymbol{x}_3) + [T_1\boldsymbol{x}_1, T\boldsymbol{x}_2, T\boldsymbol{x}_3] + [T\boldsymbol{x}_1, T_1\boldsymbol{x}_2, T\boldsymbol{x}_3] + [T\boldsymbol{x}_1, T\boldsymbol{x}_2, T_1\boldsymbol{x}_3] =$$

$$T_1([\boldsymbol{x}_1, T\boldsymbol{x}, T\boldsymbol{x}_3] + [T\boldsymbol{x}_1, \boldsymbol{x}_2, T\boldsymbol{x}_3] + [T\boldsymbol{x}_1, T\boldsymbol{x}_2, \boldsymbol{x}_3]) +$$

$$T(\upsilon_1(\boldsymbol{x}_1, T\boldsymbol{x}_2, T\boldsymbol{x}_3) + \upsilon_1(T\boldsymbol{x}_1, \boldsymbol{x}_2, T\boldsymbol{x}_3) + \upsilon_1(T\boldsymbol{x}_1, T\boldsymbol{x}_2, \boldsymbol{x}_3)) +$$

$$T([\boldsymbol{x}_1, T_1\boldsymbol{x}_2, T\boldsymbol{x}_3] + [T_1\boldsymbol{x}_1, \boldsymbol{x}_2, T\boldsymbol{x}_3] + [T_1\boldsymbol{x}_1, T\boldsymbol{x}_2, \boldsymbol{x}_3]) +$$

$$T([\boldsymbol{x}_1, T\boldsymbol{x}_2, T_1\boldsymbol{x}_3] + [T\boldsymbol{x}_1, \boldsymbol{x}_2, T_1\boldsymbol{x}_3] + [T\boldsymbol{x}_1, T_1\boldsymbol{x}_2, \boldsymbol{x}_3]) + T_1[\boldsymbol{x}_1, \boldsymbol{x}_2, \boldsymbol{x}_3] +$$

$$T\upsilon_1(\boldsymbol{x}_1, \boldsymbol{x}_2, \boldsymbol{x}_3) - [T_1\boldsymbol{x}_1, \boldsymbol{x}_2, \boldsymbol{x}_3] - \upsilon_1(T\boldsymbol{x}_1, \boldsymbol{x}_2, \boldsymbol{x}_3) - [\boldsymbol{x}_1, T_1\boldsymbol{x}_2, \boldsymbol{x}_3] -$$

$$\upsilon_1(\boldsymbol{x}_1, T\boldsymbol{x}_2, \boldsymbol{x}_3) - [\boldsymbol{x}_1, \boldsymbol{x}_2, T_1\boldsymbol{x}_3] - \upsilon_1(\boldsymbol{x}_1, \boldsymbol{x}_2, T\boldsymbol{x}_3).$$

因此，可得 $\partial(\upsilon_1,T_1)=(\delta\upsilon_1,-\delta_T T_1-\Phi\upsilon_1)=0$，即 (υ_1,T_1) 是一个 2-上闭链. □

定义 6.13 单参数形式形变 (υ_t,T_t) 的 2-上闭链 (υ_1,T_1) 称为修正罗巴 Hom-3-李代数 $(g,[-,-,-],\alpha,T)$ 的单参数形式形变 (υ_t,T_t) 的无穷小.

定义 6.14 设 (υ_t,T_t) 和 (υ_t',T_t') 是修正罗巴 Hom-3-李代数 $(g,[-,-,-],\alpha,T)$ 的 2 个单参数形式形变. 如果存在一个从 $(g[[\boldsymbol{t}]],\upsilon_t',\alpha,T_t')$ 到 $(g[[\boldsymbol{t}]],\upsilon_t,\alpha,T_t)$ 的形式同构

$$\Psi_t=\sum_{i\geqslant 0}\psi_i\boldsymbol{t}^i:g[[\boldsymbol{t}]]\to g[[\boldsymbol{t}]],$$

其中 $\psi_i:g\to g$ 为线性映射，其 $\psi_0=\mathrm{id}_g$，使得

$$\begin{aligned}&\Psi_t\circ\upsilon_t'=\upsilon_t(\Psi_t\otimes\Psi_t\otimes\Psi_t),\\&\Psi_t\circ T_t'=T_t\circ\Psi_t,\\&\Psi_t\circ\alpha=\alpha\circ\Psi_t,\end{aligned}\tag{6-10}$$

则称修正罗巴 Hom-3-李代数 $(g,[-,-,-],\alpha,T)$ 的单参数形式形变 (υ_t,T_t) 和 (υ_t',T_t') 等价.

命题 6.7 两个等价的单参数形式形变的无穷小在 $H^2_{\mathrm{MRBH3Lie}}(g)$ 中属于相同的上同调类.

证明 设 $\Psi_t:(g[[\boldsymbol{t}]],\upsilon_t',\alpha,T_t')\to(g[[\boldsymbol{t}]],\upsilon_t,\alpha,T_t)$ 为一个形式同构，展开式（6-10），比较 $\boldsymbol{t}$ 的系数，可得

$$\upsilon_1'=\upsilon_1+\upsilon\circ(\psi_1\otimes\mathrm{id}\otimes\mathrm{id})+\upsilon\circ(\mathrm{id}\otimes\psi_1\otimes\mathrm{id})+\upsilon\circ(\mathrm{id}\otimes\mathrm{id}\otimes\psi_1)-\psi_1\circ\upsilon,$$

$$T_1'=T_1+T\circ\psi_1-\psi_1\circ T,$$

$$\psi_1\circ\alpha=\alpha\circ\psi_1,$$

因此，$(\upsilon_1',T_1')=(\upsilon_1,T_1)+(\delta\psi_1,-\Phi\psi_1)=(\upsilon_1,T_1)+\partial\psi_1$，这意味着等价的单参数形式形变的无穷小 (υ_1',T_1') 和 (υ_1,T_1) 在 $H^2_{\mathrm{MRBH3Lie}}(g)$ 中属于相同的上同调类. □

定义 6.15 如果修正罗巴 Hom-3-李代数 $(g,[-,-,-],\alpha,T)$ 的单参数形式形变 (υ_t,T_t) 和 (υ,T) 等价，则称单参数形式形变 (υ_t,T_t) 为平凡的.

定义 6.16 如果 $(g,[-,-,-],\alpha,T)$ 的每一个单参数形式形变 (υ_t,T_t) 都是平凡的，则称修正罗巴 Hom-3-李代数 $(g,[-,-,-],\alpha,T)$ 为分析刚性的.

定理 6.2 设 $(g,[-,-,-],\alpha,T)$ 为修正罗巴 Hom-3-李代数，如果 $H^2_{\text{MRBH3Lie}}(g)=0$，则修正罗巴 Hom-3-李代数 $(g,[-,-,-],\alpha,T)$ 为分析刚性.

证明 设 (υ_t,T_t) 为修正罗巴 Hom-3-李代数 $(g,[-,-,-],\alpha,T)$ 的单参数形式形变. 则由命题 6.6，(υ_1,T_1) 是一个 2-上闭链. 又 $H^2_{\text{MRBH3Lie}}(g)=0$，则存在一个 1-上链 $\psi_1\in C^1_{\text{MRBH3Lie}}(g)$，使得

$$(\upsilon_1,T_1)=\partial\psi_1 .$$

置 $\Psi_t=\text{id}-\psi_1 t$，可得形式形变 (υ_t',T_t')，其中

$$\upsilon_t'=\Psi_t^{-1}\circ\upsilon_t\circ(\Psi_t\otimes\Psi_t\otimes\Psi_t),$$

$$T_t'=\Psi_t^{-1}\circ T_t\circ\Psi_t ,$$

从而，(υ_t',T_t') 等价于 (υ_t,T_t). 容易得到 $\upsilon_1'=0,T_1'=0$，即

$$\upsilon_t'=\upsilon+\upsilon_2't^2+\cdots,$$

$$T_t'=T+T_2't^2+\cdots.$$

重复上面的论证，可证得 (υ_t,T_t) 和 (υ,T) 等价. 因此，修正罗巴 Hom-3-李代数 $(g,[-,-,-],\alpha,T)$ 为分析刚性. □

本节最后研究修正罗巴 Hom-3-李代数的 n -阶形变.

定义 6.17 设 (g,υ,α,T) 为修正罗巴 Hom-3-李代数. 如果

$$\upsilon_t=\sum_{i=0}^{n}\upsilon_i t^i,\qquad T_t=\sum_{i=0}^{n}T_i t^i ,$$

其中 $(\upsilon_i,T_i)\in C^2_{\text{MRBH3Lie}}(g),(\upsilon_0,T_0)=(\upsilon,T)$，对所有的 $\boldsymbol{t}$，使得 $(g[[\boldsymbol{t}]]/(\boldsymbol{t}^{n+1}),\upsilon_t,\alpha,T_t)$ 为修正罗巴 Hom-3-李代数，则称 (υ_t,T_t) 生成 (g,υ,α,T) 的 n -阶形变.

定义 6.18 设 (υ_t,T_t) 生成修正罗巴 Hom-3-李代数 $(g,[-,-,-],\alpha,T)$ 的 n -阶形变. 如果存在一个 2-上链 $(\upsilon_{n+1},T_{n+1})\in C^2_{\text{MRBH3Lie}}(g)$，使得序对 $(\tilde{\upsilon}_t=\upsilon_t+\upsilon_{n+1}\boldsymbol{t},\ \tilde{T}_t=T_t+T_{n+1}\boldsymbol{t})$ 是一个 $(n+1)$ -阶形变，则称 (υ_t,T_t) 是可扩展的.

定理 6.3 设 (υ_t,T_t) 生成修正罗巴 Hom-3-李代数 $(g,[-,-,-],\alpha,T)$ 的 n -阶形变. 则 (υ_t,T_t) 是可扩展的当且仅当上同调类 $[(\text{Ob}^3_{(\upsilon_t,T_t)},\text{Ob}^2_{(\upsilon_t,T_t)})]\in H^3_{\text{MRBH3Lie}}(g)$ 是平凡的，其中

$$\begin{aligned}
&\mathrm{Ob}^3_{(\upsilon_t,T_t)}(\boldsymbol{x}_1,\boldsymbol{x}_2,\boldsymbol{x}_3,\boldsymbol{x}_4,\boldsymbol{x}_5)\\
=&\sum_{\substack{i+j=n+1\\0\leqslant i,j\leqslant n}}(\upsilon_i(\boldsymbol{x}_1,\boldsymbol{x}_2,\upsilon_j(\boldsymbol{x}_3,\boldsymbol{x}_4,\boldsymbol{x}_5))-\upsilon_i(\upsilon_j(\boldsymbol{x}_1,\boldsymbol{x}_2,\boldsymbol{x}_3),\boldsymbol{x}_4,\boldsymbol{x}_5)-\\
&\upsilon_i(\boldsymbol{x}_3,\upsilon_j(\boldsymbol{x}_1,\boldsymbol{x}_2,\boldsymbol{x}_4),\boldsymbol{x}_5))-\upsilon_i(\boldsymbol{x}_3,\boldsymbol{x}_4,\upsilon_j(\boldsymbol{x}_1,\boldsymbol{x}_2,\boldsymbol{x}_5))),
\end{aligned}$$

$$\begin{aligned}
&\mathrm{Ob}^2_{(\upsilon_t,T_t)}(\boldsymbol{x}_1,\boldsymbol{x}_2,\boldsymbol{x}_3)\\
=&\sum_{\substack{i+j+k+l=n+1\\0\leqslant i,j,k,l\leqslant n}}\upsilon_i(T_j\boldsymbol{x}_1,T_k\boldsymbol{x}_2,T_l\boldsymbol{x}_3)-\\
&\sum_{\substack{i+j+k+l=n+1\\0\leqslant i,j,k,l\leqslant n}}T_i(\upsilon_j(\boldsymbol{x}_1,T_k\boldsymbol{x}_2,T_l\boldsymbol{x}_3)+\upsilon_j(T_k\boldsymbol{x}_1,\boldsymbol{x}_2,T_l\boldsymbol{x}_3)+\upsilon_j(T_k\boldsymbol{x}_1,T_l\boldsymbol{x}_2,\boldsymbol{x}_3))-\\
&\sum_{\substack{i+j=n+1\\0\leqslant i,j\leqslant n}}(T_i\upsilon_j(\boldsymbol{x}_1,\boldsymbol{x}_2,\boldsymbol{x}_3)-\upsilon_i(T_j\boldsymbol{x}_1,\boldsymbol{x}_2,\boldsymbol{x}_3)-\upsilon_i(\boldsymbol{x}_1,T_j\boldsymbol{x}_2,\boldsymbol{x}_3)-\upsilon_i(\boldsymbol{x}_1,\boldsymbol{x}_2,T_j\boldsymbol{x}_3)).
\end{aligned}$$

证明 设$(\tilde{\upsilon}_t=\upsilon_t+\upsilon_{n+1}\boldsymbol{t},\tilde{T}_t=T_t+T_{n+1}\boldsymbol{t})$是$(\upsilon_t,T_t)$的扩展，则对任意$\boldsymbol{x},\boldsymbol{y},\boldsymbol{z}\in L$，有

$$\begin{aligned}
&\tilde{\upsilon}_t(\boldsymbol{x}_1,\boldsymbol{x}_2,\tilde{\upsilon}_t(\boldsymbol{x}_3,\boldsymbol{x}_4,\boldsymbol{x}_5))\\
=&\tilde{\upsilon}_t(\tilde{\upsilon}_t(\boldsymbol{x}_1,\boldsymbol{x}_2,\boldsymbol{x}_3),\boldsymbol{x}_4,\boldsymbol{x}_5)+\tilde{\upsilon}_t(\boldsymbol{x}_3,\tilde{\upsilon}_t(\boldsymbol{x}_1,\boldsymbol{x}_2,\boldsymbol{x}_4),\boldsymbol{x}_5)+\\
&\tilde{\upsilon}_t(\boldsymbol{x}_3,\boldsymbol{x}_4,\tilde{\upsilon}_t(\boldsymbol{x}_1,\boldsymbol{x}_2,\boldsymbol{x}_5)),
\end{aligned}\tag{6-11}$$

$$\begin{aligned}
&\tilde{\upsilon}_t(\tilde{T}_t\boldsymbol{x}_1,\tilde{T}_t\boldsymbol{x}_2,\tilde{T}_t\boldsymbol{x}_3)\\
=&\tilde{T}_t(\tilde{\upsilon}_t(\boldsymbol{x}_1,\tilde{T}_t\boldsymbol{x}_2,\tilde{T}_t\boldsymbol{x}_3)+\tilde{\upsilon}_t(\tilde{T}_t\boldsymbol{x}_1,\boldsymbol{x}_2,\tilde{T}_t\boldsymbol{x}_3)+\tilde{\upsilon}_t(\tilde{T}_t\boldsymbol{x}_1,\tilde{T}_t\boldsymbol{x}_2,\boldsymbol{x}_3)+\\
&\tilde{\upsilon}_t(\boldsymbol{x}_1,\boldsymbol{x}_2,\boldsymbol{x}_3))-\tilde{\upsilon}_t(\tilde{T}_t\boldsymbol{x}_1,\boldsymbol{x}_2,\boldsymbol{x}_3)-\tilde{\upsilon}_t(\boldsymbol{x}_1,\tilde{T}_t\boldsymbol{x}_2,\boldsymbol{x}_3)-\tilde{\upsilon}_t(\boldsymbol{x}_1,\boldsymbol{x}_2,\tilde{T}_t\boldsymbol{x}_3).
\end{aligned}\tag{6-12}$$

展开式（6-11）、式（6-12）并对比t^{n+1}的系数，可得

$$\begin{aligned}
&\sum_{\substack{i+j=n+1\\0\leqslant i,j\leqslant n}}\upsilon_i(\boldsymbol{x}_1,\boldsymbol{x}_2,\upsilon_j(\boldsymbol{x}_3,\boldsymbol{x}_4,\boldsymbol{x}_5))-\\
&\sum_{\substack{i+j=n+1\\0\leqslant i,j\leqslant n}}(\upsilon_i(\upsilon_j(\boldsymbol{x}_1,\boldsymbol{x}_2,\boldsymbol{x}_3),\boldsymbol{x}_4,\boldsymbol{x}_5)+\upsilon_i(\boldsymbol{x}_3,\upsilon_j(\boldsymbol{x}_1,\boldsymbol{x}_2,\boldsymbol{x}_4),\boldsymbol{x}_5)+\upsilon_i(\boldsymbol{x}_3,\boldsymbol{x}_4,\upsilon_j(\boldsymbol{x}_1,\boldsymbol{x}_2,\boldsymbol{x}_5)))\\
=&[\upsilon_{n+1}(\boldsymbol{x}_1,\boldsymbol{x}_2,\boldsymbol{x}_3),\boldsymbol{x}_4,\boldsymbol{x}_5]+\upsilon_{n+1}([\boldsymbol{x}_1,\boldsymbol{x}_2,\boldsymbol{x}_3],\boldsymbol{x}_4,\boldsymbol{x}_5)+[\boldsymbol{x}_3,\upsilon_{n+1}(\boldsymbol{x}_1,\boldsymbol{x}_2,\boldsymbol{x}_4),\boldsymbol{x}_5]+\\
&\upsilon_{n+1}(\boldsymbol{x}_3,[\boldsymbol{x}_1,\boldsymbol{x}_2,\boldsymbol{x}_4],\boldsymbol{x}_5)+[\boldsymbol{x}_3,\boldsymbol{x}_4,\upsilon_{n+1}(\boldsymbol{x}_1,\boldsymbol{x}_2,\boldsymbol{x}_5)]+\upsilon_{n+1}(\boldsymbol{x}_3,\boldsymbol{x}_4,[\boldsymbol{x}_1,\boldsymbol{x}_2,\boldsymbol{x}_5])-\\
&[\boldsymbol{x}_1,\boldsymbol{x}_2,\upsilon_{n+1}(\boldsymbol{x}_3,\boldsymbol{x}_4,\boldsymbol{x}_5)]-\upsilon_{n+1}(\boldsymbol{x}_1,\boldsymbol{x}_2,[\boldsymbol{x}_3,\boldsymbol{x}_4,\boldsymbol{x}_5]),
\end{aligned}$$

$$\sum_{\substack{i+j+k+l=n+1\\0\leqslant i,j,k,l\leqslant n}} \upsilon_i(T_j\boldsymbol{x}_1,T_k\boldsymbol{x}_2,T_l\boldsymbol{x}_3)-$$

$$\sum_{\substack{i+j+k+l=n+1\\0\leqslant i,j,k,l\leqslant n}} T_i(\upsilon_j(\boldsymbol{x}_1,T_k\boldsymbol{x}_2,T_l\boldsymbol{x}_3)+\upsilon_j(T_k\boldsymbol{x}_1,\boldsymbol{x}_2,T_l\boldsymbol{x}_3)+\upsilon_j(T_k\boldsymbol{x}_1,T_l\boldsymbol{x}_2,\boldsymbol{x}_3))-$$

$$\sum_{\substack{i+j=n+1\\0\leqslant i,j\leqslant n}} (T_i\upsilon_j(\boldsymbol{x}_1,\boldsymbol{x}_2,\boldsymbol{x}_3)-\upsilon_i(T_j\boldsymbol{x}_1,\boldsymbol{x}_2,\boldsymbol{x}_3)-\upsilon_i(\boldsymbol{x}_1,T_j\boldsymbol{x}_2,\boldsymbol{x}_3)-\upsilon_i(\boldsymbol{x}_1,\boldsymbol{x}_2,T_j\boldsymbol{x}_3))$$

$$\begin{aligned}
&=T_{n+1}([\boldsymbol{x}_1,T\boldsymbol{x}_2,T\boldsymbol{x}_3]+[T\boldsymbol{x}_1,\boldsymbol{x}_2,T\boldsymbol{x}_3]+[T\boldsymbol{x}_1,T\boldsymbol{x}_2,\boldsymbol{x}_3])+\\
&\quad T(\upsilon_{n+1}(\boldsymbol{x}_1,T\boldsymbol{x}_2,T\boldsymbol{x}_3)+\upsilon_{n+1}(T\boldsymbol{x}_1,\boldsymbol{x}_2,T\boldsymbol{x}_3)+\upsilon_{n+1}(T\boldsymbol{x}_1,T\boldsymbol{x}_2,\boldsymbol{x}_3))+\\
&\quad T([\boldsymbol{x}_1,T_{n+1}\boldsymbol{x}_2,T\boldsymbol{x}_3]+[T_{n+1}\boldsymbol{x}_1,\boldsymbol{x}_2,T\boldsymbol{x}_3]+[T_{n+1}\boldsymbol{x}_1,T\boldsymbol{x}_2,\boldsymbol{x}_3])+\\
&\quad T([\boldsymbol{x}_1,T\boldsymbol{x}_2,T_{n+1}\boldsymbol{x}_3]+[T\boldsymbol{x}_1,\boldsymbol{x}_2,T_{n+1}\boldsymbol{x}_3]+[T\boldsymbol{x}_1,T_{n+1}\boldsymbol{x}_2,\boldsymbol{x}_3])+\\
&\quad T_{n+1}[\boldsymbol{x}_1,\boldsymbol{x}_2,\boldsymbol{x}_3]+T\upsilon_{n+1}(\boldsymbol{x}_1,\boldsymbol{x}_2,\boldsymbol{x}_3)-[T_{n+1}\boldsymbol{x}_1,\boldsymbol{x}_2,\boldsymbol{x}_3]-\upsilon_{n+1}(T\boldsymbol{x}_1,\boldsymbol{x}_2,\boldsymbol{x}_3)-\\
&\quad [\boldsymbol{x}_1,T_{n+1}\boldsymbol{x}_2,\boldsymbol{x}_3]-\upsilon_{n+1}(\boldsymbol{x}_1,T\boldsymbol{x}_2,\boldsymbol{x}_3)-[\boldsymbol{x}_1,\boldsymbol{x}_2,T_{n+1}\boldsymbol{x}_3]-\upsilon_{n+1}(\boldsymbol{x}_1,\boldsymbol{x}_2,T\boldsymbol{x}_3)-\\
&\quad [T_{n+1}\boldsymbol{x}_1,T\boldsymbol{x}_2,T\boldsymbol{x}_3]-\upsilon_{n+1}(T\boldsymbol{x}_1,T\boldsymbol{x}_2,T\boldsymbol{x}_3)-[T\boldsymbol{x}_1,T_{n+1}\boldsymbol{x}_2,T\boldsymbol{x}_3]-[T\boldsymbol{x}_1,T\boldsymbol{x}_2,T_{n+1}\boldsymbol{x}_3].
\end{aligned}$$

从而,

$$\mathrm{Ob}^3_{(\upsilon_t,T_t)}(\boldsymbol{x}_1,\boldsymbol{x}_2,\boldsymbol{x}_3,\boldsymbol{x}_4,\boldsymbol{x}_5)=\delta\upsilon_{n+1}(\boldsymbol{x}_1,\boldsymbol{x}_2,\boldsymbol{x}_3,\boldsymbol{x}_4,\boldsymbol{x}_5),$$

$$\mathrm{Ob}^2_{(\upsilon_t,T_t)}(\boldsymbol{x}_1,\boldsymbol{x}_2,\boldsymbol{x}_3)=-\delta_T T_{n+1}(\boldsymbol{x}_1,\boldsymbol{x}_2,\boldsymbol{x}_3)-\Phi\upsilon_{n+1}(\boldsymbol{x}_1,\boldsymbol{x}_2,\boldsymbol{x}_3).$$

因此, $(\mathrm{Ob}^3_{(\upsilon_t,T_t)},\mathrm{Ob}^2_{(\upsilon_t,T_t)})=(\delta\upsilon_{n+1},-\delta_T T_{n+1}-\Phi\upsilon_{n+1})=\partial(\upsilon_{n+1},T_{n+1})$.

进而, $\partial(\mathrm{Ob}^3_{(\upsilon_t,T_t)},\mathrm{Ob}^2_{(\upsilon_t,T_t)})=\partial\circ\partial(\upsilon_{n+1},T_{n+1})=0$. 这意味着上同调类 $[(\mathrm{Ob}^3_{(\upsilon_t,T_t)},\mathrm{Ob}^2_{(\upsilon_t,T_t)})]\in H^3_{\mathrm{MRBH3Lie}}(g)$ 是平凡的.

反之, 设上同调类 $[(\mathrm{Ob}^3_{(\upsilon_t,T_t)},\mathrm{Ob}^2_{(\upsilon_t,T_t)})]\in H^3_{\mathrm{MRBH3Lie}}(g)$ 是平凡的, 则存在 $(\upsilon_{n+1},T_{n+1})\in C^2_{\mathrm{MRBH3Lie}}(g)$, 使得

$$(\mathrm{Ob}^3_{(\upsilon_t,T_t)},\mathrm{Ob}^2_{(\upsilon_t,T_t)})=\partial(\upsilon_{n+1},T_{n+1}).$$

置

$$(\tilde{\upsilon}_t=\upsilon_t+\upsilon_{n+1}t,\tilde{T}_t=T_t+T_{n+1}t).$$

则容易验证 $(\tilde{\upsilon}_t,\tilde{T}_t)$ 是一个 $(n+1)$-阶形变, 即 (υ_{n+1},T_{n+1}) 是可扩展的. □

推论 6.1 设 (υ_t,T_t) 生成修正罗巴 Hom-3-李代数 $(g,[-,-,-],\alpha,T)$ 的 n-阶形变. 则 3-上链 $(\mathrm{Ob}^3_{(\upsilon_t,T_t)},\mathrm{Ob}^2_{(\upsilon_t,T_t)})$ 是修正罗巴 Hom-3-李代数 $(g,[-,-,-],\alpha,T)$

一个 3-上闭链，其系数取自伴随表示.

推论 6.2 如果 $H^3_{\mathrm{MRBH3Lie}}(g)=0$，则 $C^2_{\mathrm{MRBH3Lie}}(g)$ 中每个 2-上闭链都是修正罗巴 Hom-3-李代数 $(g,[-,-,-],\alpha,T)$ 的某个单参数形式形变的无穷小.

6.4 修正罗巴 Hom-3-李代数的交换扩张

定义 6.19 设 $(g,[-,-,-],\alpha,T)$ 为修正罗巴 Hom-3-李代数，$(V,[-,-,-]_V,\beta,T_V)$ 为具有平凡李括号的修正罗巴 Hom-3-李代数. 如果存在一个修正罗巴 Hom-3-李代数短正合列：

$$0\to(V,[-,-,-]_V,\beta,T_V)\xrightarrow{i}(\hat{g},[-,-,-]_{\hat{g}},\hat{\alpha},\hat{T})\xrightarrow{p}(g,[-,-,-],\alpha,T)\to 0,$$

即存在一个交换图

$$\begin{array}{ccccccccc} 0 & \to & (V,\beta) & \xrightarrow{i} & (\hat{g},\hat{\alpha}) & \xrightarrow{p} & (g,\alpha) & \to & 0\\ & & \downarrow T_V & & \downarrow \hat{T} & & \downarrow T & & \\ 0 & \to & (V,\beta) & \xrightarrow[i]{} & (\hat{g},\hat{\alpha}) & \xrightarrow[p]{} & (g,\alpha) & \to & 0 \end{array},$$

使得对任意 $\boldsymbol{u},\boldsymbol{v}\in V$，$T_V(\boldsymbol{u})=\hat{T}(\boldsymbol{u}),\beta(\boldsymbol{u})=\hat{\alpha}(\boldsymbol{u}),[\boldsymbol{u},\boldsymbol{v},-]_{\hat{g}}=0$，即 V 是 $\hat{g}$ 的交换理想，则称 $(\hat{g},[-,-,-]_{\hat{g}},\hat{\alpha},\hat{T})$ 为 $(g,[-,-,-],\alpha,T)$ 通过 $(V,[-,-,-]_V,\beta,T_V)$ 的一个交换扩张.

定义 6.20 $(g,[-,-,-],\alpha,T)$ 通过 $(V,[-,-,-]_V,\beta,T_V)$ 的交换扩张 $(\hat{g},[-,-,-]_{\hat{g}},\hat{\alpha},\hat{T})$ 的一个截面是线性映射 $\sigma:g\to\hat{g}$，使得 $p\circ\sigma=\mathrm{id}_g$ 和 $\hat{\alpha}\circ\sigma=\sigma\circ\alpha$.

定义 6.21 设 $(\hat{g}_1,[-,-,-]_{\hat{g}_1},\hat{\alpha}_1,\hat{T}_1)$ 和 $(\hat{g}_2,[-,-,-]_{\hat{g}_2},\hat{\alpha}_2,\hat{T}_2)$ 为 $(g,[-,-,-],\alpha,T)$ 通过 $(V,[-,-,-]_V,\beta,T_V)$ 的 2 个交换扩张. 如果存在修正罗巴 Hom-3-李代数同构映射 $\varphi:(\hat{g}_1,[-,-,-]_{\hat{g}_1},\hat{\alpha}_1,\hat{T}_1)\to(\hat{g}_2,[-,-,-]_{\hat{g}_2},\hat{\alpha}_2,\hat{T}_2)$ 使得图表（6-13）交换

$$\begin{array}{ccccccccc} 0 & \to & (V,[-,-,-]_V,\beta,T_V) & \xrightarrow{i_1} & (\hat{g}_1,[-,-,-]_{\hat{g}_1},\hat{\alpha}_1,\hat{T}_1) & \xrightarrow{p_1} & (g,[-,-,-],\alpha,T) & \to & 0\\ & & \downarrow \mathrm{id}_V & & \downarrow \varphi & & \downarrow \mathrm{id}_g & & \\ 0 & \to & (V,[-,-,-]_V,\beta,T_V) & \xrightarrow[i_2]{} & (\hat{g}_2,[-,-,-]_{\hat{g}_2},\hat{\alpha}_2,\hat{T}_2) & \xrightarrow[p_2]{} & (g,[-,-,-],\alpha,T) & \to & 0 \end{array}\tag{6-13}$$

则称 $(g,[-,-,-],\alpha,T)$ 通过 $(V,[-,-,-]_V,\beta,T_V)$ 的 2 个交换扩张 $(\hat{g}_1,[-,-,-]_{\hat{g}_1},\hat{\alpha}_1,\hat{T}_1)$

和 $(\hat{g}_2,[-,-,-]_{\hat{g}_2},\hat{\alpha}_2,\hat{T}_2)$ 是等价的.

设 $(\hat{g},[-,-,-]_{\hat{g}},\hat{\alpha},\hat{T})$ 为 $(g,[-,-,-],\alpha,T)$ 通过 $(V,[-,-,-]_V,\beta,T_V)$ 的交换扩张且 $\sigma:g\to\hat{g}$ 是它的一个截面. 定义线性映射 $\rho:g\to \mathrm{End}(V)$ 为

$$\rho(\boldsymbol{x},\boldsymbol{y})\boldsymbol{v}=[\sigma(\boldsymbol{x}),\sigma(\boldsymbol{y}),\boldsymbol{v}]_{\hat{g}},\forall \boldsymbol{x},\boldsymbol{y}\in g,\boldsymbol{v}\in V$$

命题 6.8 沿用上面的记号，$(V,\beta;\rho,T_V)$ 是修正罗巴 Hom-3-李代数 $(g,[-,-,-],\alpha,T)$ 的表示，且不依赖于截面 s 的选取. 进一步，等价的交换扩张给出相同的表示.

证明 首先对任意交换扩张 $(\hat{g},[-,-,-]_{\hat{g}},\hat{\alpha},\hat{T})$ 的另一个截面 $\sigma':g\to\hat{g}$，对任意 $\boldsymbol{x},\boldsymbol{y}\in g$，有

$$\begin{aligned}p(\sigma(\boldsymbol{x})-\sigma'(\boldsymbol{x}))&=p(\sigma(\boldsymbol{x}))-p(\sigma'(\boldsymbol{x}))\\&=\boldsymbol{x}-\boldsymbol{x}=0.\end{aligned}$$

因此，存在 $x_u\in V$, 使得 $\sigma'(x)=\sigma(x)+x_u$。由于 V 是 $\hat{g}$ 的交换理想，可得

$$\begin{aligned}[\sigma'(\boldsymbol{x}),\sigma'(\boldsymbol{y}),\boldsymbol{v}]_{\hat{g}}&=[\sigma(\boldsymbol{x})+\boldsymbol{x}_u,\sigma(\boldsymbol{y})+\boldsymbol{y}_u,\boldsymbol{v}]_{\hat{g}}\\&=[\sigma(\boldsymbol{x}),\sigma(\boldsymbol{y}),\boldsymbol{v}]_{\hat{g}},\end{aligned}$$

即 ρ 不依赖于截面 σ 的选取.

其次，对任意 $\boldsymbol{x}_1,\boldsymbol{x}_2,\boldsymbol{x}_3,\boldsymbol{x}_4\in g,\boldsymbol{v}\in V$，由 V 是 $\hat{g}$ 的交换理想及 $[\sigma(\boldsymbol{x}_1),\sigma(\boldsymbol{x}_2),\sigma(\boldsymbol{x}_3)]_{\hat{g}}-\sigma[\boldsymbol{x}_1,\boldsymbol{x}_2,\boldsymbol{x}_3]\in V$，可得

$$\begin{aligned}\rho(\alpha(\boldsymbol{x}_1),\alpha(\boldsymbol{x}_2))\beta(\boldsymbol{v})&=[\sigma(\alpha(\boldsymbol{x}_1)),\sigma(\alpha(\boldsymbol{x}_2)),\beta(\boldsymbol{v})]_{\hat{g}}\\&=[\hat{\alpha}(\sigma(\boldsymbol{x}_1)),\hat{\alpha}(\sigma(\boldsymbol{x}_2)),\hat{\alpha}(\boldsymbol{v})]_{\hat{g}}\\&=\hat{\alpha}[\sigma(\boldsymbol{x}_1),\sigma(\boldsymbol{x}_2),\boldsymbol{v}]_{\hat{g}}\\&=\beta[\sigma(\boldsymbol{x}_1),\sigma(\boldsymbol{x}_2),\boldsymbol{v}]_{\hat{g}}\\&=\beta(\rho(\boldsymbol{x}_1,\boldsymbol{x}_2)\boldsymbol{v})\end{aligned}$$

和

$$\begin{aligned}&\rho(\alpha(\boldsymbol{x}_1),\alpha(\boldsymbol{x}_2))\rho(\boldsymbol{x}_3,\boldsymbol{x}_4)\boldsymbol{v}-\rho(\alpha(\boldsymbol{x}_3),\alpha(\boldsymbol{x}_4))\rho(\boldsymbol{x}_1,\boldsymbol{x}_2)\boldsymbol{v}\\&=[\sigma(\alpha(\boldsymbol{x}_1)),\sigma(\alpha(\boldsymbol{x}_2)),[\sigma(\boldsymbol{x}_3),\sigma(\boldsymbol{x}_4),\boldsymbol{v}]_{\hat{g}}]_{\hat{g}}-[\sigma(\alpha(\boldsymbol{x}_3)),\sigma(\alpha(\boldsymbol{x}_4)),[\sigma(\boldsymbol{x}_1),\sigma(\boldsymbol{x}_2),\boldsymbol{v}]_{\hat{g}}]_{\hat{g}}\\&=[\hat{\alpha}(\sigma(\boldsymbol{x}_1)),\hat{\alpha}(\sigma(\boldsymbol{x}_2)),[\sigma(\boldsymbol{x}_3),\sigma(\boldsymbol{x}_4),\boldsymbol{v}]_{\hat{g}}]_{\hat{g}}-[\hat{\alpha}(\sigma(\boldsymbol{x}_3)),\hat{\alpha}(\sigma(\boldsymbol{x}_4)),[\sigma(\boldsymbol{x}_1),\sigma(\boldsymbol{x}_2),\boldsymbol{v}]_{\hat{g}}]_{\hat{g}}\\&=[[\sigma(\boldsymbol{x}_1),\sigma(\boldsymbol{x}_2),\sigma(\boldsymbol{x}_3)],\hat{\alpha}(\sigma(\boldsymbol{x}_4)),\hat{\alpha}(\boldsymbol{v})]_{\hat{g}}-[\sigma[x_1,\boldsymbol{x}_2,\boldsymbol{x}_4],\hat{\alpha}(\sigma(\boldsymbol{x}_3)),\hat{\alpha}(\boldsymbol{v})]_{\hat{g}}\\&=[\sigma[\boldsymbol{x}_1,\boldsymbol{x}_2,\boldsymbol{x}_3],\sigma(\alpha(\boldsymbol{x}_4)),\beta(\boldsymbol{v})]_{\hat{g}}-[\sigma[\boldsymbol{x}_1,\boldsymbol{x}_2,\boldsymbol{x}_4],\sigma(\alpha(\boldsymbol{x}_3)),\beta(\boldsymbol{v})]_{\hat{g}}\\&=\rho([\boldsymbol{x}_1,\boldsymbol{x}_2,\boldsymbol{x}_3],\alpha(\boldsymbol{x}_4))\beta(\boldsymbol{v})-\rho([\boldsymbol{x}_1,\boldsymbol{x}_2,\boldsymbol{x}_4],\alpha(\boldsymbol{x}_3))\beta(\boldsymbol{v}),\end{aligned}$$

$$
\begin{aligned}
&\rho([\boldsymbol{x}_1,\boldsymbol{x}_2,\boldsymbol{x}_3],\alpha(\boldsymbol{x}_4))\beta(\boldsymbol{v})-\rho(\alpha(\boldsymbol{x}_2),\alpha(\boldsymbol{x}_3))\rho(\boldsymbol{x}_1,\boldsymbol{x}_4)\boldsymbol{v}\\
&=[\sigma[\boldsymbol{x}_1,\boldsymbol{x}_2,\boldsymbol{x}_3],\sigma(\alpha(\boldsymbol{x}_4)),\beta(\boldsymbol{v})]_{\hat{g}}-[\sigma(\alpha(\boldsymbol{x}_2)),\sigma(\alpha(\boldsymbol{x}_3)),[\sigma(\boldsymbol{x}_1),\sigma(\boldsymbol{x}_4),\boldsymbol{v}]_{\hat{g}}]_{\hat{g}}\\
&=[[\sigma(\boldsymbol{x}_1),\sigma(\boldsymbol{x}_2),\sigma(\boldsymbol{x}_3)],\hat{\alpha}(\sigma(\boldsymbol{x}_4)),\hat{\alpha}(\boldsymbol{v})]_{\hat{g}}-[\hat{\alpha}(\sigma(\boldsymbol{x}_2)),\hat{\alpha}(\sigma(\boldsymbol{x}_3)),[\sigma(\boldsymbol{x}_1),\sigma(\boldsymbol{x}_4),\boldsymbol{v}]_{\hat{g}}]_{\hat{g}}\\
&=[\hat{\alpha}(\sigma(\boldsymbol{x}_3),\hat{\alpha}(\sigma(\boldsymbol{x}_1)),[\sigma(\boldsymbol{x}_2),\sigma(\boldsymbol{x}_4),\boldsymbol{v}]_{\hat{g}}]_{\hat{g}}+[\hat{\alpha}(\sigma(\boldsymbol{x}_1),\hat{\alpha}(\sigma(\boldsymbol{x}_2)),[\sigma(\boldsymbol{x}_3),\sigma(\boldsymbol{x}_4),\boldsymbol{v}]_{\hat{g}}]_{\hat{g}}\\
&=\rho(\alpha(\boldsymbol{x}_3),\alpha(\boldsymbol{x}_1))\rho(\boldsymbol{x}_2,\boldsymbol{x}_4)\boldsymbol{v}+\rho(\alpha(\boldsymbol{x}_1),\alpha(\boldsymbol{x}_2))\rho(\boldsymbol{x}_3,\boldsymbol{x}_4)\boldsymbol{v},
\end{aligned}
$$

从而，$(V,\beta;\rho_V)$ 是 Hom-3-李代数 $(g,[-,-,-],\alpha)$ 的表示.

另一方面，由 $\hat{T}\sigma(x_1)-\sigma(Tx_1)\in V$，有

$$
\begin{aligned}
&\rho(T\boldsymbol{x}_1,T\boldsymbol{x}_2)T_V\boldsymbol{v})=[\sigma(T\boldsymbol{x}_1),\sigma(T\boldsymbol{x}_2),T_V\boldsymbol{v}]_{\hat{g}}=[\hat{T}\sigma(\boldsymbol{x}_1),\hat{T}\sigma(\boldsymbol{x}_2),\hat{T}\boldsymbol{v}]_{\hat{g}}\\
&=\hat{T}([\sigma(\boldsymbol{x}_1),\hat{T}\sigma(\boldsymbol{x}_2),\hat{T}\boldsymbol{v}]_{\hat{g}}+[\hat{T}\sigma(\boldsymbol{x}_1),\sigma(\boldsymbol{x}_2),\hat{T}\boldsymbol{v}]_{\hat{g}}+[\hat{T}\sigma(\boldsymbol{x}_1),\hat{T}\sigma(\boldsymbol{x}_2),\boldsymbol{v}]_{\hat{g}}+\\
&\quad[\sigma(\boldsymbol{x}_1),\sigma(\boldsymbol{x}_2),\boldsymbol{v}]_{\hat{g}})-[\hat{T}\sigma(\boldsymbol{x}_1),\sigma(\boldsymbol{x}_2),\boldsymbol{v}]_{\hat{g}}-[\sigma(\boldsymbol{x}_1),\hat{T}\sigma(\boldsymbol{x}_2),\boldsymbol{v}]_{\hat{g}}-\\
&\quad[\sigma(\boldsymbol{x}_1),\sigma(\boldsymbol{x}_2),\hat{T}\boldsymbol{v}]_{\hat{g}}\\
&=T_V([\sigma(\boldsymbol{x}_1),\sigma(T\boldsymbol{x}_2),T_V\boldsymbol{v}]_{\hat{g}}+[\sigma(T\boldsymbol{x}_1),\sigma(\boldsymbol{x}_2),T_V\boldsymbol{v}]_{\hat{g}}+[\sigma(T\boldsymbol{x}_1),\sigma(T\boldsymbol{x}_2),\boldsymbol{v}]_{\hat{g}}+\\
&\quad[\sigma(\boldsymbol{x}_1),\sigma(\boldsymbol{x}_2),\boldsymbol{v}]_{\hat{g}})-[\sigma(T\boldsymbol{x}_1),\sigma(\boldsymbol{x}_2),\boldsymbol{v}]_{\hat{g}}-[\sigma(\boldsymbol{x}_1),\sigma(T\boldsymbol{x}_2),\boldsymbol{v}]_{\hat{g}}-\\
&\quad[\sigma(\boldsymbol{x}_1),\sigma(\boldsymbol{x}_2),T_V\boldsymbol{v}]_{\hat{g}}\\
&=T_V(\rho(\boldsymbol{x}_1,T\boldsymbol{x}_2)T_V\boldsymbol{v}+\rho(T\boldsymbol{x}_1,\boldsymbol{x}_2)T_V\boldsymbol{v}+\rho(T\boldsymbol{x}_1,T\boldsymbol{x}_2)\boldsymbol{v}+\rho(\boldsymbol{x}_1,\boldsymbol{x}_2)\boldsymbol{v})-\\
&\quad\rho(T\boldsymbol{x}_1,\boldsymbol{x}_2)\boldsymbol{v}-\rho(\boldsymbol{x}_1,T\boldsymbol{x}_2)\boldsymbol{v}-\rho(\boldsymbol{x}_1,\boldsymbol{x}_2)T_V\boldsymbol{v}.
\end{aligned}
$$

因此，$(V,\beta;\rho,T_V)$ 是修正罗巴 Hom-3-李代数 $(g,[-,-,-],\alpha,T)$ 的表示.

假设 $(\hat{g}_1,[-,-,-]_{\hat{g}_1},\hat{\alpha}_1,\hat{T}_1)$ 和 $(\hat{g}_2,[-,-,-]_{\hat{g}_2},\hat{\alpha}_2,\hat{T}_2)$ 为 $(g,[-,-,-],\alpha,T)$ 通过 $(V,[-,-,-]_V,\beta,T_V)$ 的 2 个等价的交换扩张，即存在修正罗巴 Hom-3-李代数同构映射 $\varphi:(\hat{g}_1,[-,-,-]_{\hat{g}_1},\hat{\alpha}_1,\hat{T}_1)\to(\hat{g}_2,[-,-,-]_{\hat{g}_2},\hat{\alpha}_2,\hat{T}_2)$ 使得图表(6-13)交换. 设 $\sigma_1:g\to\hat{g}_1$ 和 $\sigma_1:g\to\hat{g}_2$ 分别为 $(\hat{g}_1,[-,-,-]_{\hat{g}_1},\hat{\alpha}_1,\hat{T}_1)$ 和 $(\hat{g}_2,[-,-,-]_{\hat{g}_2},\hat{\alpha}_2,\hat{T}_2)$ 的截面映射，从而

$$
(p_2\varphi)\sigma_1(\boldsymbol{x}_1)=p_1\sigma_1(\boldsymbol{x}_1)=\boldsymbol{x}_1=p_2\sigma_2(\boldsymbol{x}_1),
$$

则 $\varphi\sigma_1(\boldsymbol{x}_1)-\sigma_2(\boldsymbol{x}_1)\in\ker(p_2)\cong V$. 进而，由 $\varphi:\hat{g}_1\to\hat{g}_2$ 是修正罗巴 Hom-3-李代数同构映射使得 $\varphi|_V=\mathrm{id}_V$，

$$
\begin{aligned}
[\sigma_1(\boldsymbol{x}_1),\sigma_1(\boldsymbol{x}_2),\boldsymbol{v}]_{\hat{g}_1}&=\varphi[\sigma_1(\boldsymbol{x}_1),\sigma_1(\boldsymbol{x}_2),\boldsymbol{v}]_{\hat{g}_1}\\
&=[\varphi(\sigma_1(\boldsymbol{x}_1)),\varphi(\sigma_1(\boldsymbol{x}_2)),\varphi(\boldsymbol{v})]_{\hat{g}_2}\\
&=[\sigma_2(\boldsymbol{x}_1),\sigma_2(\boldsymbol{x}_2),\boldsymbol{v}]_{\hat{g}_2}.
\end{aligned}
$$

因此，等价的交换扩张给出相同的表示. □

设 $(\hat{g},[-,-,-]_{\hat{g}},\hat{\alpha},\hat{T})$ 为 $(g,[-,-,-],\alpha,T)$ 通过 $(V,[-,-,-]_V,\beta,T_V)$ 的交换扩张且 $\sigma:g\to\hat{g}$ 是它的一个截面. 进一步定义线性映射 $\omega:g\times g\times g\to V$ 和 $\chi:g\to V$ 分别为

$$\omega(\boldsymbol{x}_1,\boldsymbol{x}_2,\boldsymbol{x}_3)=[\sigma(\boldsymbol{x}_1),\sigma(\boldsymbol{x}_2),\sigma(\boldsymbol{x}_3)]_{\hat{g}}-\sigma([\boldsymbol{x}_1,\boldsymbol{x}_2,\boldsymbol{x}_3]),$$
$$\chi(\boldsymbol{x}_1)=\hat{T}\sigma(\boldsymbol{x}_1)-\sigma(T\boldsymbol{x}_1),\quad \forall \boldsymbol{x}_1,\boldsymbol{x}_2,\boldsymbol{x}_3\in g.$$

下面赋予 $g\oplus V$ 上一个 3-李括号 $[-,-,-]_\omega$，一个线性映射 $\alpha\oplus\beta$ 和一个修正罗巴算子 T_χ 结构，将 $\hat{g}$ 上修正罗巴 Hom-3-李代数结构转移到 $g\oplus V$ 上，

$$[\boldsymbol{x}_1+\boldsymbol{u}_1,\boldsymbol{x}_2+\boldsymbol{u}_2,\boldsymbol{x}_3+\boldsymbol{u}_3]_\omega=[\boldsymbol{x}_1,\boldsymbol{x}_2,\boldsymbol{x}_3]+\rho(\boldsymbol{x}_1,\boldsymbol{x}_2)\boldsymbol{u}_3+\rho(\boldsymbol{x}_2,\boldsymbol{x}_3)\boldsymbol{u}_1+$$
$$\rho(\boldsymbol{x}_3,\boldsymbol{x}_1)\boldsymbol{u}_2+\omega(\boldsymbol{x}_1,\boldsymbol{x}_2,\boldsymbol{x}_3),$$
$$\alpha\oplus\beta(\boldsymbol{x}_1+\boldsymbol{u}_1)=\alpha(\boldsymbol{x}_1)+\beta(\boldsymbol{u}_1),$$
$$T_\chi(\boldsymbol{x}_1+\boldsymbol{u}_1)=T\boldsymbol{x}_1+\chi(\boldsymbol{x}_1)+T_V\boldsymbol{u}_1,\ \forall \boldsymbol{x}_1,\boldsymbol{x}_2,\boldsymbol{x}_3\in g,\boldsymbol{u}_1,\boldsymbol{u}_2,\boldsymbol{u}_3\in V.$$

命题 6.9 四元组 $(g\oplus V,[-,-,-]_\omega,\alpha\oplus\beta,T_\chi)$ 是修正罗巴 Hom-3-李代数当且仅当 (ω,χ) 是修正罗巴 Hom-3-李代数 $(g,[-,-,-],\alpha,T)$ 的一个 2-上闭链，其系数取自表示 $(V,\beta;\rho,T_V)$. 此时

$$0\to(V,[-,-,-]_V,\beta,T_V)\xrightarrow{i}(g\oplus V,[-,-,-]_\omega,\alpha\oplus\beta,T_\chi)\xrightarrow{p}(g,[-,-,-],\alpha,T)\to 0$$

是一个交换扩张.

证明 四元组 $(g\oplus V,[-,-,-]_\omega,\alpha\oplus\beta,T_\chi)$ 是修正罗巴 Hom-3-李代数当且仅当对任意 $\boldsymbol{x}_1,\boldsymbol{x}_2,\boldsymbol{x}_3,\boldsymbol{x}_4,\boldsymbol{x}_5\in g,\boldsymbol{u}_1,\boldsymbol{u}_2,\boldsymbol{u}_3,\boldsymbol{u}_4,\boldsymbol{u}_5\in V$，式（6-14）至式（6-17）成立：

$$\alpha\oplus\beta([\boldsymbol{x}_1+\boldsymbol{u}_1,\boldsymbol{x}_2+\boldsymbol{u}_2,\boldsymbol{x}_3+\boldsymbol{u}_3]_\omega)=$$
$$[\alpha(\boldsymbol{x}_1)+\beta(\boldsymbol{u}_1),\alpha(\boldsymbol{x}_2)+\beta(\boldsymbol{u}_2),\alpha(\boldsymbol{x}_3)+\beta(\boldsymbol{u}_3)]_\omega,\tag{6-14}$$

$$[\alpha(\boldsymbol{x}_1)+\beta(\boldsymbol{u}_1),\alpha(\boldsymbol{x}_2)+\beta(\boldsymbol{u}_2),[\boldsymbol{x}_3+\boldsymbol{u}_3,\boldsymbol{x}_4+\boldsymbol{u}_4,\boldsymbol{x}_5+\boldsymbol{u}_5]_\varpi]_\varpi-$$
$$[[\boldsymbol{x}_1+\boldsymbol{u}_1,\boldsymbol{x}_2+\boldsymbol{u}_2,\boldsymbol{x}_3+\boldsymbol{u}_3]_\varpi,\alpha(\boldsymbol{x}_4)+\beta(\boldsymbol{u}_4),\alpha(\boldsymbol{x}_5)+\beta(\boldsymbol{u}_5)]_\varpi-$$
$$[\alpha(\boldsymbol{x}_3)+\beta(\boldsymbol{u}_3),[\boldsymbol{x}_1+\boldsymbol{u}_1,\boldsymbol{x}_2+\boldsymbol{u}_2,\boldsymbol{x}_4+\boldsymbol{u}_4]_\varpi,\alpha(\boldsymbol{x}_5)+\beta(\boldsymbol{u}_5)]_\varpi-$$
$$[\alpha(\boldsymbol{x}_3)+\beta(\boldsymbol{u}_3),\alpha(\boldsymbol{x}_4)+\beta(\boldsymbol{u}_4),[\boldsymbol{x}_1+\boldsymbol{u}_1,\boldsymbol{x}_2+\boldsymbol{u}_2,\boldsymbol{x}_5+\boldsymbol{u}_5]_\varpi]_\varpi=0,\tag{6-15}$$

$$T_\chi(\alpha(\boldsymbol{x}_1)+\beta(\boldsymbol{u}_1))=\alpha\oplus\beta(T_\chi(\boldsymbol{x}_1+\boldsymbol{u}_1)), \tag{6-16}$$

$$\begin{aligned}&[T_\chi(\boldsymbol{x}_1+\boldsymbol{u}_1),T_\chi(\boldsymbol{x}_2+\boldsymbol{u}_2),T_\chi(\boldsymbol{x}_3+\boldsymbol{u}_3)]_\omega=\\&T_\chi([\boldsymbol{x}_1+\boldsymbol{u}_1,T_\chi(\boldsymbol{x}_2+\boldsymbol{u}_2),T_\chi(\boldsymbol{x}_3+\boldsymbol{u}_3)]_\omega+[T_\chi(\boldsymbol{x}_1+\boldsymbol{u}_1),\boldsymbol{x}_2+\boldsymbol{u}_2,T_\chi(\boldsymbol{x}_3+\boldsymbol{u}_3)]_\omega+\\&[T_\chi(\boldsymbol{x}_1+\boldsymbol{u}_1),T_\chi(\boldsymbol{x}_2+\boldsymbol{u}_2),\boldsymbol{x}_3+\boldsymbol{u}_3]_\omega+[\boldsymbol{x}_1+\boldsymbol{u}_1,\boldsymbol{x}_2+\boldsymbol{u}_2,\boldsymbol{x}_3+\boldsymbol{u}_3]_\omega)-\\&[T_\chi(\boldsymbol{x}_1+\boldsymbol{u}_1),\boldsymbol{x}_2+\boldsymbol{u}_2,\boldsymbol{x}_3+\boldsymbol{u}_3]_\omega-[\boldsymbol{x}_1+\boldsymbol{u}_1,T_\chi(\boldsymbol{x}_2+\boldsymbol{u}_2),\boldsymbol{x}_3+\boldsymbol{u}_3]_\omega-\\&[\boldsymbol{x}_1+\boldsymbol{u}_1,\boldsymbol{x}_2+\boldsymbol{u}_2,T_\chi(\boldsymbol{x}_3+\boldsymbol{u}_3)]_\omega.\end{aligned} \tag{6-17}$$

进一步，式（6-14）至式（6-17）等价于式（6-18）至式（6-21）

$$\beta(\omega(\boldsymbol{x}_1,\boldsymbol{x}_2,\boldsymbol{x}_3))=\omega(\alpha(\boldsymbol{x}_1),\alpha(\boldsymbol{x}_2),\alpha(\boldsymbol{x}_3)), \tag{6-18}$$

$$\begin{aligned}&\rho(\alpha(\boldsymbol{x}_1),\alpha(\boldsymbol{x}_2))\omega(\boldsymbol{x}_3,\boldsymbol{x}_4,\boldsymbol{x}_5)-\rho(\alpha(\boldsymbol{x}_4),\alpha(\boldsymbol{x}_5))\omega(\boldsymbol{x}_1,\boldsymbol{x}_2,\boldsymbol{x}_3)-\\&\rho(\alpha(\boldsymbol{x}_5),\alpha(\boldsymbol{x}_3))\omega(\boldsymbol{x}_1,\boldsymbol{x}_2,\boldsymbol{x}_4)-\rho(\alpha(\boldsymbol{x}_3),\alpha(\boldsymbol{x}_4))\omega(\boldsymbol{x}_1,\boldsymbol{x}_2,\boldsymbol{x}_5)+\\&\omega(\alpha(\boldsymbol{x}_1),\alpha(\boldsymbol{x}_2),[\boldsymbol{x}_3,\boldsymbol{x}_4,\boldsymbol{x}_5])-\omega([\boldsymbol{x}_1,\boldsymbol{x}_2,\boldsymbol{x}_3],\alpha(\boldsymbol{x}_4),\alpha(\boldsymbol{x}_5))-\\&\omega(\alpha(\boldsymbol{x}_3),[\boldsymbol{x}_1,\boldsymbol{x}_2,\boldsymbol{x}_4],\alpha(\boldsymbol{x}_5))-\omega(\alpha(\boldsymbol{x}_3),\alpha(\boldsymbol{x}_4),[\boldsymbol{x}_1,\boldsymbol{x}_2,\boldsymbol{x}_5])=0,\end{aligned} \tag{6-19}$$

$$\chi(\alpha(\boldsymbol{x}_1))=\beta(\chi(\boldsymbol{x}_1)), \tag{6-20}$$

$$\begin{aligned}&\omega(T\boldsymbol{x}_1,T\boldsymbol{x}_2,T\boldsymbol{x}_3)+\rho(T\boldsymbol{x}_1,T\boldsymbol{x}_2)\chi(\boldsymbol{x}_3)+\rho(T\boldsymbol{x}_3,T\boldsymbol{x}_1)\chi(\boldsymbol{x}_2)+\rho(T\boldsymbol{x}_2,T\boldsymbol{x}_3)\chi(\boldsymbol{x}_1)=\\&\chi([\boldsymbol{x}_1,T\boldsymbol{x}_2,T\boldsymbol{x}_3]+[T\boldsymbol{x}_1,\boldsymbol{x}_2,T\boldsymbol{x}_3]+[T\boldsymbol{x}_1,T\boldsymbol{x}_2,\boldsymbol{x}_3]+[\boldsymbol{x}_1,\boldsymbol{x}_2,\boldsymbol{x}_3])+T_V(\rho(\boldsymbol{x}_1,T\boldsymbol{x}_2)\chi(\boldsymbol{x}_3)+\\&\rho(T\boldsymbol{x}_3,\boldsymbol{x}_1)\chi(\boldsymbol{x}_2)+\rho(T\boldsymbol{x}_1,\boldsymbol{x}_2)\chi(\boldsymbol{x}_3)+\rho(\boldsymbol{x}_2,T\boldsymbol{x}_3)\chi(\boldsymbol{x}_1)+\rho(T\boldsymbol{x}_2,\boldsymbol{x}_3)\chi(\boldsymbol{x}_1)+\\&\rho(\boldsymbol{x}_3,T\boldsymbol{x}_1)\chi(\boldsymbol{x}_2))+T_V(\omega(\boldsymbol{x}_1,T\boldsymbol{x}_2,T\boldsymbol{x}_3)+\omega(T\boldsymbol{x}_1,\boldsymbol{x}_2,T\boldsymbol{x}_3)+\omega(T\boldsymbol{x}_1,T\boldsymbol{x}_2,\boldsymbol{x}_3)+\\&\omega(\boldsymbol{x}_1,\boldsymbol{x}_2,\boldsymbol{x}_3))-\rho(\boldsymbol{x}_1,\boldsymbol{x}_2)\chi(\boldsymbol{x}_3)-\rho(\boldsymbol{x}_3,\boldsymbol{x}_1)\chi(\boldsymbol{x}_2)-\rho(\boldsymbol{x}_2,\boldsymbol{x}_3)\chi(\boldsymbol{x}_1)-\\&\omega(T\boldsymbol{x}_1,\boldsymbol{x}_2,\boldsymbol{x}_3)-\omega(\boldsymbol{x}_1,T\boldsymbol{x}_2,\boldsymbol{x}_3)-\omega(\boldsymbol{x}_1,\boldsymbol{x}_2,T\boldsymbol{x}_3)=0.\end{aligned} \tag{6-21}$$

由式（6-19）和式（6-21），分别可得 $\delta\omega(\boldsymbol{x}_1,\boldsymbol{x}_2,\boldsymbol{x}_3,\boldsymbol{x}_4,\boldsymbol{x}_5)=0$ 和 $-\delta_T\chi(\boldsymbol{x}_1,\boldsymbol{x}_2,\boldsymbol{x}_3)-\Phi\omega(\boldsymbol{x}_1,\boldsymbol{x}_2,\boldsymbol{x}_3)=0$. 因此，

$$\partial(\omega,\chi)=(\delta\omega,-\delta_T\chi-\Phi\omega)=0\ ,$$

即 (ω,χ) 是一个 2-上闭链.

反之，如果 (ω,χ) 是修正罗巴 Hom-3-李代数 $(g,[-,-,-],\alpha,T)$ 的一个 2-上闭链，其系数取自表示 $(V,\beta;\rho,T_V)$，则有 $\partial(\omega,\chi)=(\delta\omega,-\delta_T\chi-\Phi\omega)=0$，这意味着式（6-19）和式（6-21）成立. 因此，$(g\oplus V,[-,-,-]_\omega,\alpha\oplus\beta,T_\chi)$ 为修正罗

巴 Hom-3-李代数. □

命题 6.10 设 $(\hat{g},[-,-,-]_{\hat{g}},\hat{\alpha},\hat{T})$ 为 $(g,[-,-,-],\alpha,T)$ 通过 $(V,[-,-,-]_V,\beta,T_V)$ 的交换扩张且 $\sigma: g\to\hat{g}$ 是它的一个截面. 如果 (ω,χ) 是使用截面 σ 的构造的一个 2-上闭链，则它的上同调类不依赖于 σ 的选择.

证明 设 $\sigma': g\to\hat{g}$ 为 $(\hat{g},[-,-,-]_{\hat{g}},\hat{\alpha},\hat{T})$ 的另一个截面映射. 由命题 6.9，σ 和 σ' 可得两个 2-上闭链，分别为 (ω,χ) 和 (ω',χ'). 定义线性映射 $\lambda: g\to V$ 为 $\lambda(\boldsymbol{x}_1)=\sigma(\boldsymbol{x}_1)-\sigma'(\boldsymbol{x}_1)$，由命题 6.8，则

$$
\begin{aligned}
&\omega(\boldsymbol{x}_1,\boldsymbol{x}_2,\boldsymbol{x}_3)\\
=&[\sigma(\boldsymbol{x}_1),\sigma(\boldsymbol{x}_2),\sigma(\boldsymbol{x}_3)]_{\hat{g}}-\sigma[\boldsymbol{x}_1,\boldsymbol{x}_2,\boldsymbol{x}_3]\\
=&[\sigma'(\boldsymbol{x}_1)+\lambda(\boldsymbol{x}_1),\sigma'(\boldsymbol{x}_2)+\lambda(\boldsymbol{x}_2),\sigma'(\boldsymbol{x}_3)+\lambda(\boldsymbol{x}_3)]_{\hat{g}}-\sigma'[\boldsymbol{x}_1,\boldsymbol{x}_2,\boldsymbol{x}_3]-\lambda[\boldsymbol{x}_1,\boldsymbol{x}_2,\boldsymbol{x}_3]\\
=&[\sigma'(\boldsymbol{x}_1),\sigma'(\boldsymbol{x}_2),\sigma'(\boldsymbol{x}_3)]_{\hat{g}}+[\sigma'(\boldsymbol{x}_1),\sigma'(\boldsymbol{x}_2),\lambda(\boldsymbol{x}_3)]_{\hat{g}}+[\lambda(\boldsymbol{x}_1),\sigma'(\boldsymbol{x}_2),\sigma'(\boldsymbol{x}_3)]_{\hat{g}}+\\
&[\sigma'(\boldsymbol{x}_1),\lambda(\boldsymbol{x}_2),\sigma'(\boldsymbol{x}_3)]_{\hat{g}}+[\sigma'(\boldsymbol{x}_1),\lambda(\boldsymbol{x}_2),\lambda(\boldsymbol{x}_3)]_{\hat{g}}+[\lambda(\boldsymbol{x}_1),\sigma'(\boldsymbol{x}_2),\lambda(\boldsymbol{x}_3)]_{\hat{g}}+\\
&[\lambda(\boldsymbol{x}_1),\lambda(\boldsymbol{x}_2),\sigma'(\boldsymbol{x}_3)]_{\hat{g}}+[\lambda(\boldsymbol{x}_1),\lambda(\boldsymbol{x}_2),\lambda(\boldsymbol{x}_3)]_{\hat{g}}-\sigma'[\boldsymbol{x}_1,\boldsymbol{x}_2,\boldsymbol{x}_3]-\lambda[\boldsymbol{x}_1,\boldsymbol{x}_2,\boldsymbol{x}_3]\\
=&[\sigma'(\boldsymbol{x}_1),\sigma'(\boldsymbol{x}_2),\sigma'(\boldsymbol{x}_3)]_{\hat{g}}+\rho(\boldsymbol{x}_1,\boldsymbol{x}_2)\lambda(\boldsymbol{x}_3)+\rho(\boldsymbol{x}_2,\boldsymbol{x}_3)\lambda(\boldsymbol{x}_1)+\rho(\boldsymbol{x}_3,\boldsymbol{x}_1)\lambda(\boldsymbol{x}_2)-\\
&\sigma'[\boldsymbol{x}_1,\boldsymbol{x}_2,\boldsymbol{x}_3]-\lambda[\boldsymbol{x}_1,\boldsymbol{x}_2,\boldsymbol{x}_3]\\
=&\omega'(\boldsymbol{x}_1,\boldsymbol{x}_2,\boldsymbol{x}_3)+\delta\lambda(\boldsymbol{x}_1,\boldsymbol{x}_2,\boldsymbol{x}_3),
\end{aligned}
$$

$$
\begin{aligned}
\chi(\boldsymbol{x}_1)&=\hat{T}\sigma(\boldsymbol{x}_1)-\sigma(T\boldsymbol{x}_1)\\
&=\hat{T}(\sigma'(\boldsymbol{x}_1)+\lambda(\boldsymbol{x}_1))-\sigma'(T\boldsymbol{x}_1)-\lambda(T\boldsymbol{x}_1)\\
&=\hat{T}\sigma'(\boldsymbol{x}_1)-\sigma'(T\boldsymbol{x}_1)+T_V\lambda(\boldsymbol{x}_1)-\lambda(T\boldsymbol{x}_1)\\
&=\chi'(\boldsymbol{x}_1)-\Phi\lambda(\boldsymbol{x}_1).
\end{aligned}
$$

因此，

$$
\begin{aligned}
(\omega,\chi)&=(\omega',\chi')+(\delta\lambda,-\Phi\lambda)\\
&=(\omega',\chi')+\partial\lambda,
\end{aligned}
$$

即 (ω,χ) 和 (ω',χ') 在相同的上同调类. □

定理 6.4 修正罗巴 Hom-3-李代数 $(g,[-,-,-],\alpha,T)$ 通过 $(V,[-,-,-]_V,\beta,T_V)$ 的交换扩张构成的等价类和第 2 上同调群 $H^2_{\mathrm{MRBH3Lie}}(g,V)$ 之间是一一对应的.

证明 设 $(\hat{g}_1,[-,-,-]_{\hat{g}_1},\hat{\alpha}_1,\hat{T}_1)$ 和 $(\hat{g}_2,[-,-,-]_{\hat{g}_2},\hat{\alpha}_2,\hat{T}_2)$ 为 $(g,[-,-,-],\alpha,T)$ 通

过 $(V,[-,-,-]_V,\beta,T_V)$ 的 2 个等价的交换扩张，即存在修正罗巴 Hom-3-李代数同构映射 $\varphi:(\hat{g}_1,[-,-,-]_{\hat{g}_1},\hat{\alpha}_1,\hat{T}_1)\to(\hat{g}_2,[-,-,-]_{\hat{g}_2},\hat{\alpha}_2,\hat{T}_2)$ 使得图表（6-13）交换. 设 σ_1 是 $(\hat{g}_1,[-,-,-]_{\hat{g}_1},\hat{\alpha}_1,\hat{T}_1)$ 的一个截面映射，由 $p_2\circ\varphi=p_1$，可得

$$p_2\circ(\varphi\circ\sigma_1)=p_1\circ\sigma_1=\mathrm{id}_g,$$

即 $\varphi\circ\sigma_1$ 是 $(\hat{g}_2,[-,-,-]_{\hat{g}_2},\hat{\alpha}_2,\hat{T}_2)$ 的一个截面映射. 记作 $\sigma_2:=\varphi\circ\sigma_1$. 由 φ 是 $\hat{g}_1$ 到 $\hat{g}_2$ 的修正罗巴 Hom-3-李代数同构映射使得 $\varphi|_V=\mathrm{id}_V$，可得

$$\begin{aligned}\omega_2(\boldsymbol{x}_1,\boldsymbol{x}_2,\boldsymbol{x}_3)&=[\sigma_2(\boldsymbol{x}_1),\sigma_2(\boldsymbol{x}_2),\sigma_2(\boldsymbol{x}_3)]_{\hat{g}_2}-\sigma_2[\boldsymbol{x}_1,\boldsymbol{x}_2,\boldsymbol{x}_3]\\&=[\varphi\sigma_1(\boldsymbol{x}_1),\varphi\sigma_1(\boldsymbol{x}_2),\varphi\sigma_1(\boldsymbol{x}_3)]_{\hat{g}_2}-\varphi\sigma_1[\boldsymbol{x}_1,\boldsymbol{x}_2,\boldsymbol{x}_3]\\&=\varphi([\sigma_1(\boldsymbol{x}_1),\sigma_1(\boldsymbol{x}_2),\sigma_1(\boldsymbol{x}_3)]_{\hat{g}_1}-\sigma_1[\boldsymbol{x}_1,\boldsymbol{x}_2,\boldsymbol{x}_3])\\&=\varphi\omega_1(\boldsymbol{x}_1,\boldsymbol{x}_2,\boldsymbol{x}_3)\\&=\omega_1(\boldsymbol{x}_1,\boldsymbol{x}_2,\boldsymbol{x}_3),\end{aligned}$$

$$\begin{aligned}\chi_2(\boldsymbol{x}_1)&=\hat{T}_2\sigma_2(\boldsymbol{x}_1)-\sigma_2(T\boldsymbol{x}_1)\\&=\hat{T}_2\varphi\sigma_1(\boldsymbol{x}_1)-\varphi\sigma_1(T\boldsymbol{x}_1)\\&=\varphi\hat{T}_1\sigma_1(\boldsymbol{x}_1)-\varphi\sigma_1(T\boldsymbol{x}_1)\\&=\varphi(\hat{T}_1\sigma_1(\boldsymbol{x}_1)-\sigma_1(T\boldsymbol{x}_1))\\&=\varphi(\chi_1(\boldsymbol{x}_1))\\&=\chi_1(\boldsymbol{x}_1).\end{aligned}$$

因此，所有等价的交换扩张在 $H^2_{\mathrm{MRBH3Lie}}(g,V)$ 中对应相同的元素.

反之，给定 $H^2_{\mathrm{MRBH3Lie}}(g,V)$ 中在相同上同调类的两个 2-上闭链 (ω_1,χ_1) 和 (ω_2,χ_2)，则由命题 6.9 可以构造两个交换扩张

$$0\to(V,[-,-,-]_V,\beta,T_V)\xrightarrow{i_1}(g\oplus V,[-,-,-]_{\omega_1},\alpha\oplus\beta,T_{\chi_1})\xrightarrow{p_1}(g,[-,-,-],\alpha,T)\to 0$$

和

$$0\to(V,[-,-,-]_V,\beta,T_V)\xrightarrow{i_2}(g\oplus V,[-,-,-]_{\omega_2},\alpha\oplus\beta,T_{\chi_2})\xrightarrow{p_2}(g,[-,-,-],\alpha,T)\to 0.$$

进一步，存在线性映射 $\lambda:g\to V$ 使得

$$(\omega_1,\chi_1)-(\omega_2,\chi_2)=(\delta\lambda,-\Phi\lambda)=\partial\lambda.$$

将线性映射 $\varphi_\lambda : g \oplus V \to g \oplus V$ 定义为

$$\varphi_\lambda(\boldsymbol{x}_1 + \boldsymbol{u}_1) = \boldsymbol{x}_1 + \lambda(\boldsymbol{x}_1) + \boldsymbol{u}_1, \qquad \forall \boldsymbol{x}_1 + \boldsymbol{u}_1 \in g \oplus V .$$

则 φ_λ 是这两个交换扩张 $(g \oplus V, [-,-,-]_{\omega_1}, \alpha \oplus \beta, T_{\chi_1})$ 和 $(g \oplus V, [-,-,-]_{\omega_2}, \alpha \oplus \beta, T_{\chi_2})$ 之间的同构映射且使得图（6-13）交换. □

7

修正罗巴 Lie-Yamaguti 代数

本章给出修正罗巴 Lie-Yamaguti 代数的表示和上同调. 利用低阶上同调群研究修正罗巴 Lie-Yamaguti 代数的单参数形式形变和交换扩张.

7.1 Lie-Yamaguti 代数的基本定义

本节回顾 Lie-Yamaguti 代数的一些基本定义[75,76]，包括 Lie-Yamaguti 代数的概念、例子、表示和上同调理论. 关于 Lie-Yamaguti 代数的其他方面的工作详见文献[77-86].

我们在 Lie-Yamaguti 代数上的广义 Reynolds 算子、带权罗巴算子与相对微分算子及其他方面相关工作见文献[87-94].

定义 7.1[75] Lie-Yamaguti 代数是一个三元组 $(L,[-,-],\{-,-,-\})$，其中 L 是一个向量空间，$[-,-]:L\times L\to L$ 为 L 上的二元括积和 $\{-,-,-\}:L\times L\times L\to L$ 为 L 上的三元括积并且满足：

$$[\boldsymbol{x},\boldsymbol{y}]=-[\boldsymbol{y},\boldsymbol{x}], \tag{7-1}$$

$$\{\boldsymbol{x},\boldsymbol{y},\boldsymbol{z}\}=-\{\boldsymbol{y},\boldsymbol{x},\boldsymbol{z}\}, \tag{7-2}$$

$$[[\boldsymbol{x},\boldsymbol{y}],\boldsymbol{z}]+c.p.(\boldsymbol{x},\boldsymbol{y},\boldsymbol{z})+\{\boldsymbol{x},\boldsymbol{y},\boldsymbol{z}\}+c.p.(\boldsymbol{x},\boldsymbol{y},\boldsymbol{z})=0, \tag{7-3}$$

$$\{[\boldsymbol{x},\boldsymbol{y}],\boldsymbol{z},\boldsymbol{a}\}+\{[\boldsymbol{z},\boldsymbol{x}],\boldsymbol{y},\boldsymbol{a}\}+\{[\boldsymbol{y},\boldsymbol{z}],\boldsymbol{x},\boldsymbol{a}\}=0, \tag{7-4}$$

$$\{\boldsymbol{a},\boldsymbol{b},[\boldsymbol{x},\boldsymbol{y}]\}=[\{\boldsymbol{a},\boldsymbol{b},\boldsymbol{x}\},\boldsymbol{y}]+[\boldsymbol{x},\{\boldsymbol{a},\boldsymbol{b},\boldsymbol{y}\}], \tag{7-5}$$

$$\{\boldsymbol{a},\boldsymbol{b},\{\boldsymbol{x},\boldsymbol{y},\boldsymbol{z}\}\}=\{\{\boldsymbol{a},\boldsymbol{b},\boldsymbol{x}\},\boldsymbol{y},\boldsymbol{z}\}+\{\boldsymbol{x},\{\boldsymbol{a},\boldsymbol{b},\boldsymbol{y}\},\boldsymbol{z}\}+\{\boldsymbol{x},\boldsymbol{y},\{\boldsymbol{a},\boldsymbol{b},\boldsymbol{z}\}\}. \tag{7-6}$$

其中 $\boldsymbol{a},\boldsymbol{b},\boldsymbol{x},\boldsymbol{y},\boldsymbol{z}\in L$，记号 $c.p.(\boldsymbol{x},\boldsymbol{y},\boldsymbol{z})$ 表示对 $\boldsymbol{x},\boldsymbol{y},\boldsymbol{z}$ 循环求和，即 $[[\boldsymbol{x},\boldsymbol{y}],\boldsymbol{z}]+c.p.(\boldsymbol{x},\boldsymbol{y},\boldsymbol{z})=[[\boldsymbol{x},\boldsymbol{y}],\boldsymbol{z}]+[[\boldsymbol{z},\boldsymbol{x}],\boldsymbol{y}]+[[\boldsymbol{y},\boldsymbol{z}],\boldsymbol{x}]$.

例 1 设 $(L,[-,-])$ 为李代数，进一步定义 L 上的三元括积为

$$\{\boldsymbol{x},\boldsymbol{y},\boldsymbol{z}\}=[[\boldsymbol{x},\boldsymbol{y}],\boldsymbol{z}],\forall \boldsymbol{x},\boldsymbol{y},\boldsymbol{z}\in L,$$

则 $(L,[-,-],\{-,-,-\})$ 是 Lie-Yamaguti 代数.

例 2 设 $(L,[-,-])$ 为李代数，$L=N\oplus M$ 为 L 的一个不可约分解，即 $[N,N]\subseteq N$ 和 $[N,M]\subseteq M$，定义 M 上的双线性括积 $[-,-]_M$ 和三线性括积 $\{-,-,-\}_M$ 为李括积 $[-,-]$ 的投影，即

$$[\boldsymbol{x},\boldsymbol{y}]_M=\pi_M([\boldsymbol{x},\boldsymbol{y}]),$$

$$\{\boldsymbol{x},\boldsymbol{y},\boldsymbol{z}\}_M=[\pi_N([\boldsymbol{x},\boldsymbol{y}]),\boldsymbol{z}],\forall\boldsymbol{x},\boldsymbol{y},\boldsymbol{z}\in M,$$

其中 $\pi_N:L\to N,\pi_M:L\to M$ 为投影映射，则 $(M,[-,-]_M,\{-,-,-\}_M)$ 是 Lie-Yamaguti 代数.

例 3 设 $(L,*)$ 为(左)莱布尼茨代数，定义 L 上二元和三元括积分别为

$$[\boldsymbol{x},\boldsymbol{y}]=\boldsymbol{x}*\boldsymbol{y}-\boldsymbol{y}*\boldsymbol{x},$$

$$\{\boldsymbol{x},\boldsymbol{y},\boldsymbol{z}\}=-(\boldsymbol{x}*\boldsymbol{y})*\boldsymbol{z},\forall\boldsymbol{x},\boldsymbol{y},\boldsymbol{z}\in L,$$

则 $(L,[-,-],\{-,-,-\})$ 是 Lie-Yamaguti 代数.

例 4 设 L 为具有基 $\boldsymbol{\varepsilon}_1,\boldsymbol{\varepsilon}_2$ 的 2 维向量空间. 如果定义 L 上的二元非零括积 $[-,-]$ 和三元非零括积 $\{-,-,-\}$ 分别为

$$[\boldsymbol{\varepsilon}_1,\boldsymbol{\varepsilon}_2]=-[\boldsymbol{\varepsilon}_2,\boldsymbol{\varepsilon}_1]=\boldsymbol{\varepsilon}_1,$$

$$\{\boldsymbol{\varepsilon}_1,\boldsymbol{\varepsilon}_2,\boldsymbol{\varepsilon}_2\}=-\{\boldsymbol{\varepsilon}_2,\boldsymbol{\varepsilon}_1,\boldsymbol{\varepsilon}_2\}=\boldsymbol{\varepsilon}_1,$$

则 $(L,[-,-],\{-,-,-\})$ 是 2 维 Lie-Yamaguti 代数.

例 5 设 L 为具有基 $\boldsymbol{\varepsilon}_1,\boldsymbol{\varepsilon}_2,\boldsymbol{\varepsilon}_3$ 的 3 维向量空间. 如果定义 L 上的二元非零括积 $[-,-]$ 和三元非零括积 $\{-,-,-\}$ 分别为

$$[\boldsymbol{\varepsilon}_1,\boldsymbol{\varepsilon}_2]=-[\boldsymbol{\varepsilon}_2,\boldsymbol{\varepsilon}_1]=\boldsymbol{\varepsilon}_3,$$

$$\{\boldsymbol{\varepsilon}_1,\boldsymbol{\varepsilon}_2,\boldsymbol{\varepsilon}_1\}=-\{\boldsymbol{\varepsilon}_2,\boldsymbol{\varepsilon}_1,\boldsymbol{\varepsilon}_1\}=\boldsymbol{\varepsilon}_3,$$

则 $(L,[-,-],\{-,-,-\})$ 是 3 维 Lie-Yamaguti 代数.

定义 7.2 设 $(L,[-,-],\{-,-,-\})$ 是 Lie-Yamaguti 代数，如果线性映射 $T:L\to L$ 满足

$$[T\boldsymbol{x},T\boldsymbol{y}]=T([T\boldsymbol{x},\boldsymbol{y}]+[\boldsymbol{x},T\boldsymbol{y}]-[\boldsymbol{x},\boldsymbol{y}]),$$

$$\begin{aligned}\{T\boldsymbol{x},T\boldsymbol{y},T\boldsymbol{z}\}=T(&\{\boldsymbol{x},T\boldsymbol{y},T\boldsymbol{z}\}+\{T\boldsymbol{x},\boldsymbol{y},T\boldsymbol{z}\}+\{T\boldsymbol{x},T\boldsymbol{y},\boldsymbol{z}\}-\\&\{\boldsymbol{x},\boldsymbol{y},T\boldsymbol{z}\}-\{T\boldsymbol{x},\boldsymbol{y},\boldsymbol{z}\}-\{\boldsymbol{x},T\boldsymbol{y},\boldsymbol{z}\}+\{\boldsymbol{x},\boldsymbol{y},\boldsymbol{z}\}),\end{aligned}$$

对任意的 $\boldsymbol{x},\boldsymbol{y},\boldsymbol{z}\in L$，则称 T 为 $(L,[-,-],\{-,-,-\})$ 上权−1 的罗巴算子.

定义 7.3 权−1 的罗巴 Lie-Yamaguti 代数为四元组 $(L,[-,-],\{-,-,-\},T)$，其中 $(L,[-,-],\{-,-,-\})$ 为 Lie-Yamaguti 代数，T 为 $(L,[-,-],\{-,-,-\})$ 上权−1 的罗巴算子.

定义 7.4[76] 设 $(L,[-,-],\{-,-,-\})$ 为 Lie-Yamaguti 代数. V 为向量空间，如果线性映射 $\rho: L \to gl(V)$ 和双线性映射 $D,\theta: L\times L \to gl(V)$，满足式（7-7）至式（7-13）:

$$D(\boldsymbol{x},\boldsymbol{y})-\theta(\boldsymbol{y},\boldsymbol{x})+\theta(\boldsymbol{x},\boldsymbol{y})+\rho([\boldsymbol{x},\boldsymbol{y}])-\rho(\boldsymbol{x})\rho(\boldsymbol{y})+\rho(\boldsymbol{y})\rho(\boldsymbol{x})=0, \quad (7\text{-}7)$$

$$D([\boldsymbol{x},\boldsymbol{y}],\boldsymbol{z})+D([\boldsymbol{y},\boldsymbol{z}],\boldsymbol{x})+D([\boldsymbol{z},\boldsymbol{x}],\boldsymbol{y})=0, \quad (7\text{-}8)$$

$$\theta([\boldsymbol{x},\boldsymbol{y}],\boldsymbol{a})=\theta(\boldsymbol{x},\boldsymbol{a})\rho(\boldsymbol{y})-\theta(\boldsymbol{y},\boldsymbol{a})\rho(\boldsymbol{x}), \quad (7\text{-}9)$$

$$D(\boldsymbol{a},\boldsymbol{b})\rho(\boldsymbol{x})=\rho(\boldsymbol{x})D(\boldsymbol{a},\boldsymbol{b})+\rho(\{\boldsymbol{a},\boldsymbol{b},\boldsymbol{x}\}), \quad (7\text{-}10)$$

$$\theta(\boldsymbol{x},[\boldsymbol{a},\boldsymbol{b}])=\rho(\boldsymbol{a})\theta(\boldsymbol{x},\boldsymbol{b})-\rho(\boldsymbol{b})\theta(\boldsymbol{x},\boldsymbol{a}), \quad (7\text{-}11)$$

$$D(\boldsymbol{a},\boldsymbol{b})\theta(\boldsymbol{x},\boldsymbol{y})=\theta(\boldsymbol{x},\boldsymbol{y})D(\boldsymbol{a},\boldsymbol{b})+\theta(\{\boldsymbol{a},\boldsymbol{b},\boldsymbol{x}\},\boldsymbol{y})+\theta(\boldsymbol{x},\{\boldsymbol{a},\boldsymbol{b},\boldsymbol{y}\}), \quad (7\text{-}12)$$

$$\theta(\boldsymbol{a},\{\boldsymbol{x},\boldsymbol{y},\boldsymbol{z}\})=\theta(\boldsymbol{y},\boldsymbol{z})\theta(\boldsymbol{a},\boldsymbol{x})-\theta(\boldsymbol{x},\boldsymbol{z})\theta(\boldsymbol{a},\boldsymbol{y})+D(\boldsymbol{x},\boldsymbol{y})\theta(\boldsymbol{a},\boldsymbol{z}), \quad (7\text{-}13)$$

对任意的 $\boldsymbol{x},\boldsymbol{y},\boldsymbol{z},\boldsymbol{a},\boldsymbol{b}\in L$，则 $(V;\rho,\theta,D)$ 称为 $(L,[-,-],\{-,-,-\})$ 的表示. 此时，V 也称为 L-模.

由式（7-7）、式（7-12）可知:

$$D(\boldsymbol{a},\boldsymbol{b})D(\boldsymbol{x},\boldsymbol{y})=D(\boldsymbol{x},\boldsymbol{y})D(\boldsymbol{a},\boldsymbol{b})+D(\{\boldsymbol{a},\boldsymbol{b},\boldsymbol{x}\},\boldsymbol{y})+D(\boldsymbol{x},\{\boldsymbol{a},\boldsymbol{b},\boldsymbol{y}\}). \quad (7\text{-}14)$$

例 6 设 $(L,[-,-],\{-,-,-\})$ 为 Lie-Yamaguti 代数，定义线性映射 ad: $L\to \mathrm{End}(L)$, $\mathfrak{I},\mathfrak{R}: L\times L\to \mathrm{End}(L)$ 为

$$\begin{aligned}&\mathrm{ad}(\boldsymbol{x})(\boldsymbol{z}) := [\boldsymbol{x},\boldsymbol{z}],\\ &\mathfrak{I}(\boldsymbol{x},\boldsymbol{y})(\boldsymbol{z}) := \{\boldsymbol{x},\boldsymbol{y},\boldsymbol{z}\},,\\ &\mathfrak{R}(\boldsymbol{x},\boldsymbol{y})(\boldsymbol{z}) := \{\boldsymbol{z},\boldsymbol{x},\boldsymbol{y}\}\end{aligned}$$

对于所有 $\boldsymbol{x},\boldsymbol{y},\boldsymbol{z}\in L$，则 $(L;\mathrm{ad},\mathfrak{I},\mathfrak{R})$ 为 L 在自身上的表示，称为伴随表示.

接下来回顾 Lie-Yamagutial 代数的 Yamaguti 上同调理论[76]. 设 $(V;\rho,\theta,D)$ 是 Lie-Yamaguti 代数 $(L,[-,-],\{-,-,-\})$ 的表示，则 $(C_{\mathrm{LY}}^{\bullet}(L,V),\delta^{\bullet})$ 为 Lie-Yamagutial 代数 $(L,[-,-],\{-,-,-\})$ 的 Yamaguti 上链复形，系数取自表示 $(V;\rho,\theta,D)$，其中

$$C_{\mathrm{LY}}^{n+1}(L,V)=\begin{cases}\mathrm{Hom}(\underbrace{\wedge^2 L\otimes\cdots\otimes\wedge^2 L}_{n},V)\times \mathrm{Hom}(\underbrace{\wedge^2 L\otimes\cdots\otimes\wedge^2 L}_{n}\otimes L,V), n\geqslant 1\\ \mathrm{Hom}(L,V), n=0\end{cases}$$

为 $(n+1)$-上链.

对于 $n\geqslant 1$，对任意 $(f,g)\in C_{\mathrm{LY}}^{n+1}(L,V)$, $\wp_i = x_i \wedge y_i \in \wedge^2 L$, $(i=1,\cdots,n+1)$, $z\in L$，上边缘算子

$$\delta^{n+1}=(\delta_{\mathrm{I}}^{n+1},\delta_{\mathrm{II}}^{n+1}):\ C_{\mathrm{LY}}^{n+1}(L,V)\to C_{\mathrm{LY}}^{n+2}(L,V),$$
$$(f,g)\mapsto(\delta_{\mathrm{I}}^{n+1}(f,g),\quad \delta_{\mathrm{II}}^{n+1}(f,g))$$

为

$$\begin{aligned}
&\delta_{\mathrm{I}}^{n+1}(f,g)(\wp_1,\cdots,\wp_{n+1})\\
&=(-1)^n(\rho(\boldsymbol{x}_{n+1})g(\wp_1,\cdots,\wp_n,y_{n+1})-\rho(\boldsymbol{y}_{n+1})g(\wp_1,\cdots,\wp_n,\boldsymbol{x}_{n+1})-\\
&\quad g(\wp_1,\cdots,\wp_n,[\boldsymbol{x}_{n+1},\boldsymbol{y}_{n+1}]))+\\
&\quad \sum_{k=1}^{n}(-1)^{k+1}D(\wp_k)f(\wp_1,\cdots,\hat{\wp}_k,\cdots,\wp_{n+1})+\\
&\quad \sum_{1\leqslant k<l\leqslant n+1}(-1)^k f(\wp_1,\cdots,\hat{\wp}_k,\cdots,\{\boldsymbol{x}_k,\boldsymbol{y}_k,\boldsymbol{x}_l\}\wedge y_l+x_l\wedge\{\boldsymbol{x}_k,\boldsymbol{y}_k,\boldsymbol{y}_l\},\cdots,\wp_{n+1}),
\end{aligned}$$

$$\begin{aligned}
&\delta_{\mathrm{II}}^{n+1}(f,g)(\wp_1,\cdots,\wp_{n+1},\boldsymbol{z})\\
&=(-1)^n(\theta(\boldsymbol{y}_{n+1},\boldsymbol{z})g(\wp_1,\cdots,\wp_n,\boldsymbol{x}_{n+1})-\theta(\boldsymbol{x}_{n+1},z)g(\wp_1,\cdots,\wp_n,\boldsymbol{y}_{n+1}))+\\
&\quad \sum_{k=1}^{n+1}(-1)^{k+1}D(\wp_k)g(\wp_1,\cdots,\hat{\wp}_k,\cdots,\wp_{n+1},\boldsymbol{z})+\\
&\quad \sum_{1\leqslant k<l\leqslant n+1}(-1)^k g(\wp_1,\cdots,\hat{\wp}_k,\cdots,\{\boldsymbol{x}_k,\boldsymbol{y}_k,\boldsymbol{x}_l\}\wedge\boldsymbol{y}_l+\boldsymbol{x}_l\wedge\{\boldsymbol{x}_k,\boldsymbol{y}_k,\boldsymbol{y}_l\},\cdots,\wp_{n+1},\boldsymbol{z})+\\
&\quad \sum_{k=1}^{n+1}(-1)^k g(\wp_1,\cdots,\hat{\wp}_k\cdots,\wp_{n+1},\{\boldsymbol{x}_k,\boldsymbol{y}_k,\boldsymbol{z}\}).
\end{aligned}$$

对于 $n=0$，对任意的 $f\in C_{\mathrm{LY}}^{1}(L,V)$，$\delta^1=(\delta_{\mathrm{I}}^1,\delta_{\mathrm{II}}^1)$: $C_{\mathrm{LY}}^{1}(L,V)\to C_{\mathrm{LY}}^{2}(L,V)$, $f\mapsto(\delta_{\mathrm{I}}^1(f),\delta_{\mathrm{II}}^1(f))$ 为

$$\delta_{\mathrm{I}}^1(f)(\boldsymbol{x},\boldsymbol{y})=\rho(\boldsymbol{x})f(\boldsymbol{y})-\rho(\boldsymbol{y})f(\boldsymbol{x})-f([\boldsymbol{x},\boldsymbol{y}]),$$

$$\delta_{\mathrm{II}}^1(f)(\boldsymbol{x},\boldsymbol{y},\boldsymbol{z})=D(\boldsymbol{x},\boldsymbol{y})f(\boldsymbol{z})+\theta(\boldsymbol{y},\boldsymbol{z})f(\boldsymbol{x})-\theta(\boldsymbol{x},\boldsymbol{z})f(\boldsymbol{y})-f(\{\boldsymbol{x},\boldsymbol{y},\boldsymbol{z}\}).$$

Yamaguti 上链复形 $(C_{\mathrm{LY}}^{\bullet}(L,V),\delta^{\bullet})$ 的 Yamaguti 上同调记为 $H_{\mathrm{LY}}^{\bullet}(L,V)$.

7.2 修正罗巴 Lie-Yamaguti 代数

本节引入修正罗巴 Lie-Yamaguti 代数的概念. 探讨修正罗巴算子与权−1 罗巴算子和 Nijenhuis 算子的联系，并给出一些例子.

受到修正 r-矩阵[25-26]的启发，引入 Lie-Yamaguti 代数上修正罗巴算子的定义.

定义 7.5 设 $(L,[-,-],\{-,-,-\})$ 为 Lie-Yamaguti 代数. 如果线性映射 $R\colon L\to L$ 满足：

$$[R\boldsymbol{x},R\boldsymbol{y}]=R([R\boldsymbol{x},\boldsymbol{y}]+[\boldsymbol{x},R\boldsymbol{y}])-[\boldsymbol{x},\boldsymbol{y}],$$

$$\begin{aligned}\{R\boldsymbol{x},R\boldsymbol{y},R\boldsymbol{z}\}=&R(\{\boldsymbol{x},R\boldsymbol{y},R\boldsymbol{z}\}+\{R\boldsymbol{x},\boldsymbol{y},R\boldsymbol{z}\}+\{R\boldsymbol{x},R\boldsymbol{y},\boldsymbol{z}\}+\{\boldsymbol{x},\boldsymbol{y},\boldsymbol{z}\})-\\&\{R\boldsymbol{x},\boldsymbol{y},\boldsymbol{z}\}-\{\boldsymbol{x},R\boldsymbol{y},\boldsymbol{z}\}-\{\boldsymbol{x},\boldsymbol{y},R\boldsymbol{z}\}.\end{aligned}$$

对任意的 $\boldsymbol{x},\boldsymbol{y},\boldsymbol{z}\in L$，则称 R 为 L 上的修正罗巴算子.

定义 7.6 修正罗巴 Lie-Yamaguti 代数是由 Lie-Yamaguti 代数 $(L,[-,-],\{-,-,-\})$ 和 L 上修正罗巴算子 R 组成的四元组 $(L,[-,-],\{-,-,-\},R)$.

定义 7.7 设 $(L,[-,-],\{-,-,-\},R)$ 和 $(L',[-,-]',\{-,-,-\}',R')$ 为修正罗巴 Lie-Yamaguti 代数，如果线性映射 $\varphi\colon L\to L'$，对任意的 $\boldsymbol{x},\boldsymbol{y},\boldsymbol{z}\in L$，满足

$$\varphi[\boldsymbol{x},\boldsymbol{y}]=[\varphi(\boldsymbol{x}),\varphi(\boldsymbol{y})]',$$

$$\varphi\{\boldsymbol{x},\boldsymbol{y},\boldsymbol{z}\}=\{\varphi(\boldsymbol{x}),\varphi(\boldsymbol{y}),\varphi(\boldsymbol{z})\}',$$

$$R'\circ\varphi=\varphi\circ R,$$

则称 φ 为修正罗巴 Lie-Yamaguti 代数 $(L,[-,-],\{-,-,-\},R)$ 到 $(L',[-,-]',\{-,-,-\}',R')$ 的同态映射. 进而，如果 φ 是可逆映射，则称 φ 为 $(L,[-,-],\{-,-,-\},R)$ 到 $(L',[-,-]',\{-,-,-\}',R')$ 的修正罗巴 Lie-Yamaguti 代数同构映射.

注记 1 （1）当 Lie-Yamaguti 代数 $(L,[-,-],\{-,-,-\})$ 为李三系时，即 $[-,-]=0$，此时修正罗巴 Lie-Yamaguti 代数 $(L,[-,-],\{-,-,-\},R)$ 自然成为修正罗巴李三系 $(L,\{-,-,-\},R)$.

（2）当 Lie-Yamaguti 代数 $(L,[-,-],\{-,-,-\})$ 为李代数时，即 $\{-,-,-\}=0$，此时修正罗巴 Lie-Yamaguti 代数 $(L,[-,-],\{-,-,-\},R)$ 自然成为修正罗巴李代数 $(L,[-,-],R)$，此时 R 也成为修正 r-矩阵[25-26].

例 1 设 $(L,[-,-],\{-,-,-\})$ 是 7.1 节例 4 给出的 2 维 Lie-Yamaguti 代数.

则 $(L,[-,-],\{-,-,-\},R)$ 为 2 维修正罗巴 Lie-Yamaguti 代数，其中 $\boldsymbol{R}=\begin{pmatrix}1 & k_1\\ 0 & k\end{pmatrix}$.

例 2 设 $(L,[-,-],\{-,-,-\})$ 是 7.1 节例 5 给出的 3 维 Lie-Yamaguti 代数. 则 $(L,[-,-],\{-,-,-\},R)$ 为 3 维修正罗巴 Lie-Yamaguti 代数，其中

$$\boldsymbol{R}=\begin{pmatrix}0 & k_1 & 0\\ 0 & 1 & 0\\ k_2 & k_3 & 1\end{pmatrix}.$$

例 3 设 $(L,[-,-],\{-,-,-\})$ 为 Lie-Yamaguti 代数. 则 $(L,[-,-],\{-,-,-\},\mathrm{id}_L)$ 为修正罗巴 Lie-Yamaguti 代数，其中 $\mathrm{id}_L: L\to L$ 为恒等映射.

命题 7.1 设 $(L,[-,-],\{-,-,-\})$ 为 Lie-Yamaguti 代数. 则 R 为修正罗巴算子当且仅当 $-R$ 也是修正罗巴算子.

命题 7.2 设 $(L,[-,-],\{-,-,-\})$ 为 Lie-Yamaguti 代数. 如果 T 为权-1 罗巴算子，则 $2T-\mathrm{id}_L$ 是修正罗巴算子.

证明 对任意 $\boldsymbol{x},\boldsymbol{y},\boldsymbol{z}\in L$，可得

$$\begin{aligned}
&[2T\boldsymbol{x}-\boldsymbol{x},2T\boldsymbol{y}-\boldsymbol{y}]\\
&=4[T\boldsymbol{x},T\boldsymbol{y}]-2[T\boldsymbol{x},\boldsymbol{y}]-2[\boldsymbol{x},T\boldsymbol{y}]+[\boldsymbol{x},\boldsymbol{y}]\\
&=4T([T\boldsymbol{x},\boldsymbol{y}]+[\boldsymbol{x},T\boldsymbol{y}]-[\boldsymbol{x},\boldsymbol{y}])-2[T\boldsymbol{x},\boldsymbol{y}]-2[\boldsymbol{x},T\boldsymbol{y}]+[\boldsymbol{x},\boldsymbol{y}]\\
&=(2T-\mathrm{id}_L)([(2T-\mathrm{id}_L)\boldsymbol{x},\boldsymbol{y}]+[x,(2T-\mathrm{id}_L)\boldsymbol{y}])-[\boldsymbol{x},\boldsymbol{y}],
\end{aligned}$$

$$\begin{aligned}
&[(2T-\mathrm{id}_L)\boldsymbol{x},(2T-\mathrm{id}_L)\boldsymbol{y},(2T-\mathrm{id}_L)\boldsymbol{z}]\\
&=8[T\boldsymbol{x},T\boldsymbol{y},T\boldsymbol{z}]-4[T\boldsymbol{x},T\boldsymbol{y},\boldsymbol{z}]-4[T\boldsymbol{x},\boldsymbol{y},T\boldsymbol{z}]-4[\boldsymbol{x},T\boldsymbol{y},T\boldsymbol{z}]+2[T\boldsymbol{x},\boldsymbol{y},\boldsymbol{z}]+\\
&\quad 2[\boldsymbol{x},T\boldsymbol{y},\boldsymbol{z}]+2[\boldsymbol{x},\boldsymbol{y},T\boldsymbol{z}]-[\boldsymbol{x},\boldsymbol{y},\boldsymbol{z}]\\
&=8T([\boldsymbol{x},T\boldsymbol{y},T\boldsymbol{z}]+[T\boldsymbol{x},\boldsymbol{y},T\boldsymbol{z}]+[T\boldsymbol{x},T\boldsymbol{y},\boldsymbol{z}]-[T\boldsymbol{x},\boldsymbol{y},\boldsymbol{z}]-[\boldsymbol{x},T\boldsymbol{y},\boldsymbol{z}]-\\
&\quad [\boldsymbol{x},\boldsymbol{y},T\boldsymbol{z}]+[\boldsymbol{x},\boldsymbol{y},\boldsymbol{z}])-4[T\boldsymbol{x},T\boldsymbol{y},\boldsymbol{z}]-4[T\boldsymbol{x},\boldsymbol{y},T\boldsymbol{z}]-4[\boldsymbol{x},T\boldsymbol{y},T\boldsymbol{z}]+\\
&\quad 2[T\boldsymbol{x},\boldsymbol{y},\boldsymbol{z}]+2[\boldsymbol{x},T\boldsymbol{y},\boldsymbol{z}]+2[\boldsymbol{x},\boldsymbol{y},T\boldsymbol{z}]-[\boldsymbol{x},\boldsymbol{y},\boldsymbol{z}]\\
&=(2T-\mathrm{id}_L)([\boldsymbol{x},(2T-\mathrm{id}_L)\boldsymbol{y},(2T-\mathrm{id}_L)\boldsymbol{z}]+[(2T-\mathrm{id}_L)\boldsymbol{x},\boldsymbol{y},(2T-\mathrm{id}_L)\boldsymbol{z}]+\\
&\quad [(2T-\mathrm{id}_L)\boldsymbol{x},(2T-\mathrm{id}_L)\boldsymbol{y},\boldsymbol{z}]+[\boldsymbol{x},\boldsymbol{y},\boldsymbol{z}])-[(2T-\mathrm{id}_L)\boldsymbol{x},\boldsymbol{y},\boldsymbol{z}]-\\
&\quad [\boldsymbol{x},(2T-\mathrm{id}_L)\boldsymbol{y},\boldsymbol{z}]-[\boldsymbol{x},\boldsymbol{y},(2T-\mathrm{id}_L)\boldsymbol{z}].
\end{aligned}$$

因此，$2T-\mathrm{id}_L$ 是 $(L,[-,-],\{-,-,-\})$ 上的修正罗巴算子. □

回顾 Lie-Yamaguti 代数 $(L,[-,-],\{-,-,-\})$ 上的 Nijenhuis 算子[80]是线性映射 $N:L\to L$，满足

$$[N\boldsymbol{x},N\boldsymbol{y}]=N([N\boldsymbol{x},\boldsymbol{y}]+[\boldsymbol{x},N\boldsymbol{y}]-N[\boldsymbol{x},\boldsymbol{y}]),$$

$$\begin{aligned}\{N\boldsymbol{x},N\boldsymbol{y},N\boldsymbol{z}\}=&N(\{\boldsymbol{x},N\boldsymbol{y},N\boldsymbol{z}\}+\{N\boldsymbol{x},\boldsymbol{y},N\boldsymbol{z}\}+\{N\boldsymbol{x},N\boldsymbol{y},\boldsymbol{z}\})-\\&N^2(\{N\boldsymbol{x},\boldsymbol{y},\boldsymbol{z}\}+\{\boldsymbol{x},N\boldsymbol{y},\boldsymbol{z}\}+\{\boldsymbol{x},\boldsymbol{y},N\boldsymbol{z}\})+N^3\{\boldsymbol{x},\boldsymbol{y},\boldsymbol{z}\},\end{aligned}$$

对任意 $\boldsymbol{x},\boldsymbol{y},\boldsymbol{z}\in L$.

命题 7.3 设 $(L,[-,-],\{-,-,-\})$ 为 Lie-Yamaguti 代数，$N:L\to L$ 为线性映射. 如果 $N^2=\mathrm{id}_L$，则 N 是 Nijenhuis 算子等价于 N 是修正罗巴算子.

7.3　修正罗巴 Lie-Yamaguti 代数的表示

定义 7.8　修正罗巴 Lie-Yamaguti 代数 $(L,[-,-],\{-,-,-\},R)$ 的表示是五元组 $(V;\rho,\theta,D,R_V)$，其中，

(1) $(V;\rho,\theta,D)$ 是 Lie-Yamaguti 代数 $(L,[-,-],\{-,-,-\})$ 的表示，

(2) $R_V:V\to V$ 是线性映射，对任意 $\boldsymbol{x},\boldsymbol{y}\in L,\boldsymbol{u}\in V$，满足：

$$\rho(R\boldsymbol{x})R_V\boldsymbol{u}=R_V(\rho(R\boldsymbol{x})\boldsymbol{u}+\rho(\boldsymbol{x})R_V\boldsymbol{u})-\rho(\boldsymbol{x})\boldsymbol{u},$$

$$\begin{aligned}\theta(R\boldsymbol{x},R\boldsymbol{y})R_V\boldsymbol{u}=&R_V(\theta(R\boldsymbol{x},R\boldsymbol{y})\boldsymbol{u}+\theta(R\boldsymbol{x},\boldsymbol{y})R_V\boldsymbol{u}+\theta(\boldsymbol{x},R\boldsymbol{y})R_V\boldsymbol{u}+\theta(\boldsymbol{x},\boldsymbol{y})\boldsymbol{u})-\\&\theta(R\boldsymbol{x},\boldsymbol{y})\boldsymbol{u}-\theta(\boldsymbol{x},R\boldsymbol{y})\boldsymbol{u}-\theta(\boldsymbol{x},\boldsymbol{y})R_V\boldsymbol{u},\end{aligned}$$

$$\begin{aligned}D(R\boldsymbol{x},R\boldsymbol{y})R_V\boldsymbol{u}=&R_V(D(R\boldsymbol{x},R\boldsymbol{y})\boldsymbol{u}+D(R\boldsymbol{x},\boldsymbol{y})R_V\boldsymbol{u}+D(\boldsymbol{x},R\boldsymbol{y})R_V\boldsymbol{u}+\\&D(\boldsymbol{x},\boldsymbol{y})\boldsymbol{u})-D(R\boldsymbol{x},\boldsymbol{y})\boldsymbol{u}-D(\boldsymbol{x},R\boldsymbol{y})\boldsymbol{u}-D(\boldsymbol{x},\boldsymbol{y})R_V\boldsymbol{u}.\end{aligned}$$

例 1　$(L;\mathrm{ad},\mathfrak{I},\mathfrak{R},R)$ 是修正罗巴 Lie-Yamaguti 代数 $(L,[-,-],\{-,-,-\},R)$ 的伴随表示.

修正罗巴 Lie-Yamaguti 代数的表示和权−1 罗巴 Lie-Yamaguti 代数的表示密切相关.

定义 7.9　权−1 罗巴 Lie-Yamaguti 代数 $(L,[-,-],\{-,-,-\},T)$ 的表示是五元组 $(V;\rho,\theta,D,T_V)$，其中，

（1）$(V;\rho,\theta,D)$ 是 Lie-Yamaguti 代数 $(L,[-,-],\{-,-,-\})$ 的表示，

（2）$T_V:V\to V$ 是线性映射，对任意 $\boldsymbol{x},\boldsymbol{y}\in L,\boldsymbol{u}\in V$，满足：

$$\rho(T\boldsymbol{x})T_V\boldsymbol{u} = T_V(\rho(T\boldsymbol{x})\boldsymbol{u} + \rho(\boldsymbol{x})T_V\boldsymbol{u} - \rho(\boldsymbol{x})\boldsymbol{u}),$$

$$\theta(T\boldsymbol{x},T\boldsymbol{y})T_V\boldsymbol{u} = T_V(\theta(T\boldsymbol{x},T\boldsymbol{y})\boldsymbol{u} + \theta(T\boldsymbol{x},\boldsymbol{y})T_V\boldsymbol{u} + \theta(\boldsymbol{x},T\boldsymbol{y})T_V\boldsymbol{u} - \theta(T\boldsymbol{x},\boldsymbol{y})\boldsymbol{u} - \theta(\boldsymbol{x},T\boldsymbol{y})\boldsymbol{u} - \theta(\boldsymbol{x},\boldsymbol{y})T_V\boldsymbol{u} + \theta(\boldsymbol{x},\boldsymbol{y})\boldsymbol{u}),$$

$$D(T\boldsymbol{x},T\boldsymbol{y})T_V\boldsymbol{u} = T_V(D(T\boldsymbol{x},T\boldsymbol{y})\boldsymbol{u} + D(T\boldsymbol{x},\boldsymbol{y})T_V\boldsymbol{u} + D(\boldsymbol{x},T\boldsymbol{y})T_V\boldsymbol{u} - D(T\boldsymbol{x},\boldsymbol{y})\boldsymbol{u} - D(\boldsymbol{x},T\boldsymbol{y})\boldsymbol{u} - D(\boldsymbol{x},\boldsymbol{y})T_V\boldsymbol{u} + D(\boldsymbol{x},\boldsymbol{y})\boldsymbol{u}).$$

命题 7.4 如果 $(V;\rho,\theta,D,T_V)$ 是权 -1 罗巴 Lie-Yamaguti 代数 $(L,[-,-],\{-,-,-\},T)$ 的表示，则 $(V;\rho,\theta,D,2T_V-\mathrm{id}_V)$ 是修正罗巴 Lie-Yamaguti 代数 $(L,[-,-],\{-,-,-\},2T-\mathrm{id}_L)$ 的表示.

证明 对任意 $\boldsymbol{x},\boldsymbol{y}\in L,\boldsymbol{u}\in V$，有

$$\begin{aligned}
&\rho(2T\boldsymbol{x}-\boldsymbol{x})(2T_V\boldsymbol{u}-\boldsymbol{u})\\
&=4\rho(T\boldsymbol{x})T_V\boldsymbol{u}-2\rho(T\boldsymbol{x})\boldsymbol{u}-2\rho(\boldsymbol{x})T_V\boldsymbol{u}+\rho(\boldsymbol{x})\boldsymbol{u}\\
&=4T_V(\rho(T\boldsymbol{x})\boldsymbol{u}+\rho(\boldsymbol{x})T_V\boldsymbol{u}-\rho(\boldsymbol{x})\boldsymbol{u})-2\rho(T\boldsymbol{x})\boldsymbol{u}-2\rho(\boldsymbol{x})T_V\boldsymbol{u}+\rho(\boldsymbol{x})\boldsymbol{u}\\
&=(2T_V-\mathrm{id}_V)(\rho((2T-\mathrm{id}_L)\boldsymbol{x})\boldsymbol{u}+\rho(\boldsymbol{x})(2T_V-\mathrm{id}_L)\boldsymbol{u})-\rho(\boldsymbol{x})\boldsymbol{u},
\end{aligned}$$

$$\begin{aligned}
&\theta(2T\boldsymbol{x}-\boldsymbol{x},2T\boldsymbol{y}-\boldsymbol{y})(2T_V\boldsymbol{u}-\boldsymbol{u})\\
&=8\theta(T\boldsymbol{x},T\boldsymbol{y})T_V\boldsymbol{u}-4\theta(T\boldsymbol{x},\boldsymbol{y})T_V\boldsymbol{u}-4\theta(\boldsymbol{x},T\boldsymbol{y})T_V\boldsymbol{u}-4\theta(T\boldsymbol{x},T\boldsymbol{y})\boldsymbol{u}+2\theta(\boldsymbol{x},\boldsymbol{y})T_V\boldsymbol{u}+\\
&\quad 2\theta(T\boldsymbol{x},\boldsymbol{y})\boldsymbol{u}+2\theta(\boldsymbol{x},T\boldsymbol{y})\boldsymbol{u}-\theta(\boldsymbol{x},\boldsymbol{y})\boldsymbol{u}\\
&=8T_V(\theta(T\boldsymbol{x},T\boldsymbol{y})\boldsymbol{u}+\theta(T\boldsymbol{x},\boldsymbol{y})T_V\boldsymbol{u}+\theta(\boldsymbol{x},T\boldsymbol{y})T_V\boldsymbol{u}-\theta(T\boldsymbol{x},\boldsymbol{y})\boldsymbol{u}-\theta(\boldsymbol{x},T\boldsymbol{y})\boldsymbol{u}-\\
&\quad \theta(\boldsymbol{x},\boldsymbol{y})T_V\boldsymbol{u}+\theta(\boldsymbol{x},\boldsymbol{y})\boldsymbol{u})-4\theta(T\boldsymbol{x},\boldsymbol{y})T_V\boldsymbol{u}-4\theta(\boldsymbol{x},T\boldsymbol{y})T_V\boldsymbol{u}-4\theta(T\boldsymbol{x},T\boldsymbol{y})\boldsymbol{u}+\\
&\quad 2\theta(\boldsymbol{x},\boldsymbol{y})T_V\boldsymbol{u}+2\theta(T\boldsymbol{x},\boldsymbol{y})\boldsymbol{u}+2\theta(\boldsymbol{x},T\boldsymbol{y})\boldsymbol{u}-\theta(\boldsymbol{x},\boldsymbol{y})\boldsymbol{u}\\
&=(2T_V-\mathrm{id}_V)(\theta(\boldsymbol{x},2T\boldsymbol{y}-\boldsymbol{y})(2T_V\boldsymbol{u}-\boldsymbol{u})+\theta(2T\boldsymbol{x}-\boldsymbol{x},\boldsymbol{y})(2T_V\boldsymbol{u}-\boldsymbol{u})+\\
&\quad \theta(2T\boldsymbol{x}-\boldsymbol{x},2T\boldsymbol{y}-\boldsymbol{y})\boldsymbol{u}+\theta(\boldsymbol{x},\boldsymbol{y})\boldsymbol{u})-\theta(\boldsymbol{x},2T\boldsymbol{y}-\boldsymbol{y})\boldsymbol{u}-\theta(\boldsymbol{x},\boldsymbol{y})(2T_V\boldsymbol{u}-\boldsymbol{u})-\\
&\quad \theta(2T\boldsymbol{x}-\boldsymbol{x},\boldsymbol{y})\boldsymbol{u}.
\end{aligned}$$

类似地，也有

$$\begin{aligned}
&D(2T\boldsymbol{x}-\boldsymbol{x},2T\boldsymbol{y}-\boldsymbol{y})(2T_V\boldsymbol{u}-\boldsymbol{u})\\
&=(2T_V-\mathrm{id}_V)(D(\boldsymbol{x},2T\boldsymbol{y}-\boldsymbol{y})(2T_V\boldsymbol{u}-\boldsymbol{u})+D(2T\boldsymbol{x}-\boldsymbol{x},\boldsymbol{y})(2T_V\boldsymbol{u}-\boldsymbol{u})+\\
&\quad D(2T\boldsymbol{x}-\boldsymbol{x},2T\boldsymbol{y}-\boldsymbol{y})\boldsymbol{u}+D(\boldsymbol{x},\boldsymbol{y})\boldsymbol{u})-D(\boldsymbol{x},2T\boldsymbol{y}-\boldsymbol{y})\boldsymbol{u}-D(\boldsymbol{x},\boldsymbol{y})(2T_V\boldsymbol{u}-\boldsymbol{u})-\\
&\quad D(2T\boldsymbol{x}-\boldsymbol{x},\boldsymbol{y})\boldsymbol{u}.
\end{aligned}$$

因此，$(V;\rho,\theta,D,2T_V-\mathrm{id}_V)$ 是修正罗巴 Lie-Yamaguti 代数 $(L,[-,-],\{-,-,-\},2T-\mathrm{id}_L)$ 的表示. □

命题 7.5 如果 $(V;\rho,\theta,D,R_V)$ 是修正罗巴 Lie-Yamaguti 代数 $(L,[-,-],\{-,-,-\},R)$ 的表示，则 $(L\oplus V,[-,-]_\rho,\{-,-,-\}_\theta,R\oplus R_V)$ 是修正罗巴 Lie-Yamaguti 代数，其中

$$[\boldsymbol{x}+\boldsymbol{u},\boldsymbol{y}+\boldsymbol{v}]_\rho=[\boldsymbol{x},\boldsymbol{y}]+\rho(\boldsymbol{x})\boldsymbol{v}-\rho(\boldsymbol{y})\boldsymbol{u},$$
$$\{\boldsymbol{x}+\boldsymbol{u},\boldsymbol{y}+\boldsymbol{v},\boldsymbol{z}+\boldsymbol{w}\}_\theta=\{\boldsymbol{x},\boldsymbol{y},\boldsymbol{z}\}+D(\boldsymbol{x},\boldsymbol{y})\boldsymbol{w}-\theta(\boldsymbol{x},\boldsymbol{z})\boldsymbol{v}+\theta(\boldsymbol{y},\boldsymbol{z})\boldsymbol{u},$$
$$R\oplus R_V(\boldsymbol{x}+\boldsymbol{u})=R\boldsymbol{x}+R_V\boldsymbol{u},$$

对任意 $\boldsymbol{x},\boldsymbol{y},\boldsymbol{z}\in L,\boldsymbol{u},\boldsymbol{v},\boldsymbol{w}\in V$.

证明 由 Lie-Yamaguti 代数的表示理论[76]，可知 $(L\oplus V,[-,-]_\rho,\{-,-,-\}_\theta)$ 为 Lie-Yamaguti 代数. 另一方面，对任意 $\boldsymbol{x},\boldsymbol{y},\boldsymbol{z}\in L,\boldsymbol{u},\boldsymbol{v},\boldsymbol{w}\in V$.

$$\begin{aligned}
&[R\oplus R_V(\boldsymbol{x}+\boldsymbol{u}),R\oplus R_V(\boldsymbol{y}+\boldsymbol{v})]_\rho\\
=&[R\boldsymbol{x},R\boldsymbol{y}]+\rho(R\boldsymbol{x})R_V\boldsymbol{v}-\rho(R\boldsymbol{y})R_V\boldsymbol{u}\\
=&R([\boldsymbol{x},R\boldsymbol{y}]+[R\boldsymbol{x},\boldsymbol{y}])-[\boldsymbol{x},\boldsymbol{y}]+R_V(\rho(\boldsymbol{x})R_V\boldsymbol{v}+\rho(R\boldsymbol{x})\boldsymbol{v})-\rho(\boldsymbol{x})\boldsymbol{v}-\\
&R_V(\rho(R\boldsymbol{y})\boldsymbol{u}+\rho(\boldsymbol{y})R_V\boldsymbol{u})+\rho(\boldsymbol{y})\boldsymbol{u}\\
=&R\oplus R_V([R\oplus R_V(\boldsymbol{x}+\boldsymbol{u}),\boldsymbol{y}+\boldsymbol{v}]_\rho+[\boldsymbol{x}+\boldsymbol{u},R\oplus R_V(\boldsymbol{y}+\boldsymbol{v})]_\rho)-[\boldsymbol{x}+\boldsymbol{u},\boldsymbol{y}+\boldsymbol{v}]_\rho,\\
&\{R\oplus R_V(\boldsymbol{x}+\boldsymbol{u}),R\oplus R_V(\boldsymbol{y}+\boldsymbol{v}),R\oplus R_V(\boldsymbol{z}+\boldsymbol{w})\}_\theta\\
=&\{R\boldsymbol{x},R\boldsymbol{y},R\boldsymbol{z}\}+D(R\boldsymbol{x},R\boldsymbol{y})R_V\boldsymbol{w}-\theta(R\boldsymbol{x},R\boldsymbol{z})R_V\boldsymbol{v}+\theta(R\boldsymbol{y},R\boldsymbol{z})R_V\boldsymbol{u}\\
=&R(\{\boldsymbol{x},R\boldsymbol{y},R\boldsymbol{z}\}+\{R\boldsymbol{x},\boldsymbol{y},R\boldsymbol{z}\}+\{R\boldsymbol{x},R\boldsymbol{y},\boldsymbol{z}\}+\{\boldsymbol{x},\boldsymbol{y},\boldsymbol{z}\})-\{R\boldsymbol{x},\boldsymbol{y},\boldsymbol{z}\}-\{\boldsymbol{x},R\boldsymbol{y},\boldsymbol{z}\}-\\
&\{\boldsymbol{x},\boldsymbol{y},R\boldsymbol{z}\}+R_V(D(R\boldsymbol{x},R\boldsymbol{y})\boldsymbol{w}+D(R\boldsymbol{x},\boldsymbol{y})R_V\boldsymbol{w}+D(\boldsymbol{x},R\boldsymbol{y})R_V\boldsymbol{w}+D(\boldsymbol{x},\boldsymbol{y})\boldsymbol{w})-\\
&D(R\boldsymbol{x},\boldsymbol{y})\boldsymbol{w}-D(\boldsymbol{x},R\boldsymbol{y})\boldsymbol{w}-D(\boldsymbol{x},\boldsymbol{y})R_V\boldsymbol{w}-R_V(\theta(R\boldsymbol{x},R\boldsymbol{z})\boldsymbol{v}+\theta(R\boldsymbol{x},\boldsymbol{z})R_V\boldsymbol{v}+\\
&\theta(\boldsymbol{x},R\boldsymbol{z})R_V\boldsymbol{v}+\theta(\boldsymbol{x},\boldsymbol{z})\boldsymbol{v})+\theta(R\boldsymbol{x},\boldsymbol{z})\boldsymbol{v}+\theta(\boldsymbol{x},R\boldsymbol{z})\boldsymbol{v}+\theta(\boldsymbol{x},\boldsymbol{z})R_V\boldsymbol{v}+R_V(\theta(R\boldsymbol{y},R\boldsymbol{z})\boldsymbol{u}+\\
&\theta(R\boldsymbol{y},\boldsymbol{z})R_V\boldsymbol{u}+\theta(\boldsymbol{y},R\boldsymbol{z})R_V\boldsymbol{u}+\theta(\boldsymbol{y},\boldsymbol{z})\boldsymbol{u})-\theta(R\boldsymbol{y},\boldsymbol{z})\boldsymbol{u}-\theta(\boldsymbol{y},R\boldsymbol{z})\boldsymbol{u}-\theta(\boldsymbol{y},\boldsymbol{z})R_V\boldsymbol{u}\\
=&R\oplus R_V(\{\boldsymbol{x}+\boldsymbol{u},R\oplus R_V(\boldsymbol{y}+\boldsymbol{v}),R\oplus R_V(\boldsymbol{z}+\boldsymbol{w})\}_\theta+\\
&\{R\oplus R_V(\boldsymbol{x}+\boldsymbol{u}),\boldsymbol{y}+\boldsymbol{v},R\oplus R_V(\boldsymbol{z}+\boldsymbol{w})\}_\theta+\{R\oplus R_V(\boldsymbol{x}+\boldsymbol{u}),R\oplus R_V(\boldsymbol{y}+\boldsymbol{v}),\boldsymbol{z}+\boldsymbol{w}\}_\theta+\\
&\{\boldsymbol{x}+\boldsymbol{u},\boldsymbol{y}+\boldsymbol{v},\boldsymbol{z}+\boldsymbol{w}\}_\theta)-\{R\oplus R_V(\boldsymbol{x}+\boldsymbol{u}),\boldsymbol{y}+\boldsymbol{v},\boldsymbol{z}+\boldsymbol{w}\}_\theta-\\
&\{\boldsymbol{x}+\boldsymbol{u},R\oplus R_V(\boldsymbol{y}+\boldsymbol{v}),\boldsymbol{z}+\boldsymbol{w}\}_\theta-\{\boldsymbol{x}+\boldsymbol{u},\boldsymbol{y}+\boldsymbol{v},R\oplus R_V(\boldsymbol{z}+\boldsymbol{w})\}_\theta.
\end{aligned}$$

因此，$(L\oplus V,[-,-]_\rho,\{-,-,-\}_\theta,R\oplus R_V)$ 是修正罗巴 Lie-Yamaguti 代数. □

命题 7.6 设 $(L,[-,-],\{-,-,-\},R)$ 为修正罗巴 Lie-Yamaguti 代数. 定义 L

上新的运算如下：

$$[x,y]_R=[Rx,y]+[x,Ry],$$

$$\{x,y,z\}_R=\{x,Ry,Rz\}+\{Rx,y,Rz\}+\{Rx,Ry,z\}+\{x,y,z\},$$

对任意 $x,y,z\in L$．则 $(L,[-,-]_R,\{-,-,-\}_R)$ 是 Lie-Yamaguti 代数，记为 L_R．进而，(L_R,R) 是修正罗巴 Lie-Yamaguti 代数.

证明 首先直接验证括积运算 $[-,-]_R,\{-,-,-\}_R$ 满足定义 7.1 中的式（7-1）至式（7-6），即可得 $(L,[-,-]_R,\{-,-,-\}_R)$ 是 Lie-Yamaguti 代数.

另一方面对任意 $x,y,z\in L$，有

$$\begin{aligned}[Rx,Ry]_R&=[R^2x,Ry]+[Rx,R^2y]\\&=R([R^2x,y]+[Rx,Ry])-[Rx,y]+R([Rx,Ry]+[x,R^2y])-[x,Ry]\\&=R([R^2x,y]+[Rx,Ry]+[Rx,Ry]+[x,R^2y])-[Rx,y]-[x,Ry]\\&=R([Rx,y]_R+[x,Ry]_R)-[x,y]_R,\end{aligned}$$

$$\begin{aligned}\{Rx,Ry,Rz\}_R&=\{Rx,R^2y,R^2z\}+\{R^2x,Ry,R^2z\}+\{R^2x,R^2y,Rz\}+\{Rx,Ry,Rz\}\\&=R(\{x,R^2y,R^2z\}+\{Rx,Ry,R^2z\}+\{Rx,R^2y,Rz\}+\{x,Ry,Rz\})-\\&\quad\{Rx,Ry,Rz\}-\{x,R^2y,Rz\}-\{x,Ry,R^2z\}+\\&\quad R(\{Rx,Ry,R^2z\}+\{R^2x,y,R^2z\}+\{R^2x,Ry,Rz\}+\{Rx,y,Rz\})-\\&\quad\{Rx,y,R^2z\}-\{Rx,Ry,Rz\}-\{R^2x,y,Rz\}+\\&\quad R(\{Rx,R^2y,Rz\}+\{R^2x,Ry,Rz\}+\{R^2x,R^2y,z\}+\{Rx,Ry,z\})-\\&\quad\{Rx,Ry,Rz\}-\{Rx,R^2y,z\}-\{R^2x,Ry,z\}+\\&\quad R(\{x,Ry,Rz\}+\{Rx,y,Rz\}+\{Rx,Ry,z\}+\{x,y,z\})-\\&\quad\{x,y,Rz\}-\{x,Ry,z\}-\{Rx,y,z\}\\&=R(\{x,Ry,Rz\}_R+\{Rx,y,Rz\}_R+\{Rx,Ry,z\}_R+\{x,y,z\}_R)-\\&\quad\{x,y,Rz\}_R-\{x,Ry,z\}_R-\{Rx,y,z\}_R,\end{aligned}$$

这意味着 (L_R,R) 是修正罗巴 Lie-Yamaguti 代数. □

命题 7.7 设 $(V;\rho,\theta,D,R_V)$ 是修正罗巴 Lie-Yamaguti 代数 $(L,[-,-],\{-,-,-\},R)$ 的表示. 定义线性映射 ρ_R：$L\to\mathrm{End}(V)$，θ_R,D_R：$L\times L\to\mathrm{End}(V)$ 为

$$\rho_R(\boldsymbol{x})\boldsymbol{u}=\rho(R\boldsymbol{x})\boldsymbol{u}-R_V(\rho(\boldsymbol{x})\boldsymbol{u}),$$
$$\theta_R(\boldsymbol{x},\boldsymbol{y})\boldsymbol{u}=\theta(R\boldsymbol{x},R\boldsymbol{y})\boldsymbol{u}-R_V(\theta(R\boldsymbol{x},\boldsymbol{y})\boldsymbol{u}+\theta(\boldsymbol{x},R\boldsymbol{y})\boldsymbol{u})+\theta(\boldsymbol{x},\boldsymbol{y})\boldsymbol{u},$$
$$D_R(\boldsymbol{x},\boldsymbol{y})\boldsymbol{u}=D(R\boldsymbol{x},R\boldsymbol{y})\boldsymbol{u}-R_V(D(R\boldsymbol{x},\boldsymbol{y})\boldsymbol{u}+D(\boldsymbol{x},R\boldsymbol{y})\boldsymbol{u})+D(\boldsymbol{x},\boldsymbol{y})\boldsymbol{u},$$

则 $(V;\rho_R,\theta_R,D_R)$ 是 Lie-Yamaguti 代数 L_R 的表示. 进而, $(V;\rho_R,\theta_R,D_R,R_V)$ 是修正罗巴 Lie-Yamaguti 代数 (L_R,R) 的表示.

证明 直接验证可得, $(V;\rho_R,\theta_R,D_R)$ 是 Lie-Yamaguti 代数 L_R 的表示. 进而, 对任意 $\boldsymbol{x},\boldsymbol{y},\boldsymbol{z}\in L,\boldsymbol{u},\boldsymbol{v},\boldsymbol{w}\in V$,

$$\begin{aligned}
&\rho_R(R\boldsymbol{x})R_V\boldsymbol{u}\\
&=\rho(R^2\boldsymbol{x})R_V\boldsymbol{u}-R_V(\rho(R\boldsymbol{x})R_V\boldsymbol{u})\\
&=R_V(\rho(R^2\boldsymbol{x})\boldsymbol{u}+\rho(R\boldsymbol{x})R_V\boldsymbol{u})-\rho(R\boldsymbol{x})\boldsymbol{u}-R_V^2(\rho(R\boldsymbol{x})\boldsymbol{u}+\rho(\boldsymbol{x})R_V\boldsymbol{u})+R_V\rho(\boldsymbol{x})\boldsymbol{u}\\
&=R_V(\rho(R^2\boldsymbol{x})\boldsymbol{u}-R_V(\rho(R\boldsymbol{x})\boldsymbol{u})+\rho(R\boldsymbol{x})R_V\boldsymbol{u}-R_V(\rho(\boldsymbol{x})R_V\boldsymbol{u}))-\\
&\quad(\rho(R\boldsymbol{x})\boldsymbol{u}-R_V\rho(\boldsymbol{x})\boldsymbol{u})\\
&=R_V(\rho_{\boldsymbol{R}}(R\boldsymbol{x})\boldsymbol{u}+\rho_{\boldsymbol{R}}(\boldsymbol{x})R_V\boldsymbol{u})-\rho_{\boldsymbol{R}}(\boldsymbol{x})\boldsymbol{u},\\
&\theta_R(R\boldsymbol{x},R\boldsymbol{y})R_V\boldsymbol{u}\\
&=\theta(R^2\boldsymbol{x},R^2\boldsymbol{y})R_V\boldsymbol{u}-R_V(\theta(R^2\boldsymbol{x},R\boldsymbol{y})R_V\boldsymbol{u}+\theta(R\boldsymbol{x},R^2\boldsymbol{y})R_V\boldsymbol{u})+\theta(R\boldsymbol{x},R\boldsymbol{y})R_V\boldsymbol{u}\\
&=R_V(\theta(R^2\boldsymbol{x},R^2\boldsymbol{y})\boldsymbol{u}+\theta(R^2\boldsymbol{x},R\boldsymbol{y})R_V\boldsymbol{u}+\theta(R\boldsymbol{x},R^2\boldsymbol{y})R_V\boldsymbol{u}+\theta(R\boldsymbol{x},R\boldsymbol{y})\boldsymbol{u})-\\
&\quad\theta(R^2\boldsymbol{x},R\boldsymbol{y})\boldsymbol{u}-\theta(R\boldsymbol{x},R\boldsymbol{y})R_V\boldsymbol{u}-\theta(R\boldsymbol{x},R^2\boldsymbol{y})\boldsymbol{u}-\\
&\quad R_V(R_V(\theta(R^2\boldsymbol{x},R\boldsymbol{y})\boldsymbol{u}+\theta(R^2\boldsymbol{x},\boldsymbol{y})R_V\boldsymbol{u}+\theta(R\boldsymbol{x},R\boldsymbol{y})R_V\boldsymbol{u}+\theta(R\boldsymbol{x},\boldsymbol{y})\boldsymbol{u})-\\
&\quad\theta(R^2\boldsymbol{x},\boldsymbol{y})\boldsymbol{u}-\theta(R\boldsymbol{x},\boldsymbol{y})R_V\boldsymbol{u}-\theta(R\boldsymbol{x},R\boldsymbol{y})\boldsymbol{u}+\\
&\quad R_V(\theta(R\boldsymbol{x},R^2\boldsymbol{y})\boldsymbol{u}+\theta(R\boldsymbol{x},R\boldsymbol{y})R_V\boldsymbol{u}+\theta(\boldsymbol{x},R^2\boldsymbol{y})R_V\boldsymbol{u}+\theta(\boldsymbol{x},R\boldsymbol{y})\boldsymbol{u})-\\
&\quad\theta(R\boldsymbol{x},R\boldsymbol{y})\boldsymbol{u}-\theta(\boldsymbol{x},R\boldsymbol{y})R_V\boldsymbol{u}-\theta(\boldsymbol{x},R^2\boldsymbol{y})\boldsymbol{u})+\\
&\quad R_V(\theta(R\boldsymbol{x},R\boldsymbol{y})\boldsymbol{u}+\theta(R\boldsymbol{x},\boldsymbol{y})R_V\boldsymbol{u}+\theta(\boldsymbol{x},R\boldsymbol{y})R_V\boldsymbol{u}+\theta(\boldsymbol{x},\boldsymbol{y})\boldsymbol{u})-\\
&\quad\theta(R\boldsymbol{x},\boldsymbol{y})\boldsymbol{u}-\theta(\boldsymbol{x},\boldsymbol{y})R_V\boldsymbol{u}-\theta(\boldsymbol{x},R\boldsymbol{y})\boldsymbol{u}\\
&=R_V(\theta_R(R\boldsymbol{x},R\boldsymbol{y})\boldsymbol{u}+\theta_R(R\boldsymbol{x},\boldsymbol{y})R_V\boldsymbol{u}+\theta_R(\boldsymbol{x},R\boldsymbol{y})R_V\boldsymbol{u}+\theta_R(\boldsymbol{x},\boldsymbol{y})\boldsymbol{u})-\\
&\quad\theta_R(R\boldsymbol{x},\boldsymbol{y})\boldsymbol{u}-\theta_R(\boldsymbol{x},\boldsymbol{y})R_V\boldsymbol{u}-\theta_R(\boldsymbol{x},R\boldsymbol{y})\boldsymbol{u}.
\end{aligned}$$

类似地, 也有

$$D_R(R\boldsymbol{x},R\boldsymbol{y})R_V\boldsymbol{u}=R_V(D_R(R\boldsymbol{x},R\boldsymbol{y})\boldsymbol{u}+D_R(R\boldsymbol{x},\boldsymbol{y})R_V\boldsymbol{u}+D_R(\boldsymbol{x},R\boldsymbol{y})R_V\boldsymbol{u}+D_R(\boldsymbol{x},\boldsymbol{y})\boldsymbol{u})-D_R(R\boldsymbol{x},\boldsymbol{y})\boldsymbol{u}-D_R(\boldsymbol{x},R\boldsymbol{y})\boldsymbol{u}-D_R(\boldsymbol{x},\boldsymbol{y})R_V\boldsymbol{u}.$$

因此，$(V;\rho_R,\theta_R,D_R,R_V)$ 是修正罗巴 Lie-Yamaguti 代数 (L_R,R) 的表示. □

例 2 $(L,\mathrm{ad}_R,\mathfrak{I}_R,\mathfrak{R}_R,R)$ 是修正罗巴 Lie-Yamaguti 代数 (L_R,R) 的表示，其中对任意 $\boldsymbol{x},\boldsymbol{y},\boldsymbol{z}\in L$，

$$\mathrm{ad}_R(\boldsymbol{x})\boldsymbol{z}=[R\boldsymbol{x},\boldsymbol{z}]-R[\boldsymbol{x},\boldsymbol{z}],$$
$$\mathfrak{I}_R(\boldsymbol{x},\boldsymbol{y})\boldsymbol{z}=\{R\boldsymbol{x},R\boldsymbol{y},\boldsymbol{z}\}-R(\{R\boldsymbol{x},\boldsymbol{y},\boldsymbol{z}\}+\{\boldsymbol{x},R\boldsymbol{y},\boldsymbol{z}\})+\{\boldsymbol{x},\boldsymbol{y},\boldsymbol{z}\},$$
$$\mathfrak{R}_R(\boldsymbol{x},\boldsymbol{y})\boldsymbol{z}=\{\boldsymbol{z},R\boldsymbol{x},R\boldsymbol{y}\}-R(\{\boldsymbol{z},R\boldsymbol{x},\boldsymbol{y}\}+\{\boldsymbol{z},\boldsymbol{x},R\boldsymbol{y}\})+\{\boldsymbol{z},\boldsymbol{x},\boldsymbol{y}\}.$$

7.4 修正罗巴 Lie-Yamaguti 代数的上同调

本节首先引入 Lie-Yamaguti 代数上修正罗巴算子的上同调. 回顾命题 7.6 和命题 7.7 分别给出 Lie-Yamaguti 代数 $L_R=(L,[-,-]_R,\{-,-,-\}_R)$ 和 L_R 的表示 $V_R=(V;\rho_R,\theta_R,D_R)$. 考虑系数在 V_T 中 L_R 的 Yamaguti 上链复形 $(C^{\bullet}_{\mathrm{LY}}(L_R,V_R),\partial^{\bullet})$，具体地，

$$C^{n+1}_{\mathrm{LY}}(L_R,V_R)=\begin{cases}\mathrm{Hom}(\underbrace{\wedge^2L_R\otimes\cdots\otimes\wedge^2L_R}_{n},V_R)\times\mathrm{Hom}(\underbrace{\wedge^2L_R\otimes\cdots\otimes\wedge^2L_R}_{n}\otimes L_R,V_R),n\geqslant 1,\\ \mathrm{Hom}(L_R,V_R),\ n=0,\end{cases}$$

它的上边缘算子

$$\partial^{n+1}=(\partial^{n+1}_{\mathrm{I}},\partial^{n+1}_{\mathrm{II}}):\ C^{n+1}_{\mathrm{LY}}(L_R,V_R)\to C^{n+2}_{\mathrm{LY}}(L_R,V_R),$$
$$(f,g)\mapsto(\partial^{n+1}_{\mathrm{I}}(f,g),\partial^{n+1}_{\mathrm{II}}(f,g))$$

为

$$\begin{aligned}&\partial_{\mathrm{I}}^{n+1}(f,g)(\wp_1,\cdots,\wp_{n+1})\\&=(-1)^n(\rho_R(\boldsymbol{x}_{n+1})g(\wp_1,\cdots,\wp_n,\boldsymbol{y}_{n+1})-\rho_R(\boldsymbol{y}_{n+1})g(\wp_1,\cdots,\wp_n,\boldsymbol{x}_{n+1})-\\&\quad g(\wp_1,\cdots,\wp_n,[\boldsymbol{x}_{n+1},\boldsymbol{y}_{n+1}]_R))+\sum_{k=1}^{n}(-1)^{k+1}D_R(\wp_k)f(\wp_1,\cdots,\hat{\wp}_k,\cdots,\wp_{n+1})+\\&\quad\sum_{1\leqslant k<l\leqslant n+1}(-1)^kf(\wp_1,\cdots,\hat{\wp}_k,\cdots,\{\boldsymbol{x}_k,\boldsymbol{y}_k,\boldsymbol{x}_l\}_R\wedge\boldsymbol{y}_l+\boldsymbol{x}_l\wedge\{\boldsymbol{x}_k,\boldsymbol{y}_k,\boldsymbol{y}_l\}_R,\cdots,\wp_{n+1}),\end{aligned}$$

$$
\begin{aligned}
&\partial_{\mathrm{II}}^{n+1}(f,g)(\wp_1,\cdots,\wp_{n+1},\boldsymbol{z})\\
&=(-1)^n(\theta_R(\boldsymbol{y}_{n+1},\boldsymbol{z})g(\wp_1,\cdots,\wp_n,\boldsymbol{x}_{n+1})-\theta_R(\boldsymbol{x}_{n+1},\boldsymbol{z})g(\wp_1,\cdots,\wp_n,\boldsymbol{y}_{n+1}))+\\
&\sum_{k=1}^{n+1}(-1)^{k+1}D_R(\wp_k)g(\wp_1,\cdots,\hat{\wp}_k,\cdots,\wp_{n+1},\boldsymbol{z})+\\
&\sum_{1\leqslant k<l\leqslant n+1}(-1)^k g(\wp_1,\cdots,\hat{\wp}_k,\cdots,\{\boldsymbol{x}_k,\boldsymbol{y}_k,\boldsymbol{x}_l\}_R\wedge\boldsymbol{y}_l+\boldsymbol{x}_l\wedge\{\boldsymbol{x}_k,\boldsymbol{y}_k,\boldsymbol{y}_l\}_R,\cdots,\wp_{n+1},\boldsymbol{z})+\\
&\sum_{k=1}^{n+1}(-1)^k g(\wp_1,\cdots,\hat{\wp}_k,\cdots,\wp_{n+1},\{\boldsymbol{x}_k,\boldsymbol{y}_k,\boldsymbol{z}\}_R),
\end{aligned}
$$

其中 $n\geqslant 1$， $(f,g)\in C_{\mathrm{LY}}^{n+1}(L_R,V_R)$, $\wp_i=x_i\wedge y_i\in\wedge^2 L_R\ (i=1,\cdots,n+1)$, $z\in L_R$.

对任意的 $f\in C_{\mathrm{LY}}^1(L_R,V_R)$，上边缘算子

$$
\begin{aligned}
\partial^1=(\partial_{\mathrm{I}}^1,\partial_{\mathrm{II}}^1):\ C_{\mathrm{LY}}^1(L_R,V_R)&\to C_{\mathrm{LY}}^2(L_R,V_R),\\
f&\mapsto(\partial_{\mathrm{I}}^1(f),\partial_{\mathrm{II}}^1(f))
\end{aligned}
$$

为

$$
\partial_{\mathrm{I}}^1(f)(\boldsymbol{x},\boldsymbol{y})=\rho_R(\boldsymbol{x})f(\boldsymbol{y})-\rho_R(\boldsymbol{y})f(\boldsymbol{x})-f([\boldsymbol{x},\boldsymbol{y}]_R),
$$

$$
\partial_{\mathrm{II}}^1(f)(\boldsymbol{x},\boldsymbol{y},\boldsymbol{z})=D_R(\boldsymbol{x},\boldsymbol{y})f(\boldsymbol{z})+\theta_R(\boldsymbol{y},\boldsymbol{z})f(\boldsymbol{x})-\theta_R(\boldsymbol{x},\boldsymbol{z})f(\boldsymbol{y})-f(\{\boldsymbol{x},\boldsymbol{y},\boldsymbol{z}\}_R).
$$

定义 7.10 设 $(V;\rho,\theta,D,R_V)$ 是修正罗巴 Lie-Yamaguti 代数 $(L,[-,-],\{-,-,-\},R)$ 的表示. 则 YAMAGUTI 上链复形 $(C_{\mathrm{LY}}^\bullet(L_R,V_R),\partial^\bullet)$ 称为修正罗巴算子 R 的上链复形，记为 $(C_{\mathrm{MRBO}}^\bullet(L,V),\partial^\bullet)$. $(C_{\mathrm{MRBO}}^\bullet(L,V),\partial^\bullet)$ 的上同调群记为 $H_{\mathrm{MRBO}}^\bullet(L,V)$，称为修正罗巴算子 R 的上同调群.

最后结合 Lie-Yamaguti 代数的 YAMAGUTI 上同调和修正罗巴算子的上同调定义修正罗巴 Lie-Yamaguti 代数的上同调.

设 $(V;\rho,\theta,D,R_V)$ 是修正罗巴 Lie-Yamaguti 代数 $(L,[-,-],\{-,-,-\},R)$ 的表示. 受到带权罗巴 Lie-Yamaguti 代数[93]上链映射的启发，构造如下上链映射

$$
\begin{aligned}
\Phi^{n+1}=(\Phi_{\mathrm{I}}^{n+1},\Phi_{\mathrm{II}}^{n+1}):\ C_{\mathrm{LY}}^{n+1}(L,V)&\to C_{\mathrm{MRBO}}^{n+1}(L,V),\\
(f,g)&\mapsto(\Phi_{\mathrm{I}}^{n+1}(f),\Phi_{\mathrm{II}}^{n+1}(g))
\end{aligned}
$$

为

$$
\begin{aligned}
&\Phi_{\mathrm{I}}^{n+1} f((\mathrm{id}\wedge\mathrm{id})^{n})\\
&=\sum_{i=1}^{n+1}\Big(\sum_{1\leqslant j_1<\cdots<j_{2i-2}\leqslant 2n} f(\mathrm{id}^{j_1-1},R,\mathrm{id}^{j_2-j_1-1},R,\cdots,R,\mathrm{id}^{2n-j_{2i-2}})\circ((\mathrm{id}\wedge\mathrm{id})^{n})-\\
&\quad R_V\sum_{1\leqslant j_1<\cdots<j_{2i-3}\leqslant 2n} f(\mathrm{id}^{j_1-1},R,\mathrm{id}^{j_2-j_1-1},R,\cdots,R,\mathrm{id}^{2n-j_{2i-3}})\circ((\mathrm{id}\wedge\mathrm{id})^{n})\Big),
\end{aligned}
$$

$$
\begin{aligned}
&\Phi_{\mathrm{II}}^{n+1} g((\mathrm{id}\wedge\mathrm{id})^{n}\otimes\mathrm{id})\\
&=\sum_{i=1}^{n+1}\Big(\sum_{1\leqslant j_1<\cdots<j_{2i-1}\leqslant 2n+1} f(\mathrm{id}^{j_1-1},R,\mathrm{id}^{j_2-j_1-1},R,\cdots,R,\mathrm{id}^{2n+1-j_{2i-1}})\circ((\mathrm{id}\wedge\mathrm{id})^{n}\otimes\mathrm{id})-\\
&\quad R_V\sum_{1\leqslant j_1<\cdots<j_{2i-2}\leqslant 2n+1} f(\mathrm{id}^{j_1-1},R,\mathrm{id}^{j_2-j_1-1},R,\cdots,R,\mathrm{id}^{2n+1-j_{2i-2}})\circ((\mathrm{id}\wedge\mathrm{id})^{n}\otimes\mathrm{id})\Big),
\end{aligned}
$$

其中，当 j_{2i-3} 的下标是负数时，f 是零映射.
例如，当 $n=1$ 时，映射 $\Phi^1: C_{\mathrm{LY}}^1(L,V)\to C_{\mathrm{MRBO}}^1(L,V)$ 为

$$\Phi^1(f)=f\circ R-R_V\circ f.$$

引理 7.1 上面定义的映射 Φ^{n+1}: $C_{\mathrm{LY}}^{n+1}(L,V)\to C_{\mathrm{MRBO}}^{n+1}(L,V)$ 为上链映射，即图（7-15）可换:

$$
\begin{array}{ccc}
C_{\mathrm{LY}}^{n+1}(L,V) & \overset{\delta^{n+1}}{\rightarrow} & C_{\mathrm{LY}}^{n+2}(L,V)\\
\downarrow\Phi^{n+1} & & \downarrow\Phi^{n+2}\\
C_{\mathrm{MRBO}}^{n+1}(L,V) & \underset{\partial^{n+1}}{\rightarrow} & C_{\mathrm{MRBO}}^{n+2}(L,V).
\end{array}
\tag{7-15}
$$

证明 这里只证明 $\Phi^2\circ\delta^1=\partial^1\circ\Phi^1$. 对任意 $f\in C_{\mathrm{LY}}^1(L,V)$ 和 $\boldsymbol{x},\boldsymbol{y}\in L$，

$$
\begin{aligned}
&\Phi_{\mathrm{I}}^2(\delta_{\mathrm{I}}^1 f)(\boldsymbol{x},\boldsymbol{y})\\
&=(\delta_{\mathrm{I}}^1 f)(R\boldsymbol{x},R\boldsymbol{y})-R_V((\delta_{\mathrm{I}}^1 f)(R\boldsymbol{x},\boldsymbol{y})+(\delta_{\mathrm{I}}^1 f)(\boldsymbol{x},R\boldsymbol{y}))+(\delta_{\mathrm{I}}^1 f)(\boldsymbol{x},\boldsymbol{y})\\
&=\rho(R\boldsymbol{x})f(R\boldsymbol{y})-\rho(R\boldsymbol{y})f(R\boldsymbol{x})-f([R\boldsymbol{x},R\boldsymbol{y}])-R_V(\rho(R\boldsymbol{x})f(\boldsymbol{y}))+\\
&\quad R_V(\rho(\boldsymbol{y})f(R\boldsymbol{x}))+R_V(f([R\boldsymbol{x},\boldsymbol{y}]))-R_V(\rho(\boldsymbol{x})f(R\boldsymbol{y}))+R_V(\rho(R\boldsymbol{y})f(\boldsymbol{x}))+\\
&\quad R_V(f([\boldsymbol{x},R\boldsymbol{y}]))+\rho(\boldsymbol{x})f(\boldsymbol{y})-\rho(\boldsymbol{y})f(\boldsymbol{x})-f([R\boldsymbol{x},\boldsymbol{y}]),
\end{aligned}
\tag{7-16}
$$

$$
\begin{aligned}
\partial_{\mathrm{I}}^1(\Phi_{\mathrm{I}}^1 f)(\boldsymbol{x},\boldsymbol{y})&=\rho_R(\boldsymbol{x})(\Phi_{\mathrm{I}}^1 f)(\boldsymbol{y})-\rho_R(\boldsymbol{y})(\Phi_{\mathrm{I}}^1 f)(\boldsymbol{x})-(\Phi_{\mathrm{I}}^1 f)([\boldsymbol{x},\boldsymbol{y}]_R)\\
&=\rho_R(\boldsymbol{x})(f(R\boldsymbol{y})-R_V f(\boldsymbol{y}))-\rho_R(\boldsymbol{y})(f(R\boldsymbol{x})-R_V f(\boldsymbol{x}))-\\
&\quad(\Phi_{\mathrm{I}}^1 f)([R\boldsymbol{x},\boldsymbol{y}]+[\boldsymbol{x},R\boldsymbol{y}])
\end{aligned}
$$

$$
\begin{aligned}
&= \rho(R\boldsymbol{x})f(R\boldsymbol{y}) - R_V\rho(\boldsymbol{x})f(R\boldsymbol{y}) - \rho(R\boldsymbol{x})R_V f(\boldsymbol{y}) + \\
&\quad R_V(\rho(\boldsymbol{x})R_V f(R\boldsymbol{y})) - \rho(R\boldsymbol{y})f(R\boldsymbol{x}) + R_V\rho(\boldsymbol{y})f(\boldsymbol{x}) + \\
&\quad \rho(R\boldsymbol{y})R_V f(\boldsymbol{x}) - R_V(\rho(\boldsymbol{y})R_V f(R\boldsymbol{x})) - f(R[R\boldsymbol{x},\boldsymbol{y}]) + \\
&\quad R_V(f[R\boldsymbol{x},\boldsymbol{y}]) - f(R[\boldsymbol{x},R\boldsymbol{y}]) + R_V(f[\boldsymbol{x},R\boldsymbol{y}]). \qquad (7\text{-}17)
\end{aligned}
$$

对比式（7-16）、式（7-17）可得，$\Phi_{\mathrm{I}}^2(\delta_{\mathrm{I}}^1 f)(\boldsymbol{x},\boldsymbol{y}) = \partial_{\mathrm{I}}^1(\Phi_{\mathrm{I}}^1 f)(\boldsymbol{x},\boldsymbol{y})$. 类似地，$\Phi_{\mathrm{II}}^2(\delta_{\mathrm{II}}^1 f)(\boldsymbol{x},\boldsymbol{y},\boldsymbol{z}) = \partial_{\mathrm{II}}^1(\Phi_{\mathrm{II}}^1 f)(\boldsymbol{x},\boldsymbol{y},\boldsymbol{z})$. □

定义 7.11 设 $(V;\rho,\theta,D,R_V)$ 是修正罗巴 Lie-Yamaguti 代数 $(L,[-,-],\{-,-,-\},R)$ 的表示. 定义上链复形 $(C_{\mathrm{MRBLY}}^{\bullet}(L,V),\wp^{\bullet})$ 为 Φ 的映射锥的负一次平移，即

$$C_{\mathrm{MRBLY}}^1(L,V) = C_{\mathrm{LY}}^1(L,V),$$

$$C_{\mathrm{MRBLY}}^{n+1}(L,V) = C_{\mathrm{LY}}^{n+1}(L,V) \oplus C_{\mathrm{MRBO}}^n(L,V), \forall n \geqslant 1,$$

对应的上边缘算子 $\wp^1: C_{\mathrm{MRBLY}}^1(L,V) \to C_{\mathrm{MRBLY}}^2(L,V)$ 为

$$\wp^1(f_1) = (\delta^1 f_1, -\Phi^1 f_1), \qquad \forall f_1 \in C_{\mathrm{MRBLY}}^1(L,V),$$

$$\wp^2: C_{\mathrm{MRBLY}}^2(L,V) \to C_{\mathrm{MRBLY}}^3(L,V)$$

为

$$\wp^2((f_1,g_1),f_2) = (\delta^2(f_1,g_1), -\partial^1(f_2) - \Phi^2(f_1,g_1)),$$

对任意 $((f_1,g_1),f_2) \in C_{\mathrm{MRBLY}}^2(L,V)$.，

对于 $n \geqslant 2$，$\wp^{n+1}: C_{\mathrm{MRBLY}}^{n+1}(L,V) \to C_{\mathrm{MRBLY}}^{n+2}(L,V)$ 为

$$\wp^{n+1}((f_1,g_1),(f_2,g_2)) = (\delta^{n+1}(f_1,g_1), -\partial^n(f_2,g_2) - \Phi^{n+1}(f_1,g_1)),$$

对任意 $((f_1,g_1),(f_2,g_2)) \in C_{\mathrm{MRBLY}}^{n+1}(L,V)$.

把上链复形 $(C_{\mathrm{MRBLY}}^{\bullet}(L,V),\wp^{\bullet})$ 称为修正罗巴 Lie-Yamaguti 代数 $(L,[-,-],\{-,-,-\},R)$ 的上链复形，系数取自表示 $(V;\rho,\theta,D,R_V)$. 上链复形 $(C_{\mathrm{MRBLY}}^{\bullet}(L,V),\wp^{\bullet})$ 的上同调群记为 $H_{\mathrm{MRBLY}}^{\bullet}(L,V)$，称为修正罗巴 Lie-Yamaguti 代数 $(L,[-,-],\{-,-,-\},R)$ 的上同调群，系数取自表示 $(V;\rho,\theta,D,R_V)$. 当取 $(L;\mathrm{ad},\mathfrak{T},\mathfrak{R},R)$ 为修正罗巴 Lie-Yamaguti 代数 $(L,[-,-],\{-,-,-\},R)$ 的伴随表示时，分别记

$$(C_{\mathrm{MRBLY}}^{\bullet}(L,V),\wp^{\bullet}),\ H_{\mathrm{MRBLY}}^{\bullet}(L,V)$$

为

$$(C^{\bullet}_{\mathrm{MRBLY}}(L),\wp^{\bullet}),\ H^{\bullet}_{\mathrm{MRBLY}}(L),$$

分别称为修正罗巴 Lie-Yamaguti 代数$(L,[-,-],\{-,-,-\},R)$的上链复形和上同调群.

定理 7.1 设$(L,[-,-],\{-,-,-\},R)$为修正罗巴 Lie-Yamaguti 代数，则存在一个上链复形短正合列：

$$0\to C^{\bullet-1}_{\mathrm{MBRO}}(L,V)\xrightarrow{\mathrm{inc}}C^{\bullet}_{\mathrm{MRBLY}}(L,V)\xrightarrow{\mathrm{proj}}C^{\bullet}_{\mathrm{LY}}(L,V)\to 0,$$

其中 inc 和 proj 分别是包含映射和投影映射. 因此，诱导一个上同调长正合列：

$$\cdots\to H^{p}_{\mathrm{MRBLY}}(L,V)\to H^{p}_{\mathrm{LY}}(L,V)\to H^{p}_{\mathrm{MRBO}}(L,V)\to H^{p+1}_{\mathrm{MRBLY}}(L,V)\to H^{p+1}_{\mathrm{LY}}(L,V)\to\cdots.$$

7.5 修正罗巴 Lie-Yamaguti 代数的形式形变

受到 Lie-Yamaguti 代数的形变理论[83,84]的启发，这节研究修正罗巴 Lie-Yamaguti 代数的形式形变. 设$K[\boldsymbol{t}]$是变量$\boldsymbol{t}$的幂级数环，$L[\boldsymbol{t}]$是L上的形式幂级数. 如果$(L,[-,-],\{-,-,-\})$为 Lie-Yamaguti 李代数，则$L[\boldsymbol{t}]$上自然有一个 Lie-Yamaguti 代数结构，其中

$$\left[\sum_{i=0}^{\infty}\boldsymbol{x}_i\boldsymbol{t}^i,\sum_{j=0}^{\infty}\boldsymbol{y}_j\boldsymbol{t}^j\right]=\sum_{s=0}^{\infty}\sum_{i+j=s}[\boldsymbol{x}_i,\boldsymbol{y}_j]\boldsymbol{t}^s,$$

$$\left\{\sum_{i=0}^{\infty}\boldsymbol{x}_i\boldsymbol{t}^i,\sum_{j=0}^{\infty}\boldsymbol{y}_j\boldsymbol{t}^j,\sum_{k=0}^{\infty}\boldsymbol{x}_k\boldsymbol{t}^k\right\}=\sum_{s=0}^{\infty}\sum_{i+j+k=s}\{\boldsymbol{x}_i,\boldsymbol{y}_j,\boldsymbol{z}_k\}\boldsymbol{t}^s.$$

定义 7.12 修正罗巴 Lie-Yamaguti 代数$(L,[-,-],\{-,-,-\},R)$的形式形变是三元组(F_t,G_t,R_t)，其中

$$F_t=\sum_{i=0}^{\infty}F_i\boldsymbol{t}^i,\qquad G_t=\sum_{i=0}^{\infty}G_i\boldsymbol{t}^i,\qquad R_t=\sum_{i=0}^{\infty}R_i\boldsymbol{t}^i$$

使得下列条件成立：

（1）$((F_i,G_i),R_i)\in C^2_{\mathrm{MRBLY}}(L)$；

（2）$F_0=[-,-],G_0=\{-,-,-\}$ 和 $R_0=R$；

（3）$(L[\boldsymbol{t}],F_t,G_t,R_t)$是$K[\boldsymbol{t}]$上的修正罗巴 Lie-Yamaguti 代数.

设 (F_t, G_t, R_t) 是上面定义的形式形变，则对任意 $\boldsymbol{x}, \boldsymbol{y}, \boldsymbol{z}, \boldsymbol{a}, \boldsymbol{b} \in L$，式（7-18）须成立：

$$\begin{cases} F_t(\boldsymbol{x}, \boldsymbol{y}) + F_t(\boldsymbol{y}, \boldsymbol{x}) = 0, \\ G_t(\boldsymbol{x}, \boldsymbol{y}, \boldsymbol{z}) + G_t(\boldsymbol{y}, \boldsymbol{x}, \boldsymbol{z}) = 0, \\ F_t(F_t(\boldsymbol{x}, \boldsymbol{y}), \boldsymbol{z}) + c.p. + G_t(\boldsymbol{x}, \boldsymbol{y}, \boldsymbol{z}) + c.p. = 0, \\ G_t(F_t(\boldsymbol{x}, \boldsymbol{y}), \boldsymbol{z}, \boldsymbol{a}) + G_t(F_t(\boldsymbol{z}, \boldsymbol{x}), \boldsymbol{y}, \boldsymbol{a}) + G_t(F_t(\boldsymbol{y}, \boldsymbol{z}), \boldsymbol{x}, \boldsymbol{a}) = 0, \\ G_t(\boldsymbol{a}, \boldsymbol{b}, F_t(\boldsymbol{x}, \boldsymbol{y})) = F_t(G_t(\boldsymbol{a}, \boldsymbol{b}, \boldsymbol{x}), \boldsymbol{y}) + F_t(\boldsymbol{x}, G_t(\boldsymbol{a}, \boldsymbol{b}, \boldsymbol{y})), \\ G_t(\boldsymbol{a}, \boldsymbol{b}, G_t(\boldsymbol{x}, \boldsymbol{y}, \boldsymbol{z})) = G_t(G_t(\boldsymbol{a}, \boldsymbol{b}, \boldsymbol{x}), \boldsymbol{y}, \boldsymbol{z}) + G_t(\boldsymbol{x}, G_t(\boldsymbol{a}, \boldsymbol{b}, \boldsymbol{y}), \boldsymbol{z}) + \\ \qquad G_t(\boldsymbol{x}, \boldsymbol{y}, G_t(\boldsymbol{a}, \boldsymbol{b}, \boldsymbol{z})), \\ F_t(R_t\boldsymbol{x}, R_t\boldsymbol{y}) = R_t(F_t(R_t\boldsymbol{x}, \boldsymbol{y}) + F_t(\boldsymbol{x}, R_t\boldsymbol{y})) - F_t(\boldsymbol{x}, \boldsymbol{y}), \\ G_t(R_t\boldsymbol{x}, R_t\boldsymbol{y}, R_t\boldsymbol{z}) = R_t(G_t(\boldsymbol{x}, R_t\boldsymbol{y}, R_t\boldsymbol{z}) + G_t(R_t\boldsymbol{x}, \boldsymbol{y}, R_t\boldsymbol{z}) + G_t(R_t\boldsymbol{x}, R_t\boldsymbol{y}, \boldsymbol{z}) + \\ \qquad G_t(\boldsymbol{x}, \boldsymbol{y}, \boldsymbol{z})) - G_t(R_t\boldsymbol{x}, \boldsymbol{y}, \boldsymbol{z}) - G_t(\boldsymbol{x}, R_t\boldsymbol{y}, \boldsymbol{z}) - G_t(\boldsymbol{x}, \boldsymbol{y}, R_t\boldsymbol{z}). \end{cases} \tag{7-18}$$

对比式（7-18）两边 t^n 的系数可得，式（7-18）等价于

$$\begin{cases} F_n(\boldsymbol{x}, \boldsymbol{y}) + F_n(\boldsymbol{y}, \boldsymbol{x}) = 0, \\ G_n(\boldsymbol{x}, \boldsymbol{y}, \boldsymbol{z}) + G_n(\boldsymbol{y}, \boldsymbol{x}, \boldsymbol{z}) = 0, \\ \sum\limits_{i+j=n} (F_i(F_j(\boldsymbol{x}, \boldsymbol{y}), \boldsymbol{z}) + c.p.) + G_n(\boldsymbol{x}, \boldsymbol{y}, \boldsymbol{z}) + c.p. = 0, \\ \sum\limits_{i+j=n} G_i(F_j(\boldsymbol{x}, \boldsymbol{y}), \boldsymbol{z}, \boldsymbol{a}) + G_i(F_j(\boldsymbol{z}, \boldsymbol{x}), \boldsymbol{y}, \boldsymbol{a}) + G_i(F_j(\boldsymbol{y}, \boldsymbol{z}), \boldsymbol{x}, \boldsymbol{a}) = 0, \\ \sum\limits_{i+j=n} G_i(\boldsymbol{a}, \boldsymbol{b}, F_j(\boldsymbol{x}, \boldsymbol{y})) = \sum\limits_{i+j=n} F_i(G_j(\boldsymbol{a}, \boldsymbol{b}, \boldsymbol{x}), \boldsymbol{y}) + F_i(\boldsymbol{x}, G_j(\boldsymbol{a}, \boldsymbol{b}, \boldsymbol{y})), \\ \sum\limits_{i+j=n} G_i(\boldsymbol{a}, \boldsymbol{b}, G_j(\boldsymbol{x}, \boldsymbol{y}, \boldsymbol{z})) = \\ \sum\limits_{i+j=n} G_i(G_j(\boldsymbol{a}, \boldsymbol{b}, \boldsymbol{x}), \boldsymbol{y}, \boldsymbol{z}) + G_i(\boldsymbol{x}, G_j(\boldsymbol{a}, \boldsymbol{b}, \boldsymbol{y}), \boldsymbol{z}) + G_i(\boldsymbol{x}, \boldsymbol{y}, G_j(\boldsymbol{a}, \boldsymbol{b}, \boldsymbol{z})), \\ \sum\limits_{i+j+k=n} F_i(R_j\boldsymbol{x}, R_k\boldsymbol{y}) = \sum\limits_{i+j+k=n} R_i(F_i(R_k\boldsymbol{x}, \boldsymbol{y}) + F_j(\boldsymbol{x}, R_k\boldsymbol{y})) - F_n(\boldsymbol{x}, \boldsymbol{y}), \\ \sum\limits_{i+j+k+l=n} G_i(R_j\boldsymbol{x}, R_k\boldsymbol{y}, R_l\boldsymbol{z}) = \\ \sum\limits_{i+j+k+l=n} R_i(G_j(\boldsymbol{x}, R_k\boldsymbol{y}, R_l\boldsymbol{z}) + G_j(R_k\boldsymbol{x}, \boldsymbol{y}, R_l\boldsymbol{z}) + G_j(R_k\boldsymbol{x}, R_l\boldsymbol{y}, \boldsymbol{z})) + \\ \sum\limits_{i+j=n} R_iG_j(\boldsymbol{x}, \boldsymbol{y}, \boldsymbol{z}) - G_i(R_j\boldsymbol{x}, \boldsymbol{y}, \boldsymbol{z}) - G_i(\boldsymbol{x}, R_j\boldsymbol{y}, \boldsymbol{z}) - G_i(\boldsymbol{x}, \boldsymbol{y}, R_j\boldsymbol{z}). \end{cases} \tag{7-19}$$

命题 7.8 设 (F_t,G_t,R_t) 是修正罗巴 Lie-Yamaguti 代数 $(L,[-,-],\{-,-,-\},R)$ 的形式形变，则 $((F_1,G_1),R_1)$ 是上链复形 $(C^{\bullet}_{\mathrm{MRBLY}}(L),\wp^{\bullet})$ 的 2-上闭链.

证明 对于 $n=1$，式（7-19）为

$$\begin{cases}F_1(\boldsymbol{x},\boldsymbol{y})+F_1(\boldsymbol{y},\boldsymbol{x})=0,\\ G_1(\boldsymbol{x},\boldsymbol{y},z)+G_1(\boldsymbol{y},\boldsymbol{x},z)=0,\\ [F_1(\boldsymbol{x},\boldsymbol{y}),z]+c.p.+F_1([\boldsymbol{x},\boldsymbol{y}],z)+c.p.+G_1(\boldsymbol{x},\boldsymbol{y},z)+c.p.=0,\\ G_1([\boldsymbol{x},\boldsymbol{y}],z,\boldsymbol{a})+\{F_1(\boldsymbol{x},\boldsymbol{y}),z,\boldsymbol{a}\}+G_1([z,\boldsymbol{x}],\boldsymbol{y},\boldsymbol{a})+\{F_1(z,\boldsymbol{x}),\boldsymbol{y},\boldsymbol{a}\}+\\ G_1([\boldsymbol{y},z],\boldsymbol{x},\boldsymbol{a})+\{F_1(\boldsymbol{y},z),\boldsymbol{x},\boldsymbol{a}\}=0,\\ G_1(\boldsymbol{a},\boldsymbol{b},[\boldsymbol{x},\boldsymbol{y}])+\{\boldsymbol{a},\boldsymbol{b},F_1(\boldsymbol{x},\boldsymbol{y})\}\\ =F_1(\{\boldsymbol{a},\boldsymbol{b},\boldsymbol{x}\},\boldsymbol{y})+[G_1(\boldsymbol{a},\boldsymbol{b},\boldsymbol{x}),\boldsymbol{y}]+F_1(\boldsymbol{x},\{\boldsymbol{a},\boldsymbol{b},\boldsymbol{y}\})+[\boldsymbol{x},G_1(\boldsymbol{a},\boldsymbol{b},\boldsymbol{y})],\\ \{\boldsymbol{a},\boldsymbol{b},G_1(\boldsymbol{x},\boldsymbol{y},z)\}+G_1(\boldsymbol{a},\boldsymbol{b},\{\boldsymbol{x},\boldsymbol{y},z\})\\ =\{G_1(\boldsymbol{a},\boldsymbol{b},\boldsymbol{x}),\boldsymbol{y},z\}+G_1(\{\boldsymbol{a},\boldsymbol{b},\boldsymbol{x}\},\boldsymbol{y},z)+\{\boldsymbol{x},G_1(\boldsymbol{a},\boldsymbol{b},\boldsymbol{y}),z\}+\\ \quad G_1(\boldsymbol{x},\{\boldsymbol{a},\boldsymbol{b},\boldsymbol{y}\},z)+\{\boldsymbol{x},\boldsymbol{y},\boldsymbol{G}_1(\boldsymbol{a},\boldsymbol{b},z\}+G_1(\boldsymbol{x},\boldsymbol{y},\{\boldsymbol{a},\boldsymbol{b},z\}),\\ F_1(R\boldsymbol{x},R\boldsymbol{y})+[R_1\boldsymbol{x},R\boldsymbol{y}]+[R\boldsymbol{x},R_1\boldsymbol{y}]\\ =R_1([R\boldsymbol{x},\boldsymbol{y}]+[\boldsymbol{x},R\boldsymbol{y}])+R(F_1(R\boldsymbol{x},\boldsymbol{y})+F_1(\boldsymbol{x},R\boldsymbol{y}))+R([R_1\boldsymbol{x},\boldsymbol{y}]+\\ \quad [\boldsymbol{x},R_1\boldsymbol{y}])-F_1(\boldsymbol{x},\boldsymbol{y}),\\ G_1(R\boldsymbol{x},R\boldsymbol{y},Rz)+\{R_1\boldsymbol{x},R\boldsymbol{y},Rz\}+\{R\boldsymbol{x},R_1\boldsymbol{y},Rz\}+\{R\boldsymbol{x},R\boldsymbol{y},R_1z\}\\ =R_1(\{\boldsymbol{x},R\boldsymbol{y},Rz\}+\{R\boldsymbol{x},\boldsymbol{y},Rz\}+\{R\boldsymbol{x},R\boldsymbol{y},z\})+R(G_1(\boldsymbol{x},R\boldsymbol{y},Rz)+\\ \quad G_1(R\boldsymbol{x},\boldsymbol{y},Rz)+G_1(R\boldsymbol{x},R\boldsymbol{y},z))+R(\{\boldsymbol{x},R_1\boldsymbol{y},Rz\}+\{R_1\boldsymbol{x},\boldsymbol{y},Rz\}+\\ \quad \{R_1\boldsymbol{x},R\boldsymbol{y},z\})+R(\{\boldsymbol{x},R\boldsymbol{y},R_1z\}+\{R\boldsymbol{x},\boldsymbol{y},R_1z\}+\{R\boldsymbol{x},R_1\boldsymbol{y},z\})+\\ \quad R_1\{\boldsymbol{x},\boldsymbol{y},z\}-G_1(R\boldsymbol{x},\boldsymbol{y},z)-G_1(\boldsymbol{x},R\boldsymbol{y},z)-G_1(\boldsymbol{x},\boldsymbol{y},Rz)+\\ \quad RG_1(\boldsymbol{x},\boldsymbol{y},z)-\{R_1\boldsymbol{x},\boldsymbol{y},z\}-\{\boldsymbol{x},R_1\boldsymbol{y},z\}-\{\boldsymbol{x},\boldsymbol{y},R_1z\}.\end{cases} \tag{7-20}$$

因此，由式(7-20)可得 $\wp^2((F_1,G_1),R_1)=(\delta^2(F_1,G_1)_1,-\partial^1R_1-\varPhi^2(F_1,G_1))=0$，即 $((F_1,G_1),R_1)$ 是 2-上闭链. □

定义 7.13 2-上闭链 $((F_1,G_1),R_1)$ 称为修正罗巴 Lie-Yamaguti 代数 $(L,[-,-],\{-,-,-\},R)$ 的形式形变 (F_t,G_t,R_t) 的无穷小.

定义 7.14 设 (F_t,G_t,R_t) 和 (F_t',G_t',R_t') 是修正罗巴 Lie-Yamaguti 代数 $(L,[-,-],\{-,-,-\},R)$ 的 2 个形式形变. 如果存在一个从 $(L[t],F_t',G_t',R_t')$ 到

$(L[t],F_t,G_t,R_t)$ 的形式同构

$$\Psi_t=\sum_{i\geqslant 0}\psi_i t^i:L[t]\to L[t],$$

其中 ψ_i：$L\to L$ 为线性映射，其 $\psi_0=\mathrm{id}_L$，使得对任意 $\boldsymbol{x},\boldsymbol{y},\boldsymbol{z}\in L$，

$$\begin{aligned}\Psi_t(F_t'(\boldsymbol{x},\boldsymbol{y}))&=F_t(\Psi_t(\boldsymbol{x}),\Psi_t(\boldsymbol{y})),\\ \Psi_t(G_t'(\boldsymbol{x},\boldsymbol{y},\boldsymbol{z}))&=G_t(\Psi_t(\boldsymbol{x}),\Psi_t(\boldsymbol{y}),\Psi_t(\boldsymbol{x})),\\ \Psi_t(R_t'x)&=R_t\Psi_t(\boldsymbol{x}),\end{aligned}\tag{7-21}$$

则称形式形变 (F_t,G_t,R_t) 和 (F_t',G_t',R_t') 等价.

命题 7.9 设 (F_t,G_t,R_t) 和 (F_t',G_t',R_t') 是修正罗巴 Lie-Yamaguti 代数 $(L,[-,-],\{-,-,-\},R)$ 的 2 个等价的形式形变，则它们的无穷小在 $H^2_{\mathrm{MRBLY}}(L)$ 中属于相同的上同调类.

证明 设 Ψ_t：$(L[t],F_t',G_t',R_t')\to(L[t],F_t,G_t,R_t)$ 为一个形式同构，展开式（7-21），比较 t 的系数，可得

$$F_1'(\boldsymbol{x},\boldsymbol{y})=F_1(\boldsymbol{x},\boldsymbol{y})+[\psi_1(\boldsymbol{x}),\boldsymbol{y}]+[\boldsymbol{x},\psi_1(\boldsymbol{y})]-\psi_1[\boldsymbol{x},\boldsymbol{y}],$$

$$G_1'(\boldsymbol{x},\boldsymbol{y},\boldsymbol{z})=G_1(\boldsymbol{x},\boldsymbol{y},\boldsymbol{z})+\{\psi_1(\boldsymbol{x}),\boldsymbol{y},\boldsymbol{z}\}+\{\boldsymbol{x},\psi_1(\boldsymbol{y}),\boldsymbol{z}\}+\{\boldsymbol{x},\boldsymbol{y},\psi_1(\boldsymbol{z})\}-\psi_1\{\boldsymbol{x},\boldsymbol{y},\boldsymbol{z}\},$$

$$R_1'(\boldsymbol{x})=R_1(\boldsymbol{x})+R\psi_1(\boldsymbol{x})-\psi_1(R\boldsymbol{x}),$$

因此，$(F_1',G_1')=(F_1,G_1)+\delta^1\psi_1,R_1'=R_1-\Phi^1\psi_1$，即

$$\begin{aligned}((F_1',G_1'),R_1')&=((F_1,G_1),R_1)+(\delta^1\psi_1,-\Phi^1\psi_1)\\&=((F_1,G_1),R_1)+\wp^1\psi_1\end{aligned},$$

这意味着 $((F_1',G_1'),R_1')$ 和 $((F_1,G_1),R_1)$ 在 $H^2_{\mathrm{MRBLY}}(L)$ 中属于相同的上同调类. □

定义 7.15 如果修正罗巴 Lie-Yamaguti 代数 $(L,[-,-],\{-,-,-\},R)$ 的形式形变 (F_t,G_t,R_t) 和 (F_0,G_0,R_0) 等价，则称形式形变 (F_t,G_t,R_t) 为平凡的.

定义 7.16 如果 $(L,[-,-],\{-,-,-\},R)$ 的每一个形式形变 (F_t,G_t,R_t) 都是平凡的，则称修正罗巴 Lie-Yamaguti 代数 $(L,[-,-],\{-,-,-\},R)$ 为分析刚性的.

定理 7.17 设 $(L,[-,-],\{-,-,-\},R)$ 为修正罗巴 Lie-Yamaguti 代数，如果 $H^2_{\mathrm{MRBLY}}(L)=0$，则修正罗巴 Lie-Yamaguti 代数 $(L,[-,-],\{-,-,-\},R)$ 为分析刚性.

证明 设(F_t,G_t,R_t)为修正罗巴 Lie-Yamaguti 代数$(L,[-,-],\{-,-,-\},R)$的形式形变. 则由命题 7.8，$((F_1,G_1),R_1)$是一个 2-上闭链. 又$H^2_{\mathrm{MRBLY}}(L)=0$，则存在一个 1-上链$\psi_1\in C^1_{\mathrm{MRBLY}}(L)$，使得

$$((F_1,G_1),R_1)=\wp^1\psi_1, \tag{7-22}$$

即$F_1=\delta^1_{\mathrm{I}}\psi_1, G_1=\delta^1_{\mathrm{II}}\psi_1, R_1=-\Phi^1\psi_1$. 置$\Psi_t=\mathrm{id}_L-\psi_1 t$，可得形式形变$(\bar{F}_t,\bar{G}_t,\bar{R}_t)$，其中

$$\begin{aligned}
&\bar{F}_t(\boldsymbol{x},\boldsymbol{y})=(\Psi_t^{-1}\circ F_t\circ(\Psi_t\otimes\Psi_t))(\boldsymbol{x},\boldsymbol{y}),\\
&\bar{G}_t(\boldsymbol{x},\boldsymbol{y},\boldsymbol{z})=(\Psi_t^{-1}\circ G_t\circ(\Psi_t\otimes\Psi_t\otimes\Psi_t))(\boldsymbol{x},\boldsymbol{y},\boldsymbol{z}),\\
&\bar{R}_t(\boldsymbol{x})=(\Psi_t^{-1}\circ R_t\circ\Psi_t)(\boldsymbol{x}).
\end{aligned} \tag{7-23}$$

从而，$(\bar{F}_t,\bar{G}_t,\bar{R}_t)$等价于$(F_t,G_t,R_t)$. 进而展开式（7-23），可得

$$\bar{F}_t(\boldsymbol{x},\boldsymbol{y})=(\mathrm{id}_L+\psi_1 t+\psi_1^2 t^2+\cdots+\psi_1^{\boldsymbol{i}} t^{\boldsymbol{i}}+\cdots)(F_t(\boldsymbol{x}-\psi_1(\boldsymbol{x})t,\boldsymbol{y}-\psi_1(\boldsymbol{y})t)),$$

$$\bar{G}_t(\boldsymbol{x},\boldsymbol{y},\boldsymbol{z})=(\mathrm{id}_L+\psi_1 t+\psi_1^2 t^2+\cdots+\psi_1^{\boldsymbol{i}} t^{\boldsymbol{i}}+\cdots)(G_t(\boldsymbol{x}-\psi_1(\boldsymbol{x})t,\boldsymbol{y}-\psi_1(\boldsymbol{y})t,\boldsymbol{z}-\psi_1(\boldsymbol{z})t)),$$

$$\bar{R}_t(\boldsymbol{x})=(\mathrm{id}_L+\psi_1 t+\psi_1^2 t^2+\cdots+\psi_1^{\boldsymbol{i}} t^{\boldsymbol{i}}+\cdots)(R_t(\boldsymbol{x}-\psi_1(\boldsymbol{x})t).$$

因此，

$$\begin{aligned}
\bar{F}_t(\boldsymbol{x},\boldsymbol{y})=&F_0(\boldsymbol{x},\boldsymbol{y})+(F_1(\boldsymbol{x},\boldsymbol{y})-[\boldsymbol{x},\psi_1(\boldsymbol{y})]-[\psi_1(\boldsymbol{x}),\boldsymbol{y}]+\psi_1([\boldsymbol{x},\boldsymbol{y}]))t+\\
&\bar{F}_2(\boldsymbol{x},\boldsymbol{y})t^2+\cdots,\\
\bar{G}_t(\boldsymbol{x},\boldsymbol{y},\boldsymbol{z})=&G_0(\boldsymbol{x},\boldsymbol{y},\boldsymbol{z})+(G_1(\boldsymbol{x},\boldsymbol{y},\boldsymbol{z})-\{\boldsymbol{x},\psi_1(\boldsymbol{y}),\boldsymbol{z}\}-\{\psi_1(\boldsymbol{x}),\boldsymbol{y},\boldsymbol{z}\}-\\
&\{\boldsymbol{x},\boldsymbol{y},\psi_1(\boldsymbol{z})\}+\psi_1(\{\boldsymbol{x},\boldsymbol{y},\boldsymbol{z}\}))t+\bar{G}_2(\boldsymbol{x},\boldsymbol{y},\boldsymbol{z})\boldsymbol{t}^2+\cdots,\\
\bar{R}_t\boldsymbol{x}=&R_0\boldsymbol{x}+(R_1\boldsymbol{x}-R\psi_1(\boldsymbol{x})+\psi_1(R\boldsymbol{x}))t+\bar{R}_2(\boldsymbol{x})t^2+\cdots.
\end{aligned}$$

由式（7-22），有

$$\begin{aligned}
&\bar{F}_t(\boldsymbol{x},\boldsymbol{y})=F_0(\boldsymbol{x},\boldsymbol{y})+\bar{F}_2(\boldsymbol{x},\boldsymbol{y})t^2+\cdots,\\
&\bar{G}_t(\boldsymbol{x},\boldsymbol{y},\boldsymbol{z})=G_0(\boldsymbol{x},\boldsymbol{y},\boldsymbol{z})+\bar{G}_2(\boldsymbol{x},\boldsymbol{y},\boldsymbol{z})t^2+\cdots,\\
&\bar{R}_t x=R_0\boldsymbol{x}+\bar{R}_2(\boldsymbol{x})t^2+\cdots.
\end{aligned}$$

重复上面的论证，可证得(F_t,G_t,R_t)等价于(F_0,G_0,R_0)．因此，修正罗巴 Lie-Yamaguti 代数$(L,[-,-],\{-,-,-\},R)$为分析刚性．□

7.6 修正罗巴 Lie-Yamaguti 代数的交换扩张

定义 7.17 设$(L,[-,-],\{-,-,-\},R)$为修正罗巴 Lie-Yamaguti 代数，$(V,[-,-]_V,\{-,-,-\}_V,R_V)$为具有平凡括积的修正罗巴 Lie-Yamaguti 代数．如果存在一个修正罗巴 Lie-Yamaguti 代数的短正合列

$$0\to(V,[-,-]_V,\{-,-,-\}_V,R_V)\xrightarrow{i}(\hat{L},[-,-]_{\hat{L}},\{-,-,-\}_{\hat{L}},\hat{R})\xrightarrow{p}(L,[-,-],\{-,-,-\},R)\to 0,$$

即存在一个交换图：

$$\begin{array}{ccccccccc} 0 & \to & V & \xrightarrow{i} & \hat{L} & \xrightarrow{p} & L & \to & 0 \\ & & \downarrow R_V & & \downarrow \hat{R} & & \downarrow R & & \\ 0 & \to & V & \xrightarrow[i]{} & \hat{L} & \xrightarrow[p]{} & L & \to & 0 \end{array},$$

使得$R_V(u)=\hat{R}(u),[u,v]_{\hat{L}}=0,\{u,v,-\}_{\hat{L}}=\{u,-,v\}_{\hat{L}}=\{-,u,v\}_{\hat{L}}=0$，对任意$u,v\in V$，即$V$是$\hat{L}$的交换理想，则称$(\hat{L},[-,-]_{\hat{L}},\{-,-,-\}_{\hat{L}},\hat{R})$为$(L,[-,-],\{-,-,-\},R)$通过$(V,[-,-]_V,\{-,-,-\}_V,R_V)$的一个交换扩张.

定义 7.18 $(L,[-,-],\{-,-,-\},R)$通过$(V,[-,-]_V,\{-,-,-\}_V,R_V)$的交换扩张$(\hat{L},[-,-]_{\hat{L}},\{-,-,-\}_{\hat{L}},\hat{R})$的一个截面是线性映射$s:L\to\hat{L}$，使得$p\circ s=\mathrm{id}_L$.

定义 7.19 设$(\hat{L}_1,[-,-]_{\hat{L}_1},\{-,-,-\}_{\hat{L}_1},\hat{R}_1)$和$(\hat{L}_2,[-,-]_{\hat{L}_2},\{-,-,-\}_{\hat{L}_2},\hat{R}_2)$为$(L,[-,-],\{-,-,-\},R)$通过$(V,[-,-]_V,\{-,-,-\}_V,R_V)$的 2 个交换扩张．如果存在修正罗巴 Lie-Yamaguti 代数同构映射$\varphi:(\hat{L}_1,[-,-]_{\hat{L}_1},\{-,-,-\}_{\hat{L}_1},\hat{R}_1)\to(\hat{L}_2,[-,-]_{\hat{L}_2},\{-,-,-\}_{\hat{L}_2},\hat{R}_2)$使得图表（7-24）交换：

$$\begin{array}{ccccccccc} 0 & \to & (V,R_V) & \xrightarrow{i_1} & (\hat{L}_1,\hat{R}_1) & \xrightarrow{p_1} & (L,R) & \to & 0 \\ & & \downarrow \mathrm{id}_V & & \downarrow \phi & & \downarrow \mathrm{id}_L & & \\ 0 & \to & (V,R_V) & \xrightarrow[i_2]{} & (\hat{L}_2,\hat{R}_2) & \xrightarrow[p_2]{} & (L,R) & \to & 0 \end{array}, \tag{7-24}$$

则称$(L,[-,-],\{-,-,-\},R)$通过$(V,[-,-]_V,\{-,-,-\}_V,R_V)$的 2 个交换扩张

$(\hat{L}_1,[-,-]_{\hat{L}_1},\{-,-,-\}_{\hat{L}_1},\hat{R}_1)$ 和 $(\hat{L}_2,[-,-]_{\hat{L}_2},\{-,-,-\}_{\hat{L}_2},\hat{R}_2)$ 是等价的.

设 $(\hat{L},[-,-]_{\hat{L}},\{-,-,-\}_{\hat{L}},\hat{R})$ 为 $(L,[-,-],\{-,-,-\},R)$ 通过 $(V,[-,-]_V,\{-,-,-\}_V,R_V)$ 的交换扩张且 $s: L\to\hat{L}$ 是它的一个截面. 定义线性映射 $\rho: L\to \mathrm{End}(V)$, $D,\theta: L\times L\to \mathrm{End}(V)$ 分别为

$$\rho(\boldsymbol{x})\boldsymbol{v}=[\boldsymbol{s}(\boldsymbol{x}),\boldsymbol{v}]_{\hat{L}},$$
$$\theta(\boldsymbol{x},\boldsymbol{y})\boldsymbol{v}=\{\boldsymbol{v},\boldsymbol{s}(\boldsymbol{x}),\boldsymbol{s}(\boldsymbol{y})\}_{\hat{L}},$$
$$D(\boldsymbol{x},\boldsymbol{y})\boldsymbol{v}=\{\boldsymbol{s}(\boldsymbol{x}),\boldsymbol{s}(\boldsymbol{y}),\boldsymbol{v}\}_{\hat{L}},$$

对任意 $\boldsymbol{x},\boldsymbol{y}\in L,\boldsymbol{v}\in V$.

命题 7.10 沿用上面的记号, $(V;\rho,\theta,D,R_V)$ 是修正罗巴 Lie-Yamaguti 代数 $(L,[-,-],\{-,-,-\},R)$ 的表示, 且不依赖于截面 s 的选取. 进一步, 等价的交换扩张给出相同的表示.

证明 首先由 Lie-Yamaguti 代数的扩张理论[83], $(V;\rho,\theta,D)$ 是 Lie-Yamaguti 代数 $(L,[-,-],\{-,-,-\})$ 的表示. 此外, 对任意 $\boldsymbol{x},\boldsymbol{y}\in L$ 和 $\boldsymbol{u}\in V$, $\hat{R}s(\boldsymbol{x})-s(R\boldsymbol{x})\in V$ 意味着

$$\rho(\hat{R}s(\boldsymbol{x}))\boldsymbol{u}=\rho(s(R\boldsymbol{x}))\boldsymbol{u},$$
$$\theta(\hat{R}s(\boldsymbol{x}),\hat{R}s(\boldsymbol{y}))\boldsymbol{u}=\theta(s(R\boldsymbol{x}),s(R\boldsymbol{y}))\boldsymbol{u},$$
$$\boldsymbol{D}(\hat{R}s(\boldsymbol{x}),\hat{R}s(\boldsymbol{y}))\boldsymbol{u}=\boldsymbol{D}(s(R\boldsymbol{x}),s(R\boldsymbol{y}))\boldsymbol{u}.$$

从而有

$$\begin{aligned}
&\rho(R\boldsymbol{x})R_V\boldsymbol{u}\\
&=[s(R\boldsymbol{x}),R_V\boldsymbol{u}]_{\hat{L}}\\
&=[\hat{R}s(\boldsymbol{x}),\hat{R}\boldsymbol{u}]_{\hat{L}}\\
&=\hat{R}([\hat{R}s(\boldsymbol{x}),\boldsymbol{u}]_{\hat{L}}+[s(\boldsymbol{x}),\hat{R}\boldsymbol{u}]_{\hat{L}})-[s(\boldsymbol{x}),\boldsymbol{u}]_{\hat{L}}\\
&=R_V([s(R\boldsymbol{x}),\boldsymbol{u}]_{\hat{L}}+[s(\boldsymbol{x}),R_V\boldsymbol{u}]_{\hat{L}})-[s(\boldsymbol{x}),\boldsymbol{u}]_{\hat{L}}\\
&=R_V(\rho(R\boldsymbol{x})\boldsymbol{u}+\rho(\boldsymbol{x})R_V\boldsymbol{u})-\rho(\boldsymbol{x})\boldsymbol{u},
\end{aligned}$$

$$\begin{aligned}
&\theta(R\boldsymbol{x},R\boldsymbol{y})R_V\boldsymbol{u}\\
&=\{R_V\boldsymbol{u},s(R\boldsymbol{x}),s(R\boldsymbol{y})\}_{\hat{L}}\\
&=\{\hat{R}\boldsymbol{u},\hat{R}s(\boldsymbol{x}),\hat{R}s(\boldsymbol{y})\}_{\hat{L}}\\
&=\hat{R}(\{\hat{R}\boldsymbol{u},\hat{R}s(\boldsymbol{x}),s(\boldsymbol{y})\}_{\hat{L}}+\{\hat{R}\boldsymbol{u},s(\boldsymbol{x}),\hat{R}s(\boldsymbol{y})\}_{\hat{L}}+\{\boldsymbol{u},\hat{R}s(\boldsymbol{x}),\hat{R}s(\boldsymbol{y})\}_{\hat{L}}+\\
&\quad\{\boldsymbol{u},s(\boldsymbol{x}),s(\boldsymbol{y})\}_{\hat{L}})-\{\hat{R}\boldsymbol{u},s(\boldsymbol{x}),s(\boldsymbol{y})\}_{\hat{L}}-\{\boldsymbol{u},\hat{R}s(\boldsymbol{x}),s(\boldsymbol{y})\}_{\hat{L}}-\{\boldsymbol{u},s(\boldsymbol{x}),\hat{R}s(\boldsymbol{y})\}_{\hat{L}}
\end{aligned}$$

$$= R_V(\{R_V\boldsymbol{u}, s(R\boldsymbol{x}), s(\boldsymbol{y})\}_{\hat{L}} + \{R_V\boldsymbol{u}, s(\boldsymbol{x}), s(R\boldsymbol{y})\}_{\hat{L}} + \{\boldsymbol{u}, s(R\boldsymbol{x}), s(R\boldsymbol{y})\}_{\hat{L}} + \{\boldsymbol{u}, s(\boldsymbol{x}), s(\boldsymbol{y})\}_{\hat{L}}) - \{R_V\boldsymbol{u}, s(\boldsymbol{x}), s(\boldsymbol{y})\}_{\hat{L}} - \{\boldsymbol{u}, s(R\boldsymbol{x}), s(\boldsymbol{y})\}_{\hat{L}} - \{\boldsymbol{u}, s(\boldsymbol{x}), s(R\boldsymbol{y})\}_{\hat{L}}$$

$$= R_V(\theta(R\boldsymbol{x}, \boldsymbol{y})R_V\boldsymbol{u} + \theta(\boldsymbol{x}, R\boldsymbol{y})R_V\boldsymbol{u} + \theta(R\boldsymbol{x}, R\boldsymbol{y})\boldsymbol{u} + \theta(\boldsymbol{x}, \boldsymbol{y})\boldsymbol{u}) - \theta(\boldsymbol{x}, \boldsymbol{y})R_V\boldsymbol{u} - \theta(R\boldsymbol{x}, \boldsymbol{y})\boldsymbol{u} - \theta(\boldsymbol{x}, R\boldsymbol{y})R_V\boldsymbol{u}.$$

类似地，也有

$$\boldsymbol{D}(R\boldsymbol{x}, R\boldsymbol{y})R_V\boldsymbol{u} = R_V(\boldsymbol{D}(R\boldsymbol{x}, \boldsymbol{y})R_V\boldsymbol{u} + \boldsymbol{D}(\boldsymbol{x}, R\boldsymbol{y})R_V\boldsymbol{u} + \boldsymbol{D}(R\boldsymbol{x}, R\boldsymbol{y})\boldsymbol{u} + \boldsymbol{D}(\boldsymbol{x}, \boldsymbol{y})\boldsymbol{u}) - \boldsymbol{D}(\boldsymbol{x}, \boldsymbol{y})R_V\boldsymbol{u} - \boldsymbol{D}(R\boldsymbol{x}, \boldsymbol{y})\boldsymbol{u} - \boldsymbol{D}(\boldsymbol{x}, R\boldsymbol{y})R_V\boldsymbol{u}.$$

因此 $(V;\rho,\theta,D,R_V)$ 是修正罗巴 Lie-Yamaguti 代数 $(L,[-,-],\{-,-,-\},R)$ 的表示.

其次，对任意交换扩张 $(\hat{L},[-,-]_{\hat{L}},\{-,-,-\}_{\hat{L}},\hat{R})$ 的另一个截面 s': $L\to\hat{L}$，$\boldsymbol{x}\in L$，有

$$p(s(\boldsymbol{x})-s'(\boldsymbol{x})) = p(s(\boldsymbol{x})) - p(s'(\boldsymbol{x})) = \boldsymbol{x}-\boldsymbol{x} = 0 .$$

因此，存在 $\boldsymbol{u}\in V$，使得 $s'(\boldsymbol{x}) = s(\boldsymbol{x})+\boldsymbol{u}$. 由于 V 是 $\hat{L}$的交换理想，可得

$$\begin{aligned}
[s'(\boldsymbol{x}), \boldsymbol{v}]_{\hat{L}} &= [s(\boldsymbol{x})+\boldsymbol{u}, \boldsymbol{v}]_{\hat{L}} \\
&= [s(\boldsymbol{x}), \boldsymbol{v}]_{\hat{L}}, \\
\{\boldsymbol{v}, s'(\boldsymbol{x}), s'(\boldsymbol{y})\}_{\hat{L}} &= \{\boldsymbol{v}, s(\boldsymbol{x})+\boldsymbol{u}_x, s(\boldsymbol{y})+\boldsymbol{u}_y\}_{\hat{L}} \\
&= \{\boldsymbol{v}, s(\boldsymbol{x}), s(\boldsymbol{y})\}_{\hat{L}}, \\
\{s'(\boldsymbol{x}), s'(\boldsymbol{y}), \boldsymbol{v}\}_{\hat{L}} &= \{s(\boldsymbol{x})+\boldsymbol{u}_x, s(\boldsymbol{y})+\boldsymbol{u}_y, v\}_{\hat{L}} \\
&= \{s(\boldsymbol{x}), s(\boldsymbol{y}), \boldsymbol{v}\}_{\hat{L}},
\end{aligned}$$

即 ρ,D,θ 不依赖于截面 s 的选取.

假设 $(\hat{L}_1,[-,-]_{\hat{L}_1},\{-,-,-\}_{\hat{L}_1},\hat{R}_1)$ 和 $(\hat{L}_2,[-,-]_{\hat{L}_2},\{-,-,-\}_{\hat{L}_2},\hat{R}_2)$ 为 $(L,[-,-],\{-,-,-\},R)$ 通过 $(V,[-,-]_V,\{-,-,-\}_V,R_V)$ 的 2 个等价的交换扩张，即存在修正罗巴 Lie-Yamaguti 代数同构映射 φ: $(\hat{L}_1,[-,-]_{\hat{L}_1},\{-,-,-\}_{\hat{L}_1},\hat{R}_1)\to(\hat{L}_2,[-,-]_{\hat{L}_2},\{-,-,-\}_{\hat{L}_2},\hat{R}_2)$ 使得图表(7-24)交换. 设 s_1: $L\to\hat{L}_1$ 和 s_2: $L\to\hat{L}_2$ 分别为 $(\hat{L}_1,[-,-]_{\hat{L}_1},\{-,-,-\}_{\hat{L}_1},\hat{R}_1)$ 和 $(\hat{L}_2,[-,-]_{\hat{L}_2},\{-,-,-\}_{\hat{L}_2},\hat{R}_2)$ 的截面，从而

$$(p_2\varphi)s_1(\boldsymbol{x}) = p_1s_1(\boldsymbol{x}) = x = p_2s_2(\boldsymbol{x}) ,$$

则 $\varphi s_1(\boldsymbol{x})-s_2(\boldsymbol{x})\in\ker(p_2)\cong V$. 进一步，由 φ: $\hat{L}_1\to\hat{L}_2$ 是修正罗巴 Lie-Yamaguti 代数同构映射使得 $\varphi|_V=\mathrm{id}_V$ ，

$$
\begin{aligned}
[s_1(\boldsymbol{x}),\boldsymbol{u}]_{\hat{L}_1} &= \varphi[s_1(\boldsymbol{x}),\boldsymbol{u}]_{\hat{L}_1}\\
&=[\varphi s_1(\boldsymbol{x}),\varphi(\boldsymbol{u})]_{\hat{L}_2}\\
&=[s_2(\boldsymbol{x}),\boldsymbol{u}]_{\hat{L}_2},\\
\{s_1(\boldsymbol{x}),s_1(\boldsymbol{y}),\boldsymbol{u}\}_{\hat{L}_1} &= \varphi\{s_1(\boldsymbol{x}),s_1(\boldsymbol{y}),\boldsymbol{u}\}_{\hat{L}_1}\\
&=\{\varphi s_1(\boldsymbol{x}),\varphi s_1(\boldsymbol{y}),\varphi(\boldsymbol{u})\}_{\hat{L}_2}\\
&=\{s_2(\boldsymbol{x}),s_2(\boldsymbol{y}),\boldsymbol{u}\}_{\hat{L}_2},\\
\{\boldsymbol{u},s_1(\boldsymbol{x}),s_1(\boldsymbol{y})\}_{\hat{L}_1} &= \varphi\{\boldsymbol{u},s_1(\boldsymbol{x}),s_1(\boldsymbol{y})\}_{\hat{L}_1}\\
&=\{\varphi(\boldsymbol{u}),\phi s_1(\boldsymbol{x}),\varphi s_1(\boldsymbol{y})\}_{\hat{L}_2}\\
&=\{\boldsymbol{u},s_2(\boldsymbol{x}),s_2(\boldsymbol{y})\}_{\hat{L}_2}.
\end{aligned}
$$

因此，等价的交换扩张给出相同的表示映射 ρ,D,θ. □

设 $(\hat{L},[-,-]_{\hat{L}},\{-,-,-\}_{\hat{L}},\hat{R})$ 为 $(L,[-,-],\{-,-,-\},R)$ 通过 $(V,[-,-]_V,\{-,-,-\}_V,R_V)$ 的交换扩张且 s: $L\to\hat{L}$ 是它的一个截面. 进一步定义线性映射 υ: $L\times L\to V$, ψ: $L\times L\times L\to V$ 和 χ: $L\to V$ 分别为

$$
\begin{gathered}
\upsilon(\boldsymbol{x},\boldsymbol{y})=[s(\boldsymbol{x}),s(\boldsymbol{y})]_{\hat{L}}-s([\boldsymbol{x},\boldsymbol{y}]),\\
\psi(\boldsymbol{x},\boldsymbol{y},\boldsymbol{z})=\{s(\boldsymbol{x}),s(\boldsymbol{y}),s(\boldsymbol{z})\}_{\hat{L}}-s(\{\boldsymbol{x},\boldsymbol{y},\boldsymbol{z}\}),\\
\chi(\boldsymbol{x})=\hat{R}s(\boldsymbol{x})-s(R\boldsymbol{x}),\qquad \forall\boldsymbol{x},\boldsymbol{y},\boldsymbol{z}\in L.
\end{gathered}
$$

下面赋予 $L\oplus V$ 上括积 $[-,-]_\upsilon,\{-,-,-\}_\psi$ 和一个修正罗巴算子 R_χ 结构，将 $\hat{L}$ 上修正罗巴 Lie-Yamaguti 代数结构转移到 $L\oplus V$ 上，

$$
\begin{gathered}
[\boldsymbol{x}+\boldsymbol{u},\boldsymbol{y}+\boldsymbol{v}]_\upsilon=[\boldsymbol{x},\boldsymbol{y}]+\rho(\boldsymbol{x})\boldsymbol{v}-\rho(\boldsymbol{y})\boldsymbol{u}+\upsilon(\boldsymbol{x},\boldsymbol{y}),\\
\{\boldsymbol{x}+\boldsymbol{u},\boldsymbol{y}+\boldsymbol{v},\boldsymbol{z}+\boldsymbol{w}\}_\psi=\{\boldsymbol{x},\boldsymbol{y},\boldsymbol{z}\}+\theta(\boldsymbol{y},\boldsymbol{z})\boldsymbol{u}-\theta(\boldsymbol{x},\boldsymbol{z})\boldsymbol{v}+D(\boldsymbol{x},\boldsymbol{y})\boldsymbol{w}+\psi(\boldsymbol{x},\boldsymbol{y},\boldsymbol{z}),\\
R_\chi(\boldsymbol{x}+\boldsymbol{u})=R\boldsymbol{x}+\chi(\boldsymbol{x})+R_V\boldsymbol{u},\qquad \forall\boldsymbol{x},\boldsymbol{y},\boldsymbol{z}\in L,\boldsymbol{u},\boldsymbol{v},\boldsymbol{w}\in V.
\end{gathered}
$$

命题 7.11 四元组 $(L\oplus V,[-,-]_\upsilon,\{-,-,-\}_\psi,R_\chi)$ 是修正罗巴 Lie-Yamaguti

代数当且仅当 $((\upsilon,\psi),\chi)$ 是修正罗巴 Lie-Yamaguti 代数 $(L,[-,-],\{-,-,-\},R)$ 的一个 2-上闭链，其系数取自表示 $(V;\rho,\theta,D,R_V)$. 此时

$$0\to(V,[-,-]_V,\{-,-,-\}_V,R_V)\xrightarrow{i}(L\oplus V,[-,-]_\upsilon,\{-,-,-\}_\psi,R_\chi)\xrightarrow{p}$$
$$(L,[-,-],\{-,-,-\},R)\to 0$$

是一个交换扩张.

证明 由 Lie-Yamaguti 代数的扩张理论[83]，$(L\oplus V,[-,-]_\upsilon,\{-,-,-\}_\psi)$ 是修 Lie-Yamaguti 代数当且仅当 $\delta^2(\upsilon,\psi)=0$. 另外，R_χ 是修正罗巴算子当且仅当对任意 $\boldsymbol{x},\boldsymbol{y},\boldsymbol{z}\in G,\boldsymbol{u},\boldsymbol{v},\boldsymbol{w}\in V$ ，式（7-25）、式（7-26）成立：

$$[R_\chi(\boldsymbol{x}+\boldsymbol{u}),R_\chi(\boldsymbol{y}+\boldsymbol{v})]_\upsilon=R_\chi([R_\chi(\boldsymbol{x}+\boldsymbol{u}),\boldsymbol{y}+\boldsymbol{v}]_\upsilon+[\boldsymbol{x}+\boldsymbol{u},R_\chi(\boldsymbol{y}+\boldsymbol{v})]_\upsilon)-[\boldsymbol{x}+\boldsymbol{u},\boldsymbol{y}+\boldsymbol{v}]_\upsilon,\tag{7-25}$$

$$\begin{aligned}&\{R_\chi(\boldsymbol{x}+\boldsymbol{u}),R_\chi(\boldsymbol{y}+\boldsymbol{v}),R_\chi(\boldsymbol{z}+\boldsymbol{w})\}_\psi\\&=R_\chi(\{\boldsymbol{x}+\boldsymbol{u},R_\chi(\boldsymbol{y}+\boldsymbol{v}),R_\chi(\boldsymbol{z}+\boldsymbol{w})\}_\psi+\{R_\chi(\boldsymbol{x}+\boldsymbol{u}),\boldsymbol{y}+\boldsymbol{v},R_\chi(\boldsymbol{z}+\boldsymbol{w})\}_\psi+\\&\{R_\chi(\boldsymbol{x}+\boldsymbol{u}),R_\chi(\boldsymbol{y}+\boldsymbol{v}),\boldsymbol{z}+\boldsymbol{w}\}_\psi+\{\boldsymbol{x}+\boldsymbol{u},\boldsymbol{y}+\boldsymbol{v},\boldsymbol{z}+\boldsymbol{w}\}_\psi)-\\&\{R_\chi(\boldsymbol{x}+\boldsymbol{u}),\boldsymbol{y}+\boldsymbol{v},\boldsymbol{z}+\boldsymbol{w}\}_\psi-\{\boldsymbol{x}+\boldsymbol{u},R_\chi(\boldsymbol{y}+\boldsymbol{v}),\boldsymbol{z}+\boldsymbol{w}\}_\psi-\\&\{\boldsymbol{x}+\boldsymbol{u},\boldsymbol{y}+\boldsymbol{v},R_\chi(\boldsymbol{z}+\boldsymbol{w})\}_\psi.\end{aligned}\tag{7-26}$$

进一步，式（7-25）、式（7-26）等价于

$$\begin{aligned}&\upsilon(R\boldsymbol{x},R\boldsymbol{y})+\rho(R\boldsymbol{x})\chi(\boldsymbol{y})-\rho(R\boldsymbol{y})\chi(\boldsymbol{x})\\&=\chi([R\boldsymbol{x},\boldsymbol{y}])+\chi([\boldsymbol{x},R\boldsymbol{y}])+R_V(\rho(\boldsymbol{x})\chi(\boldsymbol{y}))-R_V(\rho(\boldsymbol{y})\chi(\boldsymbol{x}))+\\&R_V(\upsilon(R\boldsymbol{x},\boldsymbol{y}))+R_V(\upsilon(\boldsymbol{x},R\boldsymbol{y}))-\upsilon(\boldsymbol{x},\boldsymbol{y}),\end{aligned}\tag{7-27}$$

$$\begin{aligned}&\psi(R\boldsymbol{x},R\boldsymbol{y},R\boldsymbol{z})+\theta(R\boldsymbol{y},R\boldsymbol{z})\chi(\boldsymbol{x})-\theta(R\boldsymbol{x},R\boldsymbol{z})\chi(\boldsymbol{y})+D(R\boldsymbol{x},R\boldsymbol{y})\chi(\boldsymbol{z})\\&=R_V(\psi(\boldsymbol{x},R\boldsymbol{y},R\boldsymbol{z})+\psi(R\boldsymbol{x},\boldsymbol{y},R\boldsymbol{z})+\psi(R\boldsymbol{x},R\boldsymbol{y},\boldsymbol{z})+\psi(\boldsymbol{x},\boldsymbol{y},\boldsymbol{z}))-\\&\psi(R\boldsymbol{x},\boldsymbol{y},\boldsymbol{z})-\psi(\boldsymbol{x},R\boldsymbol{y},\boldsymbol{z})-\psi(\boldsymbol{x},\boldsymbol{y},R\boldsymbol{z})+R_V(\theta(R\boldsymbol{y},\boldsymbol{z})\chi(\boldsymbol{x})-\\&\theta(R\boldsymbol{x},\boldsymbol{z})\chi(\boldsymbol{y})-\theta(\boldsymbol{x},R\boldsymbol{z})\chi(\boldsymbol{y})+D(\boldsymbol{x},R\boldsymbol{y})\chi(\boldsymbol{z})+\theta(\boldsymbol{y},R\boldsymbol{z})\chi(\boldsymbol{x})+\\&D(R\boldsymbol{x},\boldsymbol{y})\chi(\boldsymbol{z}))-\theta(\boldsymbol{y},\boldsymbol{z})\chi(\boldsymbol{x})+\theta(\boldsymbol{x},\boldsymbol{z})\chi(\boldsymbol{y})-D(\boldsymbol{x},\boldsymbol{y})\chi(\boldsymbol{z})+\\&\chi(\{\boldsymbol{x},R\boldsymbol{y},R\boldsymbol{z}\}+\{R\boldsymbol{x},\boldsymbol{y},R\boldsymbol{z}\}+\{R\boldsymbol{x},R\boldsymbol{y},\boldsymbol{z}\}+\{\boldsymbol{x},\boldsymbol{y},\boldsymbol{z}\}).\end{aligned}\tag{7-28}$$

由式（7-27）和式（7-28），分别可得 $-\partial_{\mathrm{I}}^1(\chi)-\Phi_I^2(\upsilon)=0$ 和 $-\partial_{\mathrm{II}}^1(\chi)-\Phi_{\mathrm{II}}^2(\psi)=0$．因此，

$$\begin{aligned}\wp^2((\upsilon,\psi),\chi)&=(\delta^2(\upsilon,\psi),-\partial^1(\chi)-\Phi^2(\upsilon,\psi))\\&=0,\end{aligned}$$

即 $((\upsilon,\psi),\chi)$ 是一个 2-上闭链.

反之，如果 $((\upsilon,\psi),\chi)$ 是修正罗巴 Lie-Yamaguti 代数 $(L,[-,-],\{-,-,-\},R)$ 的一个 2-上闭链，其系数取自表示 $(V;\rho,\theta,D,R_V)$，则有

$$\wp^2((\upsilon,\psi),\chi)=(\delta^2(\upsilon,\psi),-\partial^1(\chi)-\Phi^2(\upsilon,\psi))=0\ ,$$

这意味着式（7-27）和式（7-28）成立. 因此，$(L\oplus V,[-,-]_\upsilon,\{-,-,-\}_\psi,R_\chi)$ 是修正罗巴 Lie-Yamaguti 代数. □

命题 7.12 设 $(\hat{L},[-,-]_{\hat{L}},\{-,-,-\}_{\hat{L}},\hat{R})$ 为 $(L,[-,-],\{-,-,-\},R)$ 通过 $(V,[-,-]_V,\{-,-,-\}_V,R_V)$ 的交换扩张且 s：$L\to\hat{L}$ 是它的一个截面. 如果 2-上闭链 $((\upsilon,\psi),\chi)$ 是使用截面 s 构造，则它的上同调类不依赖于 s 的选择.

证明 设 $s_1,s_2:L\to\hat{L}$ 为 $(\hat{L},[-,-]_{\hat{L}},\{-,-,-\}_{\hat{L}},\hat{R})$ 的两个不同的截面. 则由命题 7.11，s_1 和 s_2 可得两个 2-上闭链分别为 $((\upsilon_1,\psi_1),\chi_1)$ 和 $((\upsilon_2,\psi_2),\chi_2)$．定义映射 $\lambda:L\to V$ 为

$$\lambda(x)=s_1(x)-s_2(x),$$

则

$$\begin{aligned}&\upsilon_1(\boldsymbol{x},\boldsymbol{y})\\&=[s_1(\boldsymbol{x}),s_1(\boldsymbol{y})]_{\hat{L}}-s_1[\boldsymbol{x},\boldsymbol{y}]\\&=[s_2(\boldsymbol{x})+\lambda(\boldsymbol{x}),s_2(\boldsymbol{y})+\lambda(\boldsymbol{y})]_{\hat{L}}-(s_2[\boldsymbol{x},\boldsymbol{y}]+\lambda[\boldsymbol{x},\boldsymbol{y}])\\&=[s_2(\boldsymbol{x}),s_2(\boldsymbol{y})]_{\hat{L}}+[s_2(\boldsymbol{x}),\lambda(\boldsymbol{y})]_{\hat{L}}+[\lambda(\boldsymbol{x}),s_2(\boldsymbol{y})]_{\hat{L}}+[\lambda(\boldsymbol{x}),\lambda(\boldsymbol{y})]_{\hat{L}}-\\&\quad(s_2[\boldsymbol{x},\boldsymbol{y}]+\lambda[\boldsymbol{x},\boldsymbol{y}])\\&=[s_2(\boldsymbol{x}),s_2(\boldsymbol{y})]_{\hat{L}}-s_2[\boldsymbol{x},\boldsymbol{y}]+\rho(\boldsymbol{x})\lambda(\boldsymbol{y})-\rho(\boldsymbol{y})\lambda(\boldsymbol{x})-\lambda[\boldsymbol{x},\boldsymbol{y}]\\&=\upsilon_2(\boldsymbol{x},\boldsymbol{y})+\delta_{\mathrm{I}}^1\lambda(\boldsymbol{x},\boldsymbol{y}),\end{aligned}$$

$$
\begin{aligned}
&\psi_1(\boldsymbol{x},\boldsymbol{y},\boldsymbol{z})\\
&=\{s_1(\boldsymbol{x}),s_1(\boldsymbol{y}),s_1(\boldsymbol{z})\}_{\hat{L}}-s_1\{\boldsymbol{x},\boldsymbol{y},\boldsymbol{z}\}\\
&=\{s_2(\boldsymbol{x})+\lambda(\boldsymbol{x}),s_2(\boldsymbol{y})+\lambda(\boldsymbol{y}),s_2(\boldsymbol{z})+\lambda(\boldsymbol{z})\}_{\hat{L}}-s_2\{\boldsymbol{x},\boldsymbol{y},\boldsymbol{z}\}-\lambda\{\boldsymbol{x},\boldsymbol{y},\boldsymbol{z}\}\\
&=\{s_2(\boldsymbol{x}),s_2(\boldsymbol{y}),s_2(\boldsymbol{z})\}_{\hat{L}}+\{s_2(\boldsymbol{x}),s_2(\boldsymbol{y}),\lambda(\boldsymbol{z})\}_{\hat{L}}+\{s_2(\boldsymbol{x}),\lambda(\boldsymbol{y}),s_2(\boldsymbol{z})\}_{\hat{L}}+\\
&\quad\{\lambda(\boldsymbol{x}),s_2(\boldsymbol{y}),s_2(\boldsymbol{z})\}_{\hat{L}}+\{s_2(\boldsymbol{x}),\lambda(\boldsymbol{y}),\lambda(\boldsymbol{z})\}_{\hat{L}}+\{\lambda(\boldsymbol{x}),\lambda(\boldsymbol{y}),s_2(\boldsymbol{z})\}_{\hat{L}}+\\
&\quad\{\lambda(\boldsymbol{x}),s_2(\boldsymbol{y}),\lambda(\boldsymbol{z})\}_{\hat{L}}+\{\lambda(\boldsymbol{x}),\lambda(\boldsymbol{y}),\lambda(\boldsymbol{z})\}_{\hat{L}}-s_2\{\boldsymbol{x},\boldsymbol{y},\boldsymbol{z}\}-\lambda\{\boldsymbol{x},\boldsymbol{y},\boldsymbol{z}\}\\
&=\{s_2(\boldsymbol{x}),s_2(\boldsymbol{y}),s_2(\boldsymbol{z})\}_{\hat{L}}-s_2\{\boldsymbol{x},\boldsymbol{y},\boldsymbol{z}\}+\theta(\boldsymbol{y},\boldsymbol{z})\lambda(\boldsymbol{x})-\theta(\boldsymbol{x},\boldsymbol{z})\lambda(\boldsymbol{y})+\\
&\quad D(\boldsymbol{x},\boldsymbol{y})\lambda(\boldsymbol{z})-\lambda\{\boldsymbol{x},\boldsymbol{y},\boldsymbol{z}\}\\
&=\psi_2(\boldsymbol{x},\boldsymbol{y},\boldsymbol{z})+\delta_{\mathrm{II}}^1\lambda(\boldsymbol{x},\boldsymbol{y},\boldsymbol{z}),
\end{aligned}
$$

$$
\begin{aligned}
\chi_1(\boldsymbol{x})&=\hat{R}s_1(\boldsymbol{x})-s_1(R\boldsymbol{x})\\
&=\hat{R}(s_2(\boldsymbol{x})+\lambda(\boldsymbol{x}))-(s_2(R\boldsymbol{x})+\lambda(R\boldsymbol{x}))\\
&=\hat{R}s_2(\boldsymbol{x})-\boldsymbol{s}_2(R\boldsymbol{x})+\hat{R}\lambda(\boldsymbol{x})-\lambda(R\boldsymbol{x})\\
&=\chi_2(\boldsymbol{x})+R_V\lambda(\boldsymbol{x})-\lambda(R\boldsymbol{x})\\
&=\chi_2(\boldsymbol{x})-\varPhi^1\lambda(\boldsymbol{x}).
\end{aligned}
$$

因此,

$$
\begin{aligned}
((\upsilon_1,\psi_1),\chi_1)&=((\upsilon_2,\psi_2),\chi_2)+(\delta^1\lambda,-\varPhi^1\lambda)\\
&=((\upsilon_2,\psi_2),\chi_2)+\wp^1\lambda,
\end{aligned}
$$

即 $((\upsilon_1,\psi_1),\chi_1)$ 和 $((\upsilon_2,\psi_2),\chi_2)$ 在相同的上同调类. □

定理 7.3 修正罗巴 Lie-Yamaguti 代数 $(L,[-,-],\{-,-,-\},R)$ 通过 $(V,[-,-]_V,\{-,-,-\}_V,R_V)$ 的交换扩张构成的等价类和第 2 上同调群 $H^2_{\mathrm{MRBLY}}(L,V)$ 之间是一一对应的.

证明 设 $(\hat{L}_1,[-,-]_{\hat{L}_1},\{-,-,-\}_{\hat{L}_1},\hat{R}_1)$ 和 $(\hat{L}_2,[-,-]_{\hat{L}_2},\{-,-,-\}_{\hat{L}_2},\hat{R}_2)$ 为 $(L,[-,-],\{-,-,-\},R)$ 通过 $(V,[-,-]_V,\{-,-,-\}_V,R_V)$ 的 2 个等价的交换扩张, 即存在修正罗巴 Lie-Yamaguti 代数同构映射 φ: $(\hat{L}_1,[-,-]_{\hat{L}_1},\{-,-,-\}_{\hat{L}_1},\hat{R}_1)\to(\hat{L}_2,[-,-]_{\hat{L}_2},\{-,-,-\}_{\hat{L}_2},\hat{R}_2)$使得图表（7-24）交换. 设 s_1 是 $(\hat{L}_1,[-,-]_{\hat{L}_1},\{-,-,-\}_{\hat{L}_1},\hat{R}_1)$ 的一个截

面映射，由 $p_2\circ\varphi=p_1$，可得

$$p_2\circ(\varphi\circ s_1)=p_1\circ s_1=\mathrm{id}_G,$$

即 $\varphi\circ s_1$ 是 $(\hat{L}_2,[-,-]_{\hat{L}_2},\{-,-,-\}_{\hat{L}_2},\hat{R}_2)$ 的一个截面映射，记作 $s_2:=\varphi\circ s_1$．由 φ 是 $\hat{L}_1$ 到 $\hat{L}_2$ 的修正罗巴 Lie-Yamaguti 代数同构映射使得 $\varphi|_V=\mathrm{id}_V$，可得

$$\begin{aligned}
\upsilon_2(\boldsymbol{x},\boldsymbol{y})&=[s_2(\boldsymbol{x}),s_2(\boldsymbol{y})]_{\hat{L}_2}-s_2[\boldsymbol{x},\boldsymbol{y}]\\
&=[\varphi s_1(\boldsymbol{x}),\varphi s_1(\boldsymbol{y})]_{\hat{L}_2}-\varphi s_1[\boldsymbol{x},\boldsymbol{y}]\\
&=\varphi([s_1(\boldsymbol{x}),s_1(\boldsymbol{y})]_{\hat{L}_1}-s_1[\boldsymbol{x},\boldsymbol{y}])\\
&=\varphi\upsilon_1(\boldsymbol{x},\boldsymbol{y})\\
&=\upsilon_1(\boldsymbol{x},\boldsymbol{y}),
\end{aligned}$$

$$\begin{aligned}
\psi_2(\boldsymbol{x},\boldsymbol{y},\boldsymbol{z})&=\{s_2(\boldsymbol{x}),s_2(\boldsymbol{y}),s_2(\boldsymbol{z})\}_{\hat{L}_2}-s_2\{\boldsymbol{x},\boldsymbol{y},\boldsymbol{z}\}\\
&=\{\varphi s_1(\boldsymbol{x}),\varphi s_1(\boldsymbol{y}),\varphi s_1(\boldsymbol{z})\}_{\hat{L}_2}-\varphi s_1\{\boldsymbol{x},\boldsymbol{y},\boldsymbol{z}\}\\
&=\varphi(\{s_1(\boldsymbol{x}),s_1(\boldsymbol{y}),s_1(\boldsymbol{z})\}_{\hat{L}_1}-s_1\{\boldsymbol{x},\boldsymbol{y},\boldsymbol{z}\})\\
&=\varphi\psi_1(\boldsymbol{x},\boldsymbol{y},\boldsymbol{z})\\
&=\psi_1(\boldsymbol{x},\boldsymbol{y},\boldsymbol{z}),
\end{aligned}$$

$$\begin{aligned}
\chi_2(\boldsymbol{x})&=\hat{R}_2s_2(\boldsymbol{x})-s_2(R\boldsymbol{x})\\
&=\hat{R}_2\varphi(s_1(\boldsymbol{x}))-\varphi(s_1(R\boldsymbol{x}))\\
&=\varphi(\hat{R}_1s_1(\boldsymbol{x}))-\varphi(s_1(R\boldsymbol{x}))\\
&=\varphi(\hat{R}_1s_1(\boldsymbol{x})-s_1(R\boldsymbol{x}))\\
&=\varphi(\chi_1(\boldsymbol{x}))\\
&=\chi_1(\boldsymbol{x}).
\end{aligned}$$

因此，所有等价的交换扩张在 $H^2_{\mathrm{MRBLY}}(L,V)$ 中对应相同的元素.

反之，给定 $H^2_{\mathrm{MRBLY}}(L,V)$ 中在相同上同调类的两个 2-上闭链 $((\upsilon_1,\psi_1),\chi_1)$ 和 $((\upsilon_2,\psi_2),\chi_2)$，则由命题 7.11 可以构造两个交换扩张

$$0 \to (V,[-,-]_V,\{-,-,-\}_V,R_V) \xrightarrow{i_1} (L \oplus V,[-,-]_{\upsilon_1},\{-,-,-\}_{\psi_1},R_{\chi_1}) \xrightarrow{p_1} (L,[-,-],\{-,-,-\},R) \to 0$$

和

$$0 \to (V,[-,-]_V,\{-,-,-\}_V,R_V) \xrightarrow{i_2} (L \oplus V,[-,-]_{\upsilon_2},\{-,-,-\}_{\psi_2},R_{\chi_2}) \xrightarrow{p_2} (L,[-,-],\{-,-,-\},R) \to 0.$$

进一步，存在映射 $\lambda : L \to V$ 使得

$$((\upsilon_1,\psi_1),\chi_1)-((\upsilon_2,\psi_2),\chi_2)=(\delta^1\lambda,-\Phi^1\lambda)=\wp^1\lambda.$$

将映射 $\varphi_\lambda : L\oplus V \to L\oplus V$ 定义为

$$\varphi_\lambda(\boldsymbol{x},\boldsymbol{u})=\boldsymbol{x}+\lambda(\boldsymbol{x})+\boldsymbol{u}, \qquad \forall \boldsymbol{x}+\boldsymbol{u}\in L\oplus V .$$

则 φ_λ 是这两个交换扩张 $(L\oplus V,[-,-]_{\upsilon_1},\{-,-,-\}_{\psi_1},R_{\chi_1})$ 和 $(L\oplus V,[-,-]_{\upsilon_2},\{-,-,-\}_{\psi_2},R_{\chi_2})$ 之间的同构映射，且使得

$$\begin{array}{ccccccccc}
0 & \to & (V,R_V) & \xrightarrow{i_1} & (L\oplus V,[-,-]_{\upsilon_1},\{-,-,-\}_{\psi_1},R_{\chi_1}) & \xrightarrow{p_1} & (L,R) & \to & 0 \\
 & & \downarrow \mathrm{id}_V & & \downarrow \varphi_\lambda & & \downarrow \mathrm{id}_L & & \\
0 & \to & (V,R_V) & \xrightarrow[i_2]{} & (L\oplus V,[-,-]_{\upsilon_2},\{-,-,-\}_{\psi_2},R_{\chi_2}) & \xrightarrow[p_2]{} & (L,R) & \to & 0
\end{array}$$

可换. □

参考文献

[1] VORONOV T. Higher derived brackets and homotopy algebras[J]. Journal of Pure and Applied Algebra, 2005, 202(1-3): 133-153.

[2] COLL V, GERSTENHABER M, GIAQUINTO A. An explicit deformation formula with noncommuting derivations[M]. Ring theory, Weizmann: Jerusalem, 1989.

[3] MAGID A. Lectures on differential Galois theory[M]. University Lecture Series, American Mathematical Society: RI, 1994.

[4] RACHUNEK J, SALOUNOVA D. Derivations on algebras of a non-commutative generalization of the Lukasiewicz logic[J]. Fuzzy Sets and Systems, 2018, 333: 11-16.

[5] TANG R, FR'EGIER Y, SHENG Y. Cohomologies of a Lie algebra with a derivation and applications[J]. Journal of Algebra, 2019, 534: 65-99.

[6] WU X R, MA Y, CHEN L Y. Abelian extensions of Lie triple systems with derivations[J]. Electronic Research Archive, 2022, 30(3): 1087-1103.

[7] GUO S J. Central extensions and deformations of Lie triple systems with a derivation [J]. Journal of Mathematical Research with Applications, 2022, 42(2): 189-198.

[8] WU X R, MA Y, SUN B, et al. Cohomology of Leibniz Triple Systems with derivations[J]. Journal of Geometry and Physics, 2022, 179(1): 104594.

[9] GUO S J, SAHA R. On 3-Lie algebras with a derivation[J]. Afrika Matematika, 2022, 33(2): 60.

[10] DAS A. Leibniz algebras with derivations[J]. Journal of Homotopy and Related Structures, 2021, 16: 245-274.

[11] LIU S S, CHEN L Y. Cohomologies of pre-LieDer pairs and applications [DB/OL]. 2023, arXiv:2306.12425.

[12] SUN Q X, WU Z X. Cohomologies of n-Lie algebras with derivations[J].

Mathematics, 2021, 9: 2452.

[13] BAXTER G. An analytic problem whose solution follows from a simple algebraic identity[J]. Pacific Journal of Mathematics, 1960, 10: 731-742.

[14] KUPERSHMIDT B A. What a classical r-Matrix really is[J]. Journal of Nonlinear Mathematical Physics, 1999, 6(4): 448-488.

[15] GUO L, KEIGHER W. Baxter algebras and shuffle products[J]. Advances in Mathematics, 2000, 150: 117-149.

[16] BAI C M, BELLIER O, GUO L. Splitting of operations, manin products, and Rota-Baxter operators[J]. International Mathematics Research Notices, 2013, 3: 485-524.

[17] AGUIARV M. Pre-poisson algebras[J]. Letters in Mathematical Physics, 2020, 54: 263-277.

[18] GAO X, GUO L, ZHANG Y. Hopf algebras of rooted Forests, cocycles, and free Rota-Baxter algebras[J]. Journal of Mathematical Physics, 2016, 57: 101701.

[19] GONCHAROV M E, KOLESNIKOV P S. Simple finite-dimensional double algebras[J]. Journal of Algebra, 2018, 500: 425-438.

[20] CONNES A, KREIMER D. Renormalization in quantum field theory and the Riemann-Hilbert problem. I. The Hopf algebra structure of graphs and the main theorem[J]. Communications in Mathematical Physics, 2000, 210(1): 249-273.

[21] BAI C M. A unified algebraic approach to classical Yang-Baxter equation[J]. Journal of Physics A: Mathematical and Theoretical, 2007, 40: 11073-11082.

[22] BAI C M, GUO L, NI X. Generalizations of the classical Yang-Baxter equation and O-operators[J]. Journal of Mathematical Physics, 2011, 52: 063515.

[23] BAI C M, GUO L, NI X. Nonabelian generalized Lax pairs, the classical Yang-

Baxter equation and post-Lie algebras[J]. Communications in Mathematical Physics, 2010, 297: 553-596.

[24] GUO L. An introduction to Rota-Baxter algebra[M]. Beijing: Higher Education Press, 2012.

[25] SHANSKY M S T. What is a classical r-matrix?[J]. Functional Analysis and Its Applications, 1983, 17: 259-272.

[26] JIANG J, SHENG Y H. Deformations of modified r-matrices and cohomologies of related algebraic structures[J]. Journal of Noncommutative Geometry, 2024, DOI: 10.4171/jncg/567.

[27] DAS A. A cohomological study of modified Rota-Baxter algebras[DB/OL]. 2022, arXiv: 2207.02273

[28] LI Y Z, WANG D G. Cohomology and Deformation theory of modified Rota-Baxter Leibniz algebras[DB/OL]. 2022, arXiv: 2211.09991.

[29] MONDAL B, SAHA R. Cohomology of modified Rota-Baxter Leibniz algebra of weight λ[J]. Journal of Algebra and Its Applications, 2025, 24(06): Paper No. 2550157.

[30] PENG X S, ZHANG Y, GAO X, et al. Universal enveloping of (modified) λ-differential Lie algebras[J]. Linear and Multilinear Algebra, 2022, 70(6): 1102-1127.

[31] TENG W, LONG F S, ZHANG Y. Cohomologies of modified λ-differential Lie triple systems and applications[J]. AIMS Mathematics, 2023, 8(10): 25079-25096.

[32] TENG W, ZHANG H. Deformations and extensions of modified λ-differential 3-Lie algebras[J]. Mathematics, 2023, 11(18): 3853.

[33] ZHU F Y, YOU T J, TENG W. Abelian extensions of modified λ-differential left-symmetric algebras and crossed modules[J]. Axioms, 2024, 13(6): 380.

[34] XIAO Y P, TENG W. Representations and cohomologies of modified λ-differential Hom-Lie algebras[J]. AIMS Mathematics, 2024, 9(2): 4309-4325.

[35] BASDOURI I, BENABDELHAFIDH S, TENG W. Cohomology of modified λ-differential Jacobi - Jordan algebras and its applications[J]. Acta et Commentationes Universitatis Tartuensis de Mathematica, 2024, 28(2): 215-232.

[36] TENG W. Deformations and extensions of modified λ-differential Lie-Yamaguti algebras[DB/OL]. 2024, arXiv: 2403.17015.

[37] ZHU F Y, TENG W. Cohomology and crossed modules of modified Rota-Baxter pre-Lie algebras[J]. Mathematics, 12, 14: 2260.

[38] TENG W. On modified Rota-Baxter Hom-Lie algebras[J]. Journal of Mathematical Research with Applications, 2025, 45(2): 163-178.

[39] TENG W, GUO S J. Modified Rota-Baxter Lie-Yamaguti algebras[DB/OL]. 2024, arXiv: 2401.17726.

[40] CHEVALLEY C, EILENBERG S. Cohomology theory of Lie groups and Lie algebras[J]. American mathematical society, 1948, 63: 85-124.

[41] NIJENHUIS A, RICHARDSON R W. Cohomology and deformations in graded Lie algebras[J]. Bulletin of the American Mathematical Society, 1966, 72: 1-29.

[42] BAEZ J C, CRANS A S. Higher-dimensional algebra VI: Lie 2-algebras[DB/OL]. 2003, arXiv: math/0307263.

[43] TENG W, DAI X S. Nonabelian embedding tensors on 3-Lie algebras and 3-Leibniz-Lie algebras[J]. Electronic Research Archive, 2025, 33(3): 1367-1383.

[44] 腾文, 游泰杰. 3-李-Rinehart Color 代数的上同调与形变[J]. 吉林大学学报(理学版), 2022, 60(1): 35-43.

[45] FILIPPOV V T. n-Lie algebras[J]. Siberian Mathematical Journal, 1985, 26:

126-140.

[46] KASYMOV S M. On a theory of n-Lie algebras(Russian)[J]. Algebra and Logic, 1987, 26(3): 277-297.

[47] TAKHTAJAN L. Higher order analog of Chevalley-Eilenberg complex and deformation theory of n-algebras[J]. St Petersburg Mathematical Journal, 1995, 6(2): 429-438.

[48] LI Y M, SHENG Y H, ZHOU Y W. 3-Lie-algebras and 3-Lie 2-algebras[J]. Journal of Algebra and Its Applications, 2017, 16(9): 1750171.

[49] TENG W. Embedding tensors on Lie triple systems[J]. Filomat, 2025， 39(7): 2153-2169.

[50] TENG W. Cohomology and deformations of nonabelian embedding tensors between Lie triple systems[DB/OL]. 2025, arXiv:2501.10495.

[51] TENG W, LONG F, ZHANG H, et al. On compatible Hom-Lie triple systems[J]. Journal of Mathematical Research with Applications, 2024, 44(5):633–647.

[52] TENG W, JIN J L . Weighted *O*-operators on Hom-Lie triple systems[DB/OL]. 2023, arXiv:2310.13728.

[53] 腾文. 带权罗-巴李超三系[J]. 贵州师范大学学报(自然科学版), 2024, 42(3): 84-90.

[54] 龙凤山, 腾文. 修正 λ -微分 Hom-李三系的表示,上同调和阿贝尔扩张[J]. 贵州师范大学学报(自然科学版), 2024, 42(3): 91-96.

[55] XIAO Y P, TENG W, LONG F S. Generalized Reynolds operators on Hom-Lie triple systems[J]. Symmetry, 2024, 16(3): 262.

[56] 腾文, 金久林, 游泰杰.李超三系的线性形变与阿贝尔扩张[J]. 山东大学学报(理学版), 2021， 56(4): 14-19, 24.

[57] JACOBSON N. Lie and Jordan triple systems[J]. American Journal of Mathematics, 1949, 71: 49-170.

[58] YAMAGUTI K. On the cohomology space of Lie triple system[J]. Kumamoto journal of science. Ser. A, Mathematics, physics and chemistry, 1960, 5: 44-52.

[59] XIA H B, SHENG Y H, TANG R. Cohomology and homotopy of Lie triple systems[J]. Communications in Algebra, 2024, 52(8): 3622-3642.

[60] MAKHLOUF A, SILVESTROV S. Hom-algebra structures[J]. Journal of Generalized Lie Theory and Applications, 2008, 2(2): 51-64.

[61] HARTWIG J, LARSSON D, SILVESTROV S D. Deformations of Lie algebras using σ-derivations[J]. Journal of Algebra, 2006, 295(2): 314-361.

[62] SUN Q X, LI H L. On parakahler Hom-Lie algebras and Hom-left-symmetric bialgebras[J]. Communications in Algebra, 2017, 45(1): 105-120.

[63] LIU S S, SONG L, TANG R. Representations and cohomologies of regular Hom-pre-Lie algebras[J]. Journal of Algebra and Its Applications, 2020, 19(4): 2050149.

[64] TENG W, JIN J L, ZHANG Y. Cohomology of nonabelian embedding tensors on Hom-Lie algebras[J]. AIMS Mathematics, 2023, 8(9): 21176-21190.

[65] 腾文，游泰杰.广义 BiHom-李代数与 BiHom-杨-巴克斯特方程[J]. 华中师范大学学报(自然科学版), 2022，56(3): 394-400.

[66] TENG W, YOU T J. Matching BiHom-Rota-Baxter algebras and related structures[J]. Symmetry, 2021，13(12): 2345.

[67] TANG R, BAI C M, GUO L, et al. Homotopy Rota-Baxter operators and post-Lie algebras[J]. Journal of Noncommutative Geometry, 2023, 17(1): 1-35.

[68] SHENG Y H. Representations of Hom-Lie algebras[J]. Algebra and Representation Theory, 2012, 15: 1081-1098.

[69] WANG K, ZHOU G D. Deformations and homotopy theory of Rota-Baxter algebras of any weight[DB/OL]. 2021, arXiv: 2108. 06744.

[70] SHENG Y H, CHEN D. Hom-Lie 2-algebras[J]. Journal of Algebra, 2013, 376: 174-195.

[71] TENG W, JIN J L, ZHANG Y. Embedding tensors on 3-Hom-Lie algebras[J]. Journal of Mathematical Research with Applications, 2024,44(2):187-198.

[72] ATAGUEMA H, MAKHLOUF A, SILVESTROV S. Generalization of n-ary Nambu algebras and beyond[J]. Journal of Mathematical Physics, 2009, 50(8): 083501.

[73] GUO S J, QIN Y F, WANG K, et al. Deformations and cohomology theory of RotaBaxter 3-Lie algebras of arbitrary weights[J]. Journal of Geometry and Physics, 2023, 183: 104704.

[74] AMMAR F, MABROUK S, MAKHLOUF A. Representations and cohomology of n-ary multiplicative Hom-Nambu-Lie algebras[J]. Journal of Geometry and Physics, 2011, 61(10): 1898-1913.

[75] KINYON M, WEINSTEIN A. Leibniz algebras, courant algebroids and multiplications on reductive homogeneous spaces[J]. American Journal of Mathematics, 2001, 123: 525-550.

[76] YAMAGUTI K. On cohmology groups of general Lie triple systems[J]. Kumamoto journal of science. Ser. A, Mathematics, physics and chemistry, 1967(8): 135-146.

[77] BENITO P, DRAPER C, ELDUQUE A. Lie Yamaguti algebra related to g_2[J]. Journal of Pure and Applied Algebra, 2005, 202: 22-54.

[78] BENITO P, DRAPER C, ELDUQUE A. Irreducible Lie-Yamaguti algebras[J]. Journal of Pure and Applied Algebra, 2009, 213: 795-808.

[79] GOSWAMI S, MISHRA S, MUKHERJEE G. Automorphisms of extensions of Lie- Yamaguti algebras and inducibility problem[J]. Journal of Algebra, 2024, 641: 268-306.

[80] SHENG Y H, ZHAO J, ZHOU Y Q. Nijenhuis operators, product structures and complex structures on Lie-Yamaguti algebras[J]. Journal of Algebra and Its Applications, 2021, 20(8): 2150146.

[81] SHENG Y H, ZHAO J. Relative Rota-Baxter operators and symplectic structures on Lie-Yamaguti algebras[J]. Communications in Algebra, 2022, 50(9): 1-18.

[82] ZHAO J, QIAO Y. Cohomologies and deformations of relative Rota-Baxter operators on Lie-Yamaguti algebras[J]. Mathematics, 2024, 12(1): 166.

[83] ZHANG T, LI J. Deformations and extension of Lie-Yamaguti algebras[J]. Linear and Multilinear Algebra, 2015, 63: 2212-2231.

[84] LIN J, CHEN L Y, MA Y. On the deformaions of Lie-Yamaguti algebras[J]. Acta Mathematica Sinica, English Series, 2015, 31: 938-946.

[85] LIN J, CHEN L Y. Quasi-derivations of Lie-Yamaguti algebras[J]. Journal of Algebra and Its Applications, 2023, 22(5): 2350119.

[86] 赵嘉，乔雨. 经典 Lie-Yamaguti Yang-Baxter 方程和 Lie-Yamaguti 双代数[J]. 中国科学：数学. 2023 ,53 (10):1303-1324.

[87] TENG W, YOU T J. Derivations and deformations of Lie-Yamaguti Color algebras[J]. Journal of Mathematical Research with Applications, 2022, 42(1): 15-30.

[88] TENG W, JIN J L, LONG F S. Relative Rota-Baxter operators on Hom-Lie-Yamaguti algebras[J]. Journal of Mathematical Research with Applications, 2023, 43(6): 648-664.

[89] TENG W, JIN J L, LONG F S. Generalized Reynolds operators on Lie-Yamaguti algebras[J]. Axioms, 2023, 12(10): 934.

[90] TENG W, GUO S J. Cohomologies of Reynolds Lie-Yamaguti algebras of any weight and applications[J]. 2024, arXiv: 2406.12859.

[91] 腾文，游泰杰．预李-Yamaguti 着色代数与着色 O-算子[J]．山东大学学报（理学版），2023, 58(2): 6-12.

[92] 腾文，龙风山．微分 Lie-Yamaguti 超代数的上同调与形变[J]．山东大学学报（理学版），2024, 59(2): 32-37, 46.

[93] 腾文．带权罗-巴 Lie-Yamaguti 代数的上同调[J]．山西大学学报(自然科学版), 2024, 47(5): 912-922.

[94] 腾文．Lie-Yamaguti 代数的相对微分算子[J]．数学年刊 A 辑，2024, 45(1): 39-52.